W0256652

Teubner Studienbücher

Mechanik

Becker: **Technische Strömungslehre.** 6. Aufl. DM 24,80

Becker: **Technische Thermodynamik.** DM 29,80

Becker/Bürger: **Kontinuumsmechanik.** DM 36,– (LAMM)

Becker/Piltz: **Übungen zur Technischen Strömungslehre.** 3. Aufl. DM 21,80

Bishop: **Schwingungen in Natur und Technik.** DM 25,80

Böhme: **Strömungsmechanik nicht-newtonscher Fluide.** DM 36,– (LAMM)

Hagedorn: **Aufgabensammlung Technische Mechanik.** DM 22,80

Hahn: **Bruchmechanik.** DM 36,– (LAMM)

Magnus: **Schwingungen.** 4. Aufl. DM 32,– (LAMM)

Magnus/Müller: **Grundlagen der Technischen Mechanik.** 5. Aufl. DM 34,– (LAMM)

Müller/Magnus: **Übungen zur Technischen Mechanik.** 3. Aufl. DM 34,– (LAMM)

Pfeiffer/Reithmeier: **Roboterdynamik.** DM 34,–

Schiehlen: **Technische Dynamik.** DM 34,– (LAMM)

Unger: **Konvektionsströmungen.** DM 42,–

Physik/Chemie

Becher/Böhm/Joos: **Eichtheorien der starken und elektroschwachen Wechselwirkung** 2. Aufl. DM 38,–

Bourne/Kendall: **Vektoranalysis.** 2. Aufl. DM 26,80

Daniel: **Beschleuniger.** DM 26,80

Elschenbroich/Salzer: **Organometallchemie.** 2. Aufl. DM 46,–

Engelke: **Aufbau der Moleküle.** DM 38,–

Fischer/Kaul: **Mathematik für Physiker**
Band 1: Grundkurs. DM 48,–

Goetzberger/Wittwer: **Sonnenenergie.** DM 26,80

Gross/Runge: **Vielteilchentheorie.** DM 38,–

Großer: **Einführung in die Teilchenoptik.** DM 26,80

Großmann: **Mathematischer Einführungskurs für die Physik.** 5. Aufl. DM 34,–

Heil/Kitzka: **Grundkurs Theoretische Mechanik.** DM 39,–

Heinloth: **Energie.** DM 42,–

Hennig/Rehorek: **Photochemische und photokatalytische Reaktionen von Koordinatenverbindungen.** 164 Seiten. DM 24,80

Kamke/Krämer: **Physikalische Grundlagen der Maßeinheiten.** DM 23,80

Kleinknecht: **Detektoren für Teilchenstrahlung.** 2. Aufl. DM 29,80

Kneubühl: **Repetitorium der Physik.** 3. Aufl. DM 46,–

Kneubühl/Sigrist: **Laser.** DM 42,–

Fortsetzung auf der 3. Umschlagseite

Teubner Studienbücher Mechanik

H. H. Müller/K. Magnus
Übungen zur Technischen Mechanik

Leitfäden der angewandten Mathematik und Mechanik LAMM

Herausgegeben von
Prof. Dr. G. Hotz, Saarbrücken
Prof. Dr. P. Kall, Zürich
Prof. Dr. Dr.-Ing. E. h. K. Magnus, München
Prof. Dr. E. Meister, Darmstadt

Band 23

Die Lehrbücher dieser Reihe sind einerseits allen mathematischen Theorien und Methoden von grundsätzlicher Bedeutung für die Anwendung der Mathematik gewidmet; andererseits werden auch die Anwendungsgebiete selbst behandelt. Die Bände der Reihe sollen dem Ingenieur und Naturwissenschaftler die Kenntnis der mathematischen Methoden, dem Mathematiker die Kenntnisse der Anwendungsgebiete seiner Wissenschaft zugänglich machen. Die Werke sind für die angehenden Industrie- und Wirtschaftsmathematiker, Ingenieure und Naturwissenschaftler bestimmt, darüber hinaus aber sollen sie den im praktischen Beruf Tätigen zur Fortbildung im Zuge der fortschreitenden Wissenschaft dienen.

Übungen zur Technischen Mechanik

Von Dr.-Ing. H. H. Müller
Akad. Direktor an der Universität Siegen

und Dr. rer. nat. Dr.-Ing. E. h. K. Magnus
Professor an der Techn. Universität München

3., durchgesehene Auflage
Mit 296 Abbildungen

 B. G. Teubner Stuttgart 1988

Dr.-Ing. Hans Heinrich Müller

Geboren 1938 in Hannover. Von 1959 bis 1962 Studium an
der Staatl. Ingenieurschule Hannover und Industrietätigkeit.
Von 1962 bis 1965 Maschinenbaustudium an der TU Hannover, von 1965 bis 1969 an der TU Stuttgart. Von 1969 bis
1975 Wiss. Assistent am Institut B für Mechanik der TU München. 1976 Promotion an der TU München. Seit 1976 an
der Universität Siegen. Ab 1985 Akad. Direktor.

Prof. Dr. rer. nat. Dr.-Ing. E. h. Kurt Magnus

Geboren 1912 in Magdeburg. Studium der Mathematik und
Physik, 1937 Promotion und 1942 Habilitation an der Uni-
versität Göttingen, Lehrtätigkeit an den Universitäten in
Göttingen, Freiburg, Lawrence/Kansas und den Technischen
Hochschulen (Universitäten) in Danzig, Stuttgart, München.
Von 1958 bis 1980 o. Professor für Mechanik, von 1966 bis
1980 Vorstand des Instituts B für Mechanik der TU München.
Seit 1980 emeritiert. Ehrendoktor der Universität Stuttgart.

CIP-Titelaufnahme der Deutschen Bibliothek

Müller, Hans H.:
Übungen zur technischen Mechanik / von H. H. Müller u. K.
Magnus. – 3., durchges. Aufl. – Stuttgart : Teubner, 1988
    (Leitfäden der angewandten Mathematik und Mechanik ; Bd. 23)
    (Teubner-Studienbücher : Mechanik)
    ISBN 978-3-519-22325-2   ISBN 978-3-322-96786-2 (eBook)
    DOI 10.1007/978-3-322-96786-2
NE: Magnus, Kurt:; 1. GT

Umschlaggestaltung: W. Koch, Stuttgart

Vorwort

Die Technische Mechanik hat als Grundlagenfach der technischen Wissenschaften für
die Ingenieurausbildung eine besondere Bedeutung. Für den Ingenieur kann das in
Vorlesungen und durch Bücherstudium erarbeitete Wissen aber nur dann eine sichere
Grundlage in der Berufspraxis sein, wenn er auch gleichzeitig die Arbeitsmethoden der
Technischen Mechanik beherrscht. Die von der Physik bereitgestellten Grundlagen
sind auf technische Probleme zumeist nicht unmittelbar anwendbar, weil man im allgemeinen erst über einen Abstraktionsprozeß den Zugang zur mathematischen Pro-
blembeschreibung finden kann. Die innige Verknüpfung der bei realen Problemen
auftretenden physikalischen Grundvorgänge machen es dem Lernenden dabei oft
schwer, seine theoretischen Kenntnisse zum systematischen Auffinden der Lösung
anzuwenden.

Diese Erfahrungen sind für uns entscheidend gewesen, mit dem Lehrbuch „Grundlagen der Technischen Mechanik" zugleich die vorliegenden „Übungen" herauszugeben.
In den „Grundlagen" wird durch bewußtes Beschränken auf die ausführliche Abhand-
lung und Darstellung der Grundgesetze eine feste Basis geschaffen, von der aus — frei
von fachlicher Spezialisierung — der methodische Zusammenhang der Ergebnisse noch
deutlich bleibt. Damit sind die „Grundlagen" als Arbeitshilfsmittel für diejenigen Ingenieure gedacht, die sich intensiv mit Mechanik beschäftigen müssen. In Bezug auf
die Gliederung und den Aufbau sind die „Grundlagen" und die „Übungen" aufeinander abgestimmt. Unser Anliegen ist aber nicht nur, in den vorliegenden 136 Aufgaben zu jedem Problemkreis der Technischen Mechanik ein oder mehrere Anwendungs-
beispiele zum Einüben des in den „Grundlagen" Gebotenen zu behandeln, sondern
mehr noch, die in der Mechanik üblichen Arbeitsmethoden deutlich zu machen. Aus diesem Grunde sind zu allen Aufgaben ausführliche Lösungen angegeben worden. Die Lösungen enthalten Hinweise zur Analyse des Problems, Erläuterungen zum Finden eines
geeigneten Lösungsweges und besonders hervorgehobene Anmerkungen bei technisch
bedeutenden Sonderfällen. Bei vielen Aufgaben werden alternative Lösungswege diskutiert und damit wichtige Verknüpfungen in den Grundlagen aufgezeigt. Es sind
durchgehend die Einheiten des Internationalen Einheitensystems (Système Internatio-
nal d'Unités, abgekürzt SI) verwendet worden, bei den Formelzeichen haben wir die
ISO-Empfehlungen sowie die darauf basierenden Vorschläge des Deutschen Normaus-
schusses berücksichtigt.

Zum Kapitel 7 (Einblick in die Kontinuumsmechanik) der „Grundlagen" wurden
keine Aufgaben in die „Übungen" aufgenommen. Entsprechend dem Charakter dieses
Kapitels, einen Einblick und zugleich verbindenden Überblick zu weitergehenden Be-
reichen der Technischen Mechanik zu geben, konnte nicht so sehr auf Detailfragen
eingegangen werden. Übungen zum Kapitel 7 hätten daher den vorgesehenen Umfang
des Buches gesprengt. Der interessierte Leser sei hierfür z.B. auf das Studienbuch
Becker/Piltz: „Übungen zur Technischen Strömungslehre" verwiesen.

Die sinnvolle Verwendung eines Übungsbuches mit Lösungen wird sehr von den Inten-
tionen des Benutzers abhängen. Wir meinen, daß am Anfang immer das eigene Be-

mühen um eine Aufgabe stehen muß, zumindest so weit, bis das Problem wirklich verstanden ist und die physikalischen Einflußgrößen erkannt sind. Erst dann wird beim anschließenden genauen Studium der beschriebenen Lösung auch die Methodik des Lösungsganges erkennbar und die Tragweite der angegebenen Hinweise in voller Konsequenz deutlich.

Die vorliegenden Übungsaufgaben wurden zum überwiegenden Teil nach den Zielvorstellungen der „Grundlagen" und der „Übungen" neu entwickelt und zum Teil aus den Prüfungsaufgaben, die in den letzten Jahren am Institut gestellt wurden, ausgewählt. Die Abfassung des Buches muß als Ergebnis einer über längere Zeit praktizierten Gemeinschaftsarbeit betrachtet werden, für deren Zustandekommen den Assistenten und Hilfsassistenten des Institutes zu danken ist.

Für die dritte Auflage wurden bekannt gewordene Fehler korrigiert. Dabei waren Hinweise und Kritik, die uns nach Erscheinen der ersten und zweiten Auflage erreichten, sehr wertvoll. Wir möchten an dieser Stelle dafür danken und zugleich bitten, uns auch weiterhin durch Kritik und Vorschläge zu unterstützen.

Siegen/München, im Frühjar 1988   Hans Heinrich Müller   Kurt Magnus

Inhalt

Liste der wichtigsten Formelzeichen

Symbole

A	Fläche
A, B, C	Massen-Trägheitsmomente
$\mathbf{A}, \mathbf{B}, \mathbf{C}$	allgemeine Vektoren
$A, B, C, K, O, P \ldots$	Bezugspunkte
B	Transformationsmatrix (Koordinatensysteme im oberen Index)
C	Integrationskonstante
D, E, F	Massen-Deviationsmomente
D	Lehrsches Dämpfungsmaß, Determinante
E	Elastizitätsmodul
$\bar{\bar{E}}$	Einheitstensor
$\mathbf{F}$	Kraftvektor
$\mathbf{G}$	Vektor der Gewichtskraft
G	Schubmodul
H	Horizontalkraft
I_y, I_z	Flächenträgheitsmomente
I_{yz}	Flächen-Deviationsmoment
J	Massen-Trägheitsmoment
$\bar{\bar{J}}$	Trägheitstensor
$\mathbf{L}$	Drallvektor (Index gibt Bezugspunkt an)
L^*	Lagrangesche Funktion
$\mathbf{M}$	Momentenvektor (Index gibt Bezugspunkt an)
M	Masse
N	Normalkraft
P	Leistung
Q	Querkraft
Q_r	verallgemeinerte Kraft für die r-te Koordinate
S	Stabkraft, Schwerpunkt
T	kinetische Energie, Umlaufzeit, Temperatur
T_S	Schwingungszeit
V	Potential, Formänderungsenergie, Vertikalkraft, Volumen
W	Arbeit, Widerstandsmoment
$\mathbf{a}$	Beschleunigungsvektor
c	Federkonstante
d	Dämpfungsfaktor, Differentialsymbol
$\mathbf{e}$	Einsvektor (Index gibt die Richtung an)
f	Verschiebung, Durchbiegung
$\mathbf{g}$	Schwerebeschleunigung
m	Masse
n	Drehzahl
$\mathbf{p}$	Impulsvektor
p	Druck

q	spezifische Längenbelastung, verallgemeinerte Koordinate
$\mathbf{r}$	Ortsvektor (Indizes geben Anfangs- und End-Punkt des Vektors an)
r	Radius
r, φ, z	Zylinderkoordinaten
s	Strecke, Seileckdicke
t	Zeit
v, w	Komponenten der Durchbiegung eines Balkens
$\mathbf{v}$	Geschwindigkeitsvektor
x, y, z	Kartesische Koordinaten
α	Wärmedehnzahl
$\alpha, \beta, \gamma, \epsilon, \delta$	Winkel
γ	Gleitung
δ	bezogener Dämpfungsfaktor, Variationssymbol
Δ	Differenzsymbol
ϵ	Dehnung, Stoßzahl
ϑ	logarithmisches Dekrement
λ	Proportionalitätsfaktor, Eigenwert
μ	Reibungsbeiwert, Querdehnzahl
ν	Eigen-Kreisfrequenz
ξ, η, ζ	Kartesische Koordinaten
ρ	Dichte, Reibungswinkel
σ	Normalspannung
τ	Schubspannung, Zeit
φ	Verdrehung
φ, ϑ, ψ	Winkel, Euler-Winkel
$\boldsymbol{\omega}$	Vektor der Winkelgeschwindigkeit
$\boldsymbol{\omega}_{AB}$	relative Winkelgeschwindigkeit des Körpers B gegenüber Körper A
ω	Erreger-Kreisfrequenz

tiefgestellte Indizes

A, B, C, K, O, P ...	Bezugspunkte
D	Druck
H	horizontal
M	Metazentrum
N	normal
R	Reibung
S	Schwerpunkt
V	vertikal
Z	Zug

hochgestellte Indizes

(I), (K), (R) ...	Bezeichnung der Kartesischen Koordinatensysteme
FK	Doppelindex bei Transformation eines Vektors vom Koordinatensystem (F) in das System (K)
I, II ...	Körper I oder II

Einführung

In der Mechanik stehen Kräfte und Bewegungen im Mittelpunkt der Betrachtung. Dabei interessiert vor allem das axiomatische Gerüst, in das die physikalischen Phänomene eingeordnet werden können. Bei der Behandlung konkreter technischer Systeme bleiben diese Grundlagen zwar Rüstzeug, die Fragestellungen gehen jedoch in eine andere Richtung. In der Praxis ergibt sich für den Ingenieur in jedem Anwendungsfall die Aufgabe, das technische Problem aus der Wirklichkeit in einen vereinfachten Modellbereich zu übertragen, um es so der mathematischen Formulierung überhaupt erst zugänglich zu machen. In diesen Prozeß der Abstraktion fließen an oft entscheidenden Stellen Voraussetzungen ein, mit denen man sich auf ganz bestimmte Probleme konzentriert und gleichzeitig andere technische Fragen bewußt unterdrückt. Die Zulässigkeit der vorgenommenen Idealisierungen muß in jedem Fall näher untersucht und begründet werden. Beide Betrachtungsweisen, sowohl die Grundlagenfragen wie auch die Behandlung konkreter technischer Probleme müssen im Rahmen der Technischen Mechanik untersucht und gelehrt werden.

Analysiert man den Weg, der bei der Lösung von praktischen Problemen der Mechanik eingeschlagen werden muß, dann ergeben sich folgende Schritte:

1. Abgrenzen und Formulieren der Aufgabe.
2. Vereinfachen des Problems durch Fortlassen alles Unwesentlichen, d.h. Schaffung eines mechanischen Ersatzmodells, Klärung der Voraussetzungen, unter denen es gültig ist.
3. Übersetzen in die Sprache der Mathematik, d.h. Aufsuchen des zum mechanischen Ersatzmodell gehörenden mathematischen Ersatzmodells unter Berücksichtigung der physikalischen Grundgesetze.
4. Lösen des Problems im mathematischen Bereich.
5. Rückübertragen der mathematischen Lösung in den Bereich der Mechanik.
6. Diskussion und Deutung der Ergebnisse.

Zur Diskussion gehört vor allem auch eine Untersuchung, ob die gewonnene Lösung physikalisch sinnvoll ist. Wenn hier Zweifel bestehen, dann muß die angegebene Prozedur meist ab Punkt 2 wiederholt werden. Das im Schema angedeutete Nacheinander von physikalischen und mathematischen Überlegungen muß zumindest streckenweise auch durch ein Nebeneinander ersetzt werden. Wenn zum Beispiel die mathematische Lösung durch Vernachlässigung vereinfacht oder überhaupt erst möglich gemacht werden soll, so kann die Zulässigkeit solcher Maßnahmen oft nur durch physikalische Überlegungen begründet werden.

Die Erfahrung zeigt, daß der Lernende oft große Schwierigkeiten hat, sein Grundlagenwissen zum Lösen einer Aufgabe einzusetzen. Das kann nicht überraschen, denn zum systematischen Auffinden der Lösung ist neben Wissen auch das Beherrschen einer zielgerichteten Arbeitsmethodik notwendig. Aus diesem Grunde sind alle Aufgaben dieses Übungsbuches mit umfangreichen Lösungen versehen worden. Gewisse Grundoperationen – z.B. Anwenden des Schnittprinzips, Überlegungen zur Auswahl eines geeigneten Koordinatensystems, Darstellung des vereinfachten Problems in einer Skizze, Anschreiben der Grundgleichungen usf. – werden dabei bewußt in den verschiedenen Aufgaben immer wiederholt, um das systematische Vorgehen deutlich zu machen. Das Methodische steht dabei im Vordergrund, während routinemäßige, aber dennoch oft wichtige Zwischenrechnungen nur andeutungsweise beschrieben werden.

Jede Aufgabe kann auf verschiedenen Wegen gelöst werden. Wenn ein Lösungsgang mit deutlicher Betonung des Methodischen eingeschlagen wird, nimmt die Lösung leicht einen sehr formalen Charakter an und wirkt zuweilen auch umständlich. Ein Leser mit größerer Routine wird durch geschickt gewählte Ansätze oft rascher zum Ergebnis kommen. Wo sich dies anbot, sind solche Lösungen häufig als alternative Vorschläge beschrieben worden.

Die Anordnung der 136 Aufgaben ist so gewählt, daß sie sich dem fortlaufenden Text des Lehrbuches „Grundlagen der Technischen Mechanik" anpassen. Innerhalb eines Abschnitts steigt der Schwierigkeitsgrad im allgemeinen von Aufgabe zu Aufgabe. In der ersten Aufgabe eines Abschnitts ist der Lösungskommentar zumeist umfassender als in den folgenden Aufgaben. Für Beweise und Ableitungen der in den Lösungen verwendeten Beziehungen sei der Leser auf die „Grundlagen" verwiesen.

1. Vektoren

Aufgabe 1.1 (Fig. 1.1). Ein System von sechs gebundenen Vektoren $(A_1, \ldots, A_6)$ bilde die Kanten eines regulären Tetraeders mit der Kantenlänge A.

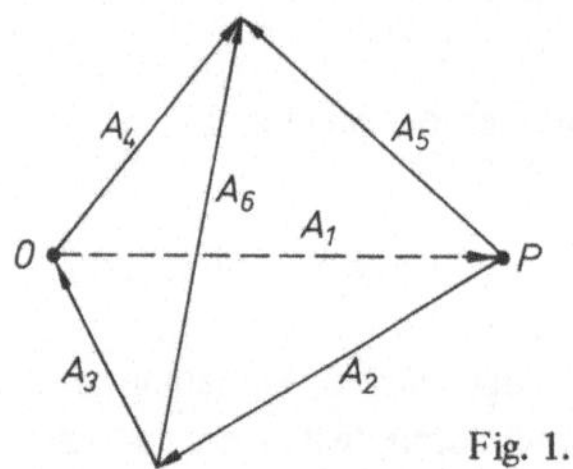

a) Durch welchen Vektorwinder (A, M_O), bezogen auf den Punkt O, kann das System ersetzt werden?

b) Wie lautet der äquivalente Vektorwinder im Punkt P?

Fig. 1.1

L ö s u n g : a) Zu jedem System gebundener Vektoren gibt es für jeden Bezugspunkt Q des Raumes einen äquivalenten Vektorwinder, der aus einem Einzelvektor A und einem Momentenvektor M_Q besteht. Folglich gilt

$$(A_1, \ldots, A_6) \sim (A, M_O) \, ,$$

$$\text{mit} \quad A = \sum_{i=1}^{6} A_i' \quad \text{und} \quad M_O = \sum_{i=1}^{6} M_{Oi} = \sum_{i=1}^{6} r_{Oi} \times A_i \, .$$

Darin sind A_i' gebundene Vektoren mit $|A_i'| = |A_i|$ und $A_i' \uparrow\uparrow A_i$, deren Wirkungslinien durch O gehen. Wegen $A_1' + A_2' + A_3' = 0$ erhält man

$$A = A_4' + A_5' + A_6' \, .$$

In dem x, y, z-System nach Fig. 1.2 hat man die Koordinaten

$$A_4' = \left[0 \, ; \, \frac{1}{3}\sqrt{3} \, ; \, \frac{1}{3}\sqrt{6} \right] A,$$

$$A_5' = \left[\frac{1}{2} \, ; - \frac{1}{6}\sqrt{3} \, ; \, \frac{1}{3}\sqrt{6} \right] A,$$

$$A_6' = \left[-\frac{1}{2} \, ; - \frac{1}{6}\sqrt{3} \, ; \, \frac{1}{3}\sqrt{6} \right] A,$$

folglich

$$A = [0 \, ; 0 \, ; \sqrt{6}\,A] \, .$$

Wegen $M_{O1} = M_{O3} = M_{O4} = 0$, kann der Momentenanteil des äquivalenten Vektorwinders in O aus dem resultierenden Einzelvektor $B = A_2 + A_5 + A_6$ gebildet werden. B läuft durch den Punkt C in Fig. 1.2. Mit

$$r_{OC} = \left[0 \, ; \, \frac{1}{2}\sqrt{3} \; A \, ; \, 0 \right], \quad B = \left[1 \, ; \, -\frac{1}{3}\sqrt{3} \, ; \, \frac{2}{3}\sqrt{6} \right] A$$

erhält man

$$M_O = r_{OC} \times B = A^2 \left[\sqrt{2} \, ; \, 0 \, ; \, -\frac{1}{2}\sqrt{3} \right].$$

b) Der Vektorwinder (A, M_P) bezogen auf P kann aus dem Vektorwinder (A, M_O) berechnet werden:

$$A = [0 \, ; 0 \, ; \sqrt{6}\,A],$$

$$M_P = M_O + r_{PO} \times A, \quad \text{mit} \quad r_{PO} = A \left[\frac{1}{2} \, ; \, -\frac{1}{2}\sqrt{3} \, ; \, 0 \right],$$

$$M_P = -\frac{1}{2} A^2 \left[\sqrt{2} \, ; \, \sqrt{6} \, ; \, \sqrt{3} \right].$$

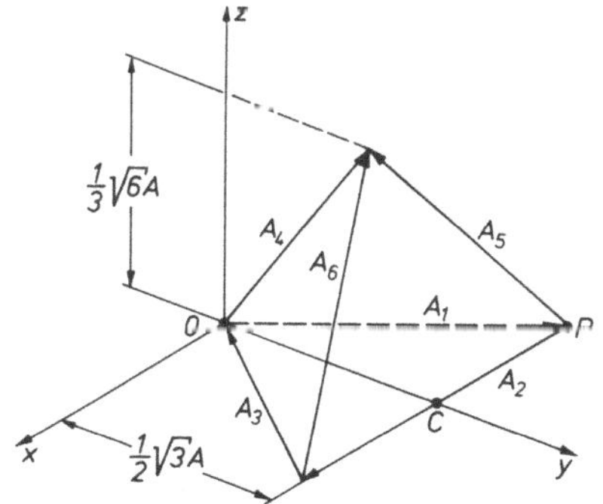

Fig. 1.2

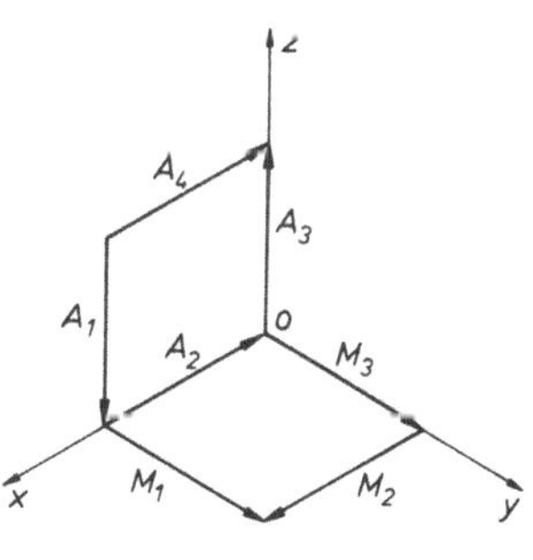

Fig. 1.3

Aufgabe 1.2 (Fig. 1.3). Das skizzierte Vektorsystem wird gebildet aus den gebundenen Vektoren A_1, A_2, A_3, A_4 und aus den Momentenvektoren M_1, M_2, M_3. Alle Vektoren haben die gleichen Beträge $|A| = |M| = 4$. Im eingezeichneten Koordinatensystem hat ein zweites System gebundener Vektoren die Koordinaten $B_1 = [-2; 1; 0]$, $B_2 = [0; -1; 1]$, $B_3 = [-3; 0; 1]$, $B_4 = [-3; 0; -2]$. Die Ortsvektoren vom Koordinatenursprung O zu den Vektorangriffspunkten sind $r_{O1} = [1; -1; -6]$, $r_{O2} = [5; 2; 3]$, $r_{O3} = [1; -1; -2]$, $r_{O4} = [1; 3; 2]$.

Sind diese beiden Vektorsysteme äquivalent?

L ö s u n g: Zwei Systeme gebundener Vektoren sind äquivalent, wenn sie sich für einen beliebigen Bezugspunkt auf gleiche Vektorwinder reduzieren lassen. Bezogen auf den Koordinatenursprung O erhält man den zum System $(A_1, \ldots, A_4, M_1, M_2, M_3)$ äquivalenten Vektorwinder (A, M_O):

$$A = [-8; 0; 0] \,,$$

$$M_O = \sum_{i=1}^{4} r_{Oi} \times A_i + \sum_{k=1}^{3} M_k = [4; 8; 0] \,.$$

Für das System $(B_1, \ldots, B_4)$ erhält man den auf O bezogenen äquivalenten Vektorwinder (B, M_O'):

$$B = [-8; 0; 0] \,,$$

$$M_O' = \sum_{i=1}^{4} r_{Oi} \times B_i = [4; 8; 0] \,.$$

Beide Vektorwinder stimmen überein. Es gilt also

$$(A_1, A_2, A_3, A_4, M_1, M_2, M_3) \sim (B_1, B_2, B_3, B_4).$$

Aufgabe 1.3 (Fig. 1.4). In sechs Kanten eines geraden Prismas mit quadratischer Grundfläche liegen die gebundenen Vektoren $(A_1, A_2, A_3, A_4, B_1, B_2)$ mit $|A_1| = \ldots = |A_4| = A$ und $|B_1| = |B_2| = B$.

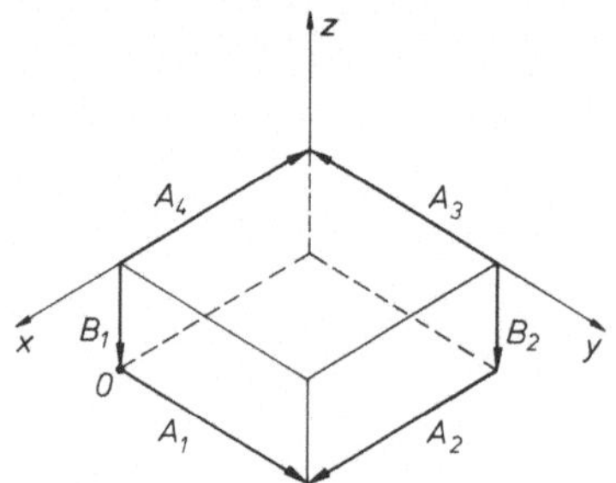

Man zeige, daß das gegebene Vektorsystem auf einen Einzelvektor C' reduziert werden kann und berechne den Durchstoßpunkt P dieses Vektors durch die xy-Ebene.

Fig. 1.4

L ö s u n g : Für den Momentenanteil eines Vektorwinders (C, M_O) gilt bei Wechsel des Bezugspunktes von O nach P

$$M_P = M_O + r_{PO} \times C. \tag{1}$$

Wenn $M_P = 0$ sein soll, dann muß nach (1)

$$M_O + r_{PO} \times C = 0 \tag{2}$$

gelten. Notwendige Bedingung hierfür ist $M_O C = 0$, wie man durch skalare Multiplikation von (2) mit C feststellt. Im gegebenen Fall ist für den Punkt O in Fig. 1.4

$$C = [0; 0; -2B] , \qquad M_O = [0; -2AB; 0] . \tag{3}$$

Hieraus folgt $M_O C = 0$.

Aus (2) erhält man für den Ortsvektor r_{PO} die skalaren Gleichungen

$$
\begin{aligned}
M_{Ox} + r_y C_z - r_z C_y &= 0, \\
M_{Oy} + r_z C_x - r_x C_z &= 0, \\
M_{Oz} + r_x C_y - r_y C_x &= 0.
\end{aligned}
\tag{4}
$$

Eine eindeutige Lösung kann für (4) nicht angegeben werden; man erhält z.B. die einfach unbestimmte Lösung

$$
\begin{aligned}
r_x &= r_z \frac{C_x}{C_z} + M_{Oy} \frac{1}{C_z} , \\
r_y &= r_z \frac{C_y}{C_z} + M_{Ox} \frac{1}{C_z} .
\end{aligned}
\tag{5}
$$

Mit (3) folgt aus (5)

$$r_{PO} = [A; 0; r_z] , \tag{6}$$

$r_{OP} = - r_{PO}$ ist der Ortsvektor von O zu einer Geraden im Raum, auf der alle Bezugspunkte P für den speziellen Vektorwinder $(C', 0)$ liegen. Diese Gerade ist die Wirkungslinie des Vektors C' mit $C' \uparrow \uparrow C$ und $|C'| = |C|$. Der Durchstoßpunkt P dieses Vektors durch die x, y-Ebene hat nach (6) die Koordinaten $[0; 0]$.

E i n f a c h s t e   L ö s u n g : Man betrachte die 3 Vektoren

$$B_1 + A_4; \qquad B_2 + A_3; \qquad A_1 + A_2 .$$

Ihre Wirkungslinien laufen durch einen Eckpunkt des Prismas — also ist dieser ein Punkt des Einzelvektors, zu dem die 3 Summenvektoren zusammengesetzt werden können. Da (A_1, A_3) und (A_2, A_4) zwei Vektorpaare sind, hat der Einzelvektor C' die Koordinaten $C' = [0; 0; -2B]$.

Aufgabe 1.4 (Fig. 1.5). Ein System gebundener Vektoren $(A_1, A_2, A_3, A_4, A_5)$ liegt in 5 Kanten eines Würfels mit der Kantenlänge A. Ein zweites System (B_1, B_2) hat im eingezeichneten x, y, z-Koordinatensystem die Koordinaten $B_1 = [0; -A; 0]$ und $B_2 = [0; A; 0]$. Die Ortsvektoren vom Koordinatenursprung O zu den Vektorangriffspunkten sind $r_{O1} = [0; 0; A]$ und $r_{O2} = [0; 0; 0]$.

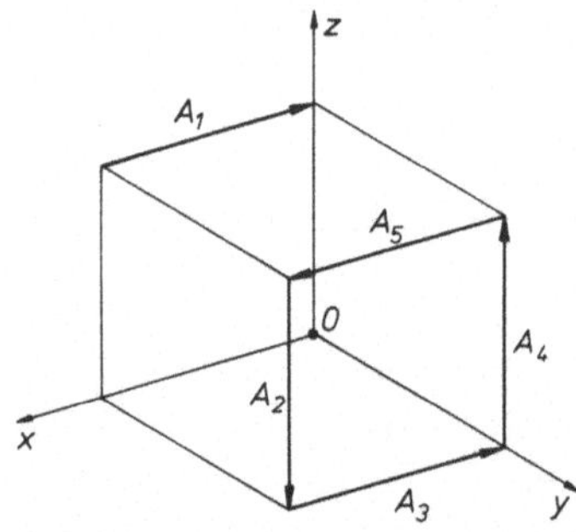

Welche Vektorschraube (C, M_P) muß zum Vektorsystem (B_1, B_2) hinzugefügt werden, damit es zum System $(A_1, ..., A_5)$ äquivalent ist?

Fig. 1.5

L ö s u n g : Für beide Vektorsysteme werden die äquivalenten Vektorwinder bestimmt. Die Differenz zwischen beiden Windern ist der gesuchten Vektorschraube äquivalent. Man erhält für den Bezugspunkt O

$$(A_1, \ldots, A_5) \sim (A, M_{(A)O}) = \{[-A; 0; 0], \ [0; A^2; 0]\} \ ,$$

$$(B_1, B_2) \sim (B, M_{(B)O}) = \{[0; 0; 0], \ [A^2; 0; 0]\} \ .$$

Beide Vektorsysteme sind äquivalent, wenn zum System (B_1, B_2) der auf O bezogene Vektorwinder $(\Delta B, \Delta M_O)$ hinzugefügt wird:

$$(\Delta B, \Delta M_O) = \{(A - B), (M_{(A)O} - M_{(B)O})\} = \{[-A; 0; 0], [-A^2; A^2; 0]\}.$$

Zu diesem Vektorwinder findet man die äquivalente Vektorschraube (C, M_P) aus

$$M_P = \Delta M_O + r_{PO} \times C, \quad \text{mit} \quad C = \Delta B \ . \tag{1}$$

Aus der Forderung $M_P \parallel C$ für eine Vektorschraube folgt aus (1) mit einem skalaren Faktor λ

$$M_P = \lambda \Delta B = \Delta M_O + r_{PO} \times \Delta B \ . \tag{2}$$

Daraus können λ und r_{PO} bestimmt werden. Allerdings hat (2) für r_{PO} keine eindeutige Lösung, weil die Vektorschraube $(\Delta B, M_P)$ beliebig in Richtung ihrer Wirkungslinie verschoben werden kann. Wählt man den speziellen Ortsvektor $r_{PO} \perp \Delta B$, dann folgt aus (2) nach skalarer bzw. vektorieller Multiplikation mit ΔB

$$\lambda \Delta B \Delta B = \Delta M_O \Delta B + (r_{PO} \times \Delta B) \Delta B \ ,$$

$$\lambda = \frac{1}{\Delta B^2} \Delta M_O \Delta B \ ,$$

$$\lambda = \frac{1}{A^2} [-A^2; A^2; 0] \cdot [-A; 0; 0] = A \ , \tag{3}$$

und $\lambda \Delta \mathbf{B} \times \Delta \mathbf{B} = \Delta \mathbf{M}_O \times \Delta \mathbf{B} + (\mathbf{r}_{PO} \times \Delta \mathbf{B}) \times \Delta \mathbf{B},$

$$0 \quad = \Delta \mathbf{M}_O \times \Delta \mathbf{B} - \mathbf{r}_{PO}\, \Delta \mathbf{B}^2,$$

$$\mathbf{r}_{PO} = \frac{1}{\Delta \mathbf{B}^2}\, \Delta \mathbf{M}_O \times \Delta \mathbf{B}\,,$$

$$\mathbf{r}_{PO} = \frac{1}{A^2}\, [-A^2; A^2; 0] \times [-A; 0; 0] = [0; 0; A]\,.$$

Der Ortsvektor $\mathbf{r}_{PO}$ weist vom Schraubenbezugspunkt P zum Winderbezugspunkt O. Also liegt P auf der negativen z-Achse im Abstand A vom Ursprung. Für die Vektorschraube selbst erhält man mit (2) und (3)

$$(\mathbf{C}, \mathbf{M}_P) = \{[-A; 0; 0], [-A^2; 0; 0]\}.$$

2. Stereo-Statik

Aufgabe 2.1 (Fig. 2.1). Eine Leiter stützt sich an drei Punkten A, B und C mit reibungsfrei drehbaren Rädern auf zwei parallele horizontale Schienen ab. Das Rad C kann nur Kräfte in der horizontalen Radialrichtung aufnehmen, während die unteren Räder auch seitlich geführt sind. Die Resultierende $\mathbf{G}_L$ des Leitereigengewichtes hat

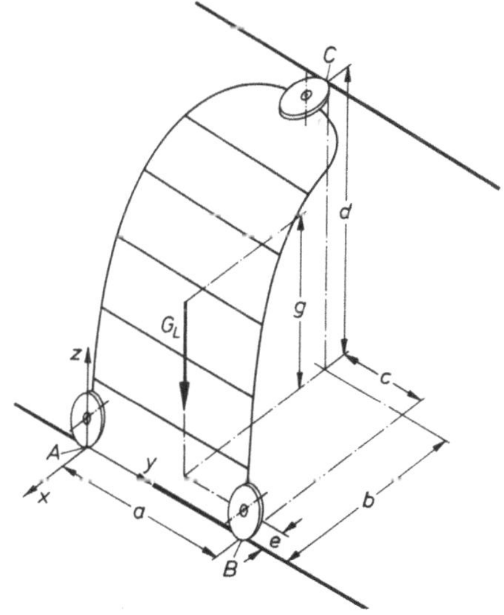

Fig. 2.1

den in der Skizze angegebenen Angriffspunkt. Auf der Leiter steht eine Person mit einem Gewicht von $G_P = 800$ N, mit dem Angriffspunkt $r_P = [-0{,}8; 0{,}7; 2{,}2]$ m.

a) Wie groß sind die von den Schienen auf die Räder ausgeübten Reaktionskräfte?

b) Wie weit darf sich die Person maximal seitlich herüberbeugen (Veränderung von r_{Py}), wenn die Leiter nicht umfallen soll?

Z a h l e n w e r t e : $G_L = 260$ N; a = 1,0 m; b = 1,4 m; c = 0,5 m; d = 3,0 m; e = 0,5 m; g = 1,2 m.

L ö s u n g : a) Gleichgewicht erfordert, daß für beliebige Bezugspunkte P

$$\sum_{i=1}^{n} \mathbf{F}_i = 0 \quad \text{und} \quad \sum_{i=1}^{n} \mathbf{M}_{Pi} = \sum_{i=1}^{n} (\mathbf{r}_{Pi} \times \mathbf{F}_i) = 0 \tag{1}$$

gelten muß. Dies bedeutet, daß das System aller angreifenden Kräfte dem Null-Kraftwinder (0, 0) äquivalent sein muß. Wenn als mechanisches System die Leiter einschließlich der Rollen gewählt wird, dann sind zu den bekannten äußeren Kräften G_L und G_P noch die unbekannten Schnittkräfte $\mathbf{F}_A$, $\mathbf{F}_B$, $\mathbf{F}_C$ in (1) zu berücksichtigen. Fig. 2.2 zeigt das freigeschnittene System mit den angreifenden Kräften. Die noch unbekannten, von den Schienen auf die Rollen übertragenen Kräfte sind dabei als Komponenten in Richtung der positiven Koordinatenachsen eingetragen worden. Die Größen F_{Ax}, F_{Az}, F_{Bx}, F_{Bz}, F_{Cx} werden als vorzeichenbehaftet betrachtet. Werden sie entsprechend der in Fig. 2.2 eingetragenen Richtungen in den Gleichgewichtsbedingungen (1) berücksichtigt, dann entsprechen die Vorzeichen der Lösungen den Vorzeichen der Koordinatenachsen.

Die nach der Aufgabenstellung nicht übertragbaren Komponenten sind fortgelassen: $F_{Ay} = F_{By} = F_{Cy} = F_{Cz} = 0$.

Mit den Kräften von Fig. 2.2 und den Abständen von Fig. 2.1 findet man aus (1) die Komponentengleichungen

$$\begin{rcases} \sum_i F_{xi} = F_{Ax} + F_{Bx} + F_{Cx} = 0 \,, \\[2mm] \sum_i F_{yi} = 0 \,, \\[2mm] \sum_i F_{zi} = F_{Az} + F_{Bz} - G_L - G_P = 0 \,, \\[2mm] \sum_i M_{Axi} = a\,F_{Bz} - (a - c)\,G_L - r_{Py}\,G_P = 0 \,, \\[2mm] \sum_i M_{Ayi} = d\,F_{Cx} - e\,G_L - |r_{Px}|\,G_P = 0 \,, \\[2mm] \sum_i M_{Azi} = -a\,F_{Bx} - (a - c)\,F_{Cx} = 0 \,. \end{rcases} \tag{2}$$

Die drei Momentengleichungen in (2) können auch über die Vektorprodukte gewonnen werden:

$$\sum_i M_{Ai} = r_L \times G_L + r_P \times G_P + r_B \times F_B + r_C \times F_C$$

$$= \begin{bmatrix} r_{Lx} \\ r_{Ly} \\ r_{Lz} \end{bmatrix} \times \begin{bmatrix} 0 \\ 0 \\ -G_L \end{bmatrix} + \begin{bmatrix} r_{Px} \\ r_{Py} \\ r_{Pz} \end{bmatrix} \times \begin{bmatrix} 0 \\ 0 \\ -G_P \end{bmatrix} + \begin{bmatrix} 0 \\ r_{By} \\ 0 \end{bmatrix} \times \begin{bmatrix} F_{Bx} \\ 0 \\ F_{Bz} \end{bmatrix} + \begin{bmatrix} r_{Cx} \\ r_{Cy} \\ r_{Cz} \end{bmatrix} \times \begin{bmatrix} F_{Cx} \\ 0 \\ 0 \end{bmatrix}$$

$$= \begin{bmatrix} -r_{Ly}G_L - r_{Py}G_P + r_{By}F_{Bz} \\ r_{Lx}G_L + r_{Px}G_P + r_{Cz}F_{Cx} \\ -r_{By}F_{Bx} - r_{Cy}F_{Cx} \end{bmatrix} = 0 .$$

Hierin sind $r_L = [-e; (a-c); g]$, $r_B = [0; a; 0]$, $r_C = [-b; (a-c); d]$. Aus (2) erhält man die gesuchten Kräfte

$$F_{Cx} = \frac{1}{d} [eG_L + |r_{Px}| G_P] ,$$

$$F_{Bx} = \frac{1}{a} (c-a) F_{Cx} ,$$

$$\left. \begin{aligned} F_{Bz} &= \frac{1}{a} [(a-c) G_L + r_{Py} G_P] , \\[2mm] F_{Ax} &= -F_{Bx} - F_{Cx} , \\[2mm] F_{Az} &= G_L + G_P - F_{Bz} , \end{aligned} \right\} \quad (3)$$

$$F_A = [-128{,}3; 0; 370] \ N;$$

$$F_B = [-128{,}3; 0; 690] \ N;$$

$$F_C = [256{,}7; 0; 0] \ N.$$

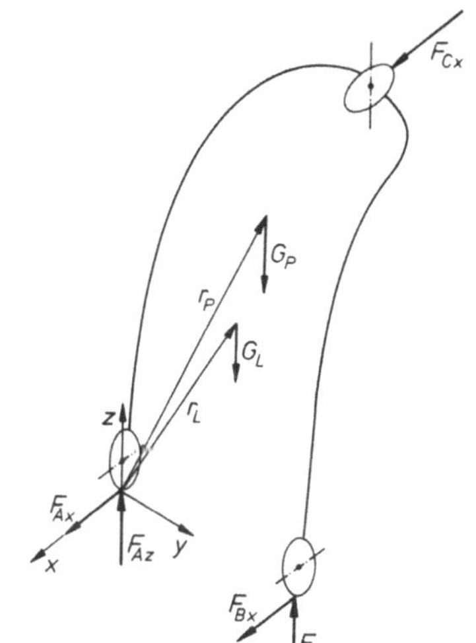

Fig. 2.2

b) Die Leiter wird bei Veränderung von r_P umfallen, wenn aus den Gleichgewichtsbedingungen negative Kräfte F_A bzw. F_B errechnet werden. Sie können von den Rädern A und B nicht übertragen werden. Für den Grenzfall $F_{Bz} = 0$ erhält man aus (3)

$$r_{Py} = -(a-c) \frac{G_L}{G_P} = -0{,}16 \ m ,$$

für den Grenzfall $F_{Az} = 0$

$$0 = G_L + G_P - \frac{1}{a}\left[(a - c)\,G_L + r_{Py}G_P\right] ,$$

$$r_{Py} = a + c\,\frac{G_L}{G_P} = 1{,}16\ \text{m} .$$

Für Standsicherheit ist demnach notwendig

$$-0{,}16\ \text{m} < r_{Py} < 1{,}16\ \text{m} .$$

Aufgabe 2.2 (Fig. 2.3). Wie groß ist das Kraftverhältnis F_Q/F für die skizzierte Kniehebelpresse, wenn die Gelenke als reibungsfrei angesehen werden? Die Winkel sind $\alpha = \beta = 8°$.

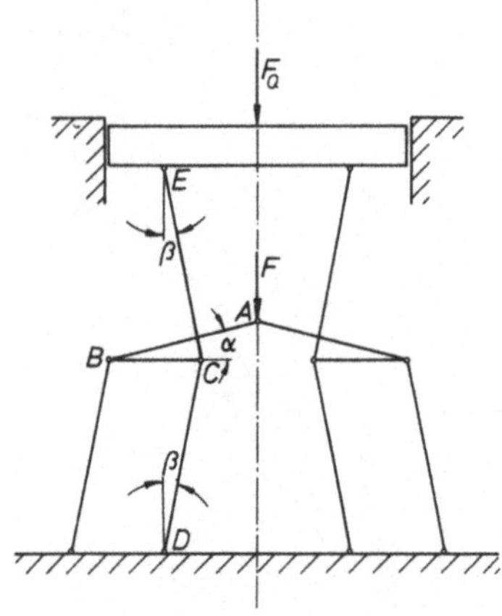

Fig. 2.3

L ö s u n g : Eine herausgeschnittene Stange kann bei reibungsfreien Gelenken (das bedeutet $M_{Gelenk} = 0$) nur im Gleichgewicht sein, wenn die Schnittkräfte S_i die Richtung der Stangenachse haben. Damit lassen sich für jeden herausgeschnitten gedachten Gelenkpunkt (Fig. 2.4) die Gleichgewichtsbedingungen aufstellen. Wegen der Symmetrie der Konstruktion reicht es aus, eine Systemhälfte zu betrachten.

Gelenk A: $\Sigma F_x = -S_1\cos\alpha + S_2\cos\alpha = 0,$

$\qquad\qquad \Sigma F_y = -F + S_2\sin\alpha + S_1\sin\alpha = 0,$

$\qquad\qquad$ daraus folgt $\quad S_2 = \dfrac{F}{2\sin\alpha}$.

Gelenk B: $-S_2\cos\alpha + S_3\sin\beta + S_4 = 0 ,$

$\qquad\qquad -S_2\sin\alpha + S_3\cos\beta \qquad\ = 0 ,$

$\qquad\qquad$ daraus folgt $S_4 = \dfrac{1}{2}\,F\left(\dfrac{1}{\tan\alpha} - \tan\beta\right).$

Gelenk C: $-S_4 + S_5 \sin\beta + S_6 \sin\beta = 0,$

$\qquad\qquad S_5 \cos\beta - S_6 \cos\beta \qquad = 0,$

$$\text{daraus folgt } S_6 = \frac{F}{4\sin\beta}\left(\frac{1}{\tan\alpha} - \tan\beta\right).$$

Aus der Gleichgewichtsbedingung für die obere Druckplatte folgt schließlich

$$\Sigma F_y = -F_Q + 2\,S_6 \cos\beta = 0,$$

$$\frac{F_Q}{F} = \frac{1}{2}\left(\frac{1}{\tan\alpha\,\tan\beta} - 1\right) = 24{,}8 \;.$$

Die Lösung mit Hilfe des Prinzips der virtuellen Arbeit wird in **Aufgabe 2.28** gezeigt.

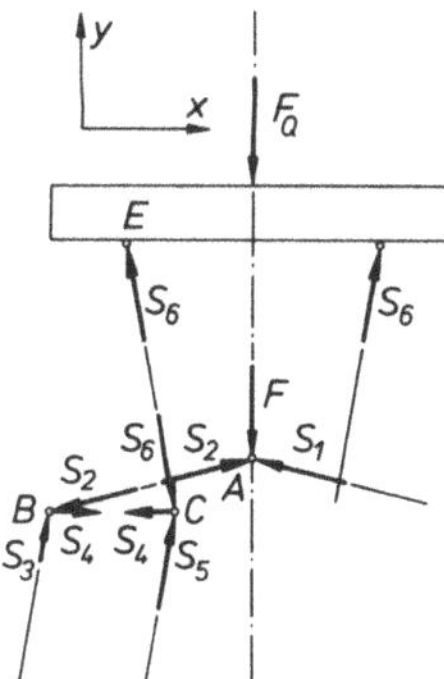

Fig. 2.4

Fig. 2.5

Aufgabe 2.3 (Fig. 2.5). Zwei gleichlange, homogene Balken 1 und 2 mit konstantem Querschnitt und dem Eigengewicht $G_1 = G_2 = G$ seien bei D gelenkig miteinander verbunden. Das Balken-System ist bei C durch ein Gelenklager an einer Wand befestigt und wird bei E über einen Seilzug durch das Gewicht F_Q im Gleichgewicht gehalten. Das Eigengewicht des Seiles und die Reibung in den Gelenklagern und in der Umlenkrolle sollen unberücksichtigt bleiben. Der Radius der Umlenkrolle sei vernachlässigbar klein. Wie groß ist der Durchhang f, wenn der Balken 2 horizontal hängt, und wie groß muß dabei das Gewicht F_Q sein?

L ö s u n g : Das Eigengewicht eines homogenen Balkens ist der im geometrischen Stabmittelpunkt angreifend gedachten Gewichtskraft G statisch äquivalent. Am freigeschnittenen System (Fig. 2.6) treten die Unbekannten F_{CH}, F_{CV}, F_{EV}, F_{EH} und α auf. Aus geeigneten Gleichgewichtsbedingungen lassen sich fünf Gleichungen zu ihrer Bestimmung gewinnen.
Balken 1 und 2:

$$\Sigma F_x = -F_{CH} + F_{EH} = 0 \;, \tag{1}$$

$$\Sigma F_y = F_{CV} - 2\,G + F_{EV} = 0, \tag{2}$$

$$\Sigma \; M_{Cz} = -\frac{a}{2}\cos\alpha\,G - \left(a\cos\alpha + \frac{a}{2}\right)G + \ell\,F_{EV} = 0, \tag{3}$$

Balken 1: $\quad \Sigma \; M_{Dz} = \dfrac{a}{2}\cos\alpha\,G - a\cos\alpha\,F_{CV} + a\sin\alpha\,F_{CH} = 0, \tag{4}$

Balken 2: $\quad \Sigma \; M_{Dz} = -\dfrac{a}{2}\,G + a\,F_{EV} = 0. \tag{5}$

Aus (5) und (2) folgt

$$F_{EV} = \frac{G}{2}, \qquad F_{CV} = \frac{3}{2}\,G\,. \tag{6}$$

Damit erhält man aus (3)

$$\cos\alpha = \frac{\ell - a}{3a} \tag{7}$$

und aus (4)

$$F_{CH} = F_{EH} = \frac{G}{\tan\alpha}\,. \tag{8}$$

Der Durchhang f und das Gewicht F_Q sind damit

$$f = a\sin\alpha = \frac{1}{3}\sqrt{9a^2 - (\ell - a)^2}\,,$$

$$F_Q = \sqrt{F_{EH}^2 + F_{EV}^2} = G\,\sqrt{\frac{(\ell - a)^2}{9a^2 - (\ell - a)^2} + \frac{1}{4}}\,.$$

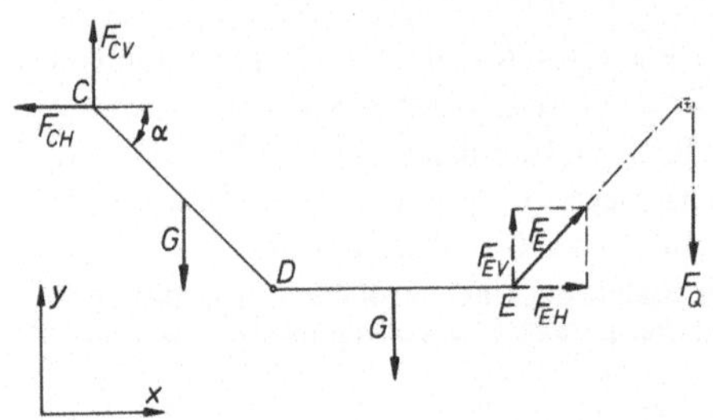

Fig. 2.6

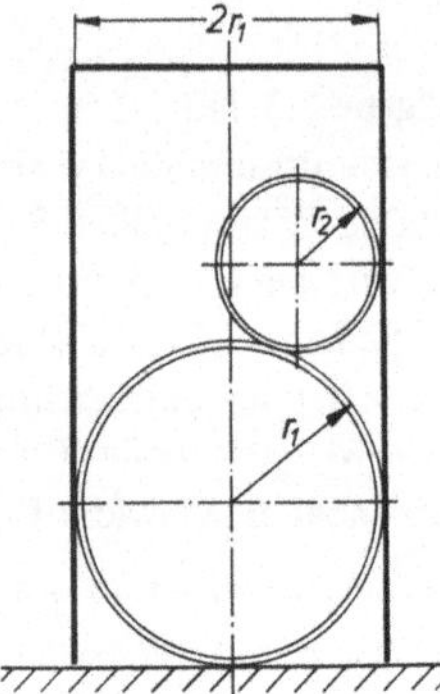

Fig. 2.7

Aufgabe 2.4 (Fig. 2.7). Zwei dünnwandige Rohre mit gleicher Wanddicke, aber unterschiedlichen Außenradien r_1 und r_2 werden durch einen unten offenen Kasten mit dem Gewicht G_K in der skizzierten Lage festgehalten. Das größere Rohr hat das Gewicht $G_1 = \alpha G_K$. Rohre und Kasten seien völlig glatt, so daß von Reibung abgesehen werden kann.

a) Welcher Wertebereich für den Außenradius des kleineren Rohres muß bei einem Gewichtsfaktor $\alpha = 7,2$ vermieden werden, wenn der Kasten nicht kippen soll?

b) Für welchen Wertebereich des Faktors α ist die Standsicherheit des Systems immer gewährleistet?

L ö s u n g : a) Die Grenze der Standsicherheit des Systems wird erreicht, wenn nur noch die rechte untere Kante des Kastens eine Kraft auf den Boden überträgt. Dieser Zustand ist am freigeschnittenen Kasten (Fig. 2.8) skizziert worden. Da keine Reibungskräfte vorhanden sind, wirken die Schnittkräfte zwischen Kasten und Rohren normal zur Kontaktfläche. Bei homogen verteilten Massen des Kastens und der Rohre liegen die Wirkungslinien der Gewichtskräfte in den Symmetrieachsen parallel zur y-Achse. Wenn Standsicherheit vorhanden ist, gilt für den Kasten die Momentenbedingung

$$\Sigma\, M_{Az} = r_1 F_1 - h F_2 + r_1 G_K > 0 , \tag{1}$$

mit $\qquad h = r_1 + \sqrt{(r_1 + r_2)^2 - (r_1 - r_2)^2} = r_1 + 2\sqrt{r_1 r_2}. \tag{2}$

Für die beiden Rohre können die Gleichgewichtsbedingungen gemeinsam angeschrieben werden:

$$\Sigma\, F_x = F_1 - F_2 = 0 , \tag{3}$$

$$\Sigma\, M_{Mz} = 2\sqrt{r_1 r_2}\, F_2 - (r_1 - r_2)\, G_2 . \tag{4}$$

Mit (2), (3) und (4) erhält man aus der Standsicherheitsbedingung (1)

$$r_1 G_K - (r_1 - r_2)\, G_2 > 0 . \tag{5}$$

Da zwischen den Gewichten der Rohre und des Kastens die Beziehungen

$$G_1 = \alpha\, G_K, \qquad G_2 = G_1\, \frac{r_2}{r_1} \tag{6}$$

bestehen, folgt aus (5) und (6) als Bestimmungsgleichung für r_2

$$r_2^2 - r_1 r_2 + \frac{1}{\alpha}\, r_1^2 > 0, \tag{7}$$

$$r_2 \gtrless r_1 \left(\frac{1}{2} \pm \sqrt{\frac{1}{4} - \frac{1}{\alpha}} \right). \tag{8}$$

Aus (7) und (8) folgt, daß r_2 nicht im Bereich

$$\frac{1}{6}\, r_1 < r_2 < \frac{5}{6}\, r_1$$

liegen darf.

b) Schreibt man (7) in der Form

$$\left(r_2 - \frac{r_1}{2} \right)^2 + r_1^2 \left(\frac{1}{\alpha} - \frac{1}{4} \right) > 0 ,$$

dann erkennt man unmittelbar, daß für

$$0 \leqslant \alpha < 4$$

Standsicherheit vorhanden ist unabhängig von der Größe r_2.

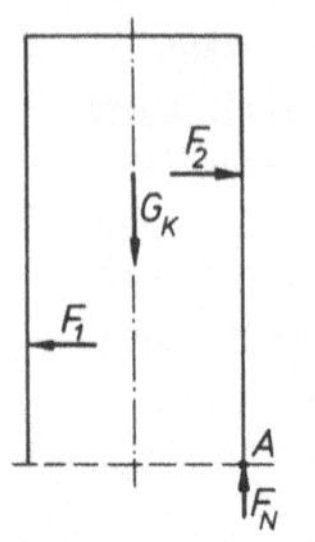
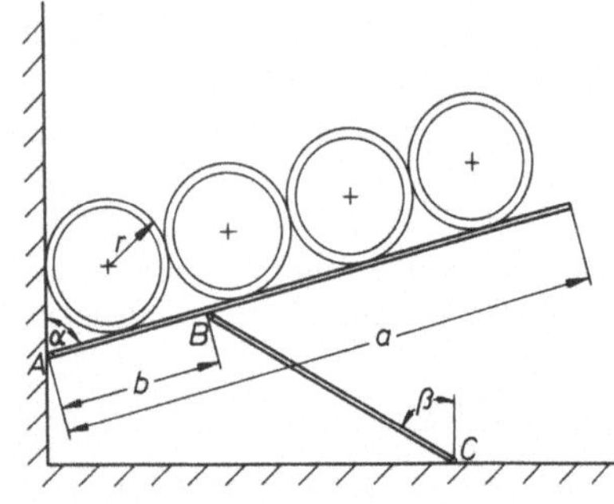

Fig. 2.8

Fig. 2.9

Aufgabe 2.5 (Fig. 2.9). Die schematisch skizzierte Lagerrampe ist im Punkt A gelenkig an einer Wand befestigt und wird durch eine in den Punkten B und C gelenkig gelagerte Stütze getragen. Auf der Rampe sollen bis zu vier Rohre mit dem Außenradius r und dem Einzelgewicht G nebeneineander gelagert werden. Das Eigengewicht der Rampe ist G_0. Die Punkte A, B und C, sowie die Gewichtskräfte G und G_0 liegen in der Zeichenebene. Reibungseinflüsse sollen unberücksichtigt bleiben.

a) Welche Extremwerte nimmt die Vertikalkraft F_V im Lager A an, wenn die Rampe mit bis zu 4 Rohren beladen wird?

b) Wie groß sind die maximalen Belastungen des Lagers A in Horizontalrichtung und der Stütze BC?

Z a h l e n w e r t e : a = 2,6 m; b = 0,8 m; r = 0,3 m; $\alpha = 70°$; $\beta = 60°$; $G_0 = 800$ N; G = 1000 N.

L ö s u n g : a) Werden Rampe und Rohre gemeinsam von ihrer Umgebung freigeschnitten, dann erhält man die äußeren Kräfte nach Fig. 2.10. Bei einer Beladung mit n Rohren lauten die Gleichgewichtsbedingungen

$$\Sigma \, F_x \;\; = F_H + \frac{nG}{\tan \alpha} - F_S \sin \beta = 0 \,, \tag{1}$$

$$\Sigma \, F_y \;\; = F_V - nG - G_0 + F_S \cos \beta = 0 \,, \tag{2}$$

$$\Sigma \, M_{Az} = bF_S \sin (\alpha + \beta) - \frac{a}{2} \, G_0 \sin \alpha -$$

$$- \frac{nG}{\tan \alpha} \, \frac{r}{\tan (\alpha/2)} - G \{ r + \cdots + [r + 2 \, (n-1) \, r \sin \alpha] \} \,. \tag{3}$$

In (3) kann für den Ausdruck in der geschweiften Klammer $\{ nr + n(n-1) \, r \sin \alpha \}$ geschrieben werden.

Aus (2) und (3) erhält man die Vertikalkomponente F_V der Lagerreaktion F_A:

$$F_V = nG + G_0 - \frac{\cos \beta}{b \sin (\alpha + \beta)} \left[\frac{aG_0}{2} \sin \alpha + \right.$$

$$\left. + \frac{nrG}{\tan \alpha \, \tan (\alpha/2)} + nrG + n(n-1)\,rG \sin \alpha \right]. \tag{4}$$

Bei einer Ladung von n Rohren bestimmt man für F_V die Werte:

n	1	2	3	4
F_V	631 N	799 N	507 N	−245 N

Die Extremwerte für F_V liegen bei $n = 2$ und $n = 4$.

b) Die maximale Stützenbelastung F_{Smax} folgt aus (2) mit $n = 4$

$$F_{Smax} = 10091 \text{ N} . \tag{5}$$

Die größte Belastung des Lagers A in Horizontalrichtung liegt ebenfalls bei $n = 4$. Aus (1) und (5) folgt $F_{Hmax} = 7283$ N.

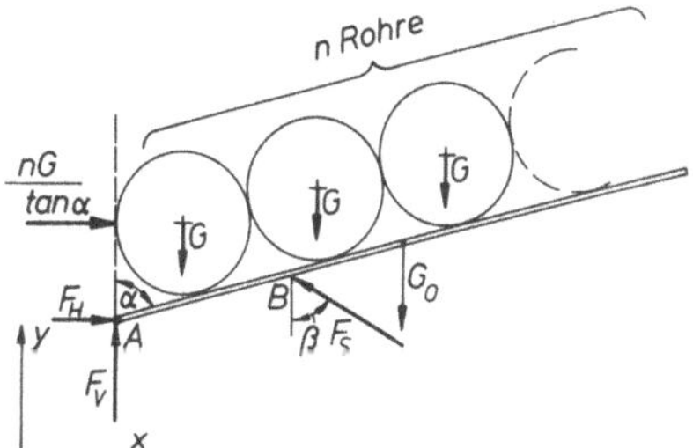

Fig. 2.10

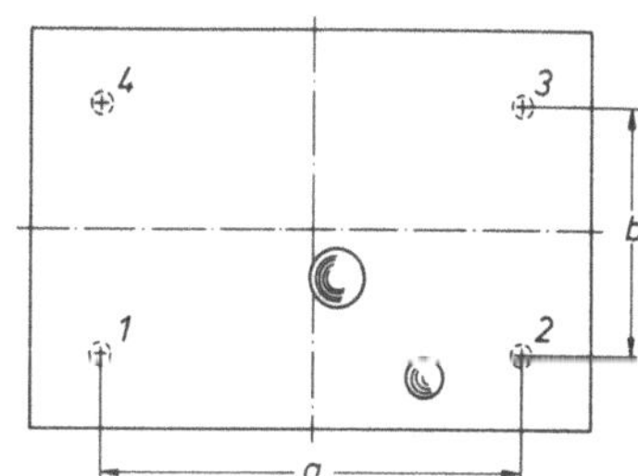

Fig. 2.11

Aufgabe 2.6 (Fig. 2.11). Auf der horizontalen Platte eines vierbeinigen Tisches, dessen vertikale Symmetrieachse durch seinen Schwerpunkt geht, liegt eine Kugel. Von den vier Tischbeinen werden dabei auf den Boden die vertikalen Kräfte $F_1 = 60$ N, $F_2 = 40$ N, $F_3 = 100$ N und $F_4 = 100$ N übertragen. Nachdem zusätzlich eine zweite Kugel vom halben Gewicht der ersten auf den Tisch gelegt wird, erhält man $F_1{}' = 70$ N, $F_2{}' = 60$ N, $F_3{}' = 120$ N, $F_4{}' = 110$ N. Die Tischbeine haben die Abstände $a = 1,2$ m; $b = 0,8$ m.

a) Wie groß sind die Gewichte G_1 und $G_2 = G_1/2$ der Kugeln und G_T des Tisches, und an welchen Stellen der Tischplatte wurden die Kugeln aufgelegt?

b) Warum kann man diese Aufgabe nicht umkehren, also aus bekannten Gewichten von Tisch und Kugeln, sowie bekannten Auflagestellen der Kugeln, die Kräfte F_1 bis F_4 berechnen?

L ö s u n g : a) Für die Berechnung der sechs Unbekannten (G_T und $G_1 = 2\,G_2$ sowie 4 Koordinaten für die Kugelauflagepunkte) können für beide Belastungsfälle jeweils drei unabhängige Gleichgewichtsbedingungen angegeben werden. Bei Verwendung des Koordinatensystems in Fig. 2.12 erhält man für den Belastungsfall 1

$$\Sigma\,F_z \;= F_1 + F_2 + F_3 + F_4 - G_T - G_1 = 0\,,$$

$$\Sigma\,M_{Ox} = -\frac{a}{2}\,(F_1 + F_4) + \frac{a}{2}\,(F_2 + F_3) - y_1 G_1 = 0\,,$$

$$\Sigma\,M_{Oy} = -\frac{b}{2}\,(F_1 + F_2) + \frac{b}{2}\,(F_3 + F_4) + x_1 G_1 = 0\,,$$

und für den Belastungsfall 2

$$\Sigma\,F_z \;= F_1' + F_2' + F_3' + F_4' - G_T - \frac{3}{2}\,G_1 = 0,$$

$$\Sigma\,M_{Ox} = -\frac{a}{2}\,(F_1' + F_4') + \frac{a}{2}\,(F_2' + F_3') - y_1 G_1 - y_2\,\frac{G_1}{2} = 0\,,$$

$$\Sigma\,M_{Oy} = -\frac{b}{2}\,(F_1' + F_2') + \frac{b}{2}\,(F_3' + F_4') + x_1 G_1 + x_2\,\frac{G_1}{2} = 0\,.$$

Mit den gegebenen Zahlenwerten folgen daraus die Gleichungen

$$G_1 + G_T = 300; \quad \frac{3}{2}\,G_1 + G_T = 360\;;$$

$$y_1 G_1 = -12; \quad x_1 G_1 = -40\;;$$

$$2\,y_1 G_1 + y_2 G_1 = 0; \quad 2\,x_1 G_1 + x_2 G_1 = -80\,,$$

mit der Lösung

$$G_T = 180\,\text{N}\;;$$

$$G_1 = 120\,\text{N}; \quad x_1 = -\frac{1}{3}\,\text{m}; \quad y_1 = -0{,}1\,\text{m};$$

$$G_2 = 60\,\text{N}; \quad x_2 = 0; \quad y_2 = 0{,}2\,\text{m}\,.$$

b) Für das räumliche System mit parallelen Kräften lassen sich nur 3 unabhängige Gleichgewichtsbedingungen ($\Sigma\,F_z = 0$; $\Sigma\,M_x = 0$; $\Sigma\,M_y = 0$) angeben, die jedoch zur Bestimmung der 4 Unbekannten F_1, F_2, F_3, F_4 nicht ausreichen. Das System ist einfach statisch unbestimmt. Nur wenn die Verformungen des belasteten Tisches berücksichtigt werden, wird das Problem lösbar (s. Kap. 3).

Aufgabe 2.7 (Fig. 2.13). Ein vierrädriger Wagen mit Einzelradfederung steht auf einer horizontalen, ebenen Fläche. Er ist so beladen, daß sich das Gesamtgewicht G des Wagenaufbaus einschließlich Ladung gleichmäßig auf alle Räder verteilt. Durch einen Wagenheber, der an der Vorderachse um den Abstand b von der Wagenmittellinie versetzt angreift, wird der Wagen soweit angehoben, daß das Vorderrad 2 gerade entlastet ist. Die dabei auftretende Verschiebung des Wagens im Raum soll klein bleiben. Das Wagengestell kann als starr betrachtet werden; die Federkräfte F_i in den vier gleichen Radfedern seien proportional zum Federweg $F_i = cf_i$.

Welche Last F_H muß der Wagenheber übernehmen und wie groß sind die Radlasten F_1, F_3 und F_4 nach dem Anheben?

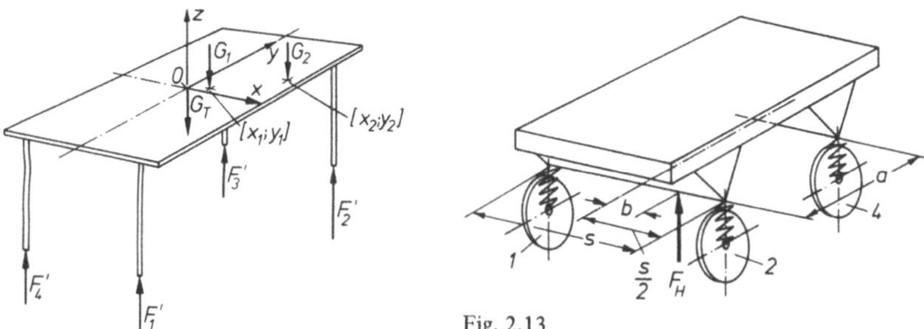

Fig. 2.13

Fig. 2.12

L ö s u n g : Auf den Wagenaufbau werden von den Radfedern die Kräfte

$$F_1 = cf_1; \quad F_2 = cf_2; \quad F_3 = cf_3; \quad F_4 = cf_4 \tag{1}$$

übertragen.

Da alle vorkommenden Kräfte vertikal sind, reduzieren sich die statischen Gleichgewichtsbedingungen auf drei; sie lauten bei Verwendung des Koordinatensystems nach Fig. 2.14

$$\Sigma \; F_z = F_1 + F_3 + F_4 + F_H - G = 0, \tag{2}$$

$$\Sigma \; M_{(3)x} = \frac{a}{2} \, G - aF_1 - aF_H = 0, \tag{3}$$

$$\Sigma \; M_{(1)y} = \frac{s}{2} \, G - (\frac{s}{2} + b) F_H - sF_4 = 0 \, . \tag{4}$$

Eine vierte Beziehung erhält man aus dem Zusammenhang der Federwege f_1, f_2, f_3 und f_4 (geometrische Verträglichkeitsbedingung!). Da der Wagenaufbau starr ist, gilt

$$f_2 - f_1 = f_4 - f_3 \tag{5}$$

und daraus folgt wegen (1)

$$F_2 - F_1 = F_4 - F_3 \, , \tag{6}$$

worin $F_2 = 0$ zu setzen ist.

Aus (2), (3), (4) und (6) erhält man schließlich den Lastanteil auf den Wagenheber und die Radkräfte:

$$F_H = \frac{G}{2\left(1 + \dfrac{b}{s}\right)} \; ; \quad F_1 = \frac{G}{2\left(1 + \dfrac{s}{b}\right)} \; ; \quad F_3 = \frac{G}{4}\left(\frac{1}{1 + \dfrac{s}{b}} + 1\right) \; ;$$

$$F_4 = \frac{G}{4\left(1 + \dfrac{b}{s}\right)} \; .$$

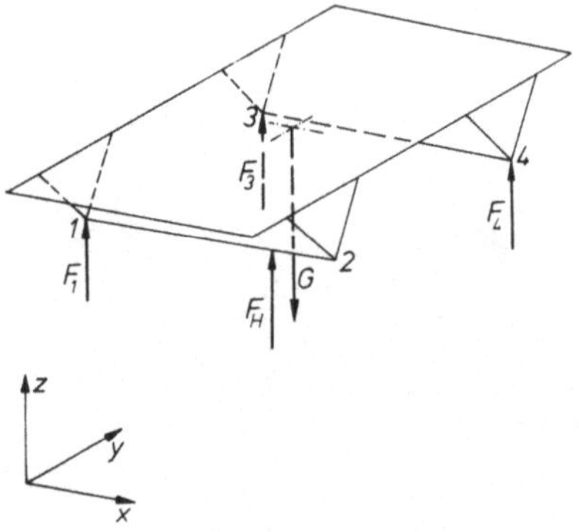

Fig. 2.14

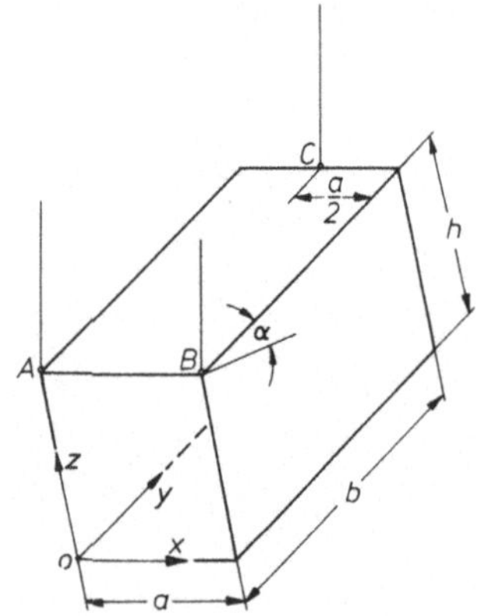

Fig. 2.15

Aufgabe 2.8 (Fig. 2.15). Für einen leeren quaderförmigen Öltank mit angebauten Hilfsaggregaten soll die Lage des Schwerpunktes bestimmt werden. Hierfür wird der Tank an drei Punkten A, B und C durch vertikale Seilzüge angehoben. Bei zwei verschiedenen Raumlagen des Tanks, die durch den Winkel α der oberen Längskanten gegenüber der Horizontalen (bei horizontaler Kante $\overline{AB}$) festgelegt sind, werden in den vertikalen Seilen die folgenden Kräfte gemessen:

$$\alpha = 0: \qquad F_A = 2760\,\text{N}; \qquad F_B = 2400\,\text{N}; \qquad F_C = 3840\,\text{N};$$

$$\alpha = 15°: \qquad F_A = 2599\,\text{N}; \qquad F_B = 2260\,\text{N}; \qquad F_C = 4141\,\text{N}.$$

Man bestimme die Schwerpunktkoordinaten $[x_S; y_S; z_S]$ im eingezeichneten Koordinatensystem.

T a n k a b m e s s u n g e n : $a = 1,80\,\text{m}; b = 4,20\,\text{m}; h = 2,0\,\text{m}$.

L ö s u n g : Das System der Kräfte F_A, F_B und F_C, einschließlich der durch den Schwerpunkt laufenden resultierenden Gewichtskraft G des Tanks ist im Gleichgewicht. Als Gleichgewichtsbedingungen erhält man im Falle $\alpha = 0$

$$\Sigma\, F_z \;\; = -G + F_A + F_B + F_C = 0, \qquad G \;\; = 9000\,\text{N},$$

$$\Sigma\, M_{Ox} = -y_S G + bF_C = 0 , \qquad y_S = 1,79\,\text{m},$$

$$\Sigma\, M_{Oy} = x_S G - aF_B - \frac{a}{2}\,F_C = 0, \qquad x_S = 0,86\,\text{m} .$$

Im Falle $\alpha = 15°$ folgt

$$\Sigma\ M_{Ax} = b \cos \alpha\ F_C - (h \sin \alpha + y_S \cos \alpha - z_S \sin \alpha)\,G = 0, \qquad z_S = 1{,}47\ \text{m}.$$

Bei der praktischen Anwendung dieser Methode der Schwerpunktbestimmung ist es einfacher, mit nur einem Seilzug zu arbeiten und jeweils eine Tankkante auf dem Boden aufstehen zu lassen. Die Koordinaten x_S, y_S, z_S können dann aus den Seilkräften bei drei verschiedenen Kippwinkeln um zwei Tankkanten und dem Tankgewicht G bestimmt werden.

Aufgabe 2.9 (Fig. 2.16). Wie lauten die Schwerpunktkoordinaten $[x_S; y_S; z_S]$ eines homogenen, schräg abgeschnittenen Kreiszylinders?

L ö s u n g : Für den Ortsvektor von einem Punkt O zum Volumenmittelpunkt S eines Körpers gilt

$$r_{OS} = \frac{1}{V} \int\limits_K r_{OK}\,dV . \tag{1}$$

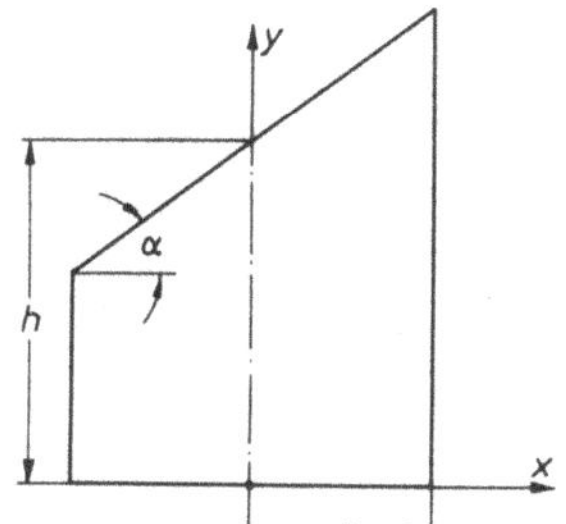

Fig. 2.16

Wählt man den Ursprung des in Fig. 2.17 eingezeichneten Koordinatensystems als Bezugspunkt, dann folgt

$$x_S = \frac{1}{V} \int\limits_K x\,dV , \qquad y_S = \frac{1}{V} \int\limits_K y\,dV . \tag{2}$$

Da die x, y-Ebene Symmetrieebene ist, gilt $z_S = 0$. Für die Auswertung der Integrale (2) wählt man Volumenelemente dV, für die die zugehörigen Volumenmittelpunktkoordinaten sofort angegeben werden können. Das in Fig. 2.17 skizzierte Volumenelement dV ist

$$\left.\begin{aligned} dV &= 2\sqrt{r^2 - x^2}\,y\,dx ,\\ \text{mit}\qquad y &= h + x \tan \alpha. \end{aligned}\right\} \tag{3}$$

Mit $V = \pi r^2 h$ erhält man für x_S aus (2)

$$x_S = \frac{2}{\pi r^2 h} \int\limits_{-r}^{r} (xh\sqrt{r^2 - x^2} + x^2 \sqrt{r^2 - x^2}\,\tan \alpha)\,dx .$$

Da der erste Term des Integranden eine ungerade Funktion ist, verschwindet das zugehörige bestimmte Integral. Der zweite Term ist eine gerade Funktion. Daher wird

$$x_S = \frac{4 \tan \alpha}{\pi r^2 h} \int\limits_{0}^{r} x^2 \sqrt{r^2 - x^2}\,dx .$$

Die Integration ergibt

$$x_S = \frac{r^2 \tan \alpha}{4h} \ .$$ (4)

Im Integranden von y_S muß die Schwerpunktskoordinate für das Volumenelement dV nach Fig. 2.17 mit $y/2$ eingesetzt werden. Aus (2) und (4) folgt dann

$$y_S = \frac{1}{V} \int_K \frac{y}{2}\, 2\,\sqrt{r^2 - x^2}\, y\, dx = \frac{1}{V} \int_{-r}^{r} (h + x \tan \alpha)^2 \sqrt{r^2 - x^2}\, dx$$

$$= \frac{2}{\pi r^2 h} \int_0^r h^2 \sqrt{r^2 - x^2}\, dx + \frac{1}{2}\, x_S \tan \alpha = \frac{h}{2} + \frac{r^2 \tan^2 \alpha}{8h} \ .$$ (5)

Man findet y_S noch einfacher mit Hilfe der Überlegung, daß der Volumenmittelpunkt auf der Geraden $y = (h + x \tan \alpha)/2$ liegen muß. Setzt man hier für x den Wert x_S nach (4) ein, erhält man sofort (5).

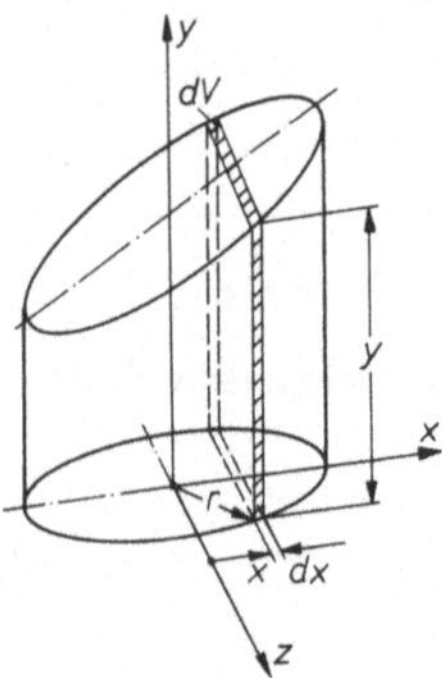

Fig. 2.17

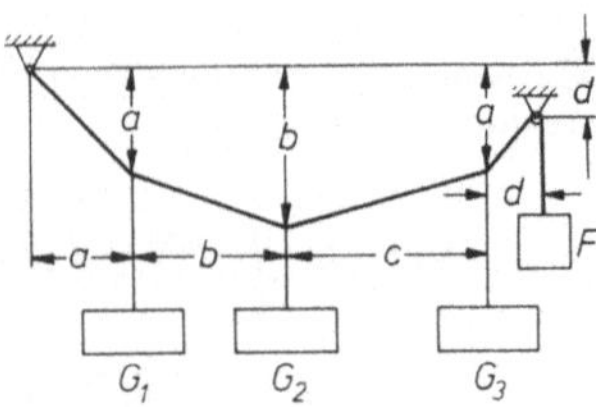

Fig. 2.18

Aufgabe 2.10 (Fig. 2.18). Ein biegeweiches Seil trägt drei Beleuchtungskörper und wird in der gezeichneten Lage durch ein Gewicht F im Gleichgewicht gehalten. Der Durchmesser der Umlenkrolle kann unberücksichtigt bleiben.

Man bestimme grafisch und numerisch die Gewichte G_1, G_2 und G_3 der Beleuchtungskörper.

Z a h l e n w e r t e : $F = 1000\,N; a = 2\,m; b = 3\,m; c = 4\,m; d = 1\,m$.

L ö s u n g : Zeichnerisch findet man die Lösung mit Hilfe des Seileckverfahrens, wobei im vorliegenden Falle das Seileck und eine Seilkraft **F** gegeben sind. Das Krafteck wird gesucht. Da mit dem Seileck auch die Richtungen der Polstrahlen I bis IV bekannt sind und mit der Seilkraft **F** die Länge des Polstrahls IV gegeben ist, folgt daraus unmittelbar das Krafteck $\mathbf{G_1}$, $\mathbf{G_2}$, $\mathbf{G_3}$ (Fig. 2.19).

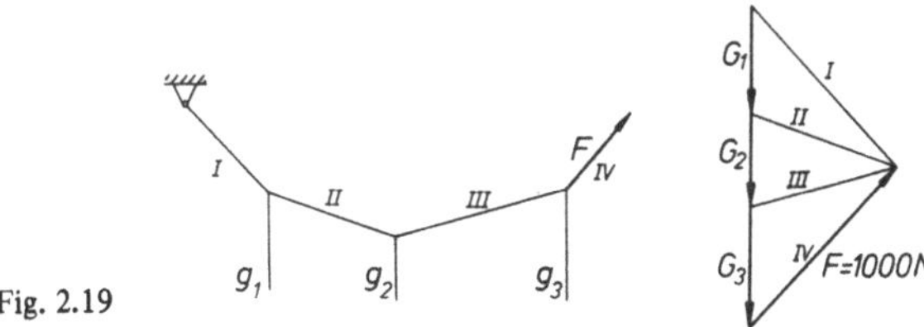

Fig. 2.19

Für eine numerische Lösung setzt man für jeden der drei Seilknoten das Kräftegleichgewicht an (Fig. 2.20). Aus

$$\Sigma F_x = F \cos\alpha - S_3\cos\beta = S_3\cos\beta - S_2\cos\gamma = S_2\cos\gamma - S_1\cos\delta = 0 \quad (1)$$

folgt die bekannte Tatsache, daß der Horizontalzug F_H in einem Seil mit vertikalen Belastungen über die ganze Seillänge konstant ist:

$$F_H = F \cos\alpha = 707 \text{ N} . \tag{2}$$

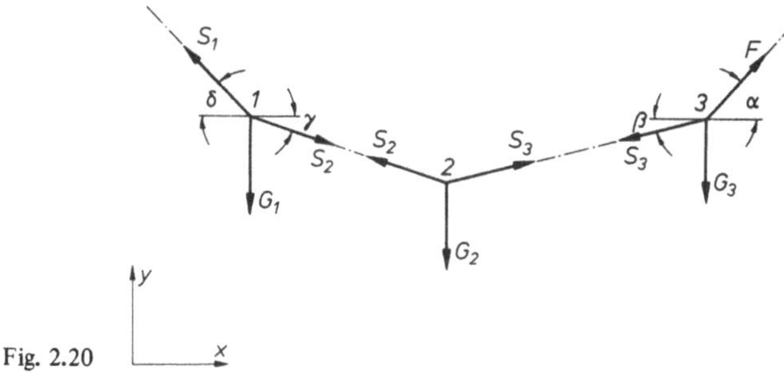

Fig. 2.20

Damit folgt für

Knoten 3: $\Sigma F_y = -G_3 + F_H\tan\alpha - F_H\tan\beta = 0,$

$\qquad\qquad G_3 - F_H(\tan\alpha - \tan\beta) = 530 \text{ N},$

Knoten 2: $\Sigma F_y = -G_2 + F_H\tan\beta + F_H\tan\gamma = 0,$

$\qquad\qquad G_2 = F_H(\tan\beta + \tan\gamma) = 412 \text{ N},$

Knoten 1: $\Sigma F_y = -G_1 + F_H\tan\delta - F_H\tan\gamma = 0,$

$\qquad\qquad G_1 = F_H(\tan\delta - \tan\gamma) = 471 \text{ N}.$

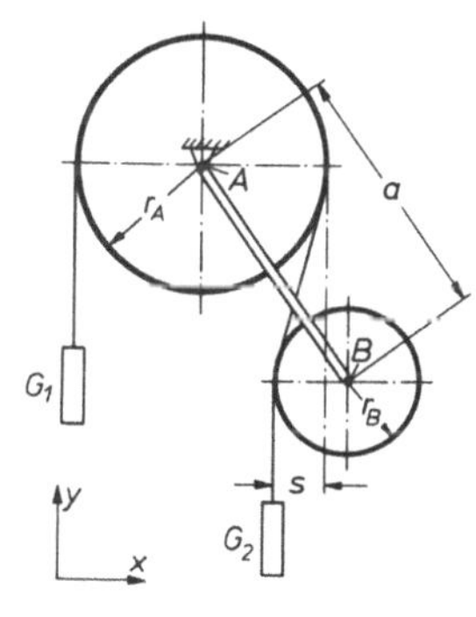

Fig. 2.21

Aufgabe 2.11 (Fig. 2.21). Über eine reibungsfrei drehbare Rolle wird ein Seil geführt, das die beiden Gewichte $G_1 = G_2$ trägt. Der rechte Seilzug wird durch eine zusätzliche

Führungsrolle vom Gewicht G_B seitlich abgelenkt. Das Gewicht sowie die Reibung der um A drehbaren Gabel $\overline{AB}$, die diese Führungsrolle trägt, seien vernachlässigbar klein.

Man bestimme grafisch und numerisch die Seilablenkung s und die von der Gabel aufzunehmende Kraft F_G.

Z a h l e n w e r t e : $G_1 = G_2 = 450$ N; $r_A = 0,17$ m; $r_B = 0,1$ m; $G_B = 150$ N; a $=$ 0,35 m.

L ö s u n g : Die Aufgabe wird g r a f i s c h mit Hilfe des Seileckverfahrens gelöst. Das skizzierte mechanische System ist im Gleichgewicht, wenn alle äußeren Kräfte ein geschlossenes Krafteck bilden und ihre Wirkungslinien so liegen, daß auch das Seileck geschlossen ist (Fig. 2.22). Das bedeutet, aus dem Seileck für die Kräfte G_1, G_2, G_B muß als Resultierende die negative Lagerkraft $-F_A$ mit $|F_A| = G_1 + G_2 + G_B$ erhalten werden. Hierzu wird zunächst der „äußere" Teil des Seilecks aus den Seileckabschnitten I und IV mit dem Eckpunkt a konstruiert. Die Eckpunkte des „inneren" Seilecks sind b, e und f. Von diesen ist nur die Lage von b und der horizontale Abstand r_B der Punkte e und f bekannt. Man findet e und f wie folgt: von einem beliebigen Punkt c auf IV ziehe man eine Parallele zum Polstrahl III bis zum Punkte d, der von c den horizontalen Abstand r_B hat. Eine Parallele zu IV durch d schneidet den von b aus gezogenen Seileckabschnitt II in e. Die Seilablenkung s kann dann als horizontaler Abstand des Punktes e von der vertikalen rechten Tangente an die Rolle A gefunden werden. Die Zugkraft F_G in der Gabel $\overline{AB}$ erhält man aus dem Krafteck für die freigeschnittene Führungsrolle B (Fig. 2.23). Unter Berücksichtigung der gewählten Kraft- und Längenmaßstäbe liest man aus den Zeichnungen die Werte s $= 7$ cm und $F_G = 200$ N ab.

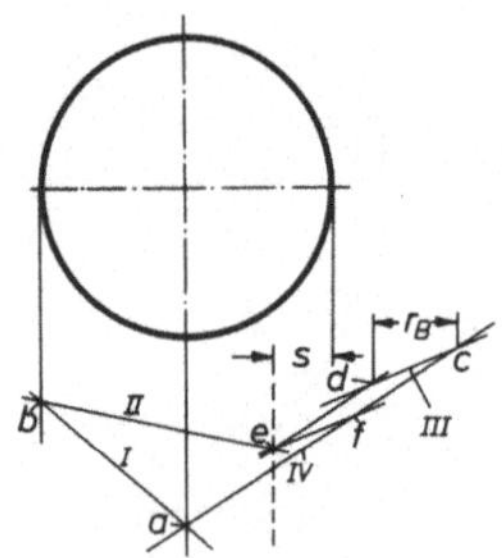
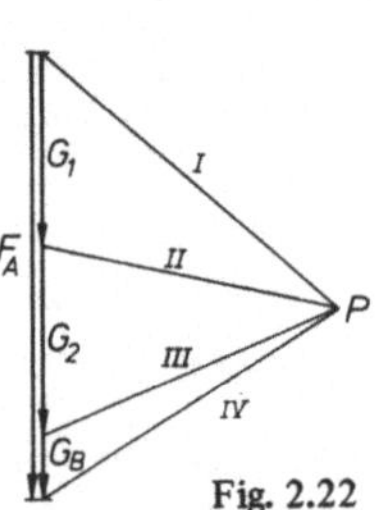

Fig. 2.22

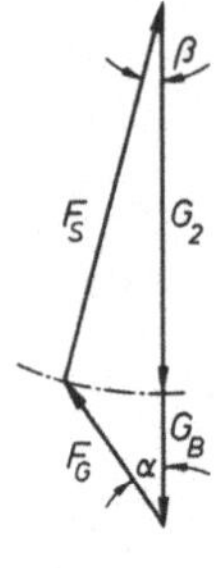

Fig. 2.23

Die n u m e r i s c h e L ö s u n g folgt aus den Gleichgewichtsbedingungen. Man erhält zunächst s aus

$$\Sigma M_{Az} = r_A G_1 - (r_A - s) G_2 - (r_A - s + r_B) G_B = 0,$$

$$s = \frac{(r_A + r_B) G_B}{G_2 + G_B} = 0,068 \text{ m} . \tag{1}$$

Die Zugkraft F_G wird aus den Gleichgewichtsbedingungen für die freigeschnittene Führungsrolle B berechnet. Mit den in Fig. 2.23 eingetragenen Winkeln α und β erhält man:

$$\Sigma F_y = -G_2 + F_S \cos\beta + F_G \cos\alpha - G_B = 0,$$

$$\Sigma F_x = F_S \sin\beta - F_G \sin\alpha = 0, \qquad (2)$$

wobei die Seilkraft $F_S = G_2$ ist. Durch Elimination von β mit $\cos\beta = \sqrt{1 - \sin^2\beta}$ folgt aus (2) die quadratische Gleichung

$$F_G^2 - 2\,F_G(G_2 + G_B)\cos\alpha + G_B^2 + 2\,G_2 G_B = 0$$

mit der Lösung

$$F_G = (G_2 + G_B)\cos\alpha - \sqrt{(G_2 + G_B)^2 \cos^2\alpha - (G_B^2 + 2\,G_2 G_B)}. \qquad (3)$$

Daß das negative Wurzelvorzeichen in (3) zu nehmen ist, erkennt man am einfachsten aus dem Krafteck für die Führungsrolle B (Fig. 2.23). Für den Winkel α folgt unter Berücksichtigung von (1)

$$\sin\alpha = \frac{r_A + r_B - s}{a} = \frac{G_2(r_A + r_B)}{(G_2 + G_B)\,a} \; ; \qquad \alpha = 35{,}4°.$$

Damit erhält man aus (3)

$$F_G = 203 \text{ N}.$$

Aufgabe 2.12 (Fig. 2.24). Ein Balken wird durch eine feste Einspannung und zwei verschiebbare Gelenklager gehalten. Er trägt eine verteilte Last mit der konstanten spezifischen Längenbelastung q.

a) Man zeige, daß der statisch unbestimmt gelagerte Balken durch Einbau von zwei Drehgelenken statisch bestimmt gelagert werden kann.

b) Ein Drehgelenk möge im Balken bei $x = 4a$ eingebaut sein. Wo muß das notwendige zweite Gelenk vorgesehen werden, damit der Balken statisch bestimmt gelagert ist und außerdem die beiden Balkenlager B und C gleich belastet werden?

c) Man gebe den Querkraft- und Momentenverlauf an und zeichne die zugehörigen Q(x)- und M(x)-Kurven.

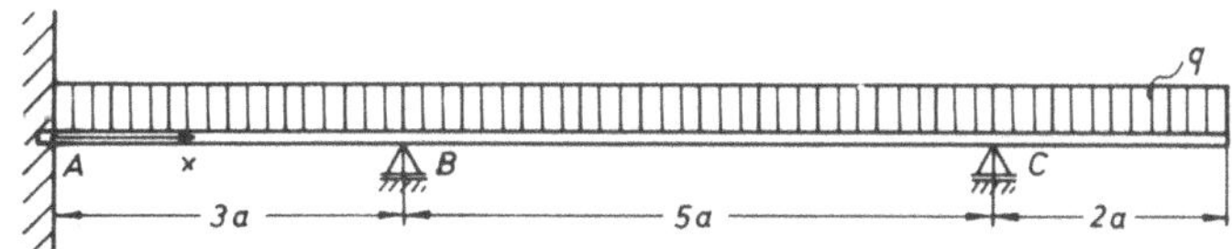

Fig. 2.24

L ö s u n g : a) Da für die Berechnung der 5 unbekannten Lagerreaktionen nur 3 Gleichgewichtsbedingungen zur Verfügung stehen, ist das System zweifach statisch unbestimmt. Jedes zusätzliche Drehgelenk reduziert den Grad der statischen Unbestimmtheit um eins: es gibt drei neue Gleichgewichtsbedingungen, aber nur zwei zusätzliche unbekannte Gelenkreaktionen. Das zweifach statisch unbestimmte System kann also durch den Einbau von zwei Gelenken statisch bestimmt gemacht werden. Die Gelenke müssen jedoch so angeordnet sein, daß im unbelasteten System weder innere Spannungen auftreten noch ein „Wackeln" möglich ist. Zwei Möglichkeiten für den Gelenkeinbau zeigt Fig. 2.25.

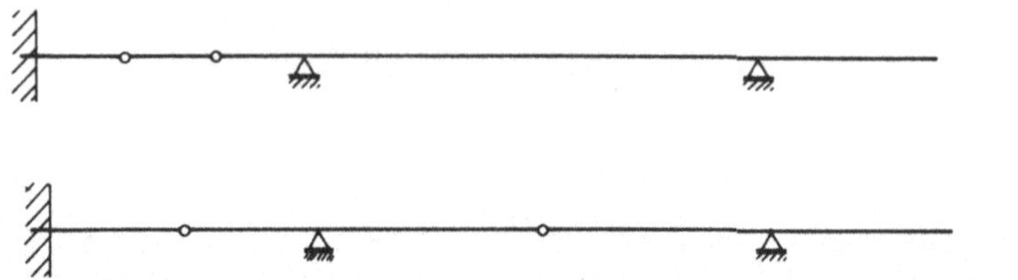

Fig. 2.25

b) Nach a) muß das zweite Gelenk in das linke Balkenfeld eingebaut werden, weil sonst das linke Balkenstück für sich statisch unbestimmt ist. Die Lagerreaktionen F_B und F_C werden aus den Gleichgewichtsbedingungen für das freigeschnittene System (Fig. 2.26) bestimmt. Für das rechte Balkenelement gilt

$$\Sigma\, M_{G1y} = 4aF_C - 3a\,6qa = 0, \qquad F_C = 4{,}5\,qa\,, \tag{1}$$

$$\Sigma\, F_z \;\;= F_{G1} - F_C + 6qa = 0, \quad F_{G1} = -1{,}5\,qa\,. \tag{2}$$

Für das mittlere Balkenelement von der Länge $r = 4a - x_g$ gilt

$$\Sigma\, M_{G2y} = (r - a)\,F_B + rF_{G1} - \frac{1}{2}\,r^2 q = 0\,. \tag{3}$$

Mit der Forderung $F_B = F_C$ folgt aus (3) und (2) für r

$$r^2 - 6ar + 9a^2 = (r - 3a)^2 = 0, \qquad r = 3a\,. \tag{4}$$

Das zweite Gelenk muß also bei $x_g = 4a - r = a$ angeordnet werden.

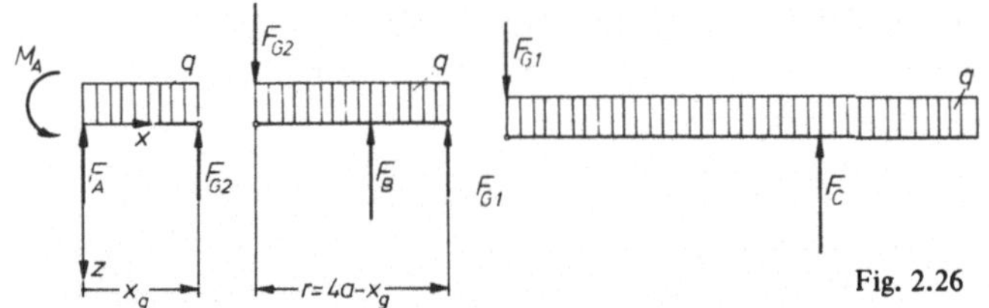

Fig. 2.26

c) Die Reaktionskraft F_A folgt aus dem Kräftegleichgewicht für den ganzen Balken:

$$\Sigma\, F_z = F_A + F_B + F_C - 10qa = 0, \qquad F_A = qa\,. \tag{5}$$

Das Momentengleichgewicht für das linke Balkenelement liefert das Reaktionsmoment M_A:

$$\Sigma\, M_{G2y} = M_A - aF_A + \frac{1}{2}\,qa^2, \qquad M_A = \frac{1}{2}\,qa^2\,. \tag{6}$$

Zur Berechnung der Schnittreaktionen $Q(x)$ und $M(x)$ wird zweckmäßigerweise die Klammerfunktion verwendet:

$$\{x - \xi\}^p = \begin{cases} (x - \xi)^p & \text{für} \quad x \geqslant \xi, \\[2mm] 0 & \text{für} \quad x < \xi. \end{cases} \tag{7}$$

Dies führt im vorliegenden Fall zu einer konzentrierteren Schreibweise als die getrennte Angabe der Funktionen $Q(x)$ und $M(x)$ in den drei Balkenfeldern $0 \leqslant x < 3a$; $3a \leqslant x < 8a$ und $8a \leqslant x \leqslant 10a$ (vgl. den zweiten Lösungsweg). Bei Verwendung des Koordinatensystems in Fig. 2.26 gelten die bekannten Beziehungen $dQ_z/dx = -q_z(x)$ und $dM_y/dx = Q_z(x)$. Hieraus erhält man bei Beachtung der am Balken angreifenden Einzelkräfte $\mathbf{F}_{zi}$ und Einzelmomente $\mathbf{M}_{yi}$

$$\left.\begin{aligned} Q(x) &= -\sum_{i=1}^{n} F_{zi}\,\{x - \xi_i\}^0 - \int_0^x q_z(\xi)\,d\xi, \\[4mm] M(x) &= -\sum_{i=1}^{n} M_{yi}\,\{x - \xi_i\}^0 + \int_0^x Q(\xi)\,d\xi. \end{aligned}\right\} \tag{8}$$

Aus (8) erhält man mit den in Fig. 2.26 eingetragenen Richtungen der Kraftvektoren die Funktionen $Q(x)$ und $M(x)$:

$$\begin{aligned} q(x) &= q, \\ Q(x) &- F_A\{x\}^0 + F_B\{x - 3a\}^0 + F_C\{x - 8a\}^0 - qx \\ &= qa + 4{,}5\,qa\,[\{x - 3a\}^0 + \{x - 8a\}^0] - qx, \\ M(x) &= -M_A + qax + 4{,}5\,qa\,[\{x - 3a\}^1 + \{x - 8a\}^1] - \frac{qx^2}{2} \end{aligned} \tag{9}$$

$$= -\frac{1}{2}\,qa^2 + qax - \frac{1}{2}\,qx^2 + 4{,}5\,qa\,[\{x - 3a\}^1 + \{x - 8a\}^1]. \tag{10}$$

B e i s p i e l : Für das Moment am Lager C erhält man aus (10)

$$M_C = M(8a) = -\frac{1}{2}\,qa^2 + 8qa^2 - 32qa^2 + 4{,}5\,qa\,5a = -2\,qa^2.$$

Zur Überprüfung von (9) und (10) kann man die Kontrollgleichungen $Q(10a) = M(10a) = 0$ und die Gelenkbedingungen $M(a) = M(4a) = 0$ verwenden. Die Funktionen (9) und (10) sind in Fig. 2.27 dargestellt.

A n d e r e r   L ö s u n g s w e g : Die Schnittreaktionen $Q(x)$ und $M(x)$ lassen sich neben der formalen Anwendung von (8) auch auf anschaulicherem Wege durch geeignetes Schneiden des Systems finden. In jedem Belastungsfeld wird ein Schnitt durch den Balken gelegt und es werden die Gleichgewichtsbedingungen für ein Balkenelement unter Berücksichtigung der Schnittreaktionen angeschrieben. Dabei ist zu beachten, daß sich die Vorzeichen der Schnittraktionen für die linke und rechte Balkenhälfte voneinander unterscheiden [vgl. (11) und (12)].

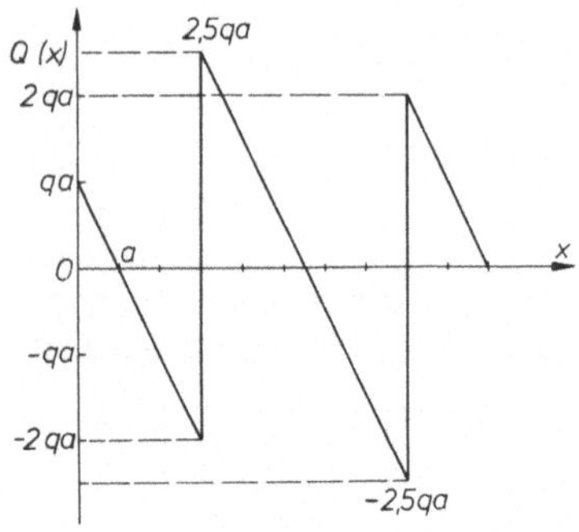

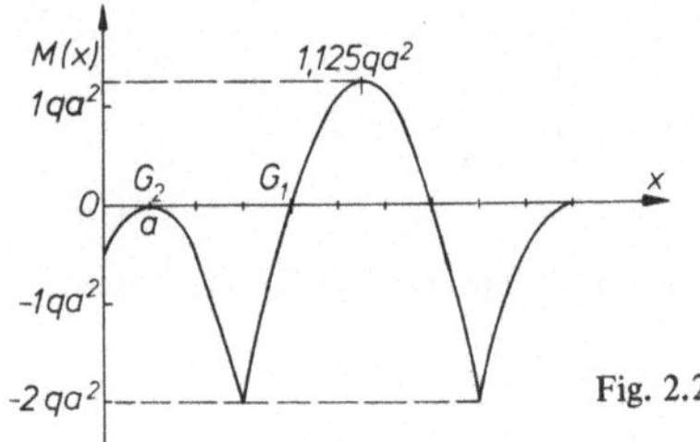

Fig. 2.27

Schnitt 1 im Feld $0 \leqslant x < 3a$:

$$\Sigma F_z = Q(x) + qx - F_A = 0, \qquad Q(x) = q(a - x), \tag{11a}$$

$$\Sigma M_y = M(x) + M_A + \frac{1}{2} qx^2 - xF_A = 0,$$

$$M(x) = -\frac{1}{2} q (a - x)^2 . \tag{11b}$$

Schnitt 2 im Feld $3a \leqslant x < 8a$:

$$\Sigma F_z = -Q(x) + q(10a - x) - F_C = 0,$$

$$Q(x) = q(5{,}5a - x) , \tag{12a}$$

$$\Sigma M_y = -M(x) + (8a - x) F_C - \frac{1}{2} q(10a - x)^2 = 0,$$

$$M(x) = \frac{1}{2} q(11ax - 28a^2 - x^2) . \tag{12b}$$

Schnitt 3 im Feld $8a \leqslant x \leqslant 10a$:

$$\Sigma F_z = -Q(x) + q(10a - x) = 0, \quad Q(x) = q(10a - x) \tag{13a}$$

$$\Sigma M_y = -M(x) - \frac{1}{2} q(10a - x)^2 = 0,$$

$$M(x) = -\frac{1}{2} q(10a - x)^2. \tag{13b}$$

Aufgabe 2.13 (Fig. 2.28). Die skizzierte Hebebühne wird durch einen Scherenmechanismus betätigt. Die Scherenarme von der Länge a sollen in den Punkten A, C, E gelenkig, in den Punkten B und D außerdem in reibungsfreien Gleitführungen gelagert sein. Die Hebebühne wird durch einen Preßluftkolben betätigt, der im Punkte B eine Horizontalkraft ausübt. Die resultierende Gewichtskraft **F** von Bühne und Last hat vom linken Auflager C den Abstand b = 0,4 a.

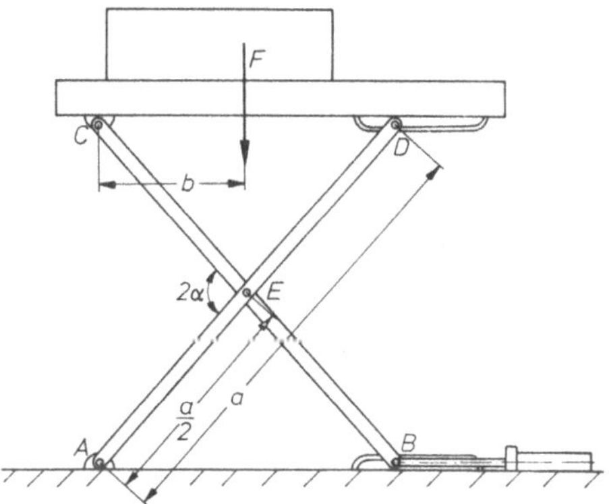

Fig. 2.28

a) Wie groß sind die Kräfte in den Lagerpunkten A, B, C, D, E?

b) In welchem der beiden Scherenarme wird unter der Voraussetzung $15° \leqslant \alpha \leqslant 60°$ das Biegemoment am größten, welchen Wert nimmt es an, und bei welchem Winkel α tritt es auf?

L ö s u n g : a) Für die freigeschnittenen Teile des Systems (Fig. 2.29) werden die Gleichgewichtsbedingungen angeschrieben. Für die Bühne gilt

$$\Sigma M_{Cz} = -bF + a \cos\alpha \, F_D = 0,$$

$$F_D = \frac{0{,}4}{\cos \alpha} F, \tag{1}$$

$$\Sigma\, F_y = F_C - F + F_D = 0, \qquad F_C = F\left(1 - \frac{0,4}{\cos\alpha}\right).\tag{2}$$

Für die Scherenarme erhält man

$$\Sigma\, M_{Bz} = a\cos\alpha\, F_C - \frac{a}{2}\sin\alpha\, F_{EH} - \frac{a}{2}\cos\alpha\, F_{EV} = 0,$$

$$\Sigma\, M_{Az} = -a\cos\alpha\, F_D - \frac{a}{2}\cos\alpha\, F_{EV} + \frac{a}{2}\sin\alpha\, F_{EH} = 0$$

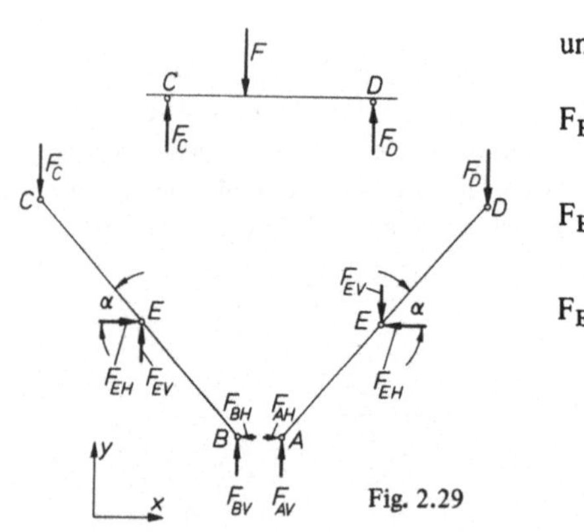

Fig. 2.29

und damit

$$F_{EV} = F_C - F_D = F\left(1 - \frac{0,8}{\cos\alpha}\right),$$

$$F_{EH} = (F_D + F_C)\cot\alpha = F\cot\alpha,$$

$$F_E = \sqrt{F_{EV}^2 + F_{EH}^2}\tag{3}$$

$$= F\sqrt{\left(1 - \frac{0,8}{\cos\alpha}\right)^2 + \cot^2\alpha}.$$

Setzt man die Gleichgewichtsbedingungen $\Sigma\,\mathbf{F} = 0$ für die ganze nur bei A und B freigeschnittene Hebebühne an, dann folgt

$$F_{BV} = F_D = \frac{0,4}{\cos\alpha}F; \qquad F_{AV} = F_C = F\left(1 - \frac{0,4}{\cos\alpha}\right)\tag{4}$$

und $F_{AH} = F_{BH}$. Aus $\Sigma\, F_x = 0$ für den Scherenarm CB erhält man damit

$$F_{AH} = F_{BH} = F_{EH} = F\cot\alpha.\tag{5}$$

b) Das Biegemoment wird in den einzelnen Scherenarmen jeweils im Gelenkpunkt E maximal. Für den Scherenarm AD gilt

$$M_{(AD)max} = |M_{(AD)E}| = \frac{1}{2}\,a\cos\alpha\, F_D = 0,2\,aF,\tag{6}$$

und für BC

$$M_{(BC)max} = |M_{(BC)E}| = \frac{1}{2}\,a\cos\alpha\, F_D = \frac{1}{2}\,aF(\cos\alpha - 0,4).\tag{7}$$

Das absolute Maximum für das Biegemoment tritt im Scherenarm BC bei $\alpha = 15°$ auf:

$$M_{max\ abs} = |M_{(BC)E}\,(\alpha = 15°)| = 0,283\,aF.\tag{8}$$

Aufgabe 2.14 (Fig. 2.30). Ein Bockgerüst mit gleichseitigem Basisdreieck ist aus drei gleichlangen Stäben aufgebaut. Es wird durch eine an der Spitze angreifende vertikale Kraft F = 8500 N belastet. Die Stäbe sind an der Spitze durch ein reibungsfreies Gelenk verbunden; das Wegrutschen der Stäbe auf dem horizontalen, glatten (reibungsfreien) Boden wird durch Seile verhindert, die in 1/4 der Gerüsthöhe die Stäbe verbinden. Die maximale Zugkraft in den Seilen soll F_S = 2200 N nicht überschreiten und der Betrag des maximalen Biegemomentes in den Stäben darf aus Festigkeitsgründen nicht größer als M_m = 1850 Nm sein.

Wie lang dürfen die Stäbe ausgeführt werden und wie hoch ist das Bockgerüst, wenn das Basisdreieck möglichst groß sein soll?

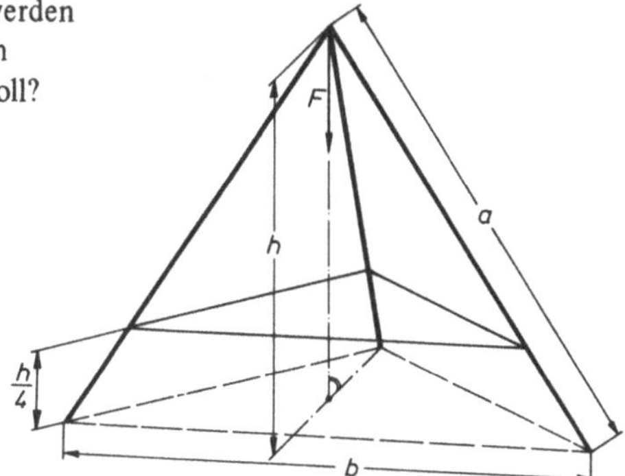

Fig. 2.30

L ö s u n g : Das Ziel ist die Herleitung der Funktionen $a(F_S, M_m)$ und $b(F_S, M_m)$. Auf einen freigeschnittenen Gerüststab wirken die vertikale Bodenkraft F_B, zwei Seilkräfte F_S und die Gelenkkraft F_G (Fig. 2.31). Die vertikale Gelenkkraftkomponente beträgt aus Symmetriegründen F_{GV} = F/3. Aus den Gleichgewichtsbedingungen

$$\Sigma F_y = F_B - \frac{1}{3} F = 0,$$

$$\Sigma M_{Gz} = -\frac{1}{3} \sqrt{3}\, b\, F_B + \frac{3}{4} \sqrt{a^2 - \left(\frac{1}{3} \sqrt{3}\, b\right)^2}\, F_S \sqrt{3} = 0$$

folgt

$$a = b \sqrt{\frac{16}{729} \left(\frac{F}{F_S}\right)^2 + \frac{1}{3}} . \tag{1}$$

Das maximale Biegemoment tritt in den Stäben am Ort des Seilangriffs auf:

$$M_{max} = |M_S| = \frac{1}{4}\left(\frac{1}{3} \sqrt{3}\right) b \frac{1}{3} F = \frac{1}{36} \sqrt{3}\, bF. \tag{2}$$

Aus (2) erhält man

$$b_{max} = 12 \sqrt{3}\, \frac{M_m}{F} = 4{,}52 \text{ m} \tag{3}$$

und damit aus (1) mit $F_S \leq 2200$ N

$$a \geq 3,68 \text{ m} . \tag{4}$$

Für die Höhe des Bockgerüstes folgt

$$h = \sqrt{a^2 - \left(\frac{1}{3}\sqrt{3}\,b\right)^2} \geq 2,59 \text{ m} . \tag{5}$$

H i n w e i s : Die oberen Grenzen für a und h können hier nicht berechnet werden, da nur die maximale Seilkraft und das maximale Biegemoment als Berechnungskriterien zugrunde gelegt werden. Die obere Grenze für a folgt aus der zulässigen Knickspannung für die Gerüststäbe.

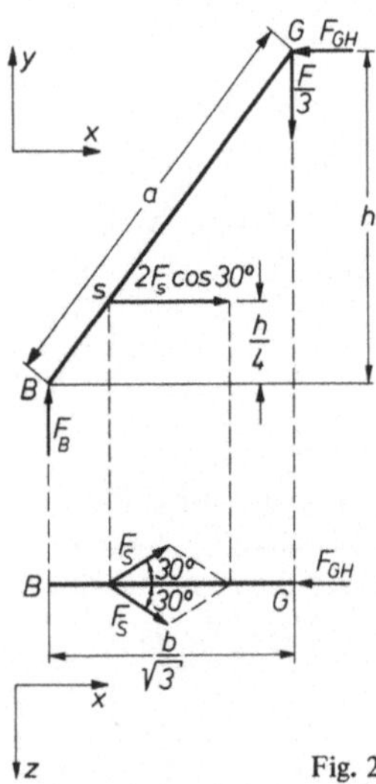

Fig. 2.31

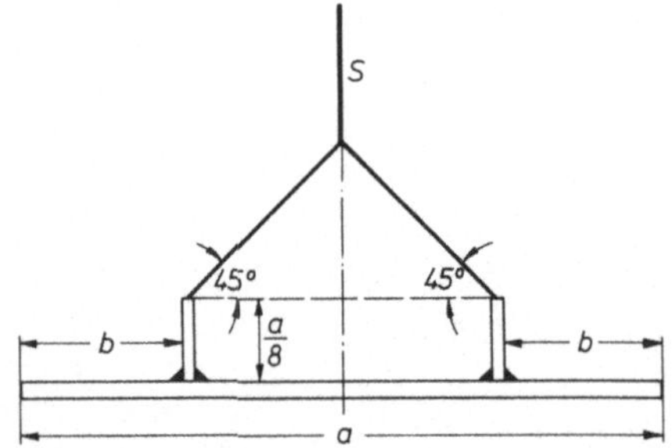

Fig. 2.32

Aufgabe 2.15 (Fig. 2.32). Ein prismatischer Träger mit zwei angeschweißten Stegen soll durch einen Seilzug S angehoben werden. Das Eigengewicht des Trägers ist G, das Gewicht der Stege kann vernachlässigt werden.

a) Für den Fall a = 4b sind der Querkraft- und Biegemomentenverlauf im Träger gesucht.

b) Wie groß muß b sein, damit der Betrag des maximalen Biegemomentes einen minimalen Wert annimmt?

L ö s u n g : a) Für den Seilzug F_S und die durch ihn bedingten Momente M_A und M_B folgt (s. Fig. 2.33a)

$$F_S = \frac{1}{\sqrt{2}}\, G , \tag{1}$$

$$M_A = M_B = \frac{1}{2}\sqrt{2}\, F_S \,\frac{a}{8} = \frac{1}{16}\, aG . \tag{2}$$

Für den Träger mit den äußeren Belastungen nach **Fig. 2.33b** erhält man mit (8) aus Aufgabe 2.12 die Verläufe der Schnittreaktionen Q(x) und M(x):

$$q(x) = \frac{G}{a} \; ;$$

$$Q(x) = -F_{Sz}\,\{x - b\}^0 - F_{Sz}\,\{x - a + b\}^0 - \frac{G}{a}\,x \, ,$$

mit $\qquad F_{Sz} = -\dfrac{F_S}{\sqrt{2}} = -\dfrac{1}{2}\,G, \qquad b = \dfrac{a}{4},$

$$Q(x) = \frac{1}{2}\,G\left[\left\{x - \frac{a}{4}\right\}^0 + \left\{x - \frac{3}{4}\,a\right\}^0\right] - \frac{G}{a}\,x; \tag{3}$$

$$M(x) = -M_{Ay}\,\{x - b\}^0 - M_{By}\,\{x - a + b\}^0 + \int_0^x Q(\xi)\,d\xi,$$

mit $\qquad M_{Ay} = -M_A = -\dfrac{1}{16}\,aG, \qquad M_{By} = \dfrac{1}{16}\,aG,$

$$M(x) = \frac{1}{16}\,aG\left[\left\{x - \frac{a}{4}\right\}^0 - \left\{x - \frac{3}{4}\,a\right\}^0\right] + \frac{1}{2}\,G\left[\left\{x - \frac{a}{4}\right\}^1 + \right.$$

$$\left. + \left\{x - \frac{3}{4}\,a\right\}^1\right] - \frac{1}{2a}\,Gx^2 \, . \tag{4}$$

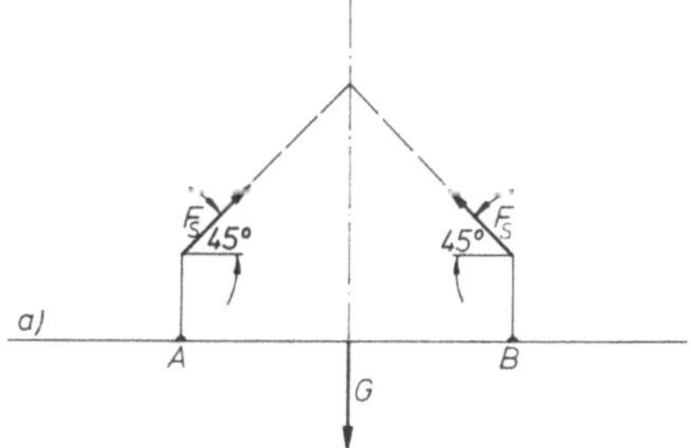

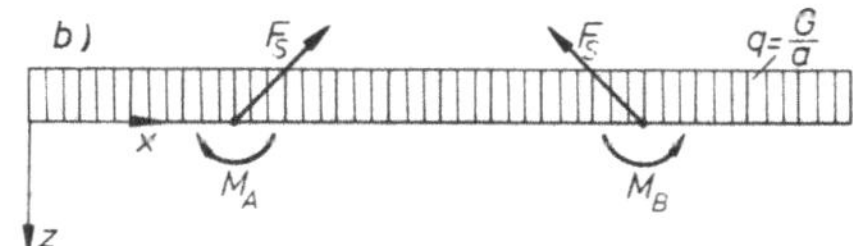

Fig. 2.33

Die Funktionen Q(x) und M(x) nach (3) und (4) sind in **Fig. 2.34** aufgetragen.

b) Nach Fig. 2.34 können Maximalwerte für das Biegemoment bei $x_1 = b$, $x_2 = a/2$ und $x_3 = a - b$ auftreten. Man erkennt aus dem allgemeinen Verlauf der Kurve M(x), daß der Betrag des größten Biegemomentes dann seinen kleinsten Wert annimmt, wenn

$$|M(x_1)| = |M(x_2)| = |M(x_3)| \tag{5}$$

ist. Mit (4) folgt für (5), wenn für $|M(x_1)|$ der linksseitige Grenzwert genommen wird

$$|M(x_1)| = |M(b)| = |M(a-b)| = \frac{1}{2}\,G\,\frac{b^2}{a}, \tag{6}$$

$$|M(x_2)| = \left|M\!\left(\frac{a}{2}\right)\right| = \left|\frac{1}{16}\,aG + \frac{1}{2}\,G\!\left(\frac{a}{2}-b\right) - \frac{1}{8}\,aG\right| = \frac{G}{2}\left|\frac{3}{8}\,a - b\right|. \tag{7}$$

Für (7) sind zwei Fälle zu unterscheiden:

$$\left|M\!\left(\frac{a}{2}\right)\right| = \begin{cases} \dfrac{1}{2}\,G\!\left(\dfrac{3}{8}\,a - b\right), & 0 \leqslant b \leqslant \dfrac{3}{8}\,a\,, \\[3ex] \dfrac{1}{2}\,G\!\left(b - \dfrac{3}{8}\,a\right), & \dfrac{3}{8}\,a \leqslant b < \dfrac{a}{2}\,. \end{cases} \tag{8}$$

Nur der erste dieser Bereiche gibt eine Lösung für $|M(b)| = \left|M\!\left(\frac{a}{2}\right)\right|$.

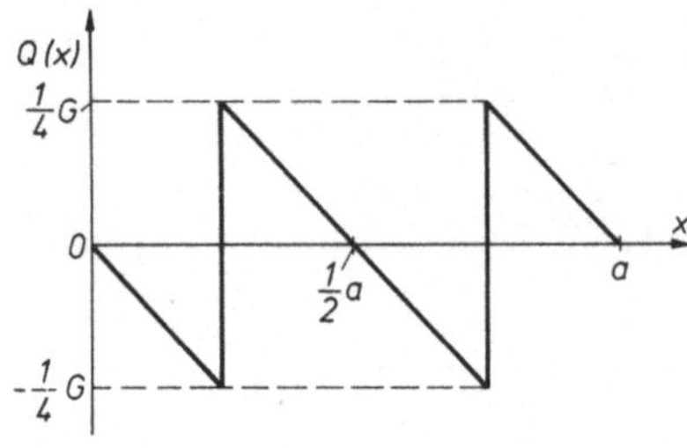

Man erhält mit (6) und (8)

$$0 \leqslant b \leqslant \frac{3}{8}\,a:$$

$$\frac{1}{2}\,G\,\frac{b^2}{a} = \frac{G}{2}\!\left(\frac{3}{8}\,a - b\right),$$

$$b^2 + ab - \frac{3}{8}\,a^2 = 0,$$

$$b = 0{,}291\,a\,.$$

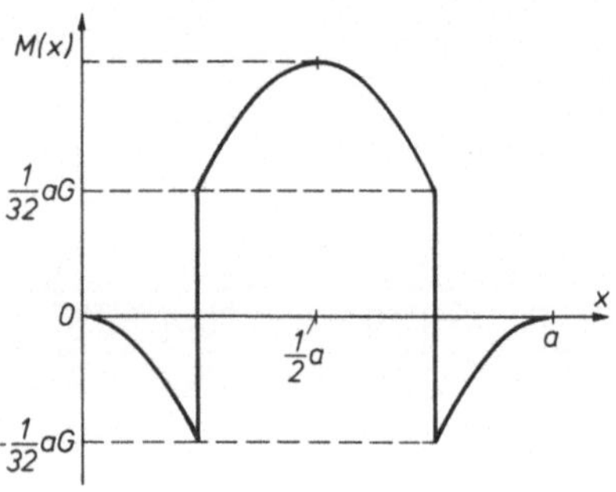

Fig. 2.34

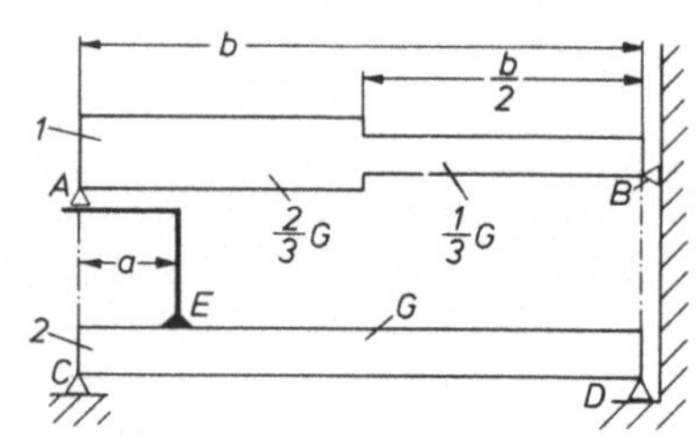

Fig. 2.35

Aufgabe 2.16 (Fig. 2.35). Die skizzierte Konstruktion besteht aus zwei gleichlangen und gleichschweren Balken 1 und 2. Das linke Lager des Balkens 1 ruht auf einem Bügel, der mit dem Balken 2 starr verbunden ist. Das Eigengewicht G_1 des Balkens 1 ist so verteilt, daß die linke Balkenhälfte doppelt so schwer ist wie die rechte. Das Eigengewicht $G_2 = G_1$ des Balkens 2 ist über die ganze Balkenachse gleichmäßig verteilt. Das Gewicht des Bügels kann vernachlässigt werden.

a) Wie groß sind die Lagerreaktionen für beide Balken?

b) Man bestimme Ort und Betrag des maximalen Biegemomentes im Balken 1.

c) Für den Balken 2 bestimme man den Querkraft- und Biegemomentenverlauf mit $a = b/4$.

d) Wie groß darf a höchstens werden, damit das maximale Biegemoment im Balken 2 nicht größer wird als im Balken 1?

L ö s u n g : a) Die verteilten Lasten werden bei der Bestimmung der Lagerreaktionen durch die resultierenden Einzelkräfte ersetzt (Fig. 2.36). Man erhält dann

Balken 1: $\quad \Sigma M_{Ay} = b\,F_B - \dfrac{2}{3}\,G\,\dfrac{b}{4} - \dfrac{1}{3}\,G\,\dfrac{3}{4}\,b = 0$,

$$F_B = \frac{5}{12}\,G\,, \tag{1}$$

$$\Sigma F_z = 0: \quad F_A = G - F_B = \frac{7}{12}\,G\,, \tag{2}$$

Balken 2: $\quad \Sigma M_{Cy} = 0: \quad F_D = \dfrac{G}{2}\,, \tag{3}$

$$\Sigma F_z = 0: \quad F_C = G - F_D + F_A = \frac{13}{12}\,G\,. \tag{4}$$

b) Als Momentenfunktion $M(x)$ für den Balken 1 erhält man

$$q(x) = q_a\,\{x\}^0 - q_a\left\{x - \frac{b}{2}\right\}^0 + q_h\left\{x - \frac{b}{2}\right\}^0\,,$$

mit $\quad q_a = \dfrac{4}{3}\,\dfrac{G}{b}\,, \qquad q_b = \dfrac{2}{3}\,\dfrac{G}{b}\,,$

$$q_1(x) = \frac{4}{3}\,\frac{G}{b} - \frac{2}{3}\,\frac{G}{b}\left\{x - \frac{b}{2}\right\}^0\,,$$

$$Q_1(x) = F_A\{x\}^0 - \int_0^x q(\xi)\,d\xi\,,$$

$$Q_1(x) = \frac{7}{12}\,G - \frac{4}{3}\,\frac{G}{b}\,x + \frac{2}{3}\,\frac{G}{b}\left\{x - \frac{b}{2}\right\}^1\,, \tag{5}$$

$$M_1(x) = \frac{7}{12}\,Gx - \frac{2}{3}\,\frac{G}{b}\,x^2 + \frac{1}{3}\,\frac{G}{b}\left\{x - \frac{b}{2}\right\}^2\,. \tag{6}$$

Da am Balken 1 keine äußeren Momente angreifen, gilt für den Ort x_m des maximalen Biegemomentes

$$\left[\frac{d}{dx}\,M_1(x)\right]_{(x=x_m)} = Q_1(x_m) = 0\,. \tag{7}$$

Aus (5) folgt für $0 \leqslant x < b/2$

$$\frac{7}{12}\,G - \frac{4}{3}\,\frac{G}{b}\,x_m = 0, \qquad x_m = \frac{7}{16}\,b \,. \tag{8}$$

Für $b/2 \leqslant x \leqslant b$ erhält man keine Lösung x_m. Gleichung (8) ergibt in (6) eingesetzt

$$M_{1\max} = |M_1(x_m)| = \frac{49}{384}\,bG \,. \tag{9}$$

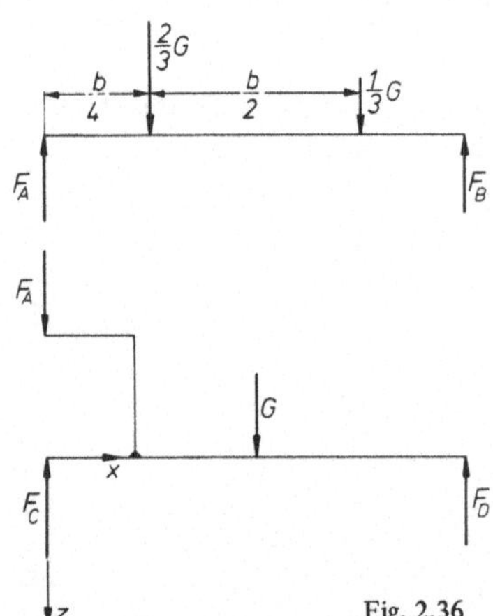

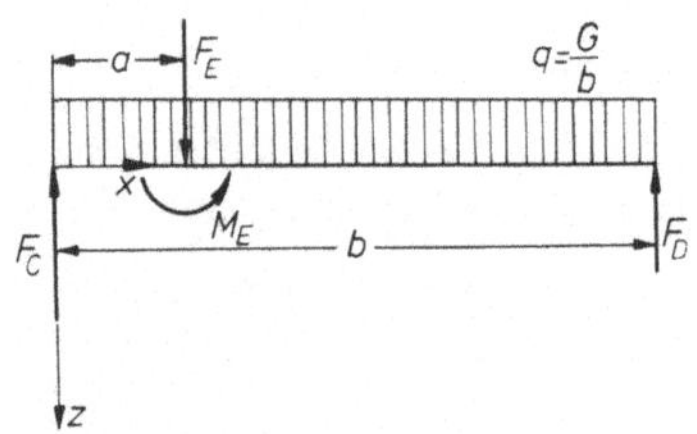

Fig. 2.37

Fig. 2.36

c) Für die Auflagerreaktionen ist die Schenkellänge a des Bügels ohne Einfluß. Bei der Berechnung der Schnittreaktionen im Balken 2 muß aber berücksichtigt werden, daß die Lagerkraft F_A im Punkt E ($x = a$) in den Balken eingeleitet wird. Die äußere Belastung in E (Fig. 2.37) wird durch den Kraftwinder $(F_E, M_E) \sim F_A$, mit $F_E = F_A = 7G/12$ und $M_E = aF_A = 7aG/12$ wiedergegeben. Für $Q(x)$ und $M(x)$ erhält man nun mit $q(x)$ = G/b im Balken 2

$$Q_2(x) = F_C\{x\}^0 - F_E\,\{x - a\}^0 - \int\limits_0^x q(\xi)\,d\xi \,,$$

$$Q_2(x) = \frac{13}{12}\,G - \frac{7}{12}\,G\,\{x - a\}^0 - \frac{G}{b}\,x \,, \tag{10}$$

$$M_2(x) = -M_{yE}\,\{x - a\}^0 + \int\limits_0^x Q(\xi)\,d\xi \,,$$

$$M_2(x) = -\frac{7}{12}\,aG\,\{x - a\}^0 + \frac{13}{12}\,Gx - \frac{7}{12}\,G\,\{x - a\}^1 - \frac{1}{2}\,\frac{G}{b}\,x^2 \,. \tag{11}$$

Für $a = b/4$ sind $Q_2(x)$ und $M_2(x)$ in Fig. 2.38 skizziert.

d) Das maximale Biegemoment im Balken 2 kann bei x = a oder bei x = b/2 liegen, wobei

$$M_2\left(\frac{b}{2}\right)= \frac{1}{8}\,Gb\,, \qquad a < \frac{b}{2} \tag{12}$$

von a unabhängig ist. Dieser Wert ist kleiner als das maximale Moment (9) im Balken 1. Folglich erhält man den Wert für a aus (9) und (11)

$$M_1(x_m) = M_2(a)\,,$$

wobei für $M_2(a)$ der linksseitige Grenzwert zu nehmen ist:

$$\frac{49}{384}\,bG = \frac{13}{12}\,Ga - \frac{1}{2}\,\frac{G}{b}\,a^2\,,$$

$$a_{max} = \frac{1}{8}\,b\,. \tag{13}$$

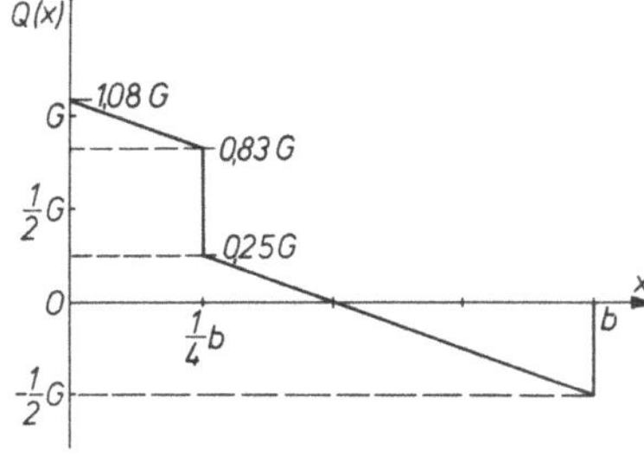

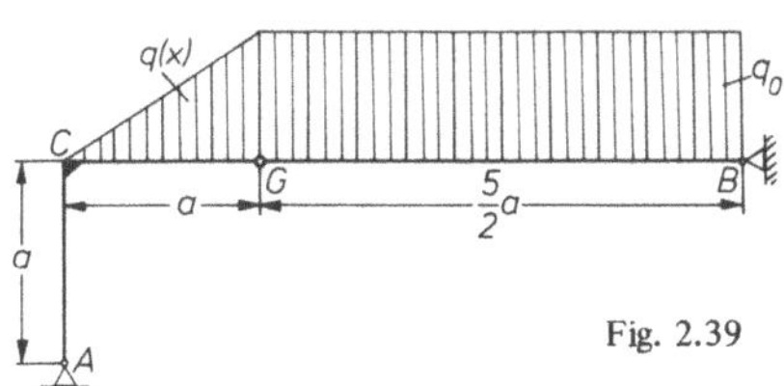

Fig. 2.39

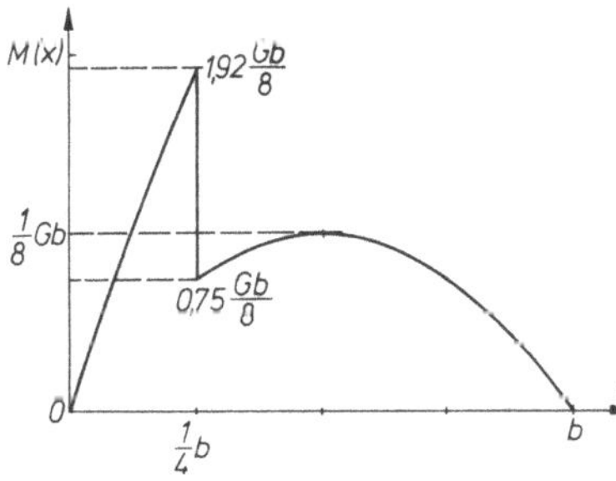

Fig. 2.38

Aufgabe 2.17 (Fig. 2.39). Die Überdachung für einen Lagerplatz ist in der Form des skizzierten Dreigelenkbogens ausgeführt worden. Das Eigengewicht des Daches kann durch die stetig verteilte Last q(x) beschrieben werden.

a) Wie groß sind die Lagerreaktionen in A und B?

b) Man gebe den Querkraft- und Biegemomentenverlauf für den horizontalen Teil des Dachträgers an.

c) Wo tritt das größte Biegemoment im Dachträger auf?

L ö s u n g : a) Zur Berechnung der Lagerreaktionen werden die stetig verteilten Lasten durch statisch äquivalente Einzelkräfte ersetzt. Dabei müssen die auf die Teile AG und GB des Dreigelenkbogens entfallenden Belastungen getrennt zusammengefaßt werden. Nach Fig. 2.40 erhält man

$$\Sigma M_{Gy} = -\frac{5}{4} a F_1 + \frac{5}{2} a F_{BV} = 0,$$

mit $F_1 = \frac{5}{2} a q_0,$

$$F_{BV} = \frac{5}{4} a q_0 \quad \text{und} \quad F_{GV} = F_{BV}, \tag{1}$$

$$\Sigma F_z = -F_{AV} + F_2 + F_{GV} = 0,$$

mit $F_2 = \frac{1}{2} a q_0,$

$$F_{AV} = \frac{7}{4} a q_0, \tag{2}$$

$$\Sigma M_{Gy} = a F_{AH} - a F_{AV} + \frac{a}{3} F_2 = 0,$$

$$F_{AH} = \frac{19}{12} a q_0 \quad \text{und} \quad F_{BH} = F_{AH}. \tag{3}$$

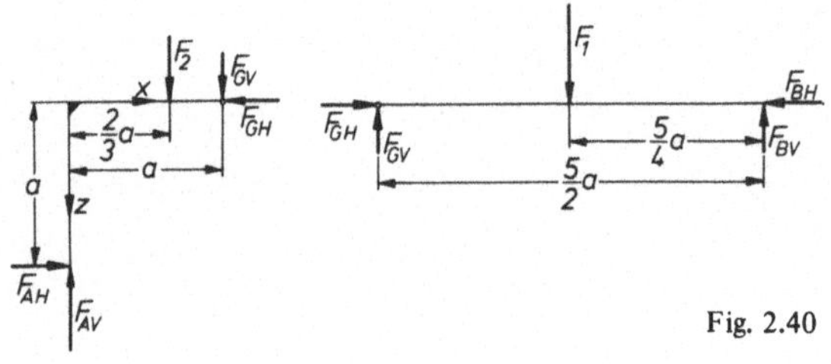

Fig. 2.40

b) Die äußere Belastung des horizontalen Dachträgers im Punkt C kann durch den Kraftwinder $(\mathbf{F}_C, \mathbf{M}_C) \sim \mathbf{F}_A$ dargestellt werden.

Im angegebenen Koordinatensystem (Fig. 2.40) erhält man

$$\left. \begin{array}{l} F_{Cz} = -F_{AV} = -\frac{7}{4} a q_0, \quad F_{Cx} = F_{AH} = \frac{19}{12} a q_0, \\[2mm] M_{Cy} = a F_{AH} = \frac{19}{12} a^2 q_0. \end{array} \right\} \tag{4}$$

Für $Q(x)$ und $M(x)$ folgt mit $q(x) = \frac{q_0}{a} x - \frac{q_0}{a} \{x - a\}^1$

$$Q(x) = F_{AV} \{x\}^0 - \int_0^x q(\xi)\, d\xi,$$

$$Q(x) = \frac{7}{4}\,aq_0 - \frac{q_0}{2a}\,x^2 + \frac{q_0}{2a}\,\{x-a\}^2\,, \tag{5}$$

$$M(x) = -\,M_{Cy}\{x\}^0 + \int\limits_0^x Q(\xi)\,d\xi,$$

$$M(x) = -\,\frac{19}{12}\,a^2 q_0 + \frac{7}{4}\,aq_0 x - \frac{q_0}{6a}\left[x^3 - \{x-a\}^3\right]. \tag{6}$$

Diese Funktionen sind in Fig. 2.41 skizziert.

c) Das größte Biegemoment tritt entweder im Punkt C auf oder an der Stelle x_m, für die

$$\left[\frac{d}{dx}M(x)\right]_{(x=x_m)} = Q(x_m) = 0 \tag{7}$$

gilt. Mit (5) und (7) erhält man für x_m (Fig. 2.41) nur im Bereich $a \leqslant x \leqslant 3{,}5a$ eine Lösung:

$$x_m = \frac{9}{4}\,a\,. \tag{8}$$

Damit folgt aus (6)

$$M(x_m) = \frac{25}{32}\,a^2\,q_0\,. \tag{9}$$

Da nach (6) $|M_C| = |M(0)| = \frac{19}{12}\,a^2 q_0$ ist,

tritt das maximale Biegemoment am Punkte C auf.

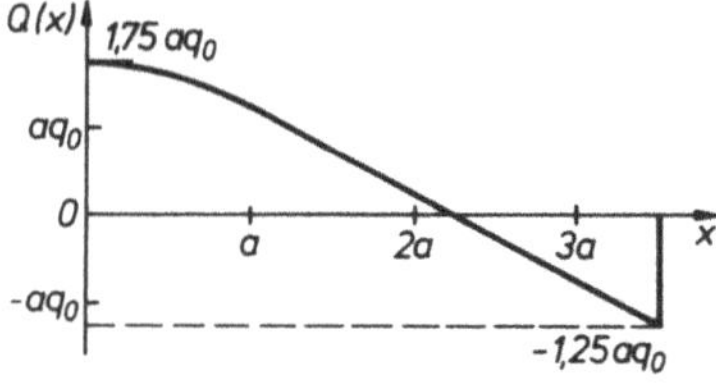

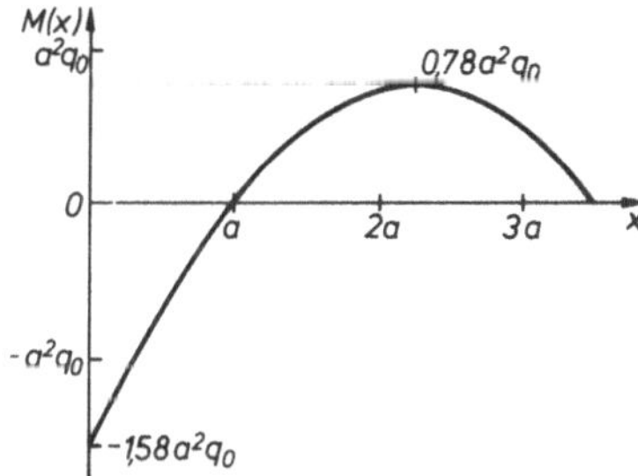

Fig. 2.41

Die Ergebnisse (8) und (9) lassen sich auch direkt aus Fig. 2.39 ablesen. Das Trägerelement GB kann man sich als einen Balken auf zwei Lagern mit konstanter Streckenlast q_0 vorstellen, wobei B das feste und G das verschiebliche Gelenklager ist. Damit folgt sofort (1) $F_{DV} = F_{GV} = \frac{1}{2}\left(\frac{5}{2}\,q_0 a\right)$. Das maximale Biegemoment dieses einfachen Belastungsfalles ist bei einer Balkenlänge L $M_{max} = |M\left(\frac{1}{2}\,L\right)| = \frac{1}{8}\,q_0 L^2$. Mit $L = \frac{5}{2}\,a$ folgt $x_m = \frac{7}{2}\,a - \frac{L}{2} = \frac{9}{4}\,a$ und $M_{max} = \frac{25}{32}\,a^2 q_0$.

Aufgabe 2.18 (Fig. 2.42). Auf einem einseitig eingespannten Gelenkbalken ist ein Kran montiert, der in der skizzierten Stellung eine gegen die Vertikalrichtung um den Winkel α geneigte Zugkraft F_2 ausübt. Das Eigengewicht des Krans wird durch die resultierende Gewichtskraft F_1 beschrieben. Das Fahrwerk des Krans ist so konstruiert, daß nur das Auflager A zwischen Kran und Gelenkbalken horizontale Kräfte aufnehmen kann.

Man bestimme grafisch die Lagerreaktionen in A, B, C und D, die Gelenkkraft in G und den Biegemomentenverlauf im Gelenkbalken CD.

Z a h l e n w e r t e : $a = 4$ m; $b = 3$ m; $c = 3$ m; $d = 5$ m; $e = 1$ m; $f = 2$ m; $F_1 = 25$ kN; $F_2 = 30$ kN; $\alpha = 30°$.

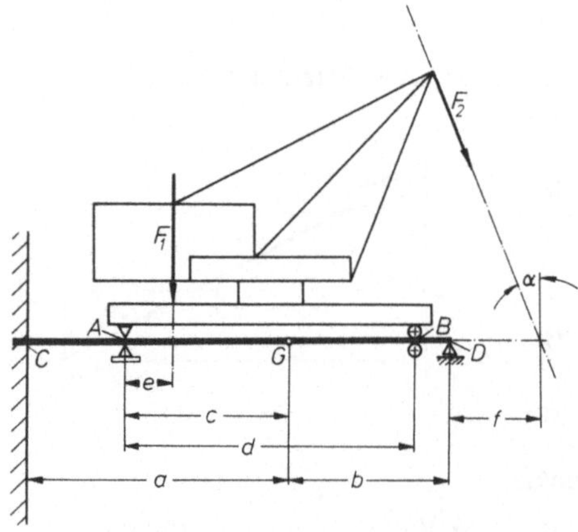

Fig. 2.42

L ö s u n g : Die vom Kran auf den Gelenkbalken übertragenen Kräfte F_A und F_B werden mit dem Seileckverfahren bestimmt (Fig. 2.43 a und b). Das Krafteck F_1, F_2, F_B, F_A kann zunächst nur teilweise konstruiert werden, da F_A unbekannt und von F_B nur die Wirkungslinie gegeben ist. Da der Lagerpunkt A der einzige bekannte Punkt der Wirkungslinie von F_A ist, muß man das Seileck mit dem zu F_A gehörenden Seilstrahl I beginnen und diesen durch A legen. Anschließend werden die Seilstrahlen II und III gezeichnet. Der unbekannte Seilstrahl IV muß das Seileck zwischen dem Anfangspunkt A und dem Seileckpunkt a schließen. Die Kräfte F_A und F_B folgen aus der Übertragung von IV in das Krafteck.

Für den Gelenkbalken, auf den die äußeren Kräfte $-F_A$, $-F_B$ und die noch unbekannten Lagerreaktionen F_D und F_C wirken, wird ein zweites Krafteck gezeichnet. Da das zugehörige Seileck zusammen mit der Schlußlinie die Momentenkurve für den Balken sein soll, ist es zweckmäßig, im Krafteck, Fig. 2.43 c, nur die v e r t i k a l e n Komponenten der Kräfte zu berücksichtigen; ihre horizontalen Komponenten haben keinen Einfluß auf das Biegemoment. Das Biegemoment M(x) ist proportional zu den in vertikaler Richtung abzugreifenden Seileckabschnitten s. Bei der Seileckkonstruktion (Fig. 2.43 d) findet man die Richtung der Schlußlinie IV aus der Bedingung $M_G = 0$, da das Gelenk kein Moment überträgt. Den Betrag der Gelenkkraft kann man aus dem Krafteck (Fig. 2.43 c) zwischen den Seilstrahlen II und IV ablesen.

E r g e b n i s s e : Zur Kräftebestimmung werden die Zeichenstrecken der Kräfte mit dem gewählten Kräftemaßstab (z.B. m_F = 10 kN/cm Zeichng.) multipliziert. Die Biegemomente erhält man aus dem Produkt von vertikaler Seileckdicke s und horizontaler Polweite H, unter Berücksichtigung von Kräfte- und Längenmaßstab (z.B. m_L = 1 m/cm Zeichng.):

$$M = s \, H \, m_L \, m_F \, .$$

Mit den Einheiten $[s] = cm; [H] = cm; [m_L] = \dfrac{m}{cm} \; ; [m_F] = \dfrac{kN}{cm}$ folgt $[M]$ = kNm.

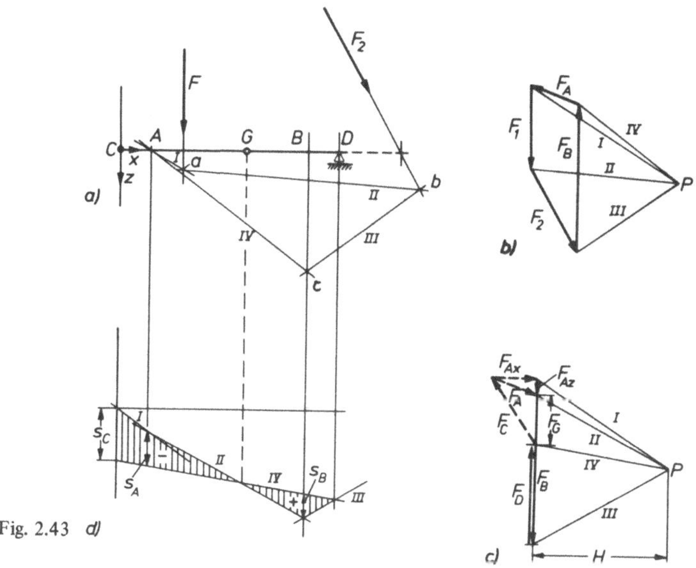

Fig. 2.43

F_{Ax} = 15 kN; F_{Az} = 4,5 kN; F_{Bz} = 46,5 kN; F_{Cx} = − 15 kN;

F_{Cz} = − 20 kN; F_{Dz} = − 31 kN; F_G = 15,5 kN;

M_{Cy} = − 66,5 kNm; M_{Ay} = − 46,5 kNm; M_{By} = 31 kNm .

Die hier angegebenen Momente sind die Biegemomente im Balken. Das Lagerreaktionsmoment in C ist M^R_{Cy} = −M_{Cy} = 66,5 kNm. Die Bestimmung der Lagerreaktionen des Gelenkbalkens mit Hilfe des Prinzips der virtuellen Arbeit wird in Aufgabe 2.29 gezeigt.

Aufgabe 2.19 (Fig. 2.44). Der Kettenantrieb eines Fahrrades wird in der gezeichneten Stellung durch eine Pedalkraft $F_P = [0; F_y; F_z]$ belastet. Dabei wird angenommen, daß der untere Teil der Kette keinen Zug ausübt und daß das hintere Pedal unbelastet ist.

a) Wie groß sind die horizontal gerichtete Kettenkraft F_K und die in den Lagern A und B übertragenen Kräfte?

b) Man bestimme den Querkraft- und Biegemomentenverlauf in der Tretlagerwelle und gebe Ort und Betrag des maximalen Biegemomentes an.

Z a h l e n w e r t e : $F_P = 500 \, N; \alpha = 30°; r_P = 18 \, cm; r_K = 9 \, cm; a_1 = 1 \, cm; a_2 = 7 \, cm; a_3 = 10 \, cm; a_4 = 16 \, cm.$

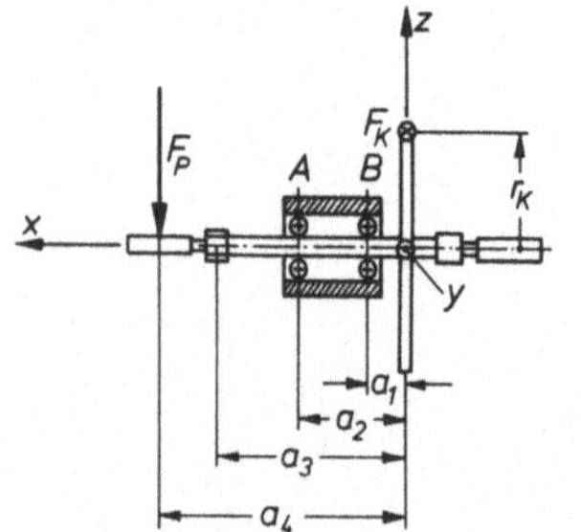

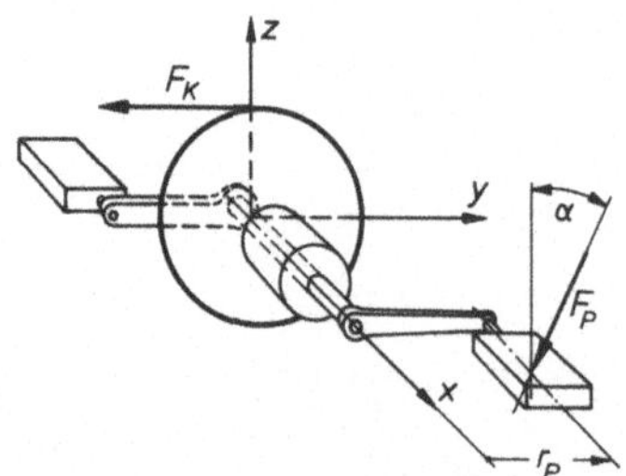

Fig. 2.44

L ö s u n g : a) die Kettenkraft F_K und die Lagerkräfte F_A und F_B erhält man aus den Gleichgewichtsbedingungen:

$$\Sigma F = F_A + F_B + F_K + F_P = 0,$$

$$F_{Ay} + F_{By} + F_{Ky} + F_{Py} = 0, \tag{1}$$

$$F_{Az} + F_{Bz} + F_{Kz} + F_{Pz} = 0, \tag{2}$$

$$\Sigma M_A = r_{AK} \times F_K + r_{AB} \times F_B + r_{AP} \times F_P =$$

$$= \begin{bmatrix} -a_2 \\ 0 \\ r_K \end{bmatrix} \times \begin{bmatrix} 0 \\ -F_K \\ 0 \end{bmatrix} + \begin{bmatrix} -a_2 + a_1 \\ 0 \\ 0 \end{bmatrix} \times \begin{bmatrix} 0 \\ F_{By} \\ F_{Bz} \end{bmatrix} + \begin{bmatrix} a_4 - a_2 \\ r_P \\ 0 \end{bmatrix} \times \begin{bmatrix} 0 \\ -\frac{1}{2} F_P \\ -\frac{1}{2}\sqrt{3} \, F_P \end{bmatrix} = 0,$$

$$r_K F_K - \frac{1}{2} \sqrt{3} \, r_P F_P = 0, \tag{3}$$

$$(a_2 - a_1) F_{Bz} + \frac{1}{2} \sqrt{3} \, F_P (a_4 - a_2) = 0, \tag{4}$$

$$a_2 F_K - (a_2 - a_1) F_{By} - \frac{1}{2} (a_4 - a_2) F_P = 0. \tag{5}$$

Das Gleichungssystem (1) . . . (5) hat die Lösung

$$\left.\begin{array}{l} \mathbf{F_K} = [0; -866; 0]\, \mathrm{N}\,, \\[4pt] \mathbf{F_A} = [0; 480,7; 1082,5]\, \mathrm{N}\,, \\[4pt] \mathbf{F_B} = [0; 635,3; -649,5]\, \mathrm{N}\,. \end{array}\right\} \qquad (6)$$

b) Der Verlauf von Querkraft Q(x) und Biegemoment M(x) wird in der x, z- und x,y-Ebene getrennt angegeben. Die Gesamtbelastung der Tretlagerwelle auf Querkraft und Biegung kann dann nach den Regeln der Vektoraddition aus

$$|Q(x)| = \sqrt{Q_z^2(x) + Q_y^2(x)} \qquad \text{und} \qquad |M(x)| = \sqrt{M_y^2(x) + M_z^2(x)} \qquad (7)$$

berechnet werden.

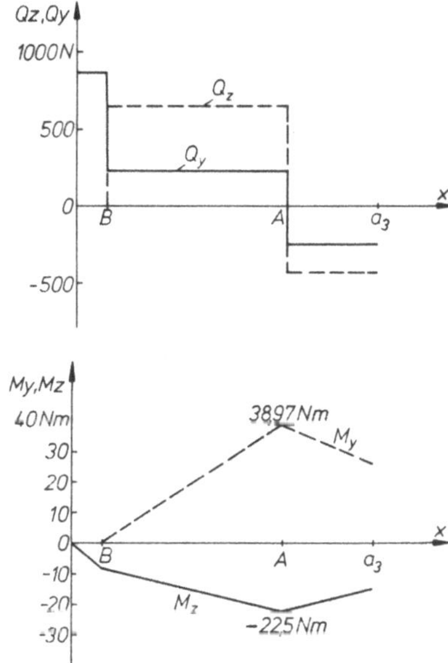

Fig. 2.45

Bei Verwendung des Koordinatensystems in **Fig. 2.44** erhält man aus den äußeren Kräften in der x, z-Ebene

$$Q_z(x) = -F_{Bz}\{x - a_1\}^0 - F_{Az}\{x - a_2\}^0\,,$$

$$Q_z(x) = 649,5\,\{x - a_1\}^0 - 1082,5\,\{x - a_2\}^0\,\mathrm{N}\,, \qquad (8)$$

$$M_y(x) = 649,5\,\{x - a_1\}^1 - 1082,5\,\{x - a_2\}^1\,\mathrm{Nm}. \qquad (9)$$

Bei der Bestimmung der Schnittreaktionen aus den äußeren Kräften in der x, y-Ebene muß beachtet werden, daß hier $dM_z(x)/dx = -Q_y(x)$ gilt. Man erhält dann

$$Q_y(x) = -F_{Ky}\{x\}^0 - F_{By}\{x - a_1\}^0 - F_{Ay}\{x - a_2\}^0 \,,$$

$$Q_y(x) = 866 - 635{,}3\,\{x - a_1\}^0 - 480{,}7\,\{x - a_2\}^0 \text{ N,} \tag{10}$$

$$M_z(x) = -866x + 635{,}3\,\{x - a_1\}^1 + 480{,}7\,\{x - a_2\}^1 \text{ Nm.} \tag{11}$$

Die Funktionen (8) . . . (11) sind in Fig. 2.45 dargestellt. Das maximale Biegemoment in der Tretlagerwelle liegt am Lager A:

$$M_A = \sqrt{38{,}97^2 + 22{,}5^2} = 45{,}0 \text{ Nm} \,.$$

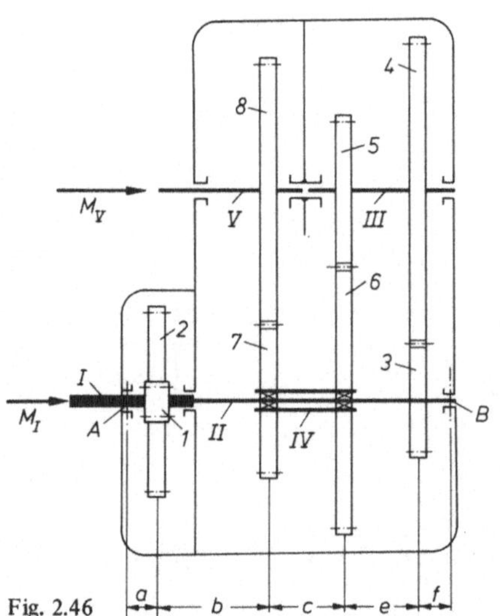

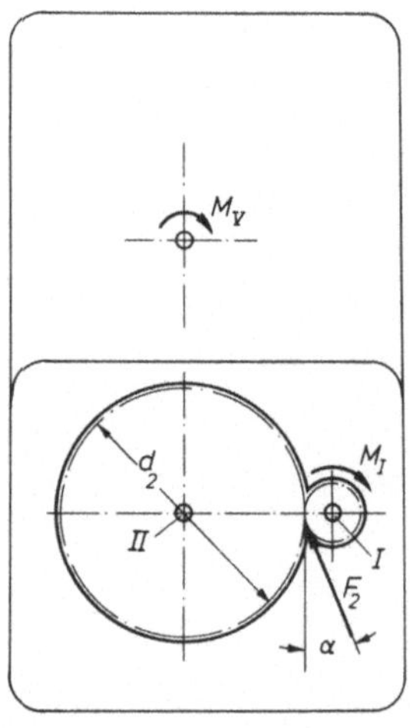

Fig. 2.46

Aufgabe 2.20 (Fig. 2.46). Auf die Antriebswelle I des skizzierten 4-stufigen Getriebes wirkt im Stillstand das Drehmoment $M_I = 3$ Nm. Die Zahnräder des Getriebes sind als geradverzahnte Stirnräder mit dem Eingriffswinkel $\alpha = 20°$ ausgeführt, d.h. die Wirkungslinie der Kraft, die zwischen zwei im Eingriff stehenden Zahnrädern übertragen wird, geht durch den Berührpunkt der Wälzkreise beider Zahnräder (Wälzkreisdurchmesser d) und ist um den Eingriffswinkel α gegen die Tangente geneigt.

a) Wie groß ist das Moment M_V an der Abtriebswelle V?

b) Wie groß sind die Kräfte auf die Lager A und B der Welle II?

c) Man bestimme den Biegemomentenverlauf für die Welle II.

Z a h l e n w e r t e : Welle II: a = 45 mm; b = 90 mm; c = 110 mm; e = 80 mm; f = 45mm. Wälzkreisdurchmesser der Zahnräder 1 bis 8: $d_1 = 35$ mm; $d_2 = 170$ mm; $d_3 = 75$ mm; $d_4 = 250$ mm; $d_5 = 85$ mm; $d_6 = 240$ mm; $d_7 = 105$ mm; $d_8 = 220$ mm.

L ö s u n g : a) Das Zahnrad 1 überträgt auf das Zahnrad 2 die tangential zum Wälzkreis gerichtete Umfangskraft

$$F_U = M_I \frac{2}{d_1} \; ; \tag{1}$$

in der Welle II wird das Drehmoment

$$M_{II} = F_U \frac{d_2}{2} = M_I \frac{d_2}{d_1} \tag{2}$$

weitergeleitet. Entsprechende Gleichungen gelten für alle übrigen im Eingriff stehenden Zahnräder und Wellen. Für das Moment M_V an der Abtriebswelle erhält man auf diese Weise

$$M_V = M_I \frac{d_2}{d_1} \frac{d_4}{d_3} \frac{d_6}{d_5} \frac{d_8}{d_7} = 287,3 \text{ Nm} . \tag{3}$$

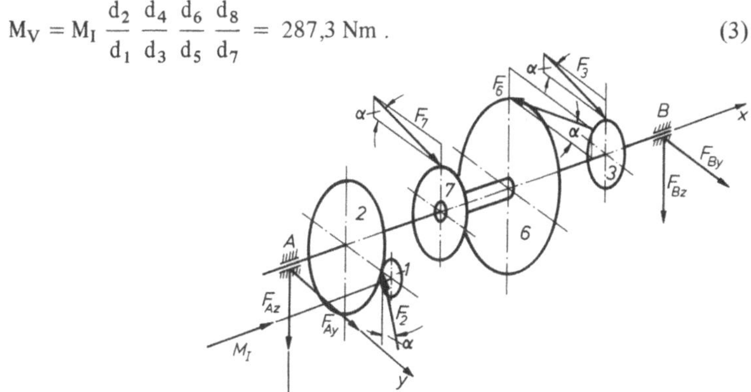

Fig. 2.47

b) In Fig. 2.47 ist die freigeschnittene Welle II mit den einwirkenden äußeren Kräften skizziert. Bildet man den zu den einzelnen Zahnkräften F_i äquivalenten Kraftwinder bezogen jeweils auf den zugehörigen Zahnradmittelpunkt, dann erhält man

$$F_i \sim (F_i'; M_{xi}) \, , \tag{4}$$

mit $F_i' \uparrow \uparrow F_i$ und $F_i' = F_i$. M_{xi} ist das auf die Welle übertragene Drehmoment. Da die Welle IV auf der Welle II drehbar gelagert ist, wird dort kein Drehmoment auf II übertragen, die Kräfte F_6 und F_7 dagegen wirken auf die Welle II.

Für die Zahnkräfte erhält man

$$F_{2z} = - M_I \frac{2}{d_1} = - 171 \text{ N}; \qquad F_{2y} = F_{2z} \tan \alpha = - 62 \text{ N};$$

$$F_{3y} = M_{II} \frac{2}{d_3} = M_I \frac{d_2}{d_1} \frac{2}{d_3} = F_{2z} \frac{d_2}{d_3} = 389 \text{ N};$$

$$F_{3z} = F_{3y} \tan \alpha = 141 \text{ N};$$

$$F_{6y} = -F_{3y}\,\frac{d_4}{d_5} = -1143\ \text{N};\qquad F_{6z} = -F_{6y}\tan\alpha = 416\ \text{N};$$

$$F_{7y} = -F_{6y}\,\frac{d_6}{d_7} = 2612\ \text{N};\qquad F_{7z} = F_{7y}\tan\alpha = 951\ \text{N}\,.$$

Die Lagerreaktionen $\mathbf{F_B}$ und $\mathbf{F_A}$ folgen aus den Gleichgewichtsbedingungen:

$$\Sigma\,M_{Ay} = 0 : F_{Bz} = -726\ \text{N},\qquad \Sigma\,F_z = 0 : F_{Az} = -611\ \text{N},$$

$$\Sigma\,M_{Az} = 0 : F_{By} = -530\ \text{N},\qquad \Sigma\,F_y = 0 : F_{Ay} = -1266\ \text{N}.$$

c) Der Biegemomentenverlauf in der Welle II wird in den Ebenen x, z und x, y getrennt bestimmt. In der x, z-Ebene erhält man die Funktion $M_y(x)$ aus

$$Q_z(x) = -\sum_i F_{zi}\{x-\xi_i\}^0,\qquad M_y(x) = -\sum_i F_{zi}\{x-\xi_i\}^1\ ;$$

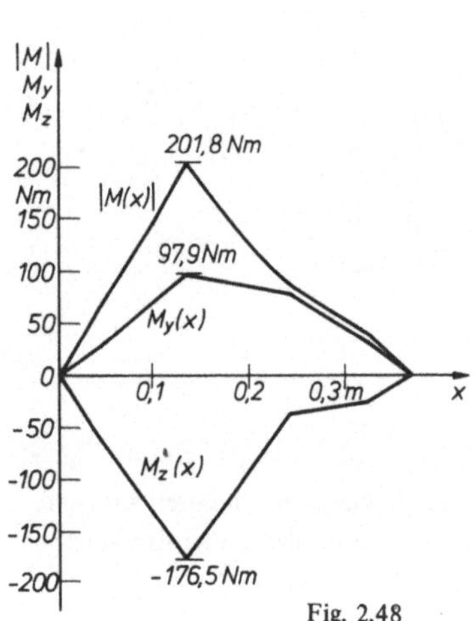

Fig. 2.48

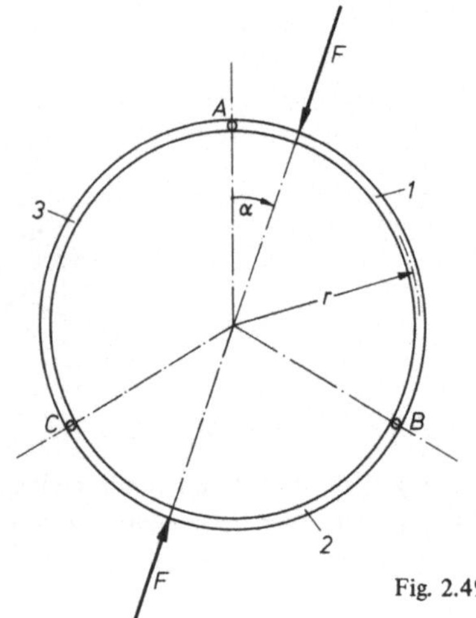

Fig. 2.49

$$M_y(x) = -F_{Az}x - F_{2z}\{x-a\}^1 - F_{7z}\{x-a-b\}^1 -$$
$$-F_{6z}\{x-a-b-c\}^1 - F_{3z}\{x-a-b-c-e\}^1,$$
$$M_y(x) = 611x + 171\{x-0{,}045\}^1 - 951\{x-0{,}135\}^1 -$$
$$-416\{x-0{,}245\}^1 - 141\{x-0{,}325\}^1\ \text{Nm}.$$

In der x, y-Ebene erhält man $M_z(x)$ aus

$$Q_y(x) = -\sum_i F_{yi}\{x-\xi_i\}^0,\qquad M_z(x) = \sum_i F_{yi}\{x-\xi_i\}^1;$$

$$M_z(x) = F_{Ay}x + F_{2y}\{x-a\}^1 + F_{7y}\{x-a-b\}^1 + F_{6y}\{x-a-b-c\}^1 +$$
$$+F_{3y}\{x-a-b-c-e\}^1,$$

$$M_z(x) = -1266x - 62\{x - 0{,}045\}^1 + 2612\{x - 0{,}135\}^1 -$$
$$- 1143\{x - 0{,}245\}^1 + 389\{x - 0{,}325\}^1 \; \text{Nm.} \tag{6}$$

Die Funktionen (5) und (6) sind in **Fig. 2.48** dargestellt. Der Betrag des in den einzelnen Querschnitten wirkenden gesamten Biegemomentes erhält man aus

$$|M(x)| = \sqrt{M_z^2(x) + M_y^2(x)}.$$

Das maximale Biegemoment beträgt $M_{max} = 201{,}8$ Nm und wird am Ort des Zahnrades 7 übertragen.

Aufgabe 2.21 (Fig. 2.49). Drei gleiche, gebogene Stabelemente sind durch Gelenke A, B, C zu einem Vollkreis aneinandergefügt. Dieser ebene Kreisring wird durch zwei gleichgroße, radial am Umfang angreifende Kräfte belastet.

a) Wie groß sind die in den Gelenken übertragenen Kräfte?

b) Für das Stabelement 1 bestimme man Querkraft, Längskraft und Biegemoment entlang der Stabachse und skizziere ihren Verlauf für $\alpha = 15°$.

c) Für welchen Kraftangriffswinkel α und an welcher Stelle des Ringes nimmt der Extremwert des Biegemomentes im Kreisring seinen kleinsten Betrag an?

L ö s u n g : a) Zur Bestimmung der 6 Gelenkkräfte werden die Bogenelemente in den Gelenken freigeschnitten (Fig. 2.50). Aus den Gleichgewichtsbedingungen

$$\text{Bogen 1:} \quad \Sigma F_x \quad = F_{AH} + F_{BH} - F\sin\alpha = 0, \tag{1}$$
$$\Sigma F_y \quad = F_{AV} + F_{BV} - F\cos\alpha = 0, \tag{2}$$
$$\text{Bogen 2:} \quad \Sigma M_{Cz} = -\sqrt{3}\,r F_{BV} + r\sin(60° - \alpha)F = 0, \tag{3}$$
$$\text{Bogen 3:} \quad \Sigma F_x \quad = F_{CH} - F_{AH} = 0, \tag{4}$$
$$\Sigma F_y \quad = F_{CV} - F_{AV} = 0, \tag{5}$$
$$\Sigma M_{Az} = -\frac{1}{2}\sqrt{3}\,r\,F_{CV} + \frac{3}{2}\,r F_{CH} = 0 \tag{6}$$

folgen die gesuchten Größen

$$F_{AH} = \frac{\sqrt{3}}{6}\,F\left(\cos\alpha + \frac{\sqrt{3}}{3}\sin\alpha\right) = F_{CH},$$

$$F_{AV} = \frac{1}{2}\,F\left(\cos\alpha + \frac{\sqrt{3}}{3}\sin\alpha\right) = F_{CV}, \tag{7}$$

$$F_{BH} = \frac{1}{6}\,F\left(5\sin\alpha - \sqrt{3}\cos\alpha\right),$$

$$F_{BV} = \frac{1}{2}\,F\left(\cos\alpha - \frac{\sqrt{3}}{3}\sin\alpha\right).$$

b) Die Schnittreaktionen werden in einem x, y, z-Koordinatensystem beschrieben, dessen x-Achse immer tangential zur Balkenachse und dessen z-Achse stets zum Bogenmittelpunkt gerichtet ist. Die Schnittreaktionen erhält man durch Schneiden des Balkenelementes 1 in den beiden Belastungsfeldern $0 \leqslant \varphi < \alpha$ und $\alpha \leqslant \varphi \leqslant 120°$ (Fig. 2.51) und Aufstellen der Gleichgewichtsbedingungen. Hierbei gelten für die Schnittreaktionen die gleichen Vorzeichen wie bei geraden Balken.

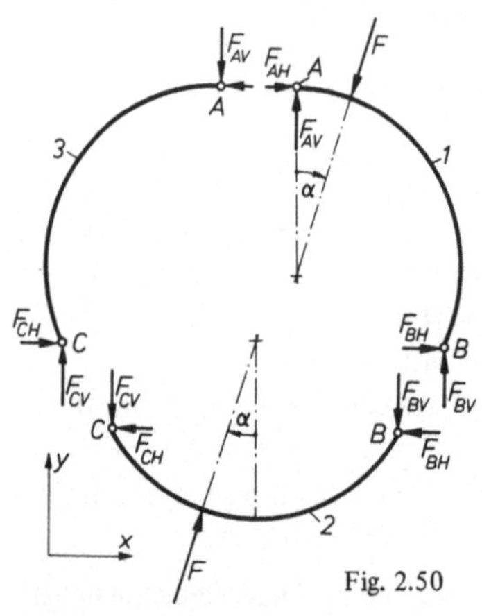

Fig. 2.50

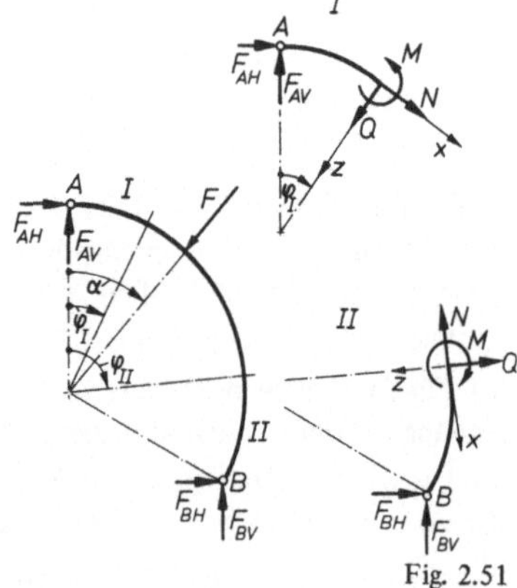

Fig. 2.51

Aus Fig. 2.51 findet man im
Bereich $0 \leqslant \varphi < \alpha$:

$$\Sigma F_z = Q(\varphi) - F_{AV}\cos\varphi - F_{AH}\sin\varphi = 0 ,$$

$$\Sigma F_x = N(\varphi) - F_{AV}\sin\varphi + F_{AH}\cos\varphi = 0 , \tag{8}$$

$$\Sigma M_y = M(\varphi) - r\sin\varphi\, F_{AV} - r(1-\cos\varphi)\, F_{AH} = 0 ,$$

Bereich $\alpha \leqslant \varphi \leqslant 120°$:

$$\Sigma F_z = -Q(\varphi) - F_{BV}\cos\varphi - F_{BH}\sin\varphi = 0 ,$$

$$\Sigma F_x = -N(\varphi) - F_{BV}\sin\varphi + F_{BH}\cos\varphi = 0 , \tag{9}$$

$$\Sigma M_y = -M(\varphi) + F_{BH}\, r\left(\cos\varphi + \frac{1}{2}\right) + F_{BV}\, r\left(\frac{1}{2}\sqrt{3} - \sin\varphi\right) = 0 .$$

Aus (8) erhält man für $0 \leqslant \varphi < \alpha$:

$$Q(\varphi) = \frac{1}{2}\, F\left(\cos\alpha + \frac{\sqrt{3}}{3}\sin\alpha\right)\left(\cos\varphi + \frac{\sqrt{3}}{3}\sin\varphi\right),$$

$$N(\varphi) = \frac{1}{2}\, F\left(\cos\alpha + \frac{\sqrt{3}}{3}\sin\alpha\right)\left(\sin\varphi - \frac{\sqrt{3}}{3}\cos\varphi\right), \tag{10}$$

$$M(\varphi) = \frac{1}{2}\, rF\left(\cos\alpha + \frac{\sqrt{3}}{3}\sin\alpha\right)\left[\sin\varphi + \frac{\sqrt{3}}{3}(1-\cos\varphi)\right].$$

Aus (9) erhält man für $\alpha \leqslant \varphi \leqslant 120°$

$$\left.\begin{aligned}
Q(\varphi) &= -\frac{1}{2}\,F\left[\cos(\alpha-\varphi) - \frac{\sqrt{3}}{3}\sin(\alpha+\varphi) + \frac{2}{3}\sin\alpha\sin\varphi\right], \\[2mm]
N(\varphi) &= \frac{1}{2}\,F\left[\sin(\alpha-\varphi) - \frac{\sqrt{3}}{3}\cos(\alpha+\varphi) + \frac{2}{3}\sin\alpha\cos\varphi\right], \\[2mm]
M(\varphi) &= \frac{1}{2}\,rF\left[\sin(\alpha-\varphi) - \frac{\sqrt{3}}{3}\cos(\alpha+\varphi) + \frac{1}{3}\sqrt{3}\cos\alpha + \right. \\[2mm]
&\qquad\left. + \frac{2}{3}\sin\alpha\cos\varphi + \frac{1}{3}\sin\alpha\right].
\end{aligned}\right\} \tag{11}$$

Für $\alpha = 15°$ sind diese Funktionen in Fig. 2.52 aufgetragen.

c) Für die vergleichbaren Balkenelemente 1 und 2 werden die Extremwerte der Biegemomente aus (10) und (11) bestimmt. Extremwerte können dabei entweder am Angriffspunkt der Kraft **F** oder bei dem Winkel φ_m auftreten, für den gilt

$$\left[\frac{d}{d\varphi}\,M(\varphi)\right]_{\varphi=\varphi_m} = 0. \tag{12}$$

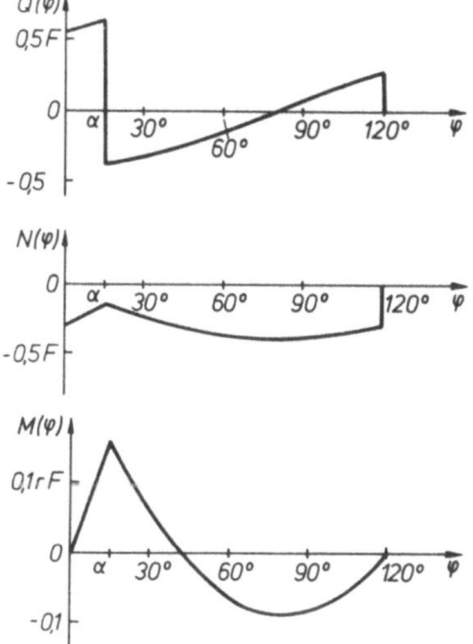

Fig. 2.52

Dies ist für beide Bereiche $0 \leqslant \varphi < \alpha$ und $\alpha \leqslant \varphi \leqslant 120°$ zu untersuchen, wobei aus Symmetriegründen α nur zwischen $0 \leqslant \alpha \leqslant 60°$ genommen zu werden braucht. Man erhält für

$$0 \leqslant \varphi < \alpha: \quad \left[\frac{dM}{d\varphi}\right]_{\varphi=\varphi_m} = \frac{1}{2}\,rF\left(\cos\alpha + \frac{\sqrt{3}}{3}\sin\alpha\right)\left(\cos\varphi_m + \frac{\sqrt{3}}{3}\sin\varphi_m\right) = 0,$$

$$\tan\varphi_m = -\sqrt{3}, \tag{13}$$

$$\alpha \leqslant \varphi \leqslant 120°: \quad \left[\frac{dM}{d\varphi}\right]_{\varphi=\varphi_m} = \frac{1}{2}\,rF\left[-\cos(\alpha-\varphi_m) + \right.$$

$$\left. + \frac{\sqrt{3}}{3}\sin(\alpha+\varphi_m) - \frac{2}{3}\sin\alpha\sin\varphi_m\right] = 0,$$

$$\tan \varphi_m = \frac{3 - \sqrt{3}\,\tan \alpha}{\sqrt{3} - 5\,\tan \alpha}. \tag{14}$$

Der Wert (13) liegt außerhalb des Gültigkeitsbereiches für φ. Im ersten Bereich ist folglich der Extremwert von $M(\varphi)$ ein Randwert am Ort des Kraftangriffspunktes $\varphi = \alpha$. Für den Balken 1 (und analog für 2) können die Extremwerte für die Biegemomente aus $M_{1\,\text{Extr.}} = |M_1(\varphi = \alpha)|$ und $M_{1\,\text{Extr.}} = |M_1(\varphi_m)|$, mit φ_m nach (14) berechnet werden (Fig. 2.53).

Das maximale Biegemoment im Bogenelement 3 liegt immer in seiner Symmetrieebene, da die Kräfte $\mathbf{F}_A$ und $\mathbf{F}_C$ auf der Verbindungslinie $\overline{AC}$ liegen:

$$M_{3\,\text{max}} = \frac{1}{2}\,rF_A = \frac{1}{6}\,rF\,(\sqrt{3}\,\cos \alpha + \sin \alpha). \tag{15}$$

Aus Fig. 2.53 liest man ab, daß für den Kraftangriffswinkel $\alpha = 30°$ das größte Biegemoment im Kreisring seinen kleinsten Wert annimmt:

$$M_{\text{max}} = \frac{1}{3}\,rF.$$

Es tritt an den beiden Kraftangriffsstellen und in der Symmetrieachse des Bogenelementes 3 auf.

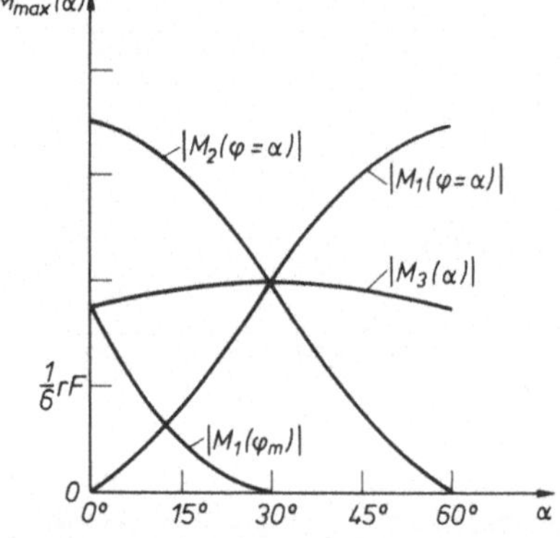

Fig. 2.53   Fig. 2.54

Aufgabe 2.22 (Fig. 2.54). Das skizzierte Fachwerk wird durch die beiden Kräfte $\mathbf{F}_1$ und $\mathbf{F}_2$ belastet.

a) Wie groß darf die Kraft $\mathbf{F}_1$ bei $F_2 = 6000$ N höchstens werden, wenn die Druckkraft auf den inneren Fachwerkstab $\overline{CD}$ den Betrag von 7500 N nicht überschreiten darf?

b) Wie groß sind bei der unter a) ermittelten Belastung die Kräfte in den Fachwerkstäben (grafische Lösung)?

L ö s u n g : a) Der Zusammenhang zwischen der Stabkraft $\mathbf{F}_{CD}$ und den äußeren Kräften $\mathbf{F}_1$, $\mathbf{F}_2$ sowie den Lagerreaktionen $\mathbf{F}_A$ und $\mathbf{F}_B$ kann durch Anwenden des

Schnittverfahrens (nach Ritter) gefunden werden. Da bei jedem, den Stab CD treffenden Schnitt durch das Fachwerk mindestens 4 Stäbe getrennt werden, muß man im vorliegenden Fall mit zwei Schnitten arbeiten. Sie sind so zu legen, daß nur 6 verschiedene Stäbe getrennt werden. Dann reichen die insgesamt 6 Gleichgewichtsbedingungen zur Bestimmung dieser Stabkräfte aus.

Im Koordinatensystem nach Fig. 2.55 erhält man die Lagerreaktionen

$$\Sigma\,M_{Az} = \frac{3}{2}\,a\,F_{By} - 2a\,F_1 + 2a\,F_2 = 0\,,$$

$$F_{By} = \frac{4}{3}\,(F_1 - F_2)\,, \tag{1}$$

$$\Sigma\,F_x = F_{Ax} - F_2 = 0\,, \qquad F_{Ax} = F_2\,, \tag{2}$$

$$\Sigma\,F_y = F_{Ay} + F_{By} - F_1 = 0\,,$$

$$F_{Ay} = \frac{4}{3}\,F_2 - \frac{1}{3}\,F_1\,. \tag{3}$$

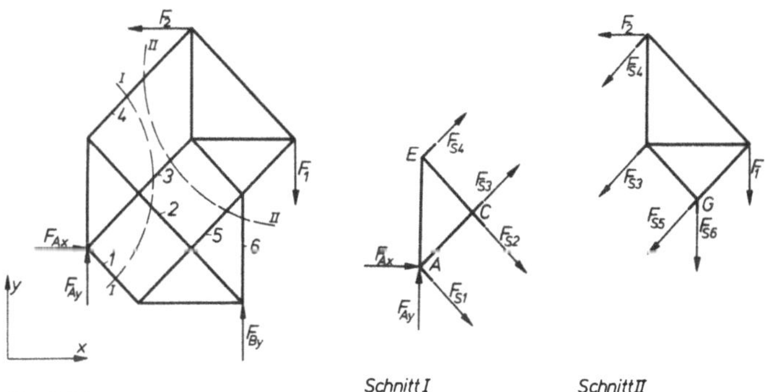

Fig. 2.55

Mit den Schnitten I und II (Fig. 2.55) erhält man die Gleichgewichtsbedingungen (die unbekannten Stabkräfte werden im freigeschnittenen System zweckmäßigerweise immer als Zugkräfte eingetragen):

$$\Sigma\,M_{Ez} = \frac{a}{\sqrt{2}}\,F_{S3} + \frac{a}{\sqrt{2}}\,F_{S1} + a\,F_{Ax} = 0\,, \tag{4}$$

$$\Sigma\,M_{Az} = -\frac{a}{\sqrt{2}}\,F_{S4} - \frac{a}{\sqrt{2}}\,F_{S2} = 0\,, \tag{5}$$

$$\Sigma\,F_{y(ACE)} = F_{Ay} + \frac{1}{\sqrt{2}}\,(F_{S3} + F_{S4} - F_{S1} - F_{S2}) = 0\,, \tag{6}$$

$$\sum M_{Gz} = \frac{3}{2} a\, F_2 - \frac{a}{2}\, F_1 + \sqrt{2}\, a\, F_{S4} + \frac{a}{\sqrt{2}}\, F_{S3} = 0\,. \tag{7}$$

Die Gleichungen (4) ... (7) reichen nach Elimination von F_{S1}, F_{S2} und F_{S4} zur Bestimmung von $F_{CD} = F_{S3}$ aus:

$$F_{S3} = -\frac{\sqrt{2}}{6}\,(F_1 + 5\,F_2)\,. \tag{8}$$

Mit $F_{S3} \leqslant -7500$ N (Druckkraft!) folgt aus (8)

$$F_1 \leqslant 1820\,\text{N}\,. \tag{9}$$

b) Die übrigen Stabkräfte werden mit Hilfe des Cremonaplanes ermittelt. Hierfür sind zuerst die Lagerreaktionen zu bestimmen. Aus (1), (2), (3) und (9) folgt

$$F_{Ax} = 6000\,\text{N}; \qquad F_{Ay} = 7393\,\text{N}; \qquad F_{By} = -5573\,\text{N}\,. \tag{10}$$

Um mit der Zeichnung des Planes beginnen zu können, benötigt man einen Fachwerkknoten mit nicht mehr als zwei unbekannten Stabkräften. Da es einen solchen Knoten im vorliegenden Fall nicht gibt, wird die Stabkraft F_{S1} aus (4) berechnet:

$$F_{S1} = -\sqrt{2}\,F_{Ax} - F_{S3} = -985\,\text{N}\,.$$

Im Cremonaplan werden die Kraftecke für jeden Fachwerkknoten so zusammengefaßt, daß jede Stabkraft nur einmal vorkommt. Das ist nur dann möglich, wenn die Reihenfolge der Kräfte in den für jeden Knoten gebildeten Kraftecken so ist, daß sich stets der gleiche Umlaufsinn ergibt. Auch im Krafteck für die äußeren Kräfte am Fachwerk ist dieser Umlaufsinn zu wählen. In Fig. 2.56 b sind die Kräfte so zusammengefügt, daß der Umlaufsinn am Knoten dem Uhrzeigersinn entspricht. Die Kraftrichtungen in den

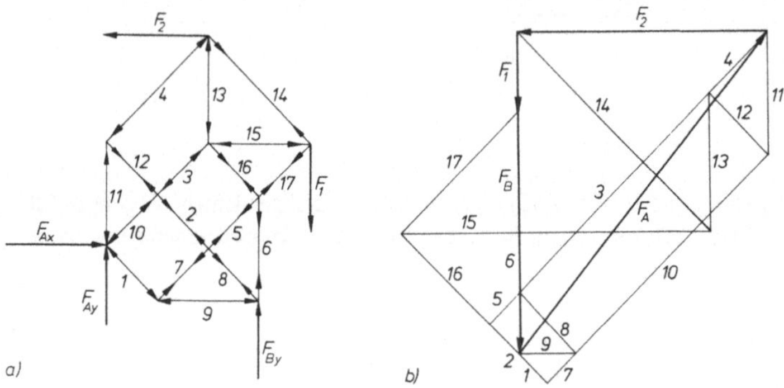

Fig. 2.56

Stäben sind durch Pfeile in die Fachwerkskizze (Fig. 2.56 a) eingetragen. Pfeile zum Knoten hin kennzeichnen dabei einen Druckstab ($-$), Pfeile vom Knoten fort einen Zugstab ($+$). Aus dem Cremonaplan liest man für die Stabkräfte ab:

Stab Nr.	$F_S[N]$	Stab Nr.	$F_S[N]$	Stab Nr.	$F_S[N]$
1	− 985	7	985	13	−3214
2	1970	8	1970	14	6515
3	−7500	9	−1393	15	−7393
4	−1970	10	−7500	16	2956
5	985	11	−2786	17	3941
6	4180	12	1970		

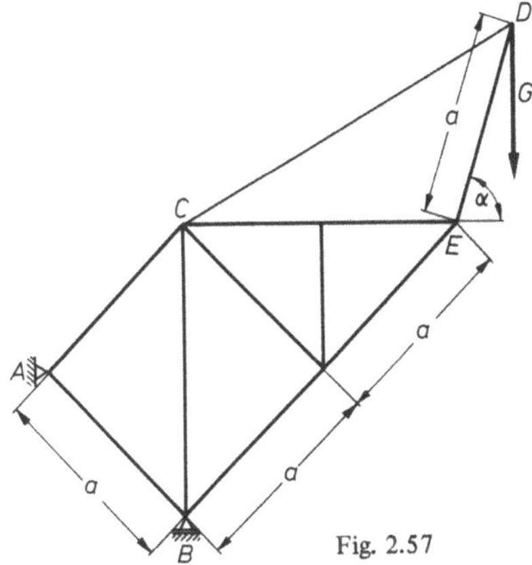

Fig. 2.57

Aufgabe 2.23 (Fig. 2.57). Auf das skizzierte Fachwerk (A B C E) soll im Punkt D des Ausleger Stabes DE der durch das Seil CD gehalten wird, eine Hubvorrichtung montiert werden, die mit maximal G = 4000 N belastet werden kann.

Wie groß muß der Winkel α gemacht werden, wenn die Hubvorrichtung möglichst weit von den Fachwerklagern A und B entfernt sein soll und in keinem Stab eine Zug- oder Druckkraft von mehr als 2 G auftreten darf?

L ö s u n g : Die Lagerreaktionen erhält man aus den Gleichgewichtsbedingungen nach Fig. 2.58:

$$\Sigma M_{Az} = \frac{a}{\sqrt{2}} F_B - a\left(\frac{3}{\sqrt{2}} + \cos\alpha\right) G = 0 ,$$

$$F_B = G\,(3 + \sqrt{2}\cos\alpha) , \tag{1}$$

$$\Sigma F_x = 0: \quad F_{AH} = 0 , \tag{2}$$

$$\Sigma F_y = F_{AV} + F_B - G = 0, \quad F_{AV} = -G\,(2 + \sqrt{2}\cos\alpha) . \tag{3}$$

Für die äußeren Kräfte F_C und F_E auf das Fachwerk gilt

$$\Sigma M_{Cz} = a\sqrt{2}\,F_{EV} - a\,(\sqrt{2} + \cos\alpha)\,G = 0 ,$$

$$F_{EV} = G\left(1 + \frac{1}{\sqrt{2}}\cos\alpha\right), \tag{4}$$

$$\Sigma F_{y\,(CED)} = -F_{CV} + F_{EV} - G = 0, \qquad F_{CV} = \frac{1}{\sqrt{2}}\cos\alpha\,G\,, \tag{5}$$

$$F_{EH} = \frac{1}{\tan\alpha}\,F_{EV} = \left(1 + \frac{1}{\sqrt{2}}\cos\alpha\right)\frac{G}{\tan\alpha}\,, \tag{6}$$

$$\Sigma F_{x\,(CED)} = 0 : F_{CH} = F_{EH}\,. \tag{7}$$

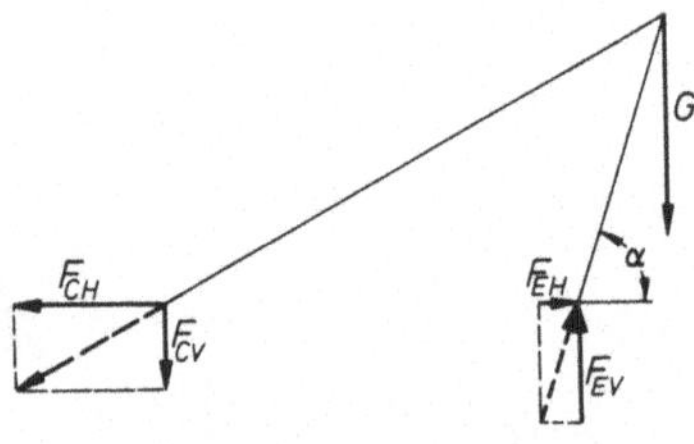

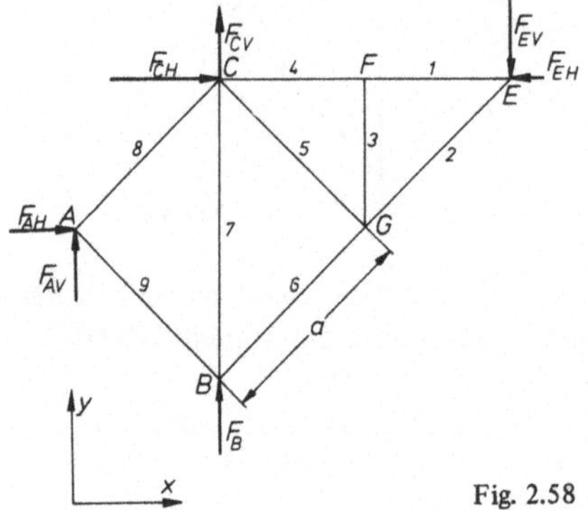

Fig. 2.58

Die Gleichungen für die Stabkräfte werden aus $\Sigma\,\mathbf{F} = 0$ für die Knoten bestimmt. Mit den Bezeichnungen in Fig. 2.58 erhält man

$$\Sigma F_{y(E)} = -F_{EV} - \frac{1}{\sqrt{2}}F_{S2} = 0, \qquad F_{S2} = -G(\sqrt{2} + \cos\alpha)\,, \tag{8}$$

$$\Sigma F_{x(E)} = -F_{EH} - F_{S1} - \frac{1}{\sqrt{2}}F_{S2} = 0\,,$$

$$F_{S1} = G\left(1 + \frac{1}{\sqrt{2}}\cos\alpha\right)\left(1 - \frac{1}{\tan\alpha}\right), \tag{9}$$

$$\Sigma\,\mathbf{F}_{(F)} = 0: \quad F_{S4} = F_{S1}\,, \tag{10}$$

$$F_{S3} = 0 \, , \tag{11}$$

$$\Sigma F_{(G)} = 0: \quad F_{S6} = F_{S2} \, , \tag{12}$$

$$F_{S5} = 0 \, , \tag{13}$$

$$\Sigma F_{x(B)} = \frac{1}{\sqrt{2}} F_{S6} - \frac{1}{\sqrt{2}} F_{S9} = 0, \quad F_{S9} = F_{S6} \, , \tag{14}$$

$$\Sigma F_{y(B)} = \frac{1}{\sqrt{2}} F_{S9} + \frac{1}{\sqrt{2}} F_{S6} + F_{S7} + F_B = 0, \quad F_{S7} = -G \, , \tag{15}$$

$$\Sigma F_{x(A)} = \frac{1}{\sqrt{2}} F_{S9} + \frac{1}{\sqrt{2}} F_{S8} + F_{AH} = 0, \quad F_{S8} = F_{S9} \, . \tag{16}$$

Der kleinste Winkel α, für den die Bedingung $|F_{Si}| \leqslant 2G$ für $i = 1 \dots 9$ erfüllt ist, folgt aus (8):

$$G(\sqrt{2} + \cos \alpha) \leqslant 2G, \quad \alpha \geqslant 54,1° \, .$$

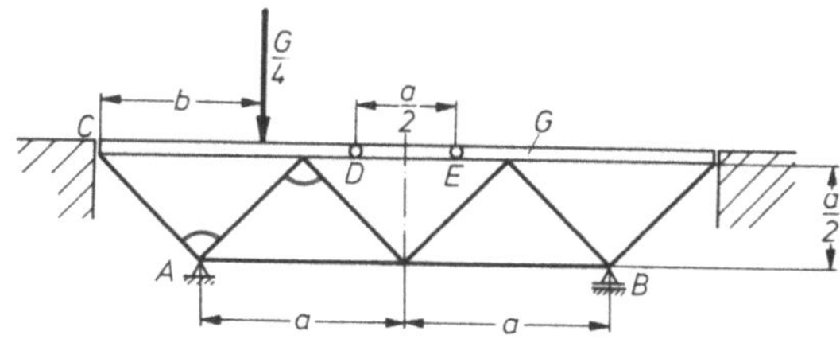

Fig. 2.59

Aufgabe 2.24 (Fig. 2.59). Ein Brückensteg in Form des skizzierten Gelenkbalkens mit Fachwerkversteifung wird von den Lagern A und B getragen.

a) Wie groß sind die Stabkräfte im Fachwerk, wenn als Belastung nur das Eigengewicht G des homogenen Gelenkbalkens berücksichtigt wird?

b) Auf dem Steg befinde sich ein Fahrzeug mit dem Gewicht G/4. Das Fahrzeuggewicht kann durch eine punktförmig angreifende vertikale Kraft ersetzt werden. Welche Werte nimmt die Kraft im Stab AC an, wenn das Fahrzeug langsam über den Steg fährt und das Balkeneigengewicht berücksichtigt wird?

L ö s u n g : a) Die symmetrisch angeordneten Lager A und B übertragen die vertikalen Lagerreaktionen $F_{AV} = F_{BV} = G/2$. Die Stabkräfte erhält man aus den Gleichgewichtsbedingungen für geeignet herausgeschnittene Teilsysteme. In Fig. 2.60 ist ein möglicher Schnitt skizziert. Das zwischen den beiden Gelenken D und E liegende Balkenstück übt dort die vertikalen Kräfte $F_{DV} = F_{EV} = G/12$ aus. Aus den Gleichgewichtsbedingungen folgt (Fig. 2.60)

$$\Sigma M_{Kz} = \frac{a}{2} F_{S4} - \frac{a}{2} F_{AV} - \frac{a}{4} F_{DV} + \frac{3}{8} a \; \frac{5}{12} \; G = 0 \,,$$

$$F_{S4} = \frac{22}{96} G = 0{,}229 \, G \,, \tag{1}$$

$$\Sigma F_y = F_{AV} - \frac{G}{2} - \frac{1}{\sqrt{2}} F_{S3} = 0 \,,$$

$$F_{S3} = 0 \,, \tag{2}$$

$$\left. \begin{aligned} \Sigma F_{x(A)} &= - \frac{F_{S1}}{\sqrt{2}} + \frac{F_{S2}}{\sqrt{2}} + F_{S4} = 0 \,, \\[2mm] \Sigma F_{y(A)} &= \frac{F_{S1}}{\sqrt{2}} + \frac{F_{S2}}{\sqrt{2}} + F_{AV} = 0 \,, \end{aligned} \right\} \tag{3}$$

$$F_{S1} = \frac{G}{\sqrt{2}} \left(\frac{22}{96} - \frac{1}{2} \right) = - \, 0{,}192 \, G \,, \tag{4}$$

$$F_{S2} = - \frac{G}{\sqrt{2}} \left(\frac{22}{96} + \frac{1}{2} \right) = - \, 0{,}516 \, G \,. \tag{5}$$

Die zu den Stäben 1 . . . 4 symmetrischen Stäbe in der rechten Fachwerkhälfte sind entsprechend belastet.

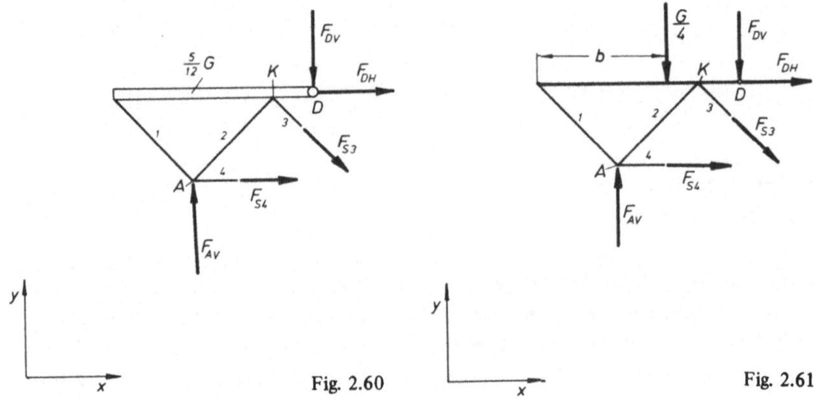

Fig. 2.60   Fig. 2.61

b) In der Stereo-Statik besteht zwischen den äußeren Kräften an einem System und den Schnittreaktionen immer ein linearer Zusammenhang. Deshalb ist es möglich, die äußeren Kräfte in verschiedene Belastungsgruppen aufzuteilen und die Schnittreaktionen für jede Gruppe getrennt zu berechnen. Die Schnittreaktionen für die Gesamtbelastung sind dann die Summen der Schnittreaktionen bei den Teilbelastungen (Superpositionsprinzip). Das Ergebnis (4) kann deshalb hier übernommen werden. Zusätzlich muß die durch die neu hinzukommende Einzelkraft hervorgerufene Belastung berücksichtigt werden. Hierfür erhält man die Lagerreaktionen

$$\Sigma M_{Az} = \left(\frac{a}{2} - b\right) \frac{G}{4} + 2a\, F_{BV} = 0\,,$$

$$F_{BV} = \frac{G}{8}\left(\frac{b}{a} - \frac{1}{2}\right), \tag{6}$$

$$\Sigma F_y = 0 : F_{AV} = \frac{G}{4} - F_{BV} = \frac{G}{8}\left(\frac{5}{2} - \frac{b}{a}\right). \tag{7}$$

Die Stabkraft F_{S1} wird mit den zu a) analogen Gleichgewichtsbetrachtungen am zertrennten Balken berechnet. Die wandernde Last muß dabei auf den drei Balkenelementen getrennt betrachtet werden:

$0 \leqslant b \leqslant \frac{5}{4}\, a$ (Fig. 2.61): Das Balkenelement DE kann bei der betrachteten Teilbelastung nur Kräfte in Richtung der Balkenachse übertragen, damit ist $F_{DV} = 0$;

$$\Sigma M_{Kz} = -\frac{a}{2}\, F_{AV} + (a - b)\, \frac{G}{4} + \frac{a}{2}\, F_{S4} = 0\,,$$

$$F_{S4} = F_{AV} - \frac{1}{2}\, G\left(1 - \frac{b}{a}\right).$$

Die Knotenbedingung $\Sigma F_A = 0$ kann aus a) übernommen werden. Mit (3) erhält man

$$F_{S1} = \frac{1}{\sqrt{2}}\, (F_{S4} - F_{AV}) = \frac{\sqrt{2}}{4}\, G\left(\frac{b}{a} - 1\right) = 0{,}354\, G\left(\frac{b}{a} - 1\right)\,. \tag{8}$$

$\frac{5}{4}\, a \leqslant b \leqslant \frac{7}{4}\, a$: Aus den Gleichgewichtsbedingungen für das Balkenelement DE folgt

$$\Sigma M_{Ez} = -\frac{a}{2}\, F_{DV} + \left[\frac{a}{2} - \left(b - \frac{5}{4}\, a\right)\right] \frac{G}{4} = 0\,,$$

$$F_{DV} = \frac{G}{2}\left(\frac{7}{4} - \frac{b}{a}\right). \tag{9}$$

Damit gilt für die Systemhälfte in Fig. 2.61

$$\Sigma M_{Kz} = -\frac{a}{4}\, F_{DV} + \frac{a}{2}\, F_{S4} - \frac{a}{2}\, F_{AV} = 0\,, \qquad F_{S4} = F_{AV} + \frac{1}{2}\, F_{DV}.$$

Mit (3) folgt

$$F_{S1} = \frac{\sqrt{2}}{8}\, G\left(\frac{7}{4} - \frac{b}{a}\right) = G\left(0{,}309 - 0{,}177\, \frac{b}{a}\right)\,. \tag{10}$$

$\frac{7}{4}\, a \leqslant b \leqslant 3a$: Bei einer äußeren Belastung in diesem Bereich verschwindet wieder F_{DV} in Fig. 2.61. Man erhält dann für die linke Systemhälfte

$$\Sigma M_{Kz} = -\frac{a}{2} F_{AV} + \frac{a}{2} F_{S4} = 0, \qquad F_{S4} = F_{AV}.$$

Mit (3) folgt

$$F_{S1} = 0.$$

Die Gesamtbelastung des Stabes 1 wird als Überlagerung vom Balkeneigengewichtsanteil (4) mit (8), (10) bzw. (11) erhalten:

$$F_{S1\,gesamt} = \begin{cases} (0{,}354\,\frac{b}{a} - 0{,}546)\,G, & 0 \leqslant b \leqslant \frac{5}{4}\,a; \\[2mm] (-0{,}177\,\frac{b}{a} + 0{,}117)\,G, & \frac{5}{4}\,a \leqslant b \leqslant \frac{7}{4}\,a; \\[2mm] -0{,}192\,G, & \frac{7}{4}\,a \leqslant b \leqslant 3a. \end{cases} \qquad (12)$$

Diese Abhängigkeit ist in **Fig. 2.62** dargestellt.

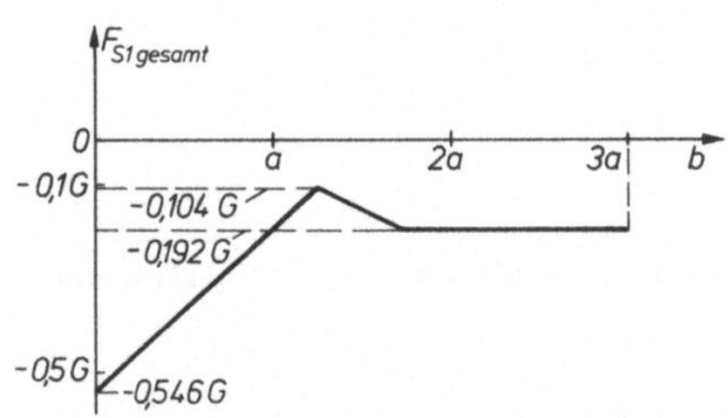

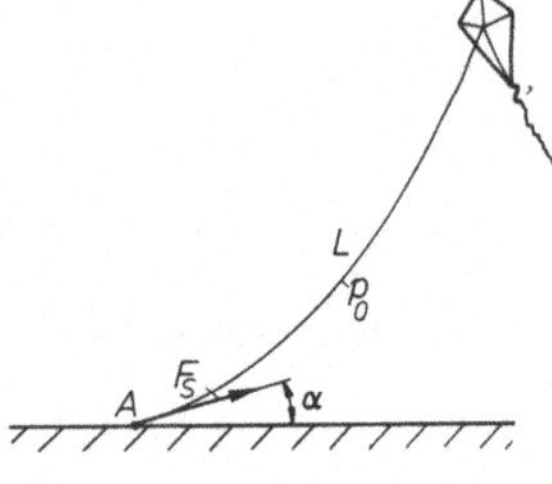

Fig. 2.62   Fig. 2.63

Aufgabe 2.25 (Fig. 2.63). Ein Flugdrachen wird mit einer L = 250 m langen Schnur am Erdboden festgehalten und übt dort eine Zugkraft von F_S = 8 N aus. Der Winkel, den die Schnur an der Halterung mit der Horizontalen bildet, sei α = 10°. Das Gewicht der Schnur beträgt p_0 = 0,03 N/m. Die Windkraft auf die Schnur soll vernachlässigt werden. Wie hoch fliegt der Drachen?

L ö s u n g : Die Differentialgleichung für die Kurve eines Seiles, auf das nur vertikale Gewichtskräfte wirken, lautet im x, y-Koordinatensystem nach Fig. 2.64

$$H_0 \frac{d^2 y}{dx^2} = q(x) \qquad (1)$$

mit $H_0 = F_S \cos\alpha$ (Horizontalkomponente der Seilkraft), $q(x) = p_0 \frac{dL}{dx} = p_0 \sqrt{1 + \left(\frac{dy}{dx}\right)^2}$ (spezifische Längenbelastung des Seiles). Mit der Substitution $u = \frac{dy}{dx}$ kann (1) nach Trennung der Variablen integriert werden

$$\frac{dy}{dx} = \sinh\left(\frac{p_0}{H_0}x + C_1\right), \qquad (2)$$

$$y(x) = \frac{H_0}{p_0} \cosh\left(\frac{p_0}{H_0} x + C_1\right) + C_2 \, . \tag{3}$$

Für die Integrationskonstanten C_1 und C_2 erhält man im Koordinatensystem nach Fig. 2.64 aus (2) und (3)

$$\left(\frac{dy}{dx}\right)_{x=0} = \tan \alpha = \sinh (C_1) \, ,$$

$$C_1 = \operatorname{arsinh} (\tan \alpha) \, , \tag{4}$$

$$y(0) = \frac{H_0}{p_0} \cosh (C_1) + C_2 = 0 \, ,$$

$$C_2 = -\frac{H_0}{p_0} \cosh (C_1) \, . \tag{5}$$

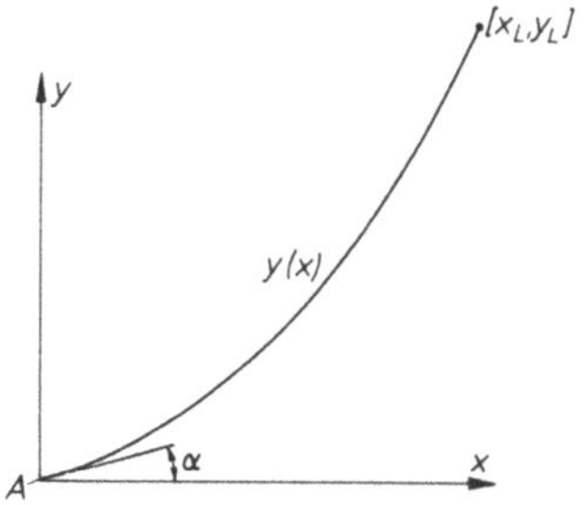

Fig. 2.64

Die Ortskoordinaten $[x_L, y_L]$ für den Drachen lassen sich aus der gegebenen Seillänge L errechnen. Für die Länge L der ebenen Kurve $y(x)$ zwischen den Abszissenwerten $0 \leqslant x \leqslant x_L$ gilt

$$L = \int_0^{x_L} \sqrt{1 + [y'(x)]^2} \, dx \, . \tag{6}$$

Mit (2) folgt daraus

$$L = \int_0^{x_L} \sqrt{1 + \sinh^2\left(\frac{p_0}{H_0} x + C_1\right)} \, dx = \int_0^{x_L} \cosh\left(\frac{p_0}{H_0} x + C_1\right) dx =$$

$$= \frac{H_0}{p_0} \left[\sinh\left(\frac{p_0}{H_0} x_L + C_1\right) - \tan \alpha\right]$$

und nach x_L aufgelöst

$$x_L = \frac{H_0}{p_0} \left[\operatorname{arsinh}\left(\frac{p_0}{H_0} L + \tan \alpha\right) - C_1\right] \, . \tag{7}$$

Gleichung (7) in (3) eingesetzt ergibt schließlich

$$y_L = \frac{F_S \cos \alpha}{p_0} \left\{ \cosh\left[\operatorname{arsinh}\left(\frac{p_0 L}{F_S \cos \alpha} + \tan \alpha\right)\right] - \cosh \left[\operatorname{arsinh} (\tan \alpha)\right]\right\} , \tag{8}$$

$$y_L = 129{,}3 \text{ m.}$$

Aufgabe 2.26 (Fig. 2.65). Ein Brückensteg, dessen spezifisches Fahrbahngewicht dG/da über der Steglänge a linear veränderlich ist, soll zwischen zwei Pfeilern von einem Seil getragen werden. Wie lautet die Gleichung für die Seilkurve und wie groß ist der geringste Seilabstand von der Fahrbahn, wenn die maximale Zugkraft im Seil den Betrag $(F_S)_{max} = 200$ kN nicht überschreiten darf? Das Eigengewicht des Seils kann gegenüber dem Fahrbahngewicht vernachlässigt werden.

Z a h l e n w e r t e : $G = 300$ kN; $a = 15$ m, $h_1 = 9$ m; $h_2 = 6$ m.

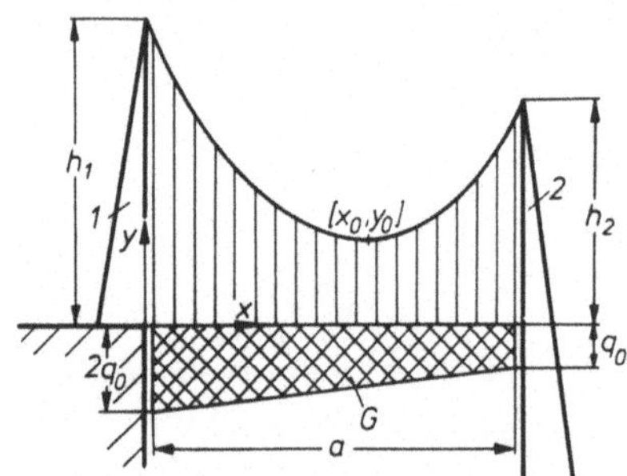

Fig. 2.65

L ö s u n g : In einem x, y-Koordinatensystem nach Fig. 2.65 lautet die Differentialgleichung für die Seilkurve

$$H_0 \, \frac{d^2 y}{dx^2} = q(x) , \qquad (1)$$

mit der Horizontalkomponente H_0 der Seilkraft und dem spezifischen Fahrbahngewicht $q(x)$. Hierfür gilt

$$q(x) = 2\, q_0 \left(1 - \frac{x}{2a}\right) = \frac{4}{3} \frac{G}{a} \left(1 - \frac{x}{2a}\right) . \qquad (2)$$

Durch Integration von (1) erhält man

$$y'(x) = \frac{4}{3} \frac{G}{aH_0} \left(x - \frac{x^2}{4a}\right) + C_1 , \qquad (3)$$

$$y(x) = \frac{4}{3} \frac{G}{aH_0} \left(\frac{x^2}{2} - \frac{x^3}{12a}\right) + C_1 x + C_2 . \qquad (4)$$

Die Integrationskonstanten C_1 und C_2 werden aus den beiden bekannten Seilkurvenpunkten $y(0) = h_1$ und $y(a) = h_2$ bestimmt:

$$C_2 = h_1 , \qquad (5)$$

$$h_2 = \frac{4}{3} \frac{G}{aH_0} \left(\frac{a^2}{2} - \frac{a^3}{12a}\right) + C_1 a + h_1 ,$$

$$C_1 = \frac{1}{a} (h_2 - h_1) - \frac{5}{9} \frac{G}{H_0} . \qquad (6)$$

Da der Horizontalzug H_0 in einem durch vertikale Gewichtskräfte belasteten Seil konstant ist, tritt die größte Gesamtkraft im steilsten Seilabschnitt auf. Nach (3) ist das der Punkt $[0; h_1]$ an der Spitze des Pfeilers 1. Mit dem Neigungswinkel α des Seiles gegen die x-Achse gilt für die maximale Zugkraft im Seil

$$F_{Smax} = \sqrt{H_0^2 + H_0^2 \, (\tan^2\alpha)_{x=0}} = H_0 \, \sqrt{1 + (y')^2}_{x=0} . \qquad (7)$$

Aus (3), (6) und (7) erhält man für den zulässigen Horizontalzug

$$H_0^2 \left[1 + \frac{1}{a^2} (h_2 - h_1)^2 - \frac{10\,G}{9aH_0} (h_2 - h_1) + \frac{25}{81} \frac{G^2}{H_0^2} \right] = F_{S\,max}^2,$$

$$H_0 = 81 \text{ kN}. \tag{8}$$

Die Seilkurve lautet damit

$$y(x) = -2{,}258\,x + 0{,}1646\,x^2 - 0{,}00183\,x^3 + 9 \,[\text{m}]. \tag{9}$$

Daraus wird der kleinste Seilabstand y_0 von der Fahrbahn durch Extremwertberechnung erhalten. Man findet $x_0 = 7{,}9$ m und $y_0 = 0{,}53$ m.

Aufgabe 2.27 (Fig. 2.66). Auf die skizzierte einseitig wirkende Backenbremse wird im Punkt A eine vertikale Kraft $\mathbf{F}_A$ ausgeübt.

Wie groß ist bei bekanntem Reibungsbeiwert μ das auf die Trommel T wirkende Bremsmoment für beide Drehrichtungen der Trommel?

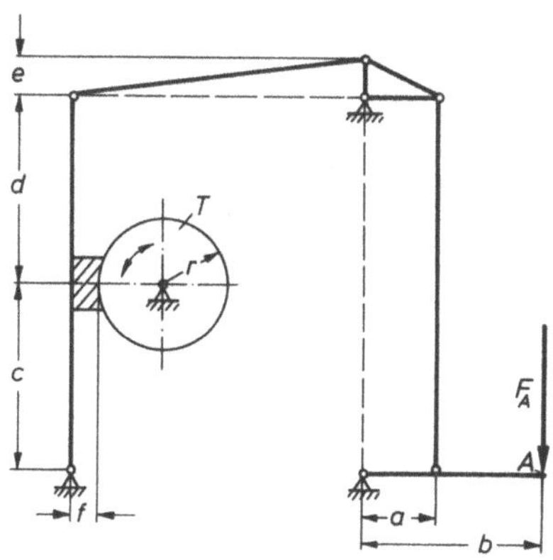

Fig. 2.66

L ö s u n g : Zur Lösung soll das Prinzip der virtuellen Arbeit verwendet werden. Dazu muß dem System zunächst eine Bewegungsmöglichkeit gegeben werden. Das kann durch Fortnehmen der Bremstrommel geschehen. Die dabei auftretenden Schnittreaktionen, Normalkraft $\mathbf{F}_N$ und Reibungskraft $\mathbf{F}_R$, werden in die Skizze des Systems (Fig. 2.67) eingetragen. Die Reibungskraft ist

$$F_R = \pm \mu \, F_N. \tag{1}$$

Das positive Vorzeichen in (1) gelte für die linksdrehende Trommel (entgegen dem Uhrzeigersinn). Der Betrag des Bremsmomentes ist

$$M_{TR} = | r \, F_R | = | r \, \mu \, F_N |. \tag{2}$$

Das System ist im Gleichgewicht, wenn die virtuelle Arbeit der äußeren Kräfte verschwindet:

$$\delta W = \sum_i \mathbf{F}_i \, \delta \mathbf{r}_i = 0. \tag{3}$$

Die virtuellen Verschiebungen $\delta \mathbf{r}_i$ der Angriffspunkte der Kräfte $\mathbf{F}_i$ werden so genommen, daß ihre Wirkungslinien mit den zugehörigen Kräften zusammenfallen. Der Richtungssinn der virtuellen Verschiebungen ist entsprechend der geometrischen Zwangsbedingungen des Systems voneinander abhängig. Weisen Kraft- und zugehörige Verschiebungsvektoren in die gleiche Richtung, dann werden die Skalarprodukte in (3) positiv, andernfalls negativ. Man erhält daher aus (3)

$$\delta r_A = b\,\delta\alpha, \qquad \delta\beta = \delta\alpha, \qquad e\,\delta\beta = (d+c)\,\delta\gamma\,. \tag{4}$$

Die geometrischen Verträglichkeitsbedingungen zwischen den virtuellen Verschiebungen entnimmt man Fig. 2.67:

$$\delta r_A = b\,\delta\alpha,\ \delta\beta = \delta\alpha, \qquad e\,\delta\beta = (d+c)\,\delta\gamma\,. \tag{5}$$

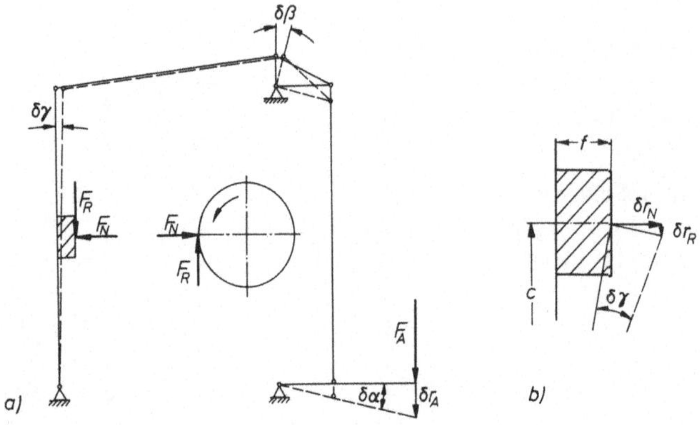

Fig. 2.67

Nach Fig. 2.67 b) gilt

$$\frac{c}{f} = \frac{\delta r_N}{\delta r_R} \quad \text{und} \quad \delta\gamma\ \sqrt{c^2 + f^2} = \sqrt{\left(\delta r_N\right)^2 + \left(\delta r_R\right)^2}\,,$$

$$\delta r_R = f\,\delta\gamma, \qquad \delta r_N = c\,\delta\gamma\,. \tag{6}$$

Mit (5) und (6) folgt aus (4)

$$\left[F_A - \frac{c\,e}{b(d+c)}\,F_N + \frac{f\,e}{b(d+c)}\,F_R\right]\delta r_A = 0\,,$$

woraus mit (1) und (2) folgt

$$M_{TR} = F_A\,\frac{\mu\,rb\,(c+d)}{e\,(c \mp \mu f)}\,. \tag{7}$$

Bei linksdrehender Trommel (oberes Vorzeichen) ist das Bremsmoment größer als bei rechtsdrehender Trommel (unteres Vorzeichen). Bei $\mu = c/f$ tritt für die linksdrehende Trommel Selbsthemmung auf, d.h. $M_{TR} \rightarrow \infty$.

Aufgabe 2.28 (Fig. 2.3). Man löse die Aufgabe 2.2 mit Hilfe des Prinzips der virtuellen Arbeit.

L ö s u n g : Das System ist im Gleichgewicht, wenn die virtuelle Arbeit der äußeren Kräfte verschwindet

$$\delta W = \sum_i \mathbf{F}_i \delta \mathbf{r}_i = 0 \,. \tag{1}$$

Mit den Bezeichnungen in Fig. 2.3 und dem Koordinatensystem von Fig. 2.4 erhält man für (1)

$$\delta W = \mathbf{F}\,\delta \mathbf{r}_A + \mathbf{F}_Q\,\delta \mathbf{r}_E = F\,\delta r_A - F_Q\,\delta r_E = 0 \,. \tag{2}$$

Die virtuellen Verschiebungen δr_A und δr_E können wie totale Differentiale der Ortskoordinaten r_A und r_E berechnet werden. Mißt man die Ortskoordinaten in y-Richtung vom Boden aus (Punkt D in Fig. 2.3), dann gilt

$$r_A = \overline{CD} \cos \beta + \overline{AB} \sin \alpha \,,$$

$$r_E = 2\,\overline{CD} \cos \beta \,.$$

$$\delta r_A = \frac{\partial r_A(\alpha, \beta)}{\partial \alpha}\,\delta\alpha + \frac{\partial r_A(\alpha, \beta)}{\partial \beta}\,\delta\beta$$

$$= -\overline{CD} \sin \beta\,\delta\beta + \overline{AB} \cos \alpha\,\delta\alpha \,, \tag{3}$$

$$\delta r_E = \frac{\partial r_E(\beta)}{\partial \beta}\,\delta\beta = -2\,\overline{CD} \sin \beta\,\delta\beta \,. \tag{4}$$

Eine Beziehung zwischen den virtuellen Verschiebungen $\delta\alpha$ und $\delta\beta$ findet man unter Berücksichtigung der Tatsache, daß sich der Punkt A nicht in horizontaler Richtung verschiebt:

$$x_A = \overline{AB} \sin \alpha + \overline{CD} \sin \beta = \text{const.}$$

Durch Differentiation folgt daraus

$$\delta x_A = \overline{AB} \sin \alpha\,\delta\alpha + \overline{CD} \cos \beta\,\delta\beta = 0 \,. \tag{5}$$

Beim Zusammenfassen von (3), (4), (5) und (2) muß beachtet werden, daß in (2) bereits die richtigen Vorzeichen für die Skalarprodukte $\mathbf{F}\,\delta\mathbf{r}$ eingesetzt wurden. Die virtuellen Verschiebungen sind also in (2) als Beträge einzusetzen:

$$\left[F\left| \left(\frac{\cos \beta}{\tan \alpha} - \sin \beta \right) \right| - F_Q\, 2 \sin \beta \right] \overline{CD}\,\delta\beta = 0 \,,$$

$$\frac{F_Q}{F} = \frac{1}{2}\left(\frac{1}{\tan \alpha\,\tan \beta} - 1 \right) \,. \tag{6}$$

Aufgabe 2.29 (Fig. 2.42). Man bestimme die Lagerreaktionen des Gelenkbalkens in Aufgabe 2.18 mit Hilfe des Prinzips der virtuellen Arbeit.

L ö s u n g : Die vertikale Lagerkraft $\mathbf{F_D}$ und das Einspannmoment $\mathbf{M_C}$ sollen mit dem Prinzip der virtuellen Arbeit bestimmt werden. Die Lagerkraft $\mathbf{F_C}$ läßt sich danach einfacher aus den Gleichgewichtsbedingungen bestimmen.

Zur Anwendung des Prinzips der virtuellen Arbeit wird dem Gelenkbalken durch Freischneiden eine Bewegungsmöglichkeit in Richtung der gesuchten Schnittreaktion gegeben. Für den Balken mit freigeschnittenem Gelenk D gilt im Gleichgewichtszustand

$$\delta W = \mathbf{F_D}\,\delta r_D + \mathbf{F_1}\,\delta r_1 + \mathbf{F_2}\,\delta r_2 = 0 \ . \tag{1}$$

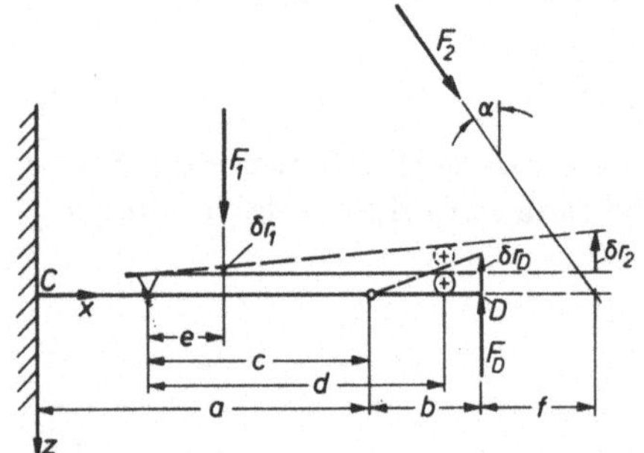

Fig. 2.68

Für die virtuellen Verschiebungen liest man aus Fig. 2.68 ab

$$\delta r_1 = \frac{\delta r_D(d-c)}{bd}\,e, \qquad \delta r_2 = \frac{\delta r_D(d-c)}{bd}\,(c+b+f) \ . \tag{2}$$

Damit erhält man aus (1)

$$\delta W = \mathbf{F_D}\,\delta r_D - \mathbf{F_1}\,\delta r_1 - \mathbf{F_2}\cos\alpha\,\delta r_2 = 0 \ ,$$

$$\mathbf{F_D} = [\mathbf{F_1}e + \mathbf{F_2}\cos\alpha\,(c+b+f)]\,\frac{(d-c)}{bd} = 31{,}05 \ \text{kN} \ . \tag{3}$$

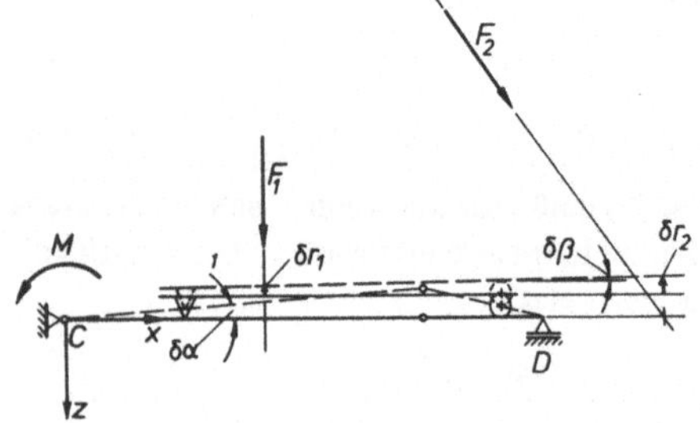

Fig. 2.69

Zur Bestimmung des Einspannmomentes wird die feste Einspannung des Balkens bei C durch ein Gelenk ersetzt (Fig. 2.69). Es gilt dann im Gleichgewichtszustand

$$\delta W = \mathbf{M_C}\delta\alpha + \mathbf{F_1}\,\delta r_1 + \mathbf{F_2}\,\delta r_2 =$$
$$= \mathbf{M_C}\delta\alpha - \mathbf{F_1}\,\delta r_1 - \mathbf{F_2}\cos\alpha\,\delta r_2 = 0 \ . \tag{4}$$

Für die virtuelle Verschiebung $\delta\beta$ des Kranes erhält man mit den Längenbezeichnungen nach Abb. 2.68

$$\delta\beta = \left[\frac{a}{b}\,\delta\alpha\,(b - d + c) - (a - c)\,\delta\alpha\right]\frac{1}{d}\,. \tag{5}$$

Für die virtuellen Verschiebungen δr_1 und δr_2 gilt mit (5)

$$\left.\begin{aligned} \delta r_1 &= e\,\delta\beta + (a - c)\,\delta\alpha, \\[2mm] \delta r_2 &= (c + b + f)\,\delta\beta + (a - c)\,\delta\alpha\,. \end{aligned}\right\} \tag{6}$$

Damit folgt aus (4)

$$M_C = F_1\left\{\frac{e}{d}\left[\frac{a}{b}\,(b - d + c) - a + c\right] + a - c\right\} +$$
$$+ F_2\cos\alpha\left\{\frac{1}{d}\,(c + b + f)\left[\frac{a}{b}\,(b - d + c) - a + c\right] + a - c\right\}$$

$$M_C = 66{,}5 \text{ kNm}\,. \tag{7}$$

Mit analogen Ansätzen können auch Biegemomente im Balken bestimmt werden. Der Vorteil dieses Vorgehens ist, daß dabei die Lagerreaktionen nicht bekannt sein müssen.

Aus den Gleichgewichtsbedingungen folgt schließlich mit (3)

$$\Sigma\,F_z = 0:\quad F_{Cz} = -F_1 - F_2\cos\alpha + F_D = -19{,}9 \text{ kN}\,,$$
$$\Sigma\,F_x = 0:\quad F_{Cx} = -F_2\sin\alpha = -15 \text{ kN}\,.$$

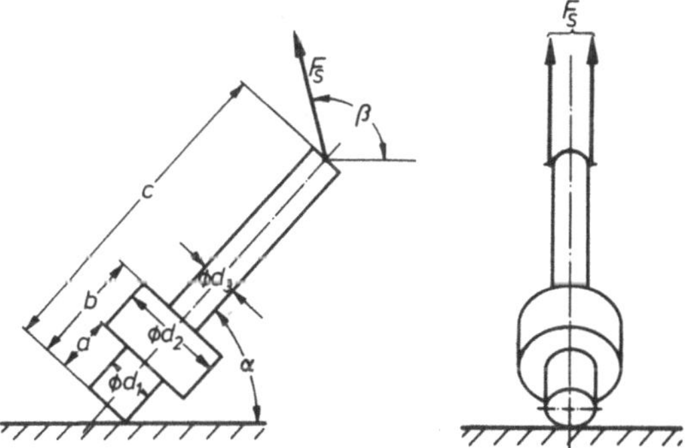

Fig. 2.70

Aufgabe 2.30 (Fig. 2.70). Eine Getriebewelle soll am oberen Ende durch einen doppelten Seilzug so im Gleichgewicht gehalten werden, daß die Wellenachse mit dem horizontalen Boden den Winkel α bildet. Zwischen Welle und Boden ist Reibung vorhanden. (Haftreibungszahl μ_0).

a) In welchem Bereich muß der Winkel β für die Seilneigung liegen, damit die Welle nicht über den Boden gleitet?

b) Bei welchem Winkel β wird die Seilkraft F_S ein Minimum? Wie groß ist $F_{S\,min}$?
Z a h l e n w e r t e : $a = 0{,}5$ m; $b = 0{,}8$ m; $c = 2{,}0$ m; $d_1 = 0{,}36$ m; $d_2 = 0{,}9$ m; $d_3 = 0{,}23$ m; $\alpha = 60°$; $\mu_0 = 0{,}4$; Dichte $\rho = 7850$ kg/m^3.

L ö s u n g : a) Der Schwerpunkt der Getriebewelle liegt auf der Symmetrieachse im Abstand s vom unteren Wellenende:

$$s = \frac{1}{\displaystyle\sum_{i=1}^{3} m_i} \sum_{i=1}^{3} s_i m_i = \frac{1}{2}\,\frac{d_1^2 a^2 + d_2^2(b^2 - a^2) + d_3^2(c^2 - b^2)}{d_1^2 a + d_2^2(b - a) + d_3^2(c - b)}$$

$$s = 0{,}708 \text{ m}.$$

Die Gleichgewichtsbeziehungen für das freigeschnittene System werden aus Fig. 2.71 entnommen. Hierbei ist zu beachten, daß die Reibungskraft F_R immer der Bewegung entgegenwirkt, die im reibungsfreien Fall eintreten würde. Für $\beta_{min} \leqslant \beta < \pi/2$ weist F_R im eingezeichneten Koordinatensystem in die negative x-Richtung, für $\pi/2 < \beta \leqslant \beta_{max}$ in die positive x-Richtung:

$$\Sigma F_x \quad = F_S \cos \beta \mp F_R = 0, \tag{1}$$

$$\Sigma F_y \quad = -G + F_N + F_S \sin \beta = 0, \tag{2}$$

$$\Sigma M_{Az} = (c - s) \cos \alpha\, G - \left(c \cos \alpha - \frac{d_1}{2} \sin \alpha\right) F_N \mp$$

$$\mp \left(c \sin \alpha + \frac{d_1}{2} \cos \alpha\right) F_R = 0. \tag{3}$$

Die oberen Vorzeichen für F_R gelten für $\beta < \pi/2$, die unteren für $\beta > \pi/2$. Für den Fall der Haftreibung gilt

$$F_R \leqslant \mu_0 F_N. \tag{4}$$

Aus (1) bis (4) folgt

$$\tan \beta = \frac{c \tan \alpha + \dfrac{d_1}{2}}{c - s} \pm \frac{1}{\mu_0}\,\frac{s - \dfrac{d_1}{2} \tan \alpha}{c - s}. \tag{5}$$

$$\beta_{min} = 74{,}4°; \quad \beta_{max} = 244{,}0°. \tag{6}$$

b) Für die Seilkraft F_S erhält man aus der Forderung nach Momentengleichgewicht $\Sigma M_B = 0$ (Fig. 2.71) den Wert

$$F_S = \frac{\left(s \cos \alpha - \dfrac{d_1}{2} \sin \alpha\right) G}{\sin \beta \left(c \cos \alpha - \dfrac{d_1}{2} \sin \alpha\right) - \cos \beta \left(c \sin \alpha + \dfrac{d_1}{2} \cos \alpha\right)}. \tag{7}$$

Eine Extremwertberechnung ergibt aus (7) die Seilneigung β_0, für die die Seilkraft minimal wird:

$$\tan \beta_0 = \frac{\dfrac{d_1}{2}\sin \alpha - c \cos \alpha}{\dfrac{d_1}{2}\cos \alpha + c \sin \alpha}\ ,$$

$$\beta_0 = 155{,}1° \ . \tag{8}$$

Mit dem Wellengewicht $G = 22456$ N folgt aus (7) und (8)

$$F_{S\,min} = 2216\ N \ .$$

A n d e r e r L ö s u n g s w e g : Sehr schnell findet man die Lösung auf grafischem Wege. In Fig. 2.71 ist der Reibungskegel am Berührpunkt B zwischen Welle und Boden eingezeichnet. Für seinen halben Spitzenwinkel ρ_0 gilt $\tan \rho_0 = \mu_0$. Die Welle bleibt in Ruhe, wenn die Wirkungslinie der Resultierenden aus $\mathbf{G}$ und $\mathbf{F_S}$ durch den Reibungskegel verläuft. In den Grenzfällen liegt der Schnittpunkt von $\mathbf{G}$ und $\mathbf{F_S}$ auf dem Kegelmantel oder auch auf seiner Verlängerung über die Spitze hinaus. Auch der Winkel β_0 für eine minimale Seilkraft $F_{S\,min}$ kann aus Fig. 2.71 abgelesen werden. Die Seilkraft ist minimal, wenn das Seil senkrecht zur Strecke $\overline{AB}$ wirkt. Dann stehen die Vektor-Faktoren im Vektorprodukt $\mathbf{r}_{BA} \times \mathbf{F_S}$ senkrecht aufeinander und $\mathbf{F_S}$ nimmt für einen vorgegebenen Wert des Momentes $\mathbf{M_B}$ den kleinsten Betrag an.

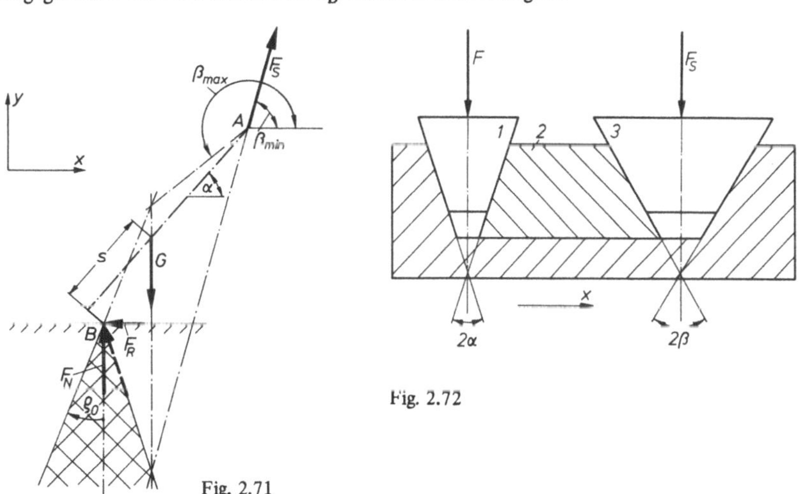

Fig. 2.71

Fig. 2.72

Aufgabe 2.31 (Fig. 2.72). Eine Klemmvorrichtung besteht aus 2 Keilen und einem in x-Richtung verschiebbaren Mittelstück. Der Reibungsbeiwert μ_0 sei für alle Flächenpaare gleich groß, die Gewichte der Keile und des Mittelstücks können vernachlässigt werden.

a) Welche Spannkraft F_S kann durch eine Kraft F aufgebracht werden?

b) Wie groß muß β sein, wenn $F_S/F = 2$; $\alpha = 10°$ und $\mu_0 = 0{,}11$ ist?

L ö s u n g : Bei Reibungsproblemen dürfen die Reibungskräfte am freigeschnittenen System nicht mit beliebigem Richtungssinn eingetragen werden, weil die Reibungsgleichungen $F_R \leqslant \mu_0\, F_N$ (bei Haftreibung) bzw. $F_R = \mu F_N$ (bei Gleitreibung) keine Information über die Richtung von F_R liefern. Die Richtung der Reibungskraft muß vielmehr aus der Richtung der möglichen oder tatsächlichen Bewegung des mechanischen Systems bestimmt werden.

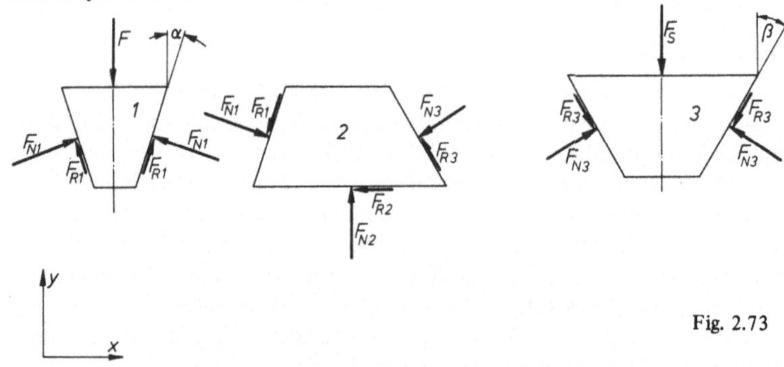

Fig. 2.73

Im freigeschnittenen System (Fig. 2.73) sind für die symmetrischen Keile 1 und 3 an beiden schrägen Seitenflächen die gleichen Kräfte eingetragen. Dies folgt unmittelbar aus der Symmetrie der Keile. Als weitere Gleichgewichtsbedingungen erhält man

$$\Sigma\, F_{y(1)} = 2\, F_{R1} \cos \alpha + 2\, F_{N1} \sin \alpha - F = 0 \,, \tag{1}$$

$$\Sigma\, F_{x(2)} = F_{N1} \cos \alpha - F_{R1} \sin \alpha - F_{N3} \cos \beta -$$
$$- F_{R3} \sin \beta - F_{R2} = 0, \tag{2}$$

$$\Sigma\, F_{y(2)} = - F_{N1} \sin \alpha - F_{R1} \cos \alpha - F_{N3} \sin \beta +$$
$$+ F_{R3} \cos \beta + F_{N2} = 0, \tag{3}$$

$$\Sigma\, F_{y(3)} = 2\, F_{N3} \sin \beta - 2\, F_{R3} \cos \beta - F_S = 0 \,. \tag{4}$$

Für die Reibungskräfte F_{Ri} werden in (1) bis (4) die oberen Grenzen

$$F_{Ri} = \mu_0\, F_{Ni} = \tan \rho_0\, F_{Ni}, \quad \text{mit } i = 1, 2, 3 \tag{5}$$

eingesetzt, worin ρ_0 der Reibungswinkel ist. Nach Eliminieren der Normalkräfte F_{Ni} folgt

$$F_S = F\, \frac{\cot (\alpha + \rho_0) - \tan \rho_0}{\cot (\beta - \rho_0) + \tan \rho_0} \,. \tag{6}$$

Die etwas mühsame Berechnung von (6) aus (1) . . . (5) läßt sich umgehen, wenn man die Kräfte in den Gleichgewichtsbedingungen unter Verwendung des Reibungswinkels ρ_0 anders zusammenfaßt. Dazu werden die horizontalen und vertikalen Kraftkomponenten F_H und F_V an den Keilseitenflächen in die Gleichgewichtsbedingungen eingeführt (Fig. 2.74):

$$\Sigma F_{y(1)} = 2\, F_{V1} - F = 0 , \tag{7}$$

$$F_{H1} = F_{V1}\, \cot(\alpha + \rho_0) , \tag{8}$$

$$\Sigma F_{y(2)} = -F_{V1} - F_{V3} + F_{N2} = 0 , \tag{9}$$

$$\Sigma F_{x(2)} = F_{H1} - F_{H3} - F_{R2} = 0 , \tag{10}$$

$$\Sigma F_{y(3)} = 2\, F_{V3} - F_S = 0 , \tag{11}$$

$$F_{H3} = F_{V3}\, \cot(\alpha - \rho_0) . \tag{12}$$

Entsprechend gilt

$$F_{R2} = F_{N2}\, \tan \rho_0 . \tag{13}$$

Aus (7) bis (13) erhält man wieder das Ergebnis (6). Es ist bei ähnlichen Problemen immer vorteilhaft, den Reibungswinkel ρ einzuführen.

b) Aus (6) erhält man

$$\cot(\beta - \rho_0) = \frac{F}{F_S}\left[\cot(\alpha + \rho_0) - \mu_0\right] - \mu_0 ;$$

mit $\rho_0 = \arctan \mu_0 = 6{,}3^\circ$ folgt

$$\cot(\beta - \rho_0) = 1{,}545$$

$$\beta = 39{,}2^\circ .$$

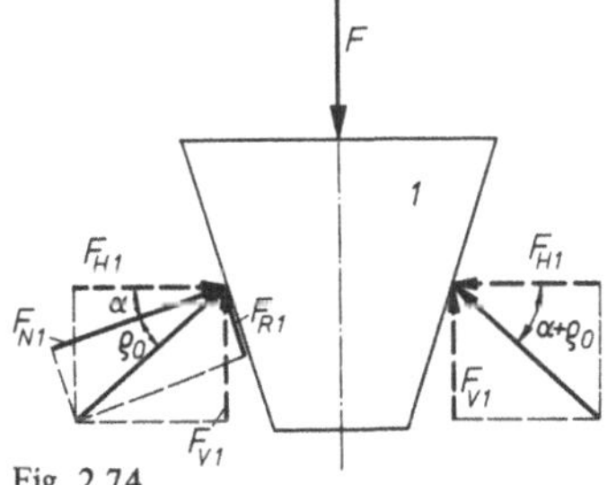

Fig. 2.74

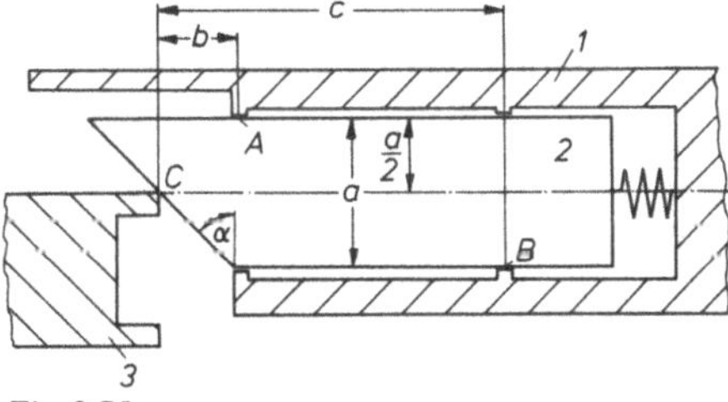

Fig. 2.75

Aufgabe 2.32 (Fig. 2.75). Beim Schließen einer Tür (1) gleitet der Schloßriegel (2) in seiner Führung an den Punkten A und B und außerdem am Anschlag des Türrahmens (3) im Punkt C. Der Riegel wird dabei durch eine Feder gegen den Beschlag gedrückt. Der Reibungskoeffizient $\mu = \tan \rho$ sei an den drei Reibstellen gleich groß.

a) Wie groß ist das Verhältnis F_C/F in der skizzierten Riegelstellung beim langsamen Schließen der Tür, wenn F_C die vom Türrahmen auf den Riegel übertragene Kraft und F die Federkraft ist?

b) Bei welchem Winkel α_{max} läßt sich die Tür nicht mehr schließen (Fall der Selbsthemmung)?

Z a h l e n w e r t e : $c = 8$ cm; $b = 0,5$ cm; $a = 2$ cm; $\mu = 0,24$; $\rho = 13,5°$; $\alpha = 45°$.

L ö s u n g : a) die Kraft $\mathbf{F}_C$ auf den Riegel ist die Resultierende aus Normalkraft $\mathbf{F}_{CN}$ und Reibungskraft $\mathbf{F}_{CR}$. Der Vektor $\mathbf{F}_C$ schließt mit der Senkrechten zur Gleitfläche den Reibungswinkel ρ ein. Damit erhält man für den Riegel (Fig. 2.76) die Gleichgewichtsbedingungen:

$$\Sigma F_x = - F_{AR} - F_{BR} - F + F_C \cos(\alpha + \rho) = 0, \tag{1}$$

$$\Sigma F_y = - F_{AN} + F_{BN} + F_C \sin(\alpha + \rho) = 0, \tag{2}$$

$$\Sigma M_{Cz} = - b\, F_{AN} + c\, F_{BN} + \frac{a}{2}\, F_{AR} - \frac{a}{2}\, F_{BR} = 0. \tag{3}$$

Dabei ist

$$F_{BR} = \mu F_{BN}, \qquad F_{AR} = \mu F_{AN}. \tag{4}$$

Eliminiert man aus (1) bis (4) die Kraftkomponenten $F_{AN}, F_{AR}, F_{BN}, F_{BR}$, dann folgt

$$\frac{F_C \cdot}{F} = \frac{c - b}{(c - b)\cos(\alpha + \rho) - \mu(c + b - \mu a)\,\sin(\alpha + \rho)}, \tag{5}$$

$$\frac{F_C}{F} = 3,3 \; .$$

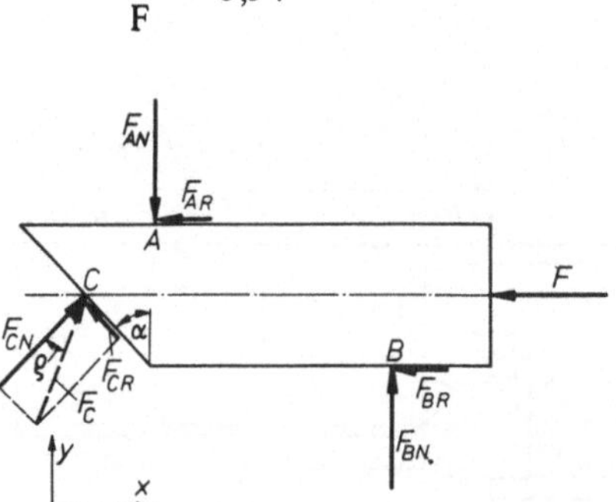

Fig. 2.76

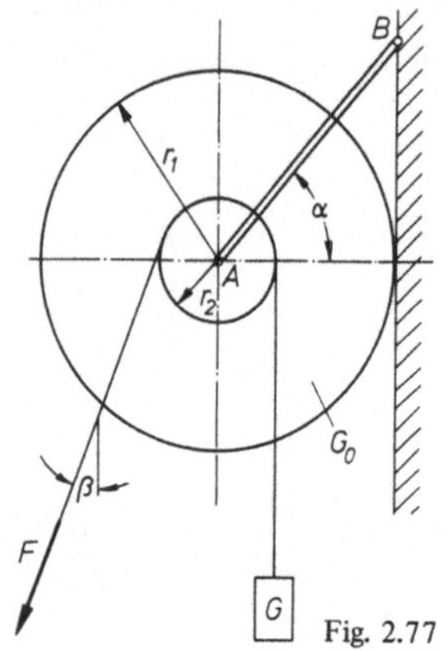

Fig. 2.77

b) Selbsthemmung tritt auf, wenn der Nenner in (5) verschwindet, also $F_C/F \to \infty$ geht. Das ist der Fall für

$$\tan(\alpha_{max} + \rho) = \frac{c - b}{\mu(c + b - \mu a)} \; . \tag{6}$$

Man erhält

$$\alpha_{max} = 62,1° \; .$$

Aufgabe 2.33 (Fig. 2.77). Eine abgesetzte, um die Achse A drehbare Rolle mit den Radien r_1 und r_2 und dem Gewicht G_0 wird durch eine drehbare Gabel AB an einer Wand gehalten. Über den Rollenabsatz mit dem kleineren Radius r_2 ist ein Seil e i n - m a l herumgewickelt. Es wird am rechten Ende durch ein Gewicht G belastet. Die Reibungsbeiwerte zwischen Rolle und Wand sowie zwischen Rolle und Seil seien gleich groß und mögen μ_0 bei Ruhreibung bzw. μ bei Gleitreibung betragen.

a) Welche Kraft F muß am linken Seilstrang im Falle $\beta = 0$ mindestens ausgeübt werden, wenn das Gewicht G in der Schwebe gehalten werden soll?

b) Mit welcher Kraft F muß am linken Seilstrang im Falle $\beta = 0$ gezogen werden, wenn das Gewicht G langsam heraufgezogen werden soll?

c) Bei welchem Winkel β_m wird die zum Heraufziehen notwendige Kraft F minimal und wie groß ist sie dann?

Z a h l e n w e r t e : $r_1/r_2 = 3; \alpha = 30^\circ; \mu_0 = 0{,}3; \mu = 0{,}2; G = 500\ \text{N}; G_0 = 200\ \text{N}$.

L ö s u n g : a) Die Aufgabe demonstriert, wie wichtig bei Reibungsproblemen eine Untersuchung des möglichen Bewegungsverhaltens des Systems ist. Im vorliegenden Fall muß zunächst untersucht werden, ob sich die Rolle überhaupt um die Achse A drehen kann oder ob Selbsthemmung vorliegt.

Selbsthemmung liegt vor, wenn eine beliebig große äußere Kraft G an der Rolle (bei nicht rutschendem Seil!) im Gleichgewicht gehalten werden kann. Dann kann sich die Walze nicht im Uhrzeigersinn drehen. Fig. 2.78 zeigt die freigeschnittene Walze mit den bei dieser Drehrichtung auf sie einwirkenden Kräften. Die Gleichgewichtsbedingungen lauten

$$\Sigma\, M_{Az} = r_2(F - G) + r_1 F_R = 0, \qquad (1)$$

$$\Sigma\, F_x \;\; = F_A \cos\alpha - F_N = 0\,, \qquad (2)$$

$$\Sigma\, F_y \;\; = F_A \sin\alpha - F - G - G_0 + F_R = 0\,. \qquad (3)$$

Mit dem oberen Grenzwert von

$$F_R \leqslant \mu_0 F_N \qquad (4)$$

folgt damit aus (1), (2) und (3)

$$G = \frac{G_0 + F\left[1 + \dfrac{r_2}{r_1}\left(\dfrac{\tan\alpha}{\mu_0} + 1\right)\right]}{\dfrac{r_2}{r_1}\left(\dfrac{\tan\alpha}{\mu_0} + 1\right) - 1}\,. \qquad (5)$$

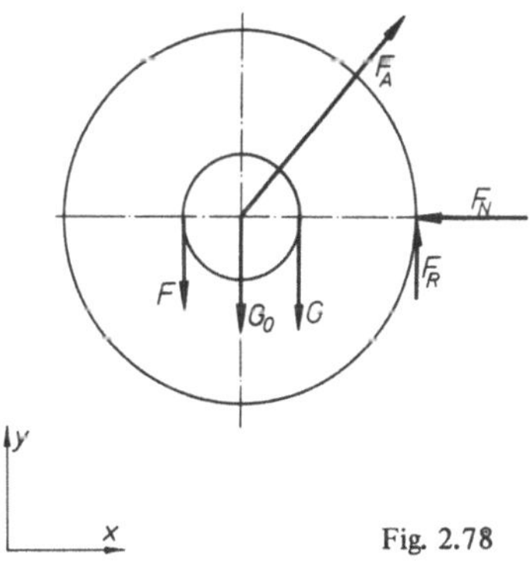

Fig. 2.78

Das System bleibt auch bei beliebig großem Gewicht G im Gleichgewicht, wenn der Nenner von (5) verschwindet.

Eine derartige Selbsthemmung liegt vor für

$$\tan\alpha \leqslant \mu_0\left(\frac{r_1}{r_2} - 1\right)\,. \qquad (6)$$

Mit den gegebenen Werten erhält man $\tan 30° = 0,5774 < 0,6$, so daß (6) erfüllt ist. Folglich kann die Rolle nicht im Uhrzeigersinn drehen. Die Kraft F muß deshalb aus der Seilreibungsgleichung berechnet werden. Hierfür gilt

$$F = G\, e^{-\mu_0 \varphi}; \tag{7}$$

mit $\varphi = 3\,\pi$ folgt

$$F = 29,6 \text{ N}.$$

b) Auch hier muß zunächst geprüft werden, ob die Rolle gegen Linksdrehung durch Selbsthemmung gesperrt ist. Hierzu kann das Gleichungssystem (1) bis (4) herangezogen werden, wobei die Vorzeichen für F_R in (1) und (3) umzudrehen sind. Nach F aufgelöst erhält man

$$F = \frac{G\left[\dfrac{r_2}{r_1}\left(\dfrac{\tan\alpha}{\mu_0} - 1\right) + 1\right] + G_0}{\dfrac{r_2}{r_1}\left(\dfrac{\tan\alpha}{\mu_0} - 1\right) - 1}. \tag{8}$$

Selbsthemmung tritt ein, wenn der Nenner in (8) verschwindet:

$$\tan\alpha \leqslant \mu_0\left(\frac{r_1}{r_2} + 1\right). \tag{9}$$

Da der Ausdruck auf der rechten Seite von (9) größer als der von (6) ist, ist die Rolle auch gegen Linksdrehung gesperrt. Demnach erhält man den Maximalwert (Haftreibung) von F wieder aus der Seilreibungsgleichung

$$F = G\, e^{\mu_0 \varphi}. \tag{10}$$

Mit $\varphi = 3\,\pi$ folgt

$$F = 8451 \text{ N}.$$

Nach Überwinden der Haftreibung beträgt F wegen des geringeren Gleitreibungsbeiwertes $\mu = 0,2$ nur noch

$$F = 3293 \text{ N}.$$

c) Die analogen Gleichgewichtsbedingungen zu (1), (2), (3) lauten bei einem beliebigen Winkel β im Fall $F > G$

$$\Sigma M_{Az} = r_2\,(F - G) - r_1\,F_R = 0, \tag{11}$$

$$\Sigma F_x = F_A \cos\alpha - F_N - F \sin\beta = 0, \tag{12}$$

$$\Sigma F_y = F_A \sin\alpha - F \cos\beta - G_0 - G - F_R = 0. \tag{13}$$

Mit (4) folgt aus (11), (12) und (13)

$$F = \frac{G\left[\dfrac{r_2}{r_1}\left(\dfrac{\tan\alpha}{\mu_0} - 1\right) + 1\right] + G_0}{\tan\alpha\left(\dfrac{r_2}{\mu_0\,r_1} + \sin\beta\right) - \dfrac{r_2}{r_1} - \cos\beta}\ . \tag{14}$$

Gleichung (14) geht mit $\beta = 0$ in (8) über. Die Grenze für Selbsthemmung der Rolle wird bei einem Winkel β_0 unterschritten, der aus

$$\tan\alpha\left(\frac{r_2}{\mu_0 r_1} + \sin\beta_0\right) - \frac{r_2}{r_1} - \cos\beta_0 = 0$$

folgt. Hieraus erhält man $\beta_0 = 44{,}5°$.

Bei $\beta > \beta_0$ ist es zwar möglich, die Rolle zu drehen und damit das Gewicht zu heben, jedoch muß zur Bestimmung von F noch bis zu einem Grenzwinkel β_G mit (10) gerechnet werden. Der Grenzwinkel kann aus $F[(14)] = F[(10)]$ berechnet werden. Die Seilrichtung β_m für die minimale Seilkraft F_{min} zum Heraufziehen von G erhält man durch eine Extremwertberechnung aus (14), wobei die Forderung $F[(14)] < F[(10)]$ noch gesondert zu überprüfen ist. Aus

$$\left[\frac{dF(\beta)}{d\beta}\right]_{\beta=\beta_m} = 0$$

erhält man

$$\tan\beta_m = -\tan\alpha\ , \tag{15}$$

$$\beta_m = 150°\ .$$

Aus (14) folgt damit für das Einleiten der Bewegung (Haftreibung)

$$F_{minH} = 583{,}8\,\text{N}\ . \tag{16}$$

Nach Einsetzen der Gleitbewegung ist zum Überwinden der Gleitreibung nur noch die Kraft

$$F_{minG} = 568{,}8\,\text{N} \tag{17}$$

notwendig.

Die Überprüfung nach (10) ergibt für das gleitende Seil ($\mu = 0{,}2$) mit $\varphi = (13/6)\,\pi$

$$F = 1950{,}7\,\text{N}\ ,$$

d.h. (16) und (17) sind die gesuchten minimalen Kräfte. Die Rolle dreht sich dabei und reibt an der Wand, während das Seil nicht auf der Rolle gleitet.

3. Elasto-Statik

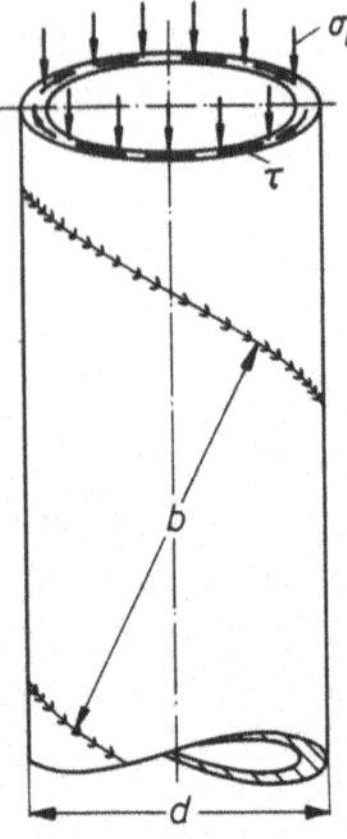

Fig. 3.1

Aufgabe 3.1 (Fig. 3.1). Ein dünnwandiges Rohr mit dem Außendurchmesser d, das aus einem wendelförmig gewickelten und verschweißten Stahlband von der Breite b gefertigt ist, dient zum Übertragen eines Torsionsmomentes und einer axialen Druckkraft. In einem Schnitt senkrecht zur Rohrachse treten dabei die Druckspannung σ_D und die Schubspannung τ auf.

a) Bei welchem Verhältnis σ_D/τ wird die Schweißnaht nicht auf Schub beansprucht?

b) Wie groß sind im Falle a) die Normalspannungen in der Schweißnaht?

Z a h l e n w e r t e : d = 0,24 m; b = 0,36 m; $\sigma_D = -4000$ N/mm^2.

L ö s u n g : a) Um den ebenen Spannungszustand im Rohrmantel zu bestimmen, wird ein herausgeschnitten gedachtes kleines Körperelement betrachtet (Fig. 3.2). Trägt man in dieses Körperelement ein zu den Schnittkanten paralleles x, y-Koordinatensystem ein, dann definieren die in der „y-Fläche" (Fläche normal zur positiven y-Achse) herrschenden Spannungen bei Beachtung der Vorzeichenregeln den in Fig. 3.3 eingetragenen Punkt P auf dem Mohrschen Spannungskreis.

Wenn die Schubspannung in der Schweißnaht verschwinden soll, dann müssen die $\bar{x}$- und $\bar{y}$-Achse in Fig. 3.2 Hauptspannungsachsen sein. Dafür gilt

$$\tan 2\varphi = \frac{2\tau_{xy}}{\sigma_x - \sigma_y} = \frac{2\tau}{-\sigma_D} \; . \tag{1}$$

Für den Winkel φ liest man aus Fig. 3.1 ab

$$\cos \varphi = \frac{b}{d\pi} = 0,4775; \quad \varphi = 61,5° \, , \tag{2}$$

Aus (1) folgt damit das gesuchte Spannungsverhältnis

$$\sigma_D/\tau = -\frac{2}{\tan 2\varphi} = 1,3 \, . \tag{3}$$

b) Mit den Bezeichnungen nach Fig. 3.2 und Fig. 3.3 gilt

$$\sigma_1 = \frac{1}{2} \sigma_D + \frac{1}{2} \sigma_D \cos 2\varphi - \tau \sin 2\varphi \, , \tag{4}$$

mit $\qquad \tau = \dfrac{1}{1,3}\,\sigma_{\mathrm{D}}, \qquad \sigma_{\mathrm{D}} < 0, \qquad \tau < 0$

$$\sigma_1 = 1670\,\frac{\mathrm{N}}{\mathrm{cm}^2}\,.$$

Zur Bestimmung von σ_2 kann ebenfalls (4) benutzt werden, wenn anstelle von φ der Winkel $\psi = -(90^\circ - \varphi)$ eingesetzt wird. Einen schnelleren Weg bietet die Invariantenbeziehung des Spannungskreises:

$$\sigma_1 + \sigma_2 = \sigma_x + \sigma_y = \text{const}\,, \tag{5}$$

$$\sigma_2 = \sigma_{\mathrm{D}} - \sigma_1 = -5670\,\frac{\mathrm{N}}{\mathrm{cm}^2}\,.$$

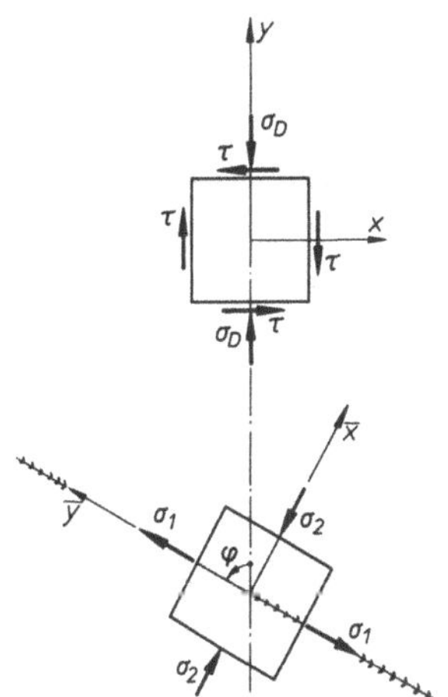

Fig. 3.2

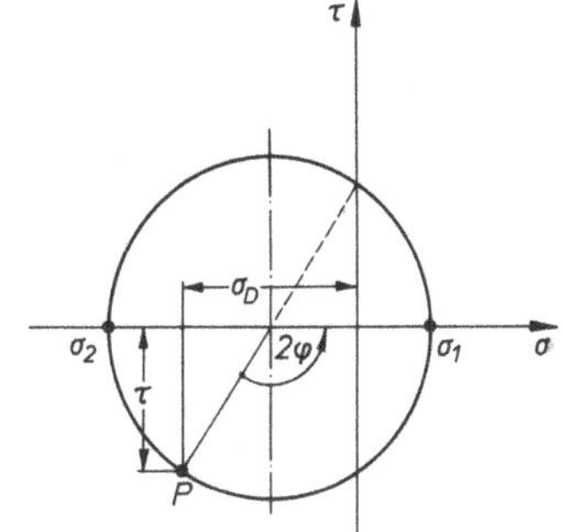

Fig. 3.3

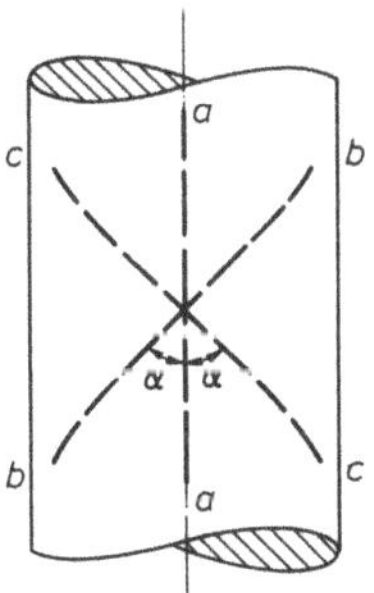

Fig. 3.4

Aufgabe 3.2 (Fig. 3.4). Zur Ermittlung der Randspannungen in der Bohrspindel einer Säulenbohrmaschine werden in drei verschiedenen Richtungen a, b, c die Dehnungen ϵ_a, ϵ_b und ϵ_c mit Dehnungsmeßstreifen gemessen.

Wie groß sind die Hauptnormalspannungen σ_1 und σ_2 und die größte Schubspannung τ_{max} am Rande der Bohrspindel; welche Winkel zur Spindelachse haben die Hauptachsen?

Z a h l e n w e r t e : $\epsilon_a = -0,21 \cdot 10^{-4}$; $\epsilon_b = -0,63 \cdot 10^{-4}$; $\epsilon_c = 0,49 \cdot 10^{-4}$;
$\alpha = 45°$;
Werkstoffkennwerte: $E = 21,6 \cdot 10^4$ N/mm^2; $\mu = 0,3$.

L ö s u n g : Da die Dehnungen in den zwei zueinander senkrechten Richtungen b und
c bekannt sind, können die zugehörigen Normalspannungen des ebenen Spannungszu-
standes ($\sigma_x \neq 0$, $\sigma_y \neq 0$; $\sigma_z = 0$) an der Spindeloberfläche aus dem verallgemeinerten
Hookeschen Gesetz bestimmt werden. Legt man ein x, y-Koordinatensystem nach
Fig. 3.5 in die Richtung der Meßachsen b und c, dann gilt

$$\left.\begin{aligned}
\epsilon_x = \epsilon_b = \frac{1}{E} \left(\sigma_b - \mu\sigma_c\right), \\[2mm]
\epsilon_y = \epsilon_c = \frac{1}{E} \left(\sigma_c - \mu\sigma_b\right).
\end{aligned}\right\} \tag{1}$$

Aus (1) erhält man

$$\left.\begin{aligned}
\sigma_b = \frac{E}{1-\mu^2} \left(\epsilon_b + \mu\epsilon_c\right) = -11,5 \ \frac{N}{mm^2}, \\[3mm]
\sigma_c = \frac{E}{1-\mu^2} \left(\epsilon_c + \mu\epsilon_b\right) = 7,1 \ \frac{N}{mm^2}.
\end{aligned}\right\} \tag{2}$$

Zur vollständigen Beschreibung eines ebenen Spannungszustandes in einem Punkt P ist
die Angabe der Normalspannungen in drei verschiedenen Schnittrichtungen erforder-

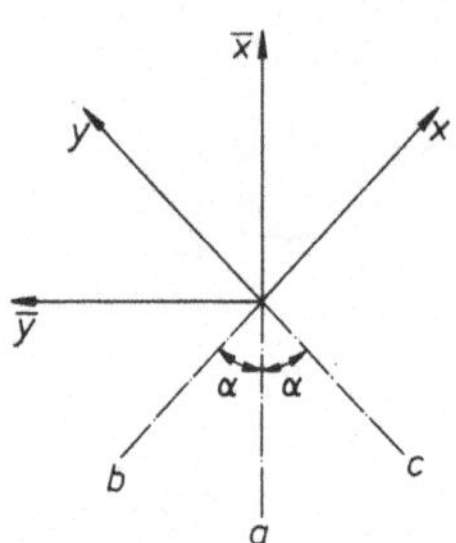

Fig. 3.5

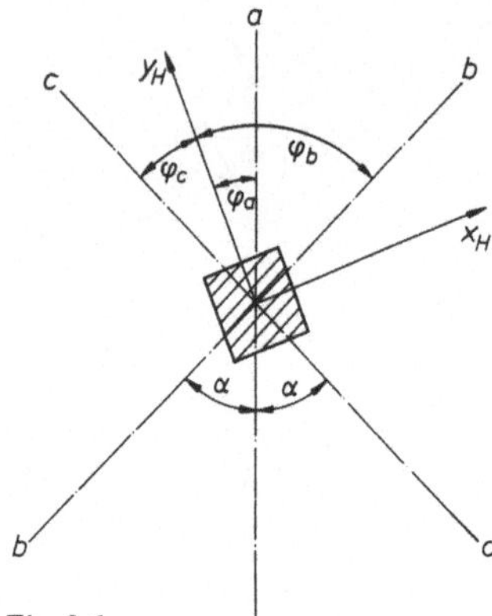

Fig. 3.6

lich. Folglich reicht (2) noch nicht zur Lösung aus. Als dritter Spannungswert kann σ_a
aus der Tatsache berechnet werden, daß die Summe der Dehnungen an einem Punkt in
drei aufeinander senkrechten Richtungen nicht von der Orientierung des Koordinatensystems abhängt. Folglich gilt

$$\epsilon_x + \epsilon_y + \epsilon_z = \epsilon_{\bar{x}} + \epsilon_{\bar{y}} + \epsilon_{\bar{z}}$$

und damit

$$\epsilon_{\bar{y}} = \epsilon_x + \epsilon_y - \epsilon_{\bar{x}} = \epsilon_b + \epsilon_c - \epsilon_a = 0,07 \cdot 10^{-4}. \tag{3}$$

Analog zu (2) kann für $\sigma_{\bar{x}} = \sigma_a$ geschrieben werden

$$\sigma_a = \frac{E}{1 - \mu^2} \left(\epsilon_a + \mu \epsilon_{\bar{y}} \right) = -4,5 \frac{N}{mm^2}. \tag{4}$$

Zur Bestimmung der Hauptspannungen σ_1 und σ_2, sowie der Hauptachsen wird zunächst eine beliebige Lage des Hauptachsensystems x_H, y_H angenommen. Die Meßachsen a, b und c mögen mit der y_H-Achse die Winkel φ_a, φ_b und φ_c bilden (Fig. 3.6). Da die Schubspannungen in den Hauptachsen verschwinden, gelten zwischen den Spannungen σ_a, σ_b, σ_c, σ_{xH} und σ_{yH} die Beziehungen

$$\left. \begin{aligned} \sigma_a &= \frac{1}{2} \left[\sigma_{xH} + \sigma_{yH} + (\sigma_{yH} - \sigma_{xH}) \cos 2\varphi_a \right], \\ \sigma_b &= \frac{1}{2} \left[\sigma_{xH} + \sigma_{yH} + (\sigma_{yH} - \sigma_{xH}) \cos 2\varphi_b \right], \\ \sigma_c &= \frac{1}{2} \left[\sigma_{xH} + \sigma_{yH} + (\sigma_{yH} - \sigma_{xH}) \cos 2\varphi_c \right]. \end{aligned} \right\} \tag{5}$$

Für die Winkel gilt nach .Fig. 3.6

$$\left. \begin{aligned} \varphi_a &= \varphi_c - \alpha = \varphi_c - \frac{\pi}{4}, \\ \varphi_b &= \varphi_c - 2\alpha = \varphi_c - \frac{\pi}{2}. \end{aligned} \right\} \tag{6}$$

Damit wird

$$\cos 2\varphi_a = \sin 2\varphi_c; \qquad \cos 2\varphi_b = - \cos 2\varphi_c. \tag{7}$$

Aus (7) und (5) können die drei Unbekannten σ_{yH}, σ_{xH} und φ_c bestimmt werden:

$$\tan 2\varphi_c = \frac{2\sigma_a - \sigma_b - \sigma_c}{\sigma_c - \sigma_b} = -0,2473,$$

$$2\varphi_c = -13,9^\circ \qquad oder \qquad 166,1^\circ. \tag{8}$$

Die beiden Lösungen φ_{c1} und φ_{c2} unterscheiden sich um 90°. Jeder dieser Werte kann für die weitere Berechnung gewählt werden. Die Lage des herausgeschnittenen Körperelementes ändert sich dadurch nicht, nur die Bezeichnung der Achsen wird ausgetauscht. Die Lage der Hauptachse y_H wurde in Fig. 3.6 offenbar falsch gewählt. Sie liegt nach (8) zwischen den Meßrichtungen a und b. Mit $2\varphi_c = -13,9^\circ$ folgt aus (5) mit der Vereinbarung $\sigma_1 > \sigma_2$

$$\sigma_{xH} = \sigma_2 = -11,8 \frac{N}{mm^2}, \qquad \sigma_{yH} = \sigma_1 = 7,4 \frac{N}{mm^2}. \tag{9}$$

In Fig. 3.7 ist das Ergebnis (8) und (9) im Mohrschen Spannungskreis dargestellt.
Für die maximale Schubspannung erhält man

$$\tau_{max} = \frac{1}{2}\,(\sigma_1 - \sigma_2) = 9{,}6\;\frac{N}{mm^2}\;. \tag{10}$$

Sie tritt in Schnittflächen auf, die um $45°$ gegenüber den Hauptspannungsrichtungen
verdreht sind.

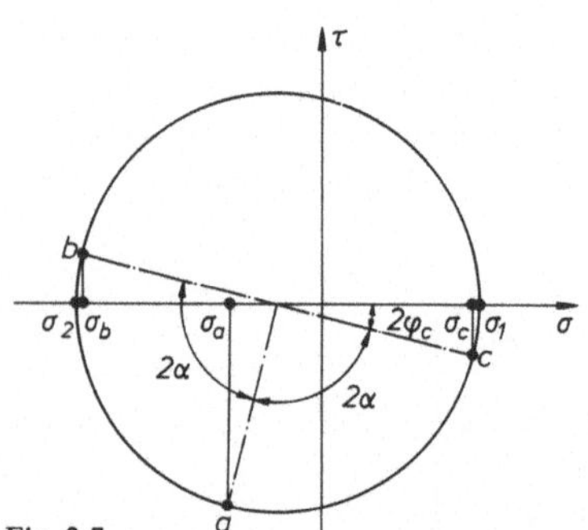

Fig. 3.7

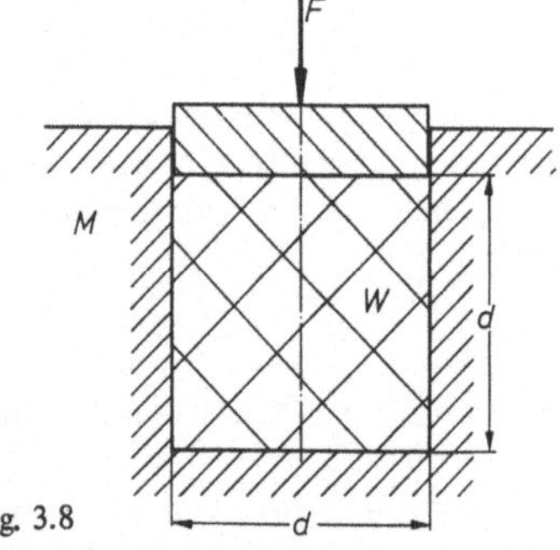

Fig. 3.8

Aufgabe 3.3 (Fig. 3.8). Ein Würfel W aus Kupfer wird in die genau gefertigte würfelförmige Aussparung eines starren Materials M eingesetzt und über einen starren Kolben
mit der Kraft F belastet. Das Nennmaß der Würfelkante und der Aussparung ist d. Bei
Raumtemperatur T_0 ist jedoch die Kantenlänge des unbelasteten Kupferwürfels um Δd
kleiner als die Kantenlänge der Aussparung. Die Wärmedehnung des starren Materials
soll als vernachlässigbar klein angenommen werden.

Um welches Maß Δd_H ändert sich die Höhe des Kupferwürfels bei einer Temperatur T_1
gegenüber dem unbelasteten Zustand bei T_0?

Z a h l e n w e r t e : $d = 50$ mm; $\Delta d = 0{,}01$ mm; $F = 18000$ N; $T_0 = 20°C$;
$T_1 = 40°C$;
Werkstoffkennwerte für Kupfer: $\alpha = 16{,}5 \cdot 10^{-6}$ 1/grd; $\mu = 0{,}35$; $E = 12{,}4 \cdot 10^4$
N/mm².

L ö s u n g : Mit Berücksichtigung der linearen Wärmedehnung $\epsilon_T = \alpha\Delta T$ lautet das
verallgemeinerte Hookesche Gesetz

$$\left.\begin{aligned}
\epsilon_x &= \frac{1}{E}\,[\sigma_x - \mu(\sigma_y + \sigma_z)] + \alpha\Delta T\,, \\[2mm]
\epsilon_y &= \frac{1}{E}\,[\sigma_y - \mu(\sigma_z + \sigma_x)] + \alpha\Delta T\,, \\[2mm]
\epsilon_z &= \frac{1}{E}\,[\sigma_z - \mu(\sigma_x + \sigma_y)] + \alpha\Delta T\,.
\end{aligned}\right\} \tag{1}$$

Bei Verwendung eines x, y, z-Koordinatensystems in Richtung der Würfelkanten, wobei
die z-Achse in die Richtung von **F** gelegt wird, folgt die Höhenänderung Δd_H des Kup-

ferwürfels aus der dritten Gleichung von (1) bei Beachtung von $\sigma_z < 0$ (Druckspannung):

$$\epsilon_z = \frac{\Delta d_H}{d} = -\frac{1}{E}\left[\frac{F}{d^2} + \mu(\sigma_x + \sigma_y)\right] + \alpha(T_1 - T_0)\,. \tag{2}$$

Für die Berechnung der darin vorkommenden Normalspannungen $\sigma_x = \sigma_y$ aus (1) muß zunächst geprüft werden, ob bei T_1 $\sigma_x = \sigma_y = 0$ oder $\sigma_x = \sigma_y \neq 0$ gilt. Die Grenztemperatur T^*, bei der der Kupferwürfel im belasteten Zustand die Seitenflächen der Aussparung gerade berührt, kann aus (1) mit den Bedingungen

$$\epsilon_x = \epsilon_y = \frac{\Delta d}{d}\,; \qquad \sigma_x = \sigma_y = 0$$

berechnet werden:

$$\epsilon_x = \frac{\Delta d}{d} = \frac{\mu}{E}\,\frac{F}{d^2} + \alpha\,(T^* - T_0)\,,$$

$$T^* = \left(\frac{\Delta d}{d} - \frac{\mu}{E}\,\frac{F}{d^2}\right)\frac{1}{\alpha} + T_0 = 30{,}9^\circ\,C\,. \tag{3}$$

Da $T^* < T_1$ ist, gilt $\sigma_x(T_1) = \sigma_y(T_1) \neq 0$. Der Wert für diese Spannungen folgt aus (1) mit $\epsilon_x = 0$ und $\Delta T = T_1 - T^*$:

$$\epsilon_x = \frac{1}{E}\,(1 - \mu)\,\sigma_x + \alpha(T_1 - T^*) = 0\,,$$

$$\sigma_x = \sigma_y = -28{,}6\,\frac{N}{mm^2}\,. \tag{4}$$

Aus (2) und (4) folgt schließlich

$$\Delta d_H = 0{,}023\,\text{mm}\,.$$

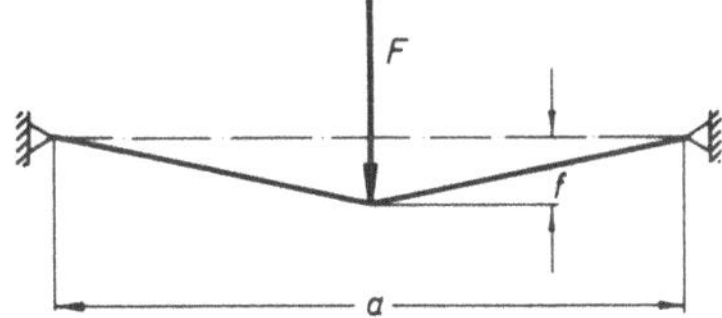

Fig. 3.9

Aufgabe 3.4 (Fig. 3.9). Ein Stahldraht mit dem Durchmesser d ist zwischen zwei festen Lagern gespannt. In der Mitte wird er durch eine Kraft F belastet. Das Eigengewicht des Drahtes kann vernachlässigt werden. Wie groß kann die Vorspannkraft F_V im Draht gemacht werden, wenn die zulässige Zugspannung σ_Z nicht überschritten werden darf und wie groß ist dabei die Absenkung f des Kraftangriffspunktes? Z a h l e n w e r t e : $a = 1{,}5$ m; $F = 120$ N; $d = 3$ mm; $E = 21{,}6 \cdot 10^4$ N/mm^2; $\sigma_Z = 200$ N/mm^2.

L ö s u n g : Die Aufgabe ist statisch unbestimmt; deshalb müssen die Verformungen berücksichtigt werden. Die geometrischen Verträglichkeitsbedingungen geben dann zusammen mit den Gleichgewichtsbedingungen die zur Lösung notwendigen Gleichungen.

Die zulässige Zugkraft F_D im Draht ist

$$F_D = F_V + \Delta F = \sigma_Z \, \frac{\pi d^2}{4} = 1413,7 \text{ N} ,\tag{1}$$

Darin ist ΔF die vom Draht infolge der Querbelastung zusätzlich aufzunehmende Zugkraft. Hierdurch wird der Draht um Δa gedehnt. Aus Fig. 3.9 liest man die Verträglichkeitsbedingung ab:

$$\frac{1}{2} (a + \Delta a) = \sqrt{\left(\frac{a}{2}\right)^2 + f^2} .\tag{2}$$

Den Zusammenhang zwischen Δa und ΔF gibt das Hookesche Gesetz

$$\frac{\Delta a}{a} = \frac{\Delta F}{EA} .\tag{3}$$

Der Draht wird sich soweit durchsenken, bis die am herausgeschnittenen Angriffspunkt von F angreifenden Kräfte ein geschlossenes Krafteck bilden (Fig. 3.10), also $\Sigma F = 0$ gilt. Durch Vergleich von Fig. 3.9 mit Fig. 3.10 folgt

$$\frac{F_D}{\frac{1}{2} F} = \frac{\sqrt{\left(\frac{a}{2}\right)^2 + f^2}}{f} .\tag{4}$$

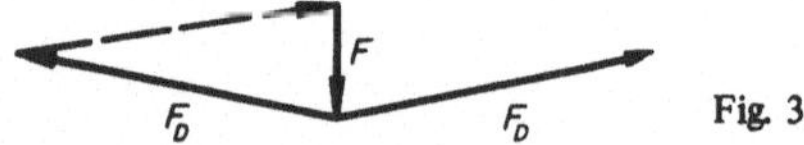

Fig. 3.10

Aus (4) bestimmt man mit (1) die Durchsenkung

$$f = \frac{Fa}{2 \sqrt{4F_D^2 - F^2}} = 31,86 \text{ mm} .\tag{5}$$

In Gleichung (5) ist besonders bemerkenswert, daß in diesem Fall kein linearer Zusammenhang zwischen der Verformung f und der Belastung F besteht. Die Aufgabe kann deshalb z.B. nicht mit Hilfe des 1. Satzes von Castigliano gelöst werden.

Aus (1), (2), (3) und (5) erhält man die zulässige Vorspannkraft

$$F_V = F_D - \Delta F = F_D - EA \left(\sqrt{1 + 4\left(\frac{f}{a}\right)^2} - 1 \right) = 36,7 \text{ N} .$$

Aufgabe 3.5 (Fig. 3.11). Eine vertikal stehende Stütze aus einem Werkstoff mit der Dichte ρ und dem Elastizitätsmodul E wird axial durch eine Kraft F belastet. Der Betrag der Kraft ist gleich dem Eigengewicht G der Stütze

a) Wie groß ist die Druckspannung $\sigma(x)$ in der Stütze in Abhängigkeit der Koordinate x?

b) Wo liegen die Extremwerte für $\sigma(x)$?

c) Wie groß ist die Verkürzung Δh der Stütze infolge ihres Eigengewichtes G und der äußeren Belastung F?

L ö s u n g : a) Bei gleichmäßiger Verteilung von F auf dem oberen Stützenquerschnitt gilt für die Spannung $\sigma(x)$ in einem beliebigen Stützenquerschnitt A(x)

$$\sigma(x) = - \frac{F + G(x)}{A(x)} \,. \qquad (1)$$

Mit $\quad A(x) = ab\left(1 + \frac{x}{h}\right),$

$$G(x) = \int\limits_0^x dG(x) = \int\limits_0^x \rho g\, A(x)\, dx = \rho g\, ab\left(x + \frac{x^2}{2h}\right)$$

und $\quad F = G = \dfrac{3}{2}\, ab\, h\, \rho g$

erhält man aus (1)

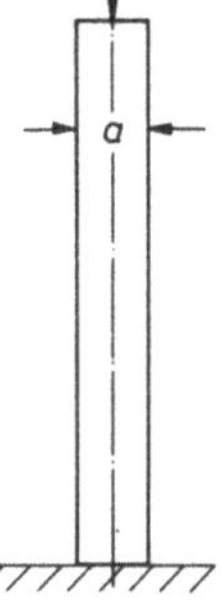

Fig. 3.11

$$\sigma(x) = - \frac{\rho g}{1 + \dfrac{x}{h}}\left(\frac{3}{2}\,h + x + \frac{x^2}{2h}\right)\,. \qquad (2)$$

b) Die Extremwertbestimmung $\left(\dfrac{d\sigma}{dx}\right)_{x=x_0} = 0$ ergibt $\sigma_{\min}$ bei

$$x_0 - h\,(\sqrt{2} - 1) = 0{,}414\, h \,.$$

Maximalwerte für $\sigma(x)$ liegen bei

$$x_0 = 0 \quad \text{und} \quad x_0 = h$$

und ergeben gleiche Beträge für $\sigma_{\max}$.

c) Für die örtliche Dehnung in der Stütze in x-Richtung gilt

$$\epsilon_x(x) = \frac{d\xi}{dx} = \frac{1}{E}\,\sigma_x(x)\,. \qquad (3)$$

Die gesamte Längenänderung des Stabes folgt daraus durch Integration

$$\Delta h = \xi = \int\limits_0^h \epsilon_x(x)\, dx = - \frac{\rho g}{E} \int\limits_0^h \frac{\dfrac{3}{2}h + x + \dfrac{x^2}{2h}}{1 + \dfrac{x}{h}}\, dx$$

$$\Delta h = - \frac{\rho g}{E}\, h^2\left(\ln 2 + \frac{3}{4}\right) = - 1{,}443\, \frac{\rho g}{E}\, h^2 \,.$$

Aufgabe 3.6 (Fig. 3.12): Ein aus fünf gleichlangen Stäben mit gleicher Dehnsteifigkeit EA aufgebautes Fachwerk ist spannungsfrei zwischen zwei Festlagern montiert.

a) Wie groß sind die Lager- und Stabkräfte bei Belastung des Fachwerkes durch eine Kraft **F** im Knoten D?

b) Wie verändern sich die unter a) gefundenen Werte, wenn man die Kraft **F** entlang ihrer Wirkungslinie verschiebt, so daß sie im Knoten C angreift?

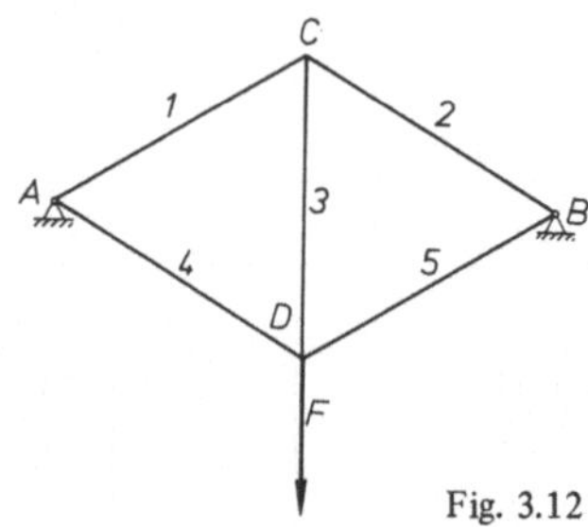

Fig. 3.12

L ö s u n g : a) Das Fachwerk ist statisch unbestimmt gelagert, da die vier Lagerreaktionen nicht aus den drei Gleichgewichtsbedingungen berechnet werden können. Eine zusätzliche Gleichung liefert die geometrische Verträglichkeitsbedingung, die die Abhängigkeit der Stabverformungen untereinander berücksichtigt.

Mit den Bezeichnungen und Kraftrichtungen nach Fig. 3.13 gilt

$$F_{AH} = F_{BH}; \qquad F_{AV} = F_{BV} = \frac{1}{2}\,F. \tag{1}$$

Wegen der Symmetrie des Fachwerks und seiner Belastung folgt außerdem

$$S_1 = S_2; \qquad S_4 = S_5 . \tag{2}$$

Die Bedingungen des Kräftegleichgewichtes für die Knoten ergeben

Knoten D: $\Sigma F_y = 2\,S_5 \cos 60° + S_3 - F = 0,$ \hfill (3)

Knoten B: $\Sigma F_x = -S_2 \cos 30° - S_5 \cos 30° - F_{BH} = 0 ,$ \hfill (4)

$$\Sigma F_y = S_2 \cos 60° - S_5 \cos 60° + F_{BV} = 0 . \tag{5}$$

Bei Belastung des Fachwerks verformen sich die Stäbe des Elementes DBC unter Beachtung der in Fig. 3.13 angenommenen Stabkräfte nach Fig. 3.14; Stab 3 bleibt in der Symmetrieachse. Bei kleinen Verformungen ($\Delta L \ll L$) können die aus den Verformungen gebildeten Dreiecke bei D und C als rechtwinklige Dreiecke betrachtet werden und es gilt

$$\frac{\Delta L_2}{\sin 30°} + \frac{\Delta L_5}{\sin 30°} = \Delta L_3, \qquad \Delta L_2 + \Delta L_5 = \frac{1}{2}\,\Delta L_3. \tag{6}$$

Nach dem Hookeschen Gesetz gilt bei konstanter Dehnsteifigkeit EA

$$\epsilon = \frac{\Delta L}{L} = \frac{\sigma}{E} = \frac{S}{EA} \; . \tag{7}$$

Aus (6) und (7) erhält man als zusätzliche Beziehung zwischen den Stabkräften

$$S_2 + S_5 = \frac{1}{2} S_3 \; . \tag{8}$$

Aus (1) bis (5) und (8) folgen schließlich die Lagerreaktionen und Stabkräfte:

$$F_{AV} = F_{BV} = \frac{1}{2} F; \qquad F_{AH} = F_{BH} = -\frac{\sqrt{3}}{10} F,$$

$$S_1 = S_2 = -\frac{2}{5} F \quad \text{(Druckstäbe)} ,$$

$$S_3 = \frac{2}{5} F \quad \text{(Zugstab)} ,$$

$$S_4 = S_5 = \frac{3}{5} F \quad \text{(Zugstäbe)} .$$

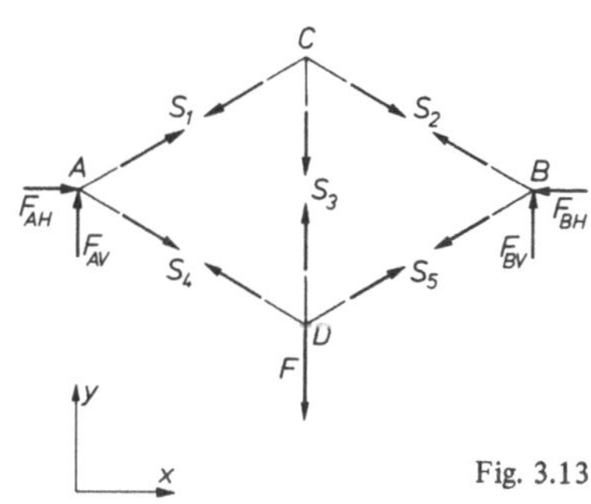

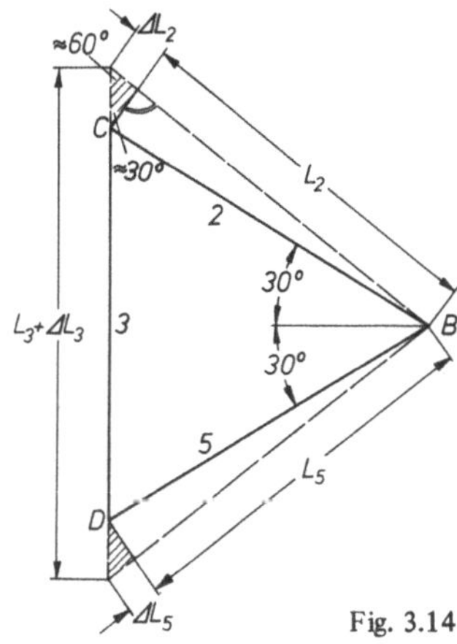

Fig. 3.13   Fig. 3.14

b) Bei Verschieben der äußeren Belastung **F** in den Knoten C ändert sich nur Gleichung (3):

Knoten D: $\Sigma F_y = 2\,S_5 \cos 60° + S_3 = 0$. $\tag{9}$

Damit folgt

$$F_{AV} = F_{BV} = \frac{1}{2} F; \qquad F_{AH} = F_{BH} = \frac{\sqrt{3}}{10} F,$$

$$S_1 = S_2 = -\frac{3}{5} F \quad \text{(Druckstäbe)} ,$$

$$S_3 = -\frac{2}{5} F \quad \text{(Druckstab)} ,$$

$$S_4 = S_5 = \frac{2}{5} F \quad \text{(Zugstäbe)} .$$

Man beachte: In der Stereostatik wurde die Kraft als ein nur an die Wirkungslinie gebundener (linienflüchtiger) Vektor erkannt. Das Gleichgewicht eines Kräftesystems wird in der Stereostatik durch Verschieben der Kraftvektoren in Richtung ihrer Wirkungslinie nicht verändert. In der Elastostatik gilt dies nicht mehr. Im vorliegenden Fall hängen die Vektoren $\mathbf{F}_A$ und $\mathbf{F}_B$ des im Gleichgewicht stehenden Systems ($\mathbf{F}$, $\mathbf{F}_A$, $\mathbf{F}_B$) vom Angriffspunkt der Kraft $\mathbf{F}$ ab.

Die Lösung dieser Aufgabe mit Hilfe der Energiemethoden der Elastostatik wird in Aufgabe 3.25 gezeigt.

Aufgabe 3.7 (Fig. 3.15). Ein homogener prismatischer Balken vom Gewicht G ist horizontal an 5 parallelen Stangen mit übereinstimmenden Dehnsteifigkeiten EA aufgehängt. Für Stange 4 wurde ein spezieller Werkstoff mit dem linearen Wärmeausdehnungskoeffizienten $\alpha_4 \neq \alpha_1 = \alpha_2 = \alpha_3 = \alpha_5 = \alpha$ gewählt. Die Aufhängung sei ohne Belastung und bei der Montagetemperatur T_0 spannungsfrei; die Verformung des Balkens sowie die Stabgewichte sollen vernachlässigt werden.

a) Wie groß sind die Stangenkräfte F_1 bis F_5 bei Belastung durch das Balkengewicht G und durch eine zusätzliche Kraft F am linken Balkenende, wenn das System die Temperatur T_1 hat?

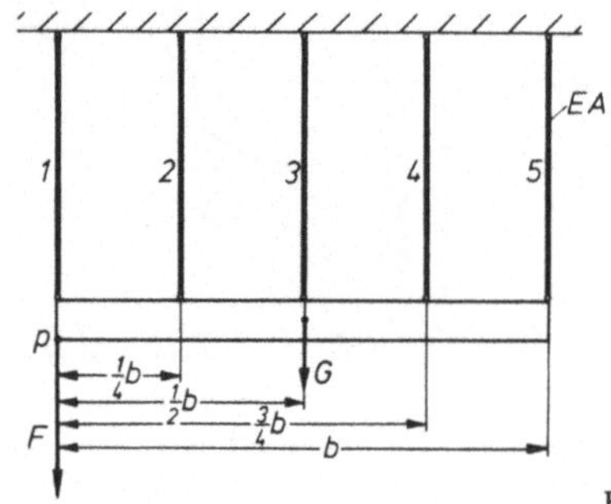

Fig. 3.15

b) Bei welcher Temperatur T_2 wird die Stangenkraft $F_4 = 0$?

L ö s u n g : a) Die Lösung der statisch unbestimmten Aufgabe erfolgt in drei Schritten:

1. Anwenden des Schnittprinzips und Aufstellen der Gleichgewichtsbedingungen: Setzt man die unbekannten Stabkräfte als Zugkräfte an, dann gilt das Kräftegleichgewicht in Vertikalrichtung

$$\Sigma F_V = F + G - F_1 - F_2 - F_3 - F_4 - F_5 = 0 . \tag{1}$$

Das Momentengleichgewicht bezogen auf den Angriffspunkt P der Kraft F ergibt

$$\Sigma M_P = \frac{1}{4} b F_2 + \frac{1}{2} b F_3 + \frac{3}{4} b F_4 + b F_5 - \frac{1}{2} b G = 0 \, . \tag{2}$$

2. Aufstellen der Verträglichkeitsbedingungen: Die unter 1) angenommenen Stabkräfte F_1 bis F_5 bewirken Dehnungen der Stäbe. Da der Balken als starr vorausgesetzt wurde, erhält man aus Fig. 3.16 die drei Verträglichkeitsbedingungen

$$\left.\begin{aligned}
\Delta a_1 - \Delta a_2 &= \Delta a_2 - \Delta a_3, \\
\Delta a_2 - \Delta a_3 &= \Delta a_3 - \Delta a_4, \\
\Delta a_3 - \Delta a_4 &= \Delta a_4 - \Delta a_5 \, .
\end{aligned}\right\} \tag{3}$$

3. Stoffgesetz: Unter Einbeziehung der Wärmedehnung folgt aus dem Hookeschen Gesetz bei einachsigem Spannungszustand

$$\epsilon = \frac{\sigma}{E} + \alpha \Delta T = \frac{\Delta a}{a} \, , \tag{4}$$

mit $\quad \sigma = \dfrac{F}{A}, \quad \Delta T = T_1 - T_0 \, .$

Aus (1) bis (4) erhält man ein Gleichungssystem zur Bestimmung der Kräfte F_1 bis F_5:

$$\left.\begin{aligned}
F_1 + F_2 + F_3 + F_4 + F_5 &= F + G \, , \\
\frac{1}{4} F_2 + \frac{1}{2} F_3 + \frac{3}{4} F_4 + F_5 &= \frac{1}{2} G \, , \\
F_1 - 2F_2 + F_3 &= 0 \, , \\
F_2 - 2F_3 + F_4 &= EA(\alpha - \alpha_4)(T_1 - T_0) \, , \\
F_3 - 2F_4 + F_5 &= 2EA(\alpha_4 - \alpha)(T_1 - T_0) \, .
\end{aligned}\right\} \tag{5}$$

Die Lösungen sind

$$\left.\begin{aligned}
F_1 &= 0{,}2\,(G + 3F), \\
F_2 &= 0{,}2\,(G + 2F) - 0{,}1\,(\alpha - \alpha_4)\,EA\,(T_1 - T_0) \, , \\
F_3 &= 0{,}2\,(G + F) - 0{,}2\,(\alpha - \alpha_4)\,EA\,(T_1 - T_0) \, , \\
F_4 &= 0{,}2\,G + 0{,}7\,(\alpha - \alpha_4)\,EA\,(T_1 - T_0) \, , \\
F_5 &= 0{,}2\,(G - F) - 0{,}4\,(\alpha - \alpha_4)\,EA\,(T_1 - T_0) \, .
\end{aligned}\right\} \tag{6}$$

Als Kontrolle kann man die Beziehung $\displaystyle\sum_{i=1}^{5} F_i = F + G$ verwenden.

Die Wärmespannungen bewirken nur innere Kräfte im System (Balken, Stäbe, Lager) und fallen bei der Summenbildung heraus.

b) Aus (6) liest man ab

$$F_4 = 0 \quad \text{für} \quad T_2 = \frac{2G}{7EA\,(\alpha_4 - \alpha)} + T_0 \,. \tag{7}$$

Bemerkenswert ist, daß F_4 nicht von F abhängt. Das gilt jedoch nur im Gültigkeitsbereich des Hookeschen Gesetzes.

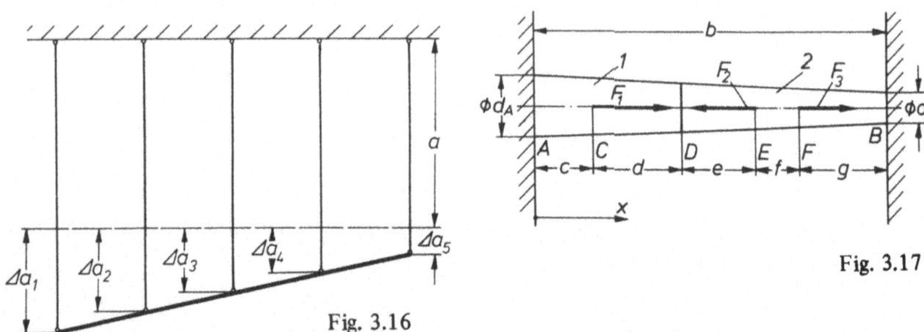

Fig. 3.16

Fig. 3.17

Aufgabe 3.8 (Fig. 3.17). Ein kegelstumpfförmiger Stab, der aus zwei verschiedenen Werkstoffen (1:Kupfer, 2:Stahl) zusammengesetzt ist, paßt ohne Vorspannung genau zwischen zwei starre Wände.

a) Welche Kräfte werden auf die Wände A und B ausgeübt, wenn am Stab in Achsrichtung die Kräfte F_1, F_2 und F_3 angreifen?

b) Wie groß ist die maximale Spannung im Stab und wo tritt sie auf?

Z a h l e n w e r t e : b = 1,2 m; c = 0,2 m; d = 0,3 m; e = 0,25 m; f = 0,15 m; g = 0,3 m; d_A = 0,2 m; d_B = 0,1 m; F_1 = 400 N; F_2 = 2100 N; F_3 = 1800 N; Werkstoffkennwerte: $E_1 = 12{,}4 \cdot 10^4$ N/mm^2; $E_2 = 21{,}6 \cdot 10^4$ N/mm^2.

L ö s u n g : a) Mit den Lagerkräften F_A und F_B (positiv in x-Richtung) gilt die Gleichgewichtsbedingung

$$\Sigma F_x = F_A + F_B + F_1 - F_2 + F_3 = 0. \tag{1}$$

Die Verträglichkeitsbedingung zwischen den Verformungen $\Delta\xi$ der Stababschnitte lautet

$$\Delta b = \Sigma\Delta\xi = \Delta c + \Delta d + \Delta e + \Delta f + \Delta g = 0. \tag{2}$$

Der Zusammenhang zwischen Kräften und Verformungen wird für einen beliebigen Abschnitt des Kegelstumpfs berechnet (Fig. 3.18). Der Stababschnitt werde durch eine positive Normalkraft N (Zug) belastet. Das Hookesche Gesetz ergibt dann für eine Scheibe von der Dicke dx

$$\frac{d\xi}{dx} = \epsilon = \frac{\sigma}{E} \,, \tag{3}$$

mit $\sigma(x) = \dfrac{N}{A(x)}$. Daraus erhält man für die Dehnung des Stababschnittes

$$\Delta h = \int\limits_0^h \frac{N}{EA(x)}\,dx = \int\limits_0^h \frac{N}{E\frac{\pi}{4}\left[D-(D-d)\frac{x}{h}\right]^2}\,dx$$

$$\Delta h = \frac{4Nh}{E\pi Dd}\,. \tag{4}$$

Bei Beachtung des Vorzeichens für die Normalkraft im Stab erhält man aus (2), wenn die Dehnungen der Abschnitte nach (4) eingesetzt werden

$$\frac{4}{\pi}\left\{\frac{1}{E_1}\left[-\frac{cF_A}{d_A d_C}-\frac{d(F_A+F_1)}{d_C d_D}\right]+ \tag{5}\right.$$

$$+\frac{1}{E_2}\left[-\frac{e(F_A+F_1)}{d_D d_E}-\frac{f(F_A+F_1-F_2)}{d_E d_F}-\right.$$

$$\left.\left.-\frac{g(F_A+F_1-F_2+F_3)}{d_F d_B}\right]\right\}=0\,.$$

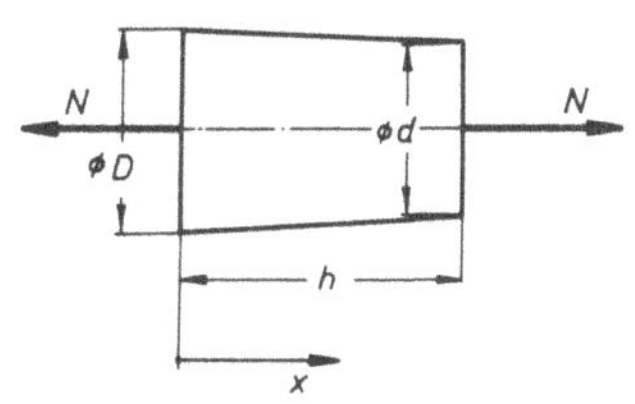

Fig. 3.18

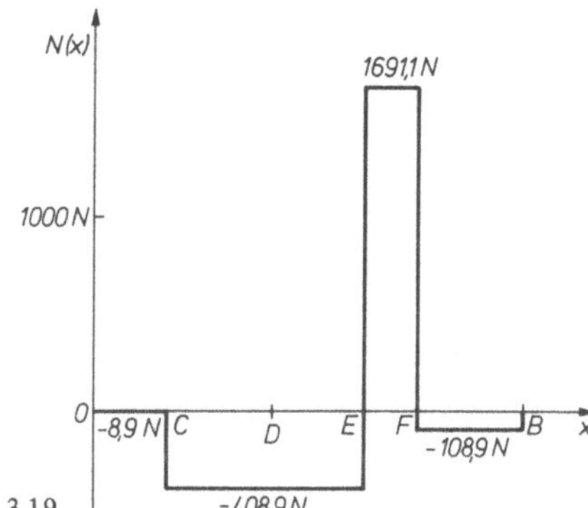

Fig. 3.19

Die Durchmesser an den Grenzen der Stababschnitte sind

$$d_A = 0,2\ \text{m}; \qquad d_C = 0,1833\ \text{m}; \qquad d_D = 0,1583\ \text{m};$$

$$d_E = 0,1375\ \text{m}; \qquad d_F = 0,125\ \text{m}; \qquad d_B = 0,1\ \text{m}. \tag{6}$$

Für die Reaktionskraft am Lager A folgt aus (5) und (6)

$$F_A = 8,9\ \text{N (Druckkraft)}$$

und aus (1) erhält man damit

$$F_B = -108,9\ \text{N (ebenfalls Druckkraft)}.$$

Die Normalkraftverteilung N(x) ist in **Fig. 3.19** über der Stabachse aufgetragen.

b) Aus Fig. 3.19 sowie den Werten (6) folgt die Normalspannung an den Abschnitts-grenzen. Die maximale Spannung tritt im Querschnitt F auf

$$\sigma_{(F)} = \frac{N(x_F)}{A(x_F)} = 13,8 \ \frac{N}{cm^2} \ .$$

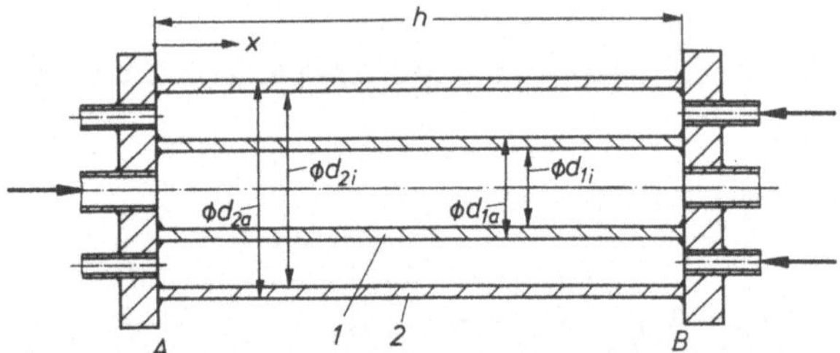

Fig. 3.20

Aufgabe 3.9 (Fig. 3.20). In einem Wärmeaustauscher befindet sich ein aus zwei konzentrischen Rohren bestehendes Doppelrohr. Die bei $T_0 = 20°C$ durch starre Flansche spannungsfrei miteinander verbundenen Rohre sind aus verschiedenen Werkstoffen (Innenrohr 1:Kupfer; Außenrohr 2:Stahl). Durch die beiden Querschnitte fließen im Gegenstrom Flüssigkeiten mit unterschiedlichen Temperaturen und erwärmen dabei das Rohrsystem. Es kann angenommen werden, daß die Temperatur des Innenrohres von A nach B von T_{1A} auf T_{1B} und die Temperatur des Außenrohres von T_{2A} auf T_{2B} linear abfällt.

a) Wie groß ist die Längenänderung Δh des Doppelrohres im Betrieb gegenüber der Montagelänge h bei T_0?

b) Welche Spannungen σ_1 und σ_2 treten in den Rohren auf?

c) An welcher Stelle $x = x_0$ tritt die größte relative Verschiebung der beiden Rohre in Achsrichtung auf?

Z a h l e n w e r t e : $h = 1,40$ m; $d_{1i} = 0,11$ m; $d_{1a} = 0,115$ m; $d_{2i} = 0,16$ m; $d_{2a} = 0,165$ m; $T_{1A} = 80°C$; $T_{1B} = 26°C$; $T_{2A} = 60°C$; $T_{2B} = 10°C$;
Werkstoffkennwerte: $E_1 = 12,4 \cdot 10^4$ N/mm²; $E_2 = 21,6 \cdot 10^4$ N/mm²; $\alpha_1 = 16,5 \cdot 10^{-6}$ 1/grd; $\alpha_2 = 14 \cdot 10^{-6}$ 1/grd.

L ö s u n g : a) Bei Berücksichtigung der linearen Wärmedehnung gilt für die örtliche Dehnung der beiden Rohre

$$\left. \begin{aligned} \epsilon_1(x) &= \frac{\sigma_1}{E_1} + \alpha_1 \Delta T_1(x) = \frac{d\xi_1}{dx} \ , \\[2mm] \epsilon_2(x) &= \frac{\sigma_2}{E_2} + \alpha_2 \Delta T_2(x) = \frac{d\xi_2}{dx} \ , \end{aligned} \right\} \tag{1}$$

$$\text{mit} \quad \sigma_1 = \frac{F_1}{A_1} \ , \quad \sigma_2 = \frac{F_2}{A_2} \quad \text{und} \quad F_1 = - F_2 \ . \tag{2}$$

Die örtlichen Temperaturdifferenzen $\Delta T(x)$ in den Rohren gegenüber der Montagetemperatur T_0 sind bei linearen Temperaturverteilungen

$$\left.\begin{aligned}\Delta T_1(x) &= T_{1A} + (T_{1B} - T_{1A})\,\frac{x}{h} - T_0\ ,\\[2mm]\Delta T_2(x) &= T_{2A} + (T_{2B} - T_{2A})\,\frac{x}{h} - T_0\ .\end{aligned}\right\} \tag{3}$$

Aus (1) findet man für die gesamte Längenänderung des Doppelrohres

$$\left.\begin{aligned}\Delta h_1 &= \int_0^h \epsilon_1(x)\,dx = \frac{F_1\,h}{E_1 A_1} + \int_0^h \alpha_1 \Delta T_1(x)\,dx\ ,\\[2mm]\Delta h_2 &= \int_0^h \epsilon_2(x)\,dx = \frac{F_2\,h}{E_2 A_2} + \int_0^h \alpha_2 \Delta T_2(x)\,dx\ .\end{aligned}\right\} \tag{4}$$

Da die Rohre durch starre Flansche miteinander verbunden sind, gilt die Verträglichkeitsbedingung

$$\Delta h_1 = \Delta h_2 = \Delta h\ . \tag{5}$$

Aus (2) bis (5) erhält man nach Elimination der Kräfte

$$\begin{aligned}\Delta h = \frac{h}{E_1 A_1 + E_2 A_2}\ &\left\{ \alpha_1 E_1 A_1 \left[\frac{1}{2}\,(T_{1A} + T_{1B}) - T_0 \right] + \right.\\[2mm]&\left. + \alpha_2 E_2 A_2 \left[\frac{1}{2}\,(T_{2A} + T_{2B}) - T_0 \right] \right\},\end{aligned} \tag{6}$$

$$\Delta h = 0{,}427\ \text{mm}\ .$$

b) Für die innere Kraft im Rohrsystem folgt aus (2) bis (5)

$$F_1 = -F_2 = E_1 A_1 \left\{ \frac{\Delta h}{h} - \alpha_1 \left[\frac{1}{2}\,(T_{1A} + T_{1B}) - T_0 \right] \right\} \tag{7}$$

$$F_1 = -26240\ \text{N};\qquad F_2 - 26240\ \text{N}\ .$$

Im Rohr 1 herrscht die Druckspannung

$$\sigma_1 = \frac{F_1}{A_1} = -29{,}7\ \frac{\text{N}}{\text{mm}^2}\ ,$$

im Rohr 2 die Zugspannung

$$\sigma_2 - \frac{F_2}{A_2} - 20{,}6\ \frac{\text{N}}{\text{mm}^2}\ .$$

c) Für die Verschiebung $\xi(x)$ eines Rohrpunktes bei Betriebstemperatur gegenüber dem Montagezustand bei festgehaltenem Flansch A gilt nach (1) und (3)

$$\xi_1(x) = \int\limits_0^x \epsilon_1(x)\,dx = \frac{F_1 x}{E_1 A_1} + \alpha_1 \left[(T_{1A} - T_0)\,x + (T_{1B} - T_{1A})\,\frac{x^2}{2h} \right],$$

$$\xi_2(x) = \int\limits_0^x \epsilon_2(x)\,dx = \frac{F_2 x}{E_2 A_2} + \alpha_2 \left[(T_{2A} - T_0)\,x + (T_{2B} - T_{2A})\,\frac{x^2}{2h} \right]. \tag{8}$$

Der Betrag der relativen Verschiebung zweier Rohrpunkte, die bei Montagetemperatur den gleichen Wert für x haben, ist

$$\Delta\xi(x) = |\xi_1(x) - \xi_2(x)| . \tag{9}$$

Die Extremwertbestimmung $\left\{ \dfrac{d}{dx}\,[\Delta\xi(x)] \right\}_{x=x_0} = 0$ ergibt $\Delta\xi_{max}$ bei

$$x_0 = \frac{F_1\left(\dfrac{1}{E_1 A_1} + \dfrac{1}{E_2 A_2} \right) + \alpha_1(T_{1A} - T_0) - \alpha_2(T_{2A} - T_0)}{\alpha_2(T_{2B} - T_{2A}) - \alpha_1(T_{1B} - T_{1A})}\; h .$$

Mit (6) und (7) folgt hieraus für den Ort der maximalen Verschiebung

$$x_0 = \frac{h}{2} . \tag{8}$$

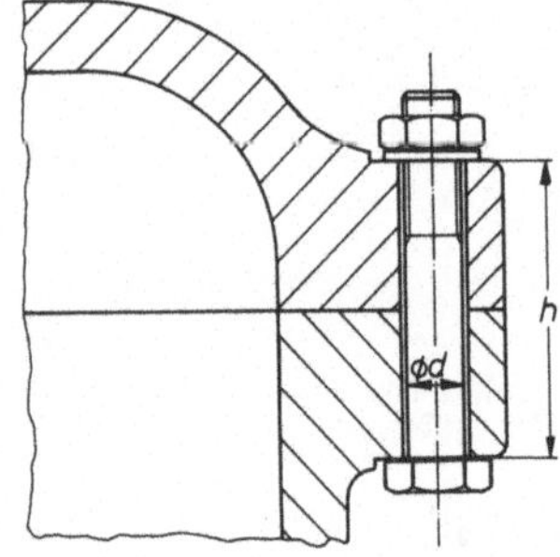

Aufgabe 3.10 (Fig. 3.21). Der Deckel einer Kolbenpumpe ist mit 6 Schrauben (Schaftdurchmesser d) am Zylinder befestigt. Bei der Montage werden die Schrauben so weit angezogen, daß ihre Verlängerung Δh_{S1} beträgt. Die relative Längenänderung gegenüber dem Flansch beträgt dabei Δh_R.

Fig. 3.21

a) Wie groß ist die Vorspannkraft F_{V1} zwischen Deckel und Zylinder und die Zugkraft F_{S1} in einer Schraube?

b) Wie groß wird die Vorspannkraft F_{V2} und die Schraubenzugkraft F_{S2}, wenn durch den Innendruck im Zylinder auf den Deckel die Kraft F wirkt?

Z a h l e n w e r t e : $\Delta h_{S1} = 0{,}022$ mm; h = 70 mm; $\Delta h_R = 0{,}034$ mm; F = 51 000 N; d = 12 mm; E-Modul des Schraubenwerkstoffs: $E = 21{,}6 \cdot 10^4$ N/mm^2.

L ö s u n g : a) Die Zugkraft in einer Schraube folgt aus dem Hookeschen Gesetz

$$\epsilon_S = \frac{\Delta h_{S1}}{h} = \frac{F_{S1}}{EA} ,$$

$$F_{S1} = E\,\frac{\pi d^2}{4}\,\frac{\Delta h_{S1}}{h} = 7678 \text{ N} . \tag{1}$$

Wenn keine weiteren äußeren Kräfte auf den Deckel wirken, ist der Betrag der Vorspannkraft gleich der Summe der Zugkräfte in den 6 Schrauben:

$$F_{V1} = 6\,F_{S1} = 46068\ \text{N}\,.\tag{2}$$

b) Wird der Deckel durch eine zusätzliche Innenkraft F belastet, dann gilt für den Deckel das Kräftegleichgewicht in Vertikalrichtung

$$\Sigma F_V = -6\,F_{S2} + F_{V2} + F = 0\,.\tag{3}$$

Weiterhin kann eine geometrische Verträglichkeitsbedingung angegeben werden. Unter der Wirkung der Zugkraft F_{S2} verlängert sich der Schraubenschaft um Δh_{S2} und infolge der Druckkraft F_{V2} verkürzt sich die Flanschhöhe um Δh_{F2}. Dies zusammen ergibt die ursprüngliche relative Längenänderung Δh_R:

$$\Delta h_{S2} + \Delta h_{F2} = \Delta h_R\,.\tag{4}$$

Bei Gültigkeit des Hookeschen Gesetzes gilt für die Schraubenverlängerungen

$$\Delta h_{S2} : \Delta h_{S1} = F_{S2} : F_{S1}\,.\tag{5}$$

Entsprechend gilt für den Flansch

$$\Delta h_{F2} : \Delta h_{F1} = F_{V2} : F_{V1}\tag{6}$$

mit der Verträglichkeitsbedingung im Montagezustand

$$\Delta h_{F1} = \Delta h_R - \Delta h_{S1}\,.\tag{7}$$

Mit Δh_{S2} aus (5) und Δh_{F2} aus (6) und (7) folgt als Gleichungssystem zur Bestimmung der Kräfte F_{V2} und F_{S2} aus (3) und (4)

$$\left.\begin{aligned}
F_{V2} - 6\,F_{S2} &= -F\,,\\[2mm]
\frac{(\Delta h_R - \Delta h_{S1})}{F_{V1}}F_{V2} + \frac{\Delta h_{S1}}{F_{S1}}\,F_{S2} &= \Delta h_R\,.
\end{aligned}\right\}\tag{8}$$

Es hat mit Berücksichtigung von (2) die Lösung

$$F_{V2} = 6\,F_{S1} - \frac{\Delta h_{S1}}{\Delta h_R}\,F = 13068\ \text{N}\,,$$

$$F_{S2} = 10678\ \text{N}\,.$$

Aus diesem Ergebnis lassen sich wichtige Erkenntnisse für die Konstruktion von vorgespannten Schraubenverbindungen gewinnen. Obwohl der Innendruck auf den Deckel eine Kraft von $F = 51\,000$ N ausübt, werden die 6 Schrauben nur mit $\Delta F_S = 6\,(F_{S2} - F_{S1}) = 18\,000$ N zusätzlich belastet. Die Ursache hierfür ist die Dehnung der Schrauben, bei der gleichzeitig eine Entlastung des Flansches stattfindet ($F_{V2} < F_{V1}$). Will man eine möglichst geringe zusätzliche Belastung der Schrauben bei steigendem Innendruck erreichen, dann müssen die Schrauben so gestaltet sein, daß sie eine geringe Dehnsteifigkeit EA haben, die Flansche dagegen müssen möglichst starr sein. Ein Beispiel hierfür ist die Verwendung der Dehnschraube bei Pleuel- und Kurbelwellenlagern.

Die Ergebnisse lassen sich in einem Verspannungsdiagramm veranschaulichen. Hierbei werden die Kraft-Verlängerungskurven

$$F = c\,\Delta h\,,$$

mit der Federsteifigkeit $c = EA/h$, für Schraube und Flansch zusammen aufgetragen (Fig. 3.22).

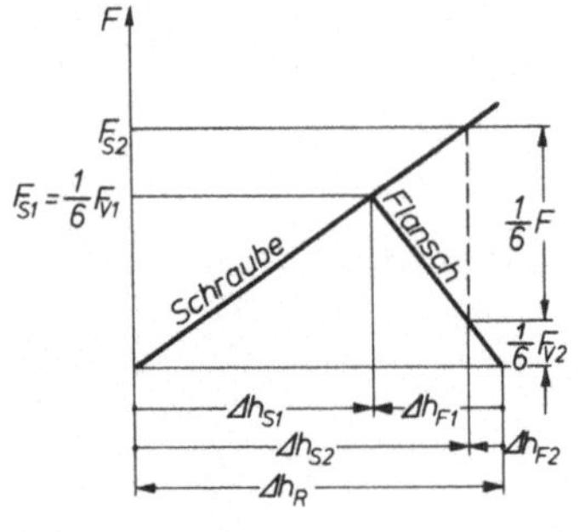

Fig. 3.22   Fig. 3.23

Aufgabe 3.11 (Fig. 3.23). Wie groß ist die Torsionsfederkonstante für die skizzierte Welle?

Z a h l e n w e r t e : $a = 25$ cm; $b = 50$ cm; $e = 30$ cm; $d_1 = 2$ cm; $d_2 = 4$ cm; Gleitmodul $G = 86\,000$ N/mm².

L ö s u n g : Die Torsionsfederkonstante ist das Verhältnis von Torsionsmoment M_T zur zugehörigen Verdrehung φ des Stabes:

$$c = \frac{M_T}{\varphi}.\tag{1}$$

Für Stäbe mit konstantem Kreisquerschnitt (Durchmesser d) gilt für den Torsionswinkel

$$\varphi = \frac{hM_T}{GI_p},\tag{2}$$

worin h die Stablänge, G der Gleitmodul und $I_p = \pi d^4/32$ das polare Flächenträgheitsmoment ist. Diese Gleichung gilt mit guter Näherung auch für schlanke kegelige Stäbe, wenn (2) für ein Stabelement von der Länge dx geschrieben wird:

$$\varphi = \int_0^h \frac{M_T}{GI_p}\,dx\,.\tag{3}$$

Im vorliegenden Fall gilt

$$\varphi = \varphi_a + \varphi_b + \varphi_e = \frac{32\,M_T}{\pi G}\left\{\frac{a}{d_1^4} + \int\limits_0^b \frac{dx}{\left[d_1 + (d_2 - d_1)\,\dfrac{x}{b}\right]^4} + \frac{e}{d_2^4}\right\}$$

$$\tag{4}$$

$$\varphi = \frac{32\,M_T}{\pi G}\left[\frac{a}{d_1^4} + \frac{b}{3\,(d_2 - d_1)}\left(\frac{1}{d_1^3} - \frac{1}{d_2^3}\right) + \frac{e}{d_2^4}\right]\,.$$

Für die Federkonstante (1) folgt damit aus (4)

$$c = 3258\,\frac{Nm}{rad}\,.$$

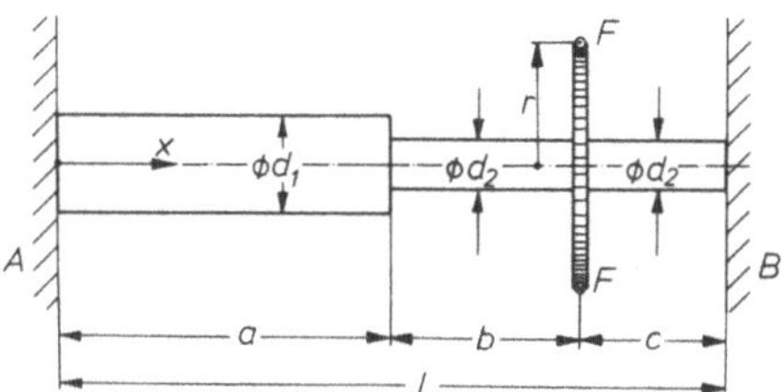

Fig. 3.24

Aufgabe 3.12 (Fig. 3.24). Die Enden einer abgesetzten Welle (Gleitmodul G) sind in den Lagern A und B gegen Verdrehung festgehalten. Auf ein Zahnrad, das mit der Welle fest verbunden ist, wirkt ein Kräftepaar, so daß auf die Welle das Torsionsmoment $M_T = 2\,r\,F$ übertragen wird.

a) Wie groß sind die von den Lagern A und B aufzunehmenden Torsionsmomente?

b) In welchem Wellenabschnitt tritt für den Fall $a > b > c$ die größte Schubspannung τ_{max} auf und wie groß ist sie?

c) An welcher Stelle müßte das Zahnrad auf dem Wellenabsatz 2 befestigt sein, damit der Verdrehungswinkel φ maximal wird?

L ö s u n g : a) Für die freigeschnittene Welle gilt das Momentengleichgewicht

$$\Sigma M = M_T + M_{Ax} + M_{Bx} = 0\,. \tag{1}$$

Die Verträglichkeitsbedingung der Torsionswinkel φ in den Wellenabschnitten a, b und c lautet

$$\varphi_a + \varphi_b = \varphi_c\,. \tag{2}$$

Zwischen dem Torsionsmoment und dem Torsionswinkel besteht bei einer Welle von der Länge h mit Kreisquerschnitt die Beziehung

$$\varphi = \frac{M\,h}{G\,I_p}\,, \tag{3}$$

mit $I_p = \pi d^4/32$. Setzt man (3) für die einzelnen Wellenabschnitte in (2) ein, dann folgt

$$\frac{M_A}{G}\left(\frac{a}{I_{p1}} + \frac{b}{I_{p2}}\right) = \frac{M_B c}{G\, I_{p2}}\,,$$

$$M_A\left(\frac{a}{d_1^4} + \frac{b}{d_2^4}\right) - M_B\,\frac{c}{d_2^4} = 0\,. \tag{4}$$

Mit (1) und (4) können die Torsionsmomente in den Lagern bestimmt werden:

$$M_{Ax} = -\,M_T\,\frac{c\,d_1^4}{a\,d_2^4 + (b+c)\,d_1^4}\,, \tag{5}$$

$$M_{Bx} = -\,M_T\,\frac{a\,d_2^4 + b\,d_1^4}{a\,d_2^4 + (b+c)\,d_1^4}\,. \tag{6}$$

b) Die Schubspannung am Rand eines auf Torsion beanspruchten kreiszylindrischen Stabes mit dem Durchmesser d ist

$$\tau = \frac{Md}{2I_p} = \frac{16M}{\pi d^3}\,. \tag{7}$$

Wegen $a > b > c$ folgt aus (5) und (6) $M_B > M_A$. Die maximale Schubspannung tritt damit im Abschnitt c auf:

$$\tau_{max} = \frac{16\,M_T}{\pi d_2^3}\left[\frac{a\,d_2^4 + b\,d_1^4}{a\,d_2^4 + (b+c)\,d_1^4}\right]\,. \tag{8}$$

c) Der Verdrehungswinkel φ_Z des Zahnrades folgt aus (3) und (6) zu

$$\varphi_Z = \frac{M_B c}{G\,I_{p2}} = M_T\,\frac{32c}{G\,\pi d_2^4}\left[\frac{a\,d_2^4 + b\,d_1^4}{a\,d_2^4 + (b+c)\,d_1^4}\right]. \tag{9}$$

Mit $b = L - a - c$ ergibt die Extremwertberechnung

$$\left[\frac{d\varphi_Z(c)}{dc}\right]_{c=c^*} = 0$$

aus (9) für $\varphi_{Z\,max}$ den Zahnradabstand c^* vom Lager B

$$c^* \doteq \frac{1}{2}\,(L - a) + \frac{1}{2}\,a\left(\frac{d_2}{d_1}\right)^4\,. \tag{10}$$

Die Lösung dieser Aufgabe mit Hilfe der Energiemethoden der Elastostatik wird in Aufgabe 3.24 gezeigt.

Aufgabe 3.13 (Fig. 3.25). Ein Balken trägt eine gleichmäßig verteilte Last q. Im Balkenquerschnitt sollen zwei axiale Bohrungen mit dem Durchmesser $d = a/2$ so angeordnet sein, daß die Flächenträgheitsmomente I_y und I_z gleich sind.

a) Wie groß muß b sein und wie groß sind die Flächenträgheitsmomente?

b) Bei welchem Winkel zwischen der Belastungsrichtung und der z-Achse tritt im Balken die größte Biegespannung auf und wie groß ist sie?

Z a h l e n w e r t e : $a = 10$ cm; $L = 8$ m; $q = 500$ N/m.

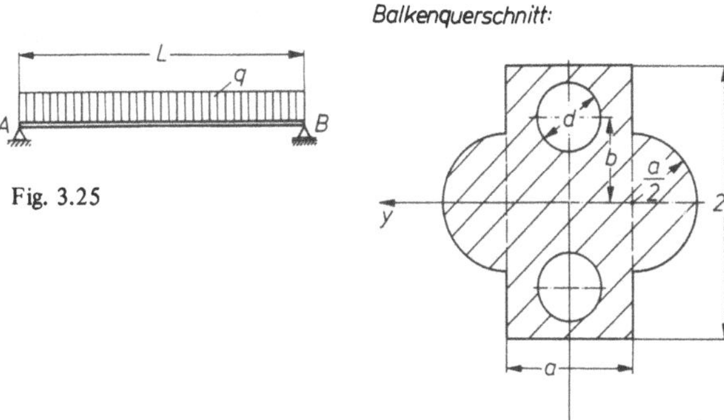

L ö s u n g : a) Das Flächenträgheitsmoment I_z ist für $d/2 \leqslant b \leqslant a - d/2$ unabhängig von b. Zur Bestimmung von I_z wird der Querschnitt A zerlegt in eine Rechteckfläche A_1 mit zwei Bohrungen A_2 und in zwei verschobene Kreishälften A_3:

$$A = A_1 - 2 A_2 + 2 A_3 . \tag{1}$$

Für das Trägheitsmoment I_z gilt damit

$$I_z = \int_A y^2 dA = \int_{A_1} y^2 dA - 2 \int_{A_2} y^2 dA + 2 \int_{A_3} y^2 dA . \tag{2}$$

Die Werte für das erste und zweite Teilintegral können unmittelbar aus Trägheitsmomententabellen entnommen werden:

$$\left.\begin{aligned}
I_{z1} &= \int_{A_1} y^2 dA = \frac{(2a)\, a^3}{12} = \frac{a^4}{6} , \\[2mm]
I_{z2} &= \int_{A_2} y^2 dA = \frac{1}{64}\, \pi \left(\frac{a}{2}\right)^4 = \frac{1}{1024}\, \pi a^4
\end{aligned}\right\} \tag{3}$$

Beim Auswerten des dritten Summanden in (2) muß der Satz von H u y g e n s - S t e i n e r berücksichtigt werden:

$$I_{z3} = \int\limits_{A_3} y^2 dA = I_{S3} + y_S^2 A_3 \ . \tag{4}$$

Hierin ist y_S der Schwerpunktabstand der Halbkreisfläche von der z-Achse:

$$y_S = \frac{a}{2} + \frac{2a}{3\pi} \ .$$

Zur Bestimmung des Trägheitsmomentes I_{S3} der Halbkreisfläche bezogen auf eine z-Achse durch den Flächenschwerpunkt kann ebenfalls vom Huygens-Steiner-Satz Gebrauch gemacht werden, da man das Trägheitsmoment eines Halbkreises bezogen auf den Durchmesser kennt:

$$I_{S3} = \frac{1}{2} \left[\frac{\pi a^4}{64} - \left(\frac{2a}{3\pi}\right)^2 \frac{\pi a^2}{4} \right] = \left(\frac{\pi}{128} - \frac{1}{18\pi} \right) a^4 \ . \tag{5}$$

Damit folgt für (4)

$$I_{z3} = \left(\frac{\pi}{128} - \frac{1}{18\pi} \right) a^4 + \left(\frac{1}{2} + \frac{2}{3\pi} \right)^2 \frac{\pi a^4}{8} \ . \tag{6}$$

Für I_z folgt schließlich aus (2), (3) und (6)

$$I_z = a^4 \left(\frac{1}{3} + \frac{39}{512} \, \pi \right) = 5726{,}3 \ \text{cm}^4 \ . \tag{7}$$

Für das auf die y-Achse bezogene Flächenträgheitsmoment gilt

$$I_y = \int\limits_A z^2 dA = \int\limits_{A_1} z^2 dA - 2 \int\limits_{A_2} z^2 dA + 2 \int\limits_{A_3} z^2 dA. \tag{8}$$

Mit $I_{y1} = \frac{2}{3} \, a^4; \quad I_{y2} = \frac{1}{64} \, \pi \left(\frac{a}{2}\right)^4 + \frac{1}{16} \, \pi a^2 b^2; \quad I_{y3} = \frac{1}{2} \left(\frac{1}{64} \, \pi a^4 \right)$

erhält man aus (8)

$$I_y = \left(\frac{2}{3} + \frac{7\pi}{512} \right) a^4 - \frac{1}{8} \, \pi a^2 b^2 \ . \tag{9}$$

Aus der Bedingung $I_y = I_z$ folgt für den Bohrungsabstand von der y-Achse

$$b^2 = \frac{8a^2}{\pi} \left(\frac{1}{3} - \frac{32}{512} \, \pi \right) = 0{,}3488 \ a^2 ,$$

$$b = 5{,}9 \ \text{cm} \ . \tag{10}$$

b) Für die maximale Biegespannung im Balken gilt

$$\sigma = \frac{M_{max}}{W_{min}} = \frac{M_{max} e}{I} \ , \tag{11}$$

wobei e der größte Abstand eines Randpunktes der Querschnittfläche vom Mittelpunkt ist (Fig. 3.26). Da I unabhängig von der Richtung ist, hat man im vorliegenden Fall

$$\alpha = \arctan \left| \frac{1}{2} \right| \cong \pm 26{,}6°.$$

Damit folgt aus (11) mit $M_{max} = \frac{1}{8}\, qL^2$

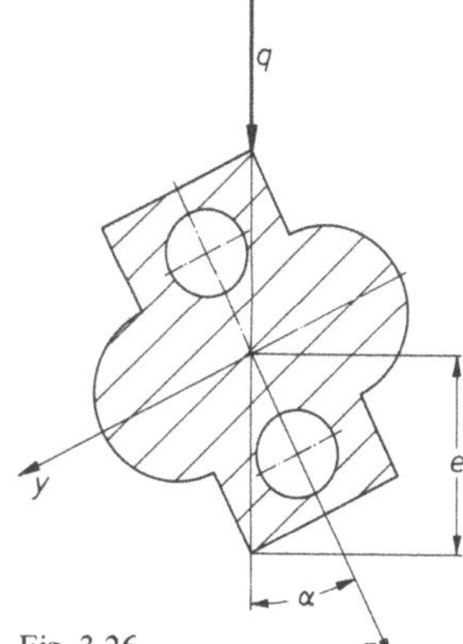

$$\sigma = \frac{\sqrt{5}\,aqL^2}{16\,I} = 781\ \frac{N}{cm^2} \quad .$$

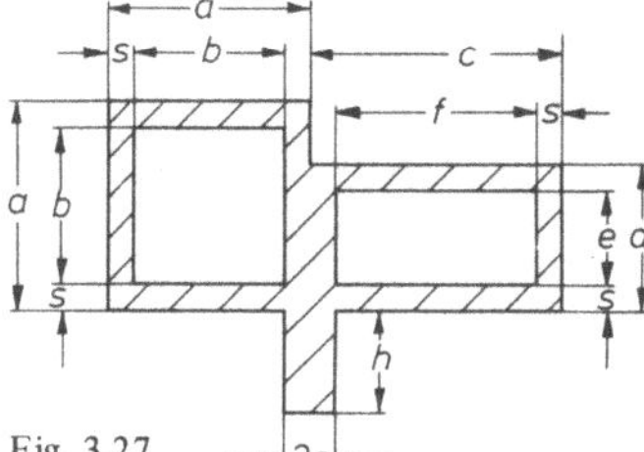

Fig. 3.26   Fig. 3.27

Aufgabe 3.14 (Fig. 3.27). Für den skizzierten Profilquerschnitt bestimme man die Hauptträgheitsachsen und die Hauptträgheitsmomente bezogen auf den Flächenschwerpunkt. Z a h l e n w e r t e : a = 4 cm; b = 3 cm; c = 5 cm; d = 2,8 cm; e = 1,8 cm; f = 4 cm; h = 2 cm; s = 0,5 cm.

L ö s u n g : Der Profilquerschnitt wird zuerst in geometrisch einfache Teilflächen zerlegt, für die die Teilflächenschwerpunkte und Trägheitsmomente leicht anzugeben sind. Mit der Aufteilung von Fig. 3.28 hat man

$$A = A_1 + A_2 + A_3 = a^2 - b^2 + cd - ef + 2\,sh = 15{,}8\ cm^2 \ . \tag{1}$$

Für den Profilschwerpunkt erhält man im y, z-System in Fig. 3.28

$$r_{OS} = \frac{1}{A} \sum_i r_{OSi} A_i,$$

$$\left.\begin{aligned}
y_S &= \frac{1}{A} \left[\frac{a}{2} (b^2 - a^2) + \left(a + \frac{c}{2} \right)(ef - cd) - 2\,ash \right] = -\,4{,}19\ cm, \\[2mm]
z_S &= \frac{1}{A} \left[\frac{a}{2} (b^2 - a^2) + \frac{d}{2} (ef - cd) + h^2 s \right] = -\,1{,}362\ cm .
\end{aligned}\right\} \tag{2}$$

Für die Trägheitsmomente bezogen auf die Achsen des y, z-Systems mit dem Ursprung in 0 gilt

$$I_y = I_{y1} + I_{y2} + I_{y3}$$

mit $\quad I_{y1} = I_{yS1} + \left(\dfrac{a}{2}\right)^2 A_1 = \dfrac{1}{12}\,(a^4 - b^4) + \dfrac{1}{4}\,a^2\,(a^2 - b^2),$

$\qquad I_{y2} = I_{yS2} + \left(\dfrac{d}{2}\right)^2 A_2 = \dfrac{1}{12}\,(cd^3 - fe^3) + \dfrac{1}{4}\,d^2\,(cd - ef)\,,$

$\qquad I_{y3} = I_{yS3} + \left(\dfrac{h}{2}\right)^2 A_3 = \dfrac{2}{3}\,sh^3\,,$

folgt $\quad I_y = 65{,}78\ \text{cm}^4.$ $\hfill (3)$

Nach analoger Rechnung folgt für

$$I_z = I_{z1} + I_{z2} + I_{z3} = 381{,}62\ \text{cm}^4. \tag{4}$$

Da das y, z-System offensichtlich kein Hauptachsensystem ist, muß noch das Deviationsmoment berechnet werden. Auch hier wird vom Huygens-Steiner-Satz Gebrauch gemacht:

$$I_{yz} = I_{yz1} + I_{yz2} + I_{yz3}\,,$$

mit $\quad I_{yz1} = I_{yzS1} + \dfrac{1}{4}\,a^2\,(a^2 - b^2),$

$\qquad I_{yz2} = I_{yzS2} + \left(a + \dfrac{c}{2}\right)\dfrac{d}{2}\,(cd - ef)\,,$ $\hfill (5)$

$\qquad I_{yz3} = I_{yzS3} - \dfrac{1}{2}\,ha\,(2\,sh)\,.$

In (5) sind die Vorzeichen der Schwerpunktskoordinaten der Teilflächen besonders zu beachten. Die Deviationsmomente I_{yzSi} bezogen auf Achsen durch die Teilflächenschwerpunkte verschwinden in (5). Man erhält

$$I_{yz} = 81{,}88\ \text{cm}^4\,. \tag{6}$$

Die Umrechnung auf die Achsen des parallel verschobenen y^*, z^*-Koordinatensystems mit dem Flächenschwerpunkt S als Bezugspunkt ergibt aus (2), (3), (4) und (6)

$$\begin{aligned}
I_{y^*} &= I_y - z_S^2\,A &&= 36{,}47\ \text{cm}^4\,,\\
I_{z^*} &= I_z - y_S^2\,A &&= 104{,}23\ \text{cm}^4,\\
I_{yz^*} &= I_{yz} - z_S y_S A &&= -\,8{,}29\ \text{cm}^4\,.
\end{aligned} \tag{7}$$

Für die Hauptträgheitsmomente gilt

$$\left.\begin{array}{c} I_1 \\ I_2 \end{array}\right\} = \dfrac{1}{2}\,(I_{y^*} + I_{z^*}) \pm \sqrt{\dfrac{1}{4}\,(I_{y^*} - I_{z^*})^2 + I_{yz^*}^2}\,,$$

$$I_1 = 105{,}23\ \text{cm}^4;\qquad I_2 = 35{,}47\ \text{cm}^4\,. \tag{8}$$

Zur Kontrolle dieser Ergebnisse können die Invarianten

$$I_1 + I_2 = I_{y^*} + I_{z^*} = \text{const}\,,$$

$$I_1 I_2 = I_{y*} I_{z*} - I_{yz*}^2 = \text{const}$$

verwendet werden.

Die Lage der Hauptträgheitsachsen folgt aus

$$\tan 2\alpha = \frac{2 I_{yz*}}{I_{z*} - I_{y*}} = -0{,}2447,$$

$$\alpha = \begin{cases} -\ 6{,}9°, \\ 83{,}1° . \end{cases} \tag{9}$$

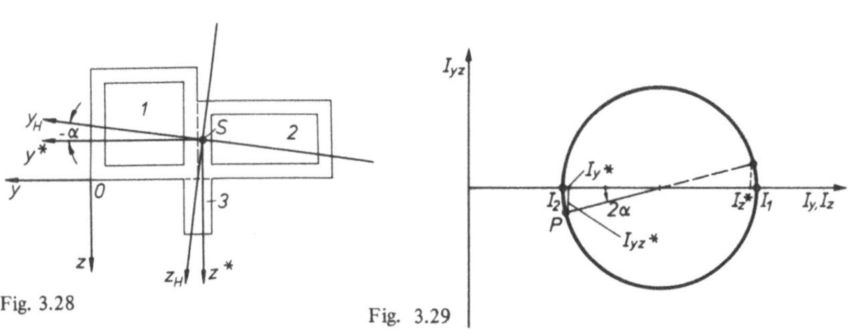

Fig. 3.28

Fig. 3.29

Die Ergebnisse können im Trägheitskreis dargestellt werden (Fig. 3.29). Dabei ist zu beachten, daß der Punkt P auf dem Trägheitskreis durch das Wertepaar I_{y*}, I_{yz*} bestimmt wird. Dagegen würde aus I_{z*}, I_{yz*} ein falsches Ergebnis für die Lage der Hauptachsen resultieren, wie man leicht an Hand der Fig. 3.29 erkennt. Welche der beiden durch α (9) festgelegten Hauptachsen zu I_1 bzw. I_2 gehören, kann in schwieriger durchschaubaren Fällen aus dem Trägheitskreis entnommen werden. Hier gilt

$$I_1 = I_{zH} > I_2 = I_{yH} .$$

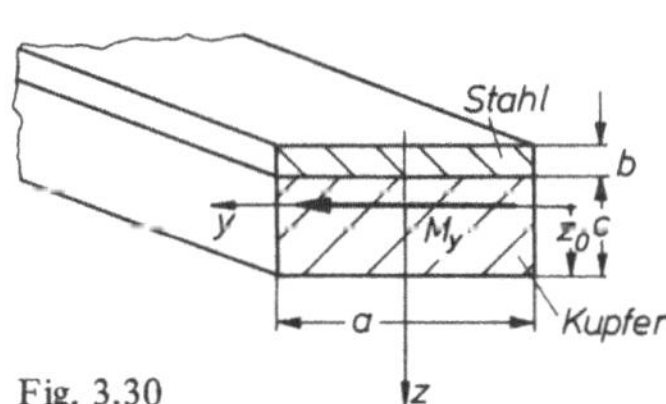

Fig. 3.30

Aufgabe 3.15 (Fig. 3.30). Ein prismatischer Stab mit rechteckigem Querschnitt ist aus zwei miteinander fest verbundenen Schichten aus Stahl und Kupfer aufgebaut. Bei Belastung durch äußere Kräfte tritt im Stab das maximale Biegemoment M_y auf.

Bei Voraussetzung der Bernoulli-Hypothese bestimme man den Dehnungs- und Spannungsverlauf $\epsilon(z)$ und $\sigma(z)$.

Z a h l e n w e r t e : a = 70 mm; b = 12 mm; c = 43 mm; M_y = 685 Nm;
Werkstoffe: E_{St} = 21,6 · 10^4 N/mm²; E_{Ku} = 12,4 · 10^4 N/mm².

L ö s u n g : Nach der Hypothese von B e r n o u l l i bleiben die Stabquerschnitte auch während der Biegebeanspruchung eben; daraus folgt ein linearer Dehnungsverlauf $\epsilon_x(z)$. Legt man das y, z-Koordinatensystem in Fig. 3.30 so in den Stabquerschnitt, daß die y-Achse in der noch unbekannten neutralen Linie liegt, dann gilt für die Dehnung

$$\epsilon_x(z) = \frac{\epsilon_0}{z_0} \, z \; . \tag{1}$$

Darin sind z_0 der Randabstand nach Fig. 3.30 und $\epsilon_0 = \epsilon_x(z_0)$ die Dehnung in der Randebene.

Für den Spannungsverlauf $\sigma(z)$ gilt innerhalb der beiden Werkstoffe nach dem Hookeschen Gesetz

$$\sigma_{St}(z) = \epsilon(z) \, E_{St}; \qquad \sigma_{Ku}(z) = \epsilon(z) \, E_{Ku} \; . \tag{2}$$

Mit (1) folgt daraus

$$\sigma(z) \; = \; \begin{cases} \dfrac{\epsilon_0}{z_0} \, z \, E_{Ku} & \text{für} & z_0 \geqslant z \geqslant (z_0 - c) \, , \\[4mm] \dfrac{\epsilon_0}{z_0} \, z \, E_{St} & \text{für} & (z_0 - c) \geqslant z \geqslant (z_0 - c - b) \, . \end{cases} \tag{3}$$

Die Unbekannten ϵ_0 und z_0 können aus den Gleichgewichtsbedingungen für die Schnittreaktionen im Stabquerschnitt bestimmt werden. Das Kräftegleichgewicht in x-Richtung liefert

$$N(x) = \int\limits_A \sigma(z) \, dA = \frac{\epsilon_0}{z_0} \, E_{St} \, a \int\limits_{(z_0 - c - b)}^{(z_0 - b)} z \, dz + \frac{\epsilon_0}{z_0} \, E_{Ku} \, a \int\limits_{(z_0 - c)}^{z_0} z \, dz = 0 \; . \tag{4}$$

Daraus folgt

$$z_0 = \frac{E_{Ku} c^2 + E_{St} b (2c + b)}{2 \, (E_{Ku} c + E_{St} b)} = 30,5 \; \text{mm} \; . \tag{5}$$

Mit $E_{St} = E_{Ku}$ folgt daraus der bekannte Wert $z_0 = \frac{1}{2} \, (c + b)$.

Das Momentengleichgewicht liefert

$$M_y = \int\limits_A z\sigma(z) \, dA = \frac{\epsilon_0}{z_0} \, E_{St} \int\limits_{(z_0 - c - b)}^{(z_0 - c)} a z^2 \, dz + \frac{\epsilon_0}{z_0} \, E_{Ku} \int\limits_{(z_0 - c)}^{z_0} a z^2 \, dz \; . \tag{6}$$

Die Integrale sind die Flächen-Trägheitsmomente der beiden Teilquerschnitte, bezogen auf die y-Achse. Damit folgt aus (6)

$$M_y = \frac{\epsilon_0}{z_0} \, a \left\{ E_{St} \left[\frac{b^3}{12} + \left(z_0 - c - \frac{b}{2} \right)^2 b \right] + E_{Ku} \left[\frac{c^3}{12} + \left(z_0 - \frac{c}{2} \right)^2 c \right] \right\}$$

oder
$$\epsilon_0 = \frac{z_0\,M_y}{aE_{St}\left[\dfrac{b^3}{12} + \left(z_0 - c - \dfrac{b}{2}\right)^2 b\right] + aE_{Ku}\left[\dfrac{c^3}{12} + \left(z_0 - \dfrac{c}{2}\right)^2 c\right]}$$

$$\epsilon_0 = 1{,}374 \cdot 10^{-4} \ . \tag{7}$$

Mit den Werten aus (5) und (7) kann der Dehnungsverlauf (1) bestimmt werden (Fig. 3.31, links). Nach (3) folgt für den Spannungsverlauf im Stahl

$$\sigma(z_0 - c - b) = -23{,}8\ \frac{N}{mm^2}\ ; \quad \sigma(z_0 - c) = -12{,}2\ \frac{N}{mm^2} \tag{8}$$

und im Kupfer

$$\sigma(z_0 - c) = -7{,}0\ \frac{N}{mm^2}\ ; \quad \sigma(z_0) = 17{,}0\ \frac{N}{mm^2}\ . \tag{9}$$

Dieser Spannungsverlauf ist in Fig. 3.31, rechts, aufgetragen. Bemerkenswert ist, daß in einem biegebeanspruchten Stab aus verschiedenen Materialien die neutrale Linie nicht mehr durch den Flächenschwerpunkt des Querschnitts läuft und daß die Spannungsverteilung Unstetigkeitsstellen hat.

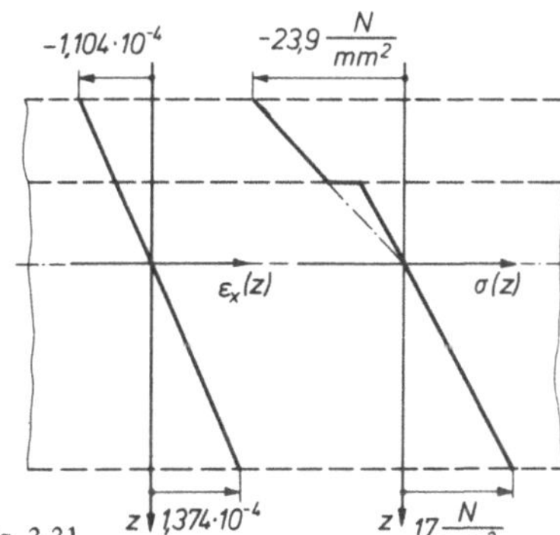

Fig. 3.31

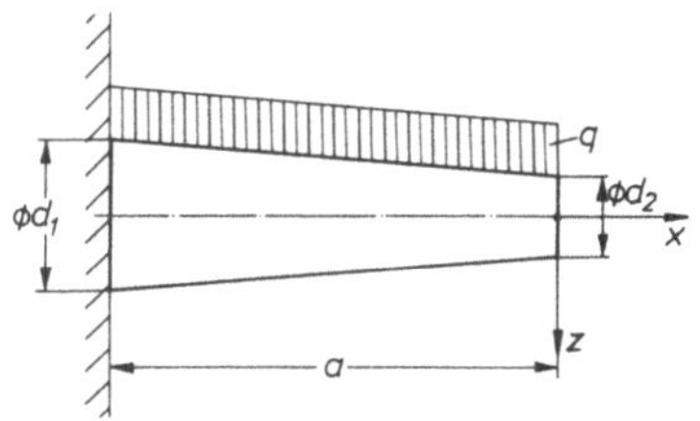

Fig. 3.32

Aufgabe 3.16 (Fig. 3.32). Auf einen einseitig eingespannten kegelförmigen Balken mit Kreisquerschnitt wirkt eine konstante, gleichmäßig verteilte Last q. Wie groß ist die Absenkung des Balkens am freien Ende?

L ö s u n g : Um einen möglichst einfachen Ausdruck für das Biegemoment M(x) zu erhalten, wird das z, x-Koordinatensystem mit seinem Ursprung in das rechte Balkenende gelegt (Fig. 3.32). Die Gleichung der Biegelinie lautet in diesem System

$$E\,I_y(x)\,w''(x) = -M(x)\ . \tag{1}$$

Mit
$$I_y(x) = \frac{1}{64}\,\pi d^4(x) = \frac{1}{64}\,\pi \left[d_2 + (d_2 - d_1)\,\frac{x}{a}\right]^4\ ,$$

$$M(x) = -\frac{1}{2}\,qx^2$$

erhält man aus (1)

$$w''(x) = \frac{32q}{E\pi} \frac{x^2}{\left[d_2 + (d_2 - d_1)\dfrac{x}{a}\right]^4} \quad . \tag{2}$$

Die Integration liefert

$$w'(x) = \frac{32qa^3}{E\pi(d_2 - d_1)^3} \left\{ - \frac{1}{d_2 + (d_2 - d_1)\dfrac{x}{a}} + \right.$$

$$\left. + \frac{d_2}{\left[d_2 + (d_2 - d_1)\dfrac{x}{a}\right]^2} - \frac{d_2^2}{3\left[d_2 + (d_2 - d_1)\dfrac{x}{a}\right]^3} \right\} + C_1 , \tag{3}$$

$$w(x) = \frac{32qa^4}{E\pi(d_2 - d_1)^4} \left\{ - \ln\left[d_2 + (d_2 - d_1)\dfrac{x}{a}\right] - \right.$$

$$\left. - \frac{d_2}{d_2 + (d_2 - d_1)\dfrac{x}{a}} + \frac{d_2^2}{6\left[d_2 + (d_2 - d_1)\dfrac{x}{a}\right]^2} \right\} +$$

$$+ C_1 x + C_2 . \tag{4}$$

Für die Konstanten erhält man aus (3) und (4) mit den Randbedingungen in der Balken-einspannung $w'(-a) = w(-a) = 0$

$$\left. \begin{aligned} C_1 &= \frac{32qa^3}{E\pi(d_2 - d_1)^3} \left(\frac{1}{d_1} - \frac{d_2}{d_1^2} + \frac{d_2^2}{3d_1^3} \right), \\[2mm] C_2 &= \frac{32qa^4}{E\pi(d_2 - d_1)^4} \left[\ln d_1 + 3\,\frac{d_2}{d_1} - \frac{3}{2}\left(\frac{d_2}{d_1}\right)^2 + \frac{1}{3}\left(\frac{d_2}{d_1}\right)^3 - 1 \right]. \end{aligned} \right\} \tag{5}$$

Damit folgt aus (4) und (5) die Absenkung des Balkens am freien Ende

$$w(0) = \frac{32qa^4}{E\pi(d_2 - d_1)^4} \left[\ln\frac{d_1}{d_2} + 3\,\frac{d_2}{d_1} - \frac{3}{2}\left(\frac{d_2}{d_1}\right)^2 + \frac{1}{3}\left(\frac{d_2}{d_1}\right)^3 - \frac{11}{6} \right]. \tag{6}$$

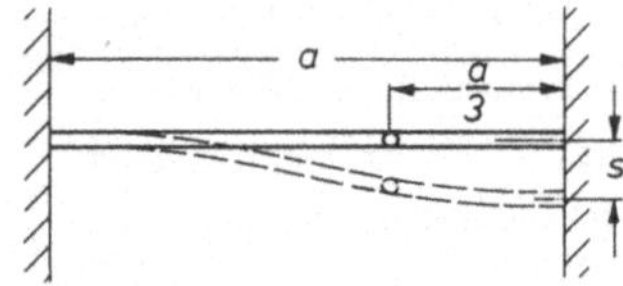

Fig. 3.33

Aufgabe 3.17 (Fig. 3.33). Ein auf beiden Seiten fest eingespannter Träger mit einem Gelenk hat die Biegesteifigkeit EI. Er ist spannungsfrei montiert.

Man berechne die Lagerreaktionen sowie Querkraft und Biegemoment im Träger für den Fall, daß sich die Lagerwände um eine kleine Strecke s parallel zueinander verschieben.

L ö s u n g : Mit einem Schnitt durch das Trägergelenk wird das System in zwei einseitig eingespannte Balken aufgeteilt, die jeweils am Balkenende durch die Gelenkkraft $\pm\,\mathbf{F}_G$ belastet sind (Fig. 3.34). Für die Absenkung w gilt bei einem Freiträger von der Länge L bekanntlich

$$w = \frac{L^3}{3EI}\,F\,. \qquad (1)$$

Damit erhält man   Fig. 3.34

$$s = w_1 + w_2\,, \qquad\qquad (2)$$

$$w_1 = \left(\frac{2}{3}\,a\right)^3 \frac{F_G}{3EI}\,; \qquad w_2 = \left(\frac{1}{3}\,a\right)^3 \frac{F_G}{3EI} \qquad (3)$$

und hieraus

$$F_G = \frac{9EI}{a^3}\,s\,. \qquad\qquad (4)$$

Hiermit können die Lagerreaktionen in A und B bestimmt werden:

$$F_{Az} = -\,F_{Bz} = -\,\frac{9EI}{a^3}\,s\,, \qquad\qquad (5)$$

$$\left.\begin{array}{l} M_{Ay} = \dfrac{2}{3}\,aF_G = \dfrac{6EI}{a^2}\,s, \\[2em] M_{By} = -\,\dfrac{1}{3}\,aF_G = -\,\dfrac{3EI}{a^2}\,s\,. \end{array}\right\} \qquad (6)$$

Die Funktionen Q(x) und M(x) sind in Fig. 3.35 aufgezeichnet.

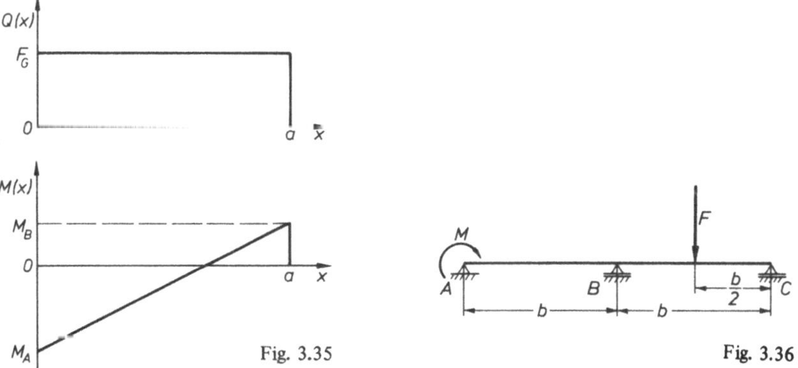

Fig. 3.35   Fig. 3.36

Aufgabe 3.18 (Fig. 3.36). Der skizzierte statisch unbestimmt gelagerte Balken mit der Biegesteifigkeit EI wird durch eine Einzelkraft F und durch ein Moment M = bF belastet. Man bestimme:

a) Die Lagerreaktionen, den Verlauf des Biegemomentes im Balken und die Biege-linie, sowie

b) Den Ort und Betrag der größten Durchbiegung.

L ö s u n g : a) Für den freigeschnittenen Balken (Fig. 3.37) lauten die Gleichgewichts-bedingungen

$$\sum F_z \;\; = F_{Az} + F_{Bz} + F + F_{Cz} = 0 \, ,$$

$$\sum M_{Ay} = -M - bF_{Bz} - \frac{3}{2}\, bF - 2bF_{Cz} = 0 \, . \tag{1}$$

Eine weitere Beziehung zur Ermittlung der drei unbekannten Lagerreaktionen erhält man aus der Biegelinie w(x) des Balkens. Im Koordinatensystem nach Fig. 3.37 lautet die Differentialgleichung der Biegelinie

$$EIw''(x) = -M(x) \, . \tag{2}$$

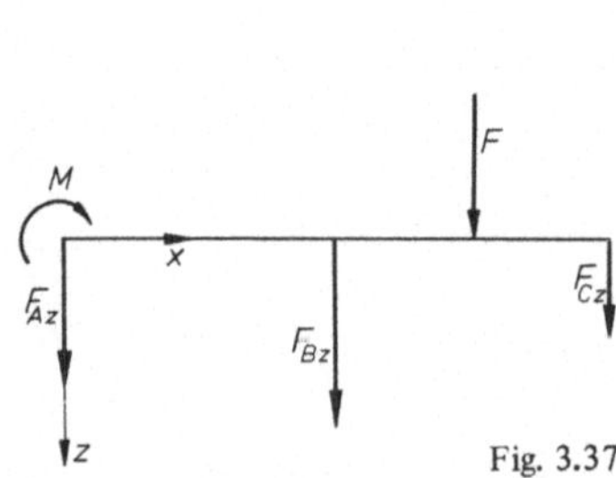

Fig. 3.37

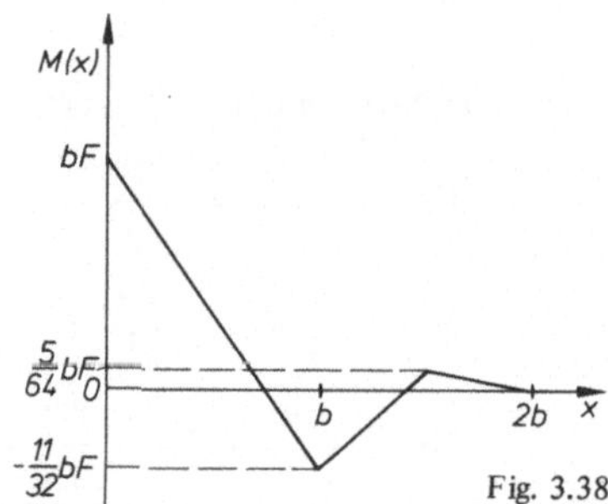

Fig. 3.38

Für M(x) folgt aus Fig. 3.37 (vgl. Aufgabe 2.12)

$$M(x) = bF\{x\}^0 - F_{Az}\{x\}^1 - F_{Bz}\,\{x - b\}^1 - F\left\{x - \frac{3}{2}\, b\right\}^1 \, . \tag{3}$$

Die Integration von (2) ergibt damit

$$EIw'(x) = -bF\{x\}^1 + \frac{1}{2}\, F_{Az}\{x\}^2 + \frac{1}{2}\, F_{Bz}\,\{x - b\}^2 +$$

$$+ \frac{1}{2}\, F\left\{x - \frac{3}{2}\, b\right\}^2 + C_1 \, , \tag{4}$$

$$EIw(x) = -\frac{1}{2}\, bF\{x\}^2 + \frac{1}{6}\, F_{Az}\{x\}^3 + \frac{1}{6}\, F_{Bz}\,\{x - b\}^3 +$$

$$+ \frac{1}{6}\, F\left\{x - \frac{3}{2}\, b\right\}^3 + C_1 x + C_2 \, . \tag{5}$$

Zur Bestimmung der Integrationskonstanten C_1 und C_2 werden in (5) die Randbe-dingungen w(0) = w(2b) = 0 eingesetzt:

$$C_1 = \frac{95}{96}\, F b^2 - \frac{2}{3}\, F_{Az} b^2 - \frac{1}{12}\, F_{Bz} b^2 \,,$$
$$C_2 = 0 \tag{6}$$

Mit der dritten geometrischen Bedingung $w(b) = 0$ erhält man aus (5) die noch fehlende Gleichung zur Bestimmung der drei unbekannten Lagerreaktionen:

$$\frac{47}{96}\, F - \frac{1}{2}\, F_{Az} - \frac{1}{12}\, F_{Bz} = 0 \,. \tag{7}$$

Aus (1) und (7) folgt schließlich

$$F_{Az} = \frac{43}{32}\, F; \qquad F_{Bz} = - \frac{35}{16}\, F; \qquad F_{Cz} = - \frac{5}{32}\, F \,. \tag{8}$$

Hiermit kann der Biegemomentenverlauf (3) in Abhängigkeit der äußeren Belastungen angegeben werden:

$$M(x) = bF - \frac{43}{32}\, Fx + \frac{35}{16}\, F \{x - b\}^1 - F\left\{x - \frac{3}{2}\, b\right\}^1 . \tag{9}$$

Diese Funktion ist in Abb. 3.38 aufgezeichnet. Für die Biegelinie (5) folgt mit (6) und (8) schließlich

$$w(x) = \frac{F}{EI} \left[\frac{53}{192}\, b^2 x - \frac{1}{2}\, bx^2 + \frac{43}{192}\, x^3 - \frac{35}{96}\, \{x - b\}^3 + \right.$$
$$\left. + \frac{1}{6}\left\{x - \frac{3}{2}\, b\right\}^3 \right] . \tag{10}$$

Die Funktion $w(x)$ ist in Fig. 3.39 dargestellt.

b) Den Ort und Betrag der größten Durchbiegung des Balkens wird man ohne Kenntnis des genauen Verlaufs der Biegelinie (Fig. 3.39) unmittelbar aus (10) bestimmen. Hierfür wird zunächst geprüft, wo $w'(x)$ nach (4) verschwindet. Mit (6) und (8) folgt aus (4)

$$w'(x) = \frac{F}{EI} \left[\frac{53}{192}\, b^2 - bx + \frac{129}{192}\, x^2 - \frac{105}{96}\, \{x - b\}^2 + \right.$$
$$\left. + \frac{1}{2}\left\{x - \frac{3}{2}\, b\right\}^2 \right] . \tag{11}$$

Aus $[w'(x)]_{x=x_0} = 0$ erhält man aus (11) die folgenden Werte für x_0

$$0 \leqslant x < b : \qquad x_{01} = 0{,}3661\, b \,, \tag{12}$$

$$b \leqslant x < \frac{3}{2}\, b : \qquad x_{02} = 1{,}2012\, b \,, \tag{13}$$

$$\frac{3}{2}\, b \leqslant x \leqslant 2b : \qquad x_{03} = 1{,}7418\, b \,, \tag{14}$$

Damit folgen aus (10) die Durchsenkungen

$$w(x_{01}) = 0{,}045 \ \frac{Fb^3}{EI} \ = \ w_{max} \ ,$$

$$w(x_{02}) = -0{,}0047 \ \frac{Fb^3}{EI} \ ,$$

$$w(x_{03}) = 0{,}0009 \ \frac{Fb^3}{EI} \ .$$

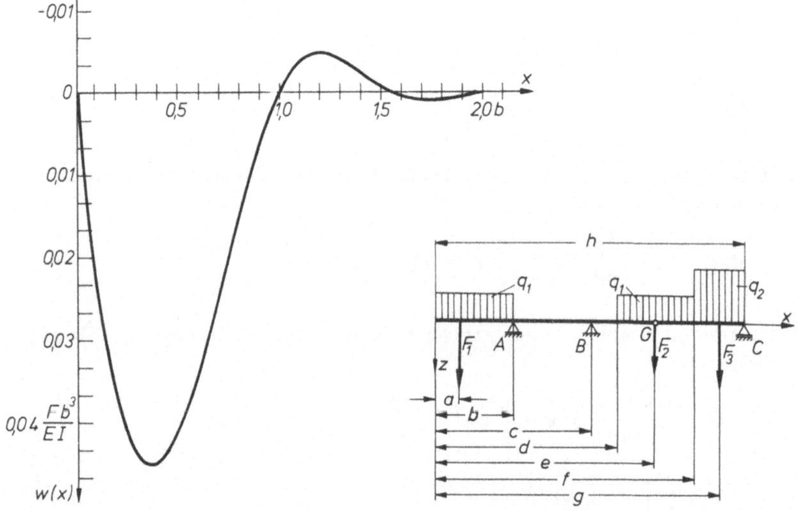

Fig. 3.39   Fig. 3.40

Aufgabe 3.19 (Fig. 3.40). Für den skizzierten Gelenkbalken (Walzprofil I 40) bestimme man die Durchsenkung des Gelenkpunktes G.

Z a h l e n w e r t e : $I_y = 29210 \ cm^4$; $E = 20{,}6 \cdot 10^6 \ N/cm^2$; $F_1 = 40 \ kN$; $F_2 = 15 \ kN$; $F_3 = 30 \ kN$; $q_1 = 30 \ kN/m$; $q_2 = 60 \ kN/m$; $a = 1 \ m$; $b = 3 \ m$; $c = 6 \ m$; $d = 7 \ m$; $e = 8{,}5 \ m$; $f = 10 \ m$; $g = 11 \ m$; $h = 12 \ m$.

L ö s u n g : Zur Bestimmung der Lagerreaktionen mit Hilfe der Gleichgewichtsbedingungen wird als Momentenbezugspunkt das Gelenk G gewählt. Da in G keine Momente übertragen werden, muß die Momentensumme für jede Balkenhälfte für sich verschwinden:

$$\Sigma M_{G\,(rechts)} = -F_{Cz}(h-e) - F_3(g-e) - q_2(h-f)(g-e) -$$
$$- \frac{1}{2} \, q_1 \, (f-e)^2 = 0 \ ,$$

$$F_{Cz} = -116{,}79 \ kN \ , \tag{1}$$

$$\Sigma\, M_{G\,(\text{links})} = F_1(e-a) + q_1 b \left(e - \frac{b}{2}\right) +$$

$$+ F_{Az}(e-b) + F_{Bz}(e-c) + \frac{1}{2}\, q_1\,(e-d)^2 = 0\,,$$

$$\Sigma\, F_z = F_1 + q_1 b + F_{Az} + F_{Bz} + F_2 + q_1\,(f-d) + F_3 + q_2\,(h-f) +$$

$$+ F_{Cz} = 0\,,$$

$$F_{Bz} = -170{,}47\ \text{kN}; \qquad F_{Az} = -97{,}74\ \text{kN}\,. \tag{2}$$

Die Funktion $M(x)$ erhält man bei Verwendung des Koordinatensystems in Fig. 3.40 durch zweimalige Integration der äußeren Belastungen $q(x)$ (s. Aufgabe 2.12 Gl. 8):

$$q(x) = q_1 \{x\}^0 - q_1\,\{x-b\}^0 + q_1\{x-d\}^0 + (q_2-q_1)\,\{x-f\}^0\,,$$

$$Q(x) = -F_1\{x-a\}^0 - F_{Az}\{x-b\}^0 - F_{Bz}\{x-c\}^0 - F_2\{x-e\}^0 - F_3\{x-g\}^0 -$$

$$- q_1\{x\}^1 + q_1\{x-b\}^1 - q_1\{x-d\}^1 - (q_2-q_1)\,\{x-f\}^1\,,$$

$$M(x) = -F_1\{x-a\}^1 - F_{Az}\{x-b\}^1 - F_{Bz}\{x-c\}^1 - F_2\{x-e\}^1 - F_3\{x-g\}^1 -$$

$$- \frac{1}{2}\, q_1\{x\}^2 + \frac{1}{2}\, q_1\{x-b\}^2 - \frac{1}{2}\, q_1\,\{x-d\}^2 - \frac{1}{2}\,(q_2-q_1)\,\{x-f\}^2\,. \tag{3}$$

Mit (3) wird aus der Differentialgleichung der Biegelinie

$$EIw''(x) = -M(x) \tag{4}$$

die Durchbiegung $w(x)$ durch zweimalige Integration gefunden. Da $w'(x)$ am Gelenk unstetig ist, muß (4) für $0 \leqslant x \leqslant e$ und $e \leqslant x \leqslant h$ getrennt betrachtet werden. Dabei reicht zur Bestimmung der gesuchten Durchbiegung w_G die Berechnung im ersten Abschnitt aus, da am Lager A und B insgesamt zwei geometrische Bedingungen gegeben sind. Dagegen würde eine Betrachtung des rechten Balkenteiles allein nicht ausreichen, da hier nur eine Randbedingung am Lager C gegeben ist. Die Verwendung der Klammersymbole bringt bei der Integration den großen Vorteil, daß die Anschlußbedingungen an den Grenzen der Belastungsfelder „automatisch" erfüllt werden und damit nur zwei Integrationskonstanten für jedes Balkenstück auftreten. Feldweises Integrieren würde im Bereich $0 \leqslant x \leqslant e$ die Bestimmung von 10 Integrationskonstanten notwendig machen.

Die Integration von (4) ergibt

$$w(x) = \frac{1}{EI} \left\langle \frac{1}{6}\, F_1\{x-a\}^3 + \frac{1}{6}\, F_{Az}\{x-b\}^3 + \frac{1}{6}\, F_{Bz}\,\{x-c\}^3 + \right.$$

$$\left. + \frac{1}{24}\, q_1[\{x\}^4 - \{x-b\}^4 + \{x-d\}^4] + C_1 x + C_2 \right\rangle\,, \tag{5}$$

$$0 \leqslant x \leqslant e\,.$$

Mit $w(b) = w(c) = 0$ folgen aus (5) die Konstanten

$$C_1 = -585{,}89 \text{ kNm}^2; \qquad C_2 = 1603{,}09 \text{ kNm}^3. \tag{6}$$

Damit erhält man aus (5) für $x = e$ die Durchbiegung des Balkens am Gelenk G:

$$w_G = 27{,}7 \text{ mm} . \tag{7}$$

In Fig. 3.41 ist $w(x)$ aufgetragen. Die Integration von (4) im Bereich $e \leqslant x \leqslant h$ wurde nach dem hier gezeigten Rechengang durchgeführt. Die beiden zusätzlichen Integrationskonstanten C_3 und C_4 werden aus den Randbedingungen $w(h) = 0$ und $w_{links}(e) = w_{rechts}(e)$ bestimmt.

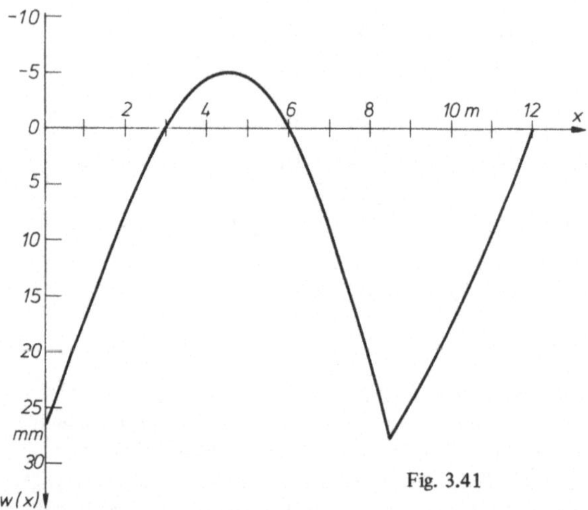

Fig. 3.41

Aufgabe 3.20 (Fig. 3.42). Um im skizzierten Balken die maximale Biegespannung und die maximale Durchbiegung in vertikaler Richtung zu verringern, wird der Balkenquerschnitt auf der ganzen Länge L nach Fig. 3.43 verstärkt. Die Balkenteile werden dabei

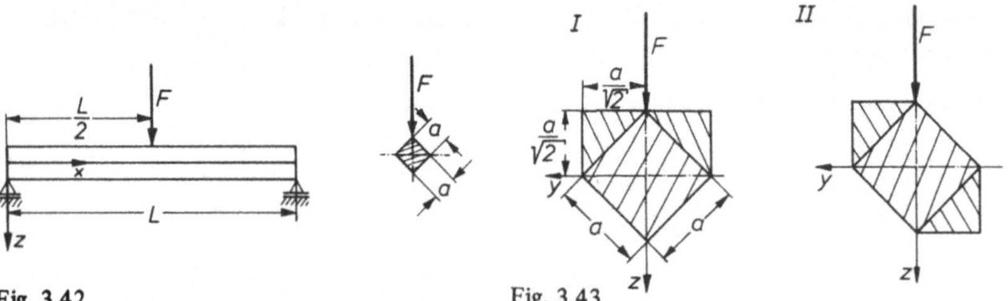

Fig. 3.42

Fig. 3.43

auf der ganzen Berührungsfläche fest miteinander verbunden. Der Balken und die Verstärkungselemente sind aus dem gleichen Werkstoff.

Wie groß werden für die beiden in Fig. 3.43 gezeichneten Anordnungen der Verstärkungselemente die maximale Biegespannung und die maximale Durchbiegung in vertikaler Richtung?

L ö s u n g :

a) Q u e r s c h n i t t I : Das maximale Biegemoment ist

$$M_{max} = M_y \left(\frac{L}{2} \right) = \frac{1}{4} \, FL \, . \tag{1}$$

Da die Belastung F in der Symmetrieebene (Hauptträgheitsachse) des Balkenquerschnitts liegt, hat man den Fall der g e r a d e n B i e g u n g . Für die m a x i m a l e B i e g e - s p a n n u n g gilt dann

$$\sigma(z)_{max} = \frac{M_{max}}{I_{y^*}} \, z^*_{max} \, . \tag{2}$$

Der Ursprung des Koordinatensystems muß hierbei mit der neutralen Faser zusammenfallen; y^* und z^* sind also Hauptachsen durch den Flächenschwerpunkt des Querschnitts Für die Schwerpunktskoordinaten im y, z-System in Fig. 3.44 gilt

$$\left. \begin{array}{l} y_S = 0 \, , \\[2mm] z_S = \dfrac{1}{\sum A_i} \, \sum z_{Si} A_i = - \dfrac{1}{9} \sqrt{2} a \, . \end{array} \right\} \tag{3}$$

Damit folgt für das Flächenträgheitsmoment I_{y^*}

$$I_{y^*} = I_{y^*}(A_3) + I_{y^*}(A_1, A_2) \, ,$$

mit $I_{y^*}(A_3) - I_y(A_3) + z_S^2 A_3 - \dfrac{35}{324} \, a^4 \, .$

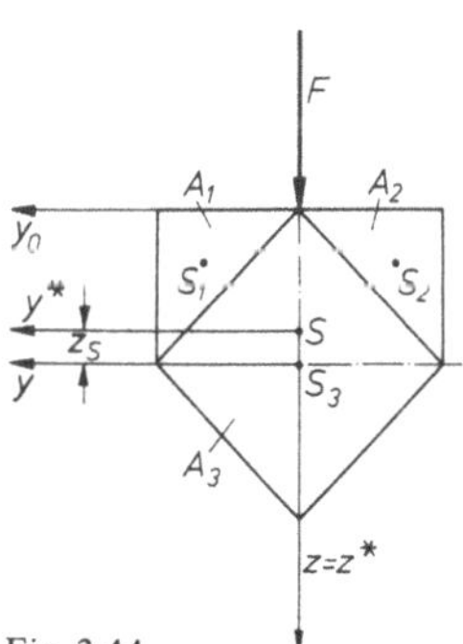

Fig. 3.44

Fig. 3.45

Hierbei wurde berücksichtigt, daß die Trägheitsmomente bei einem quadratischen Querschnitt für alle durch den Schwerpunkt laufenden Achsen gleich groß sind. Zur Berechnung von $I_{y^*}(A_1, A_2)$ geht man zweckmäßigerweise von der Querschnittsoberkante (y_0-Achse) aus. Es gilt

$$I_{yo}(A_1, A_2) = \frac{1}{2}\, I_y(A_3) = 2\left(\frac{1}{4}\,\frac{a^4}{12}\right) = \frac{a^4}{24}\,,$$

$$I_{y*}(A_1, A_2) = \left[I_{yo}(A_1, A_2) - \left(\frac{1}{3}\,\frac{a}{\sqrt{2}}\right)^2 \frac{a^2}{2}\right] +$$

$$+ \left(\frac{a}{\sqrt{2}} - z_S - \frac{1}{3}\,\frac{a}{\sqrt{2}}\right)^2 \frac{a^2}{2} = \frac{41}{648}\, a^4\,.$$

Zusammengefaßt erhält man

$$I_{y*}(A_1, A_2, A_3) = \frac{37}{216}\, a^4\,. \tag{4}$$

Mit dem maximalen Randabstand von der neutralen Faser

$$z_{max} = |z_S| + \frac{a}{\sqrt{2}} = \frac{11}{18}\,\sqrt{2}a \tag{5}$$

folgt aus (2) mit (1) und (4) die maximale Biegespannung im Fall I

$$\sigma_{max} = \frac{33}{37}\,\sqrt{2}\,\frac{FL}{a^3} = 1{,}261\,\frac{FL}{a^3}. \tag{6}$$

Für die m a x i m a l e D u r c h b i e g u n g an der Stelle $x = \dfrac{L}{2}$ gilt

$$w_{max} = w\left(\frac{L}{2}\right) = \frac{FL^3}{48EI_{y*}}\,, \tag{7}$$

und mit (4)

$$w_{max} = \frac{9FL^3}{74Ea^4} = 0{,}1216\,\frac{FL^3}{Ea^4}\,. \tag{8}$$

b) Q u e r s c h n i t t I I : Da die Belastung jetzt nicht mit einer Hauptträgheitsachse des Querschnitts zusammenfällt, wird der Balken durch s c h i e f e B i e g u n g beansprucht. In diesem Fall muß das Biegemoment $M(x)$ in Komponenten in Richtung der Hauptachse (y*, z*) des Querschnitts zerlegt werden (Fig. 3.45). Die gesamte Biegespannung im Querschnitt erhält man durch Überlagerung der Biegespannungen infolge der Momentkomponenten. Die Durchbiegung erhält man durch vektorielle Addition der Einzeldurchbiegungen in Richtung der Hauptträgheitsachsen. Für die Spannung im Querschnitt gilt im H a u p t a c h s e n s y s t e m (y*, z*) mit Fig. 3.45

$$\sigma(y^*, z^*) = -\frac{M_{z*}}{I_{z*}}\, y^* + \frac{M_{y*}}{I_{y*}}\, z^*\,. \tag{9}$$

Mit $M = [M_{y*};\ M_{z*}] = [M\cos\alpha;\ M\sin\alpha]$ und $\alpha = -45°$ folgt aus (9)

$$\sigma(y^*, z^*) = \frac{M}{\sqrt{2}I_{z*}}\, y^* + \frac{M}{\sqrt{2}I_{y*}}\, z^*\,, \tag{10}$$

mit dem Moment (1). Der Winkel α wird dabei vom Hauptachsensystem aus gemessen.

In welchen Querschnittpunkten (10) maximal wird, wird aus der Lage der neutralen Linie bestimmt. Für alle Querschnittspunkte auf dieser Geraden gilt $\sigma(y^*, z^*) = 0$. Somit folgt aus (10) die Geradengleichung

$$z^* = \frac{I_{y^*}}{I_{z^*}} \tan\alpha \, y^* = -\frac{I_{y^*}}{I_{z^*}} y^* = \tan\beta \, y^* . \tag{11}$$

Für die Hauptträgheitsmomente gilt

$$I_{y^*} = I_{y^*}(A_3) + I_{y^*}(A_1, A_2) ,$$

$$I_{y^*} = \frac{a^4}{12} + \left[\frac{1}{12}\left(\frac{a}{\sqrt{2}}\right)^4 - \left(\frac{1}{3}\frac{a}{2}\right)^2 \left(\frac{a}{\sqrt{2}}\right)^2 + \left(\frac{a}{2} + \frac{1}{3}\frac{a}{2}\right)^2 \left(\frac{a}{\sqrt{2}}\right)^2 \right] ,$$

$$I_{y^*} = \frac{5}{16} a^4 , \tag{12}$$

$$I_{z^*} = I_{z^*}(A_3) + I_{z^*}(A_1, A_2) = \frac{a^4}{12} + \frac{1}{12}\left(\frac{a}{\sqrt{2}}\right)^4 ,$$

$$I_{z^*} = \frac{5}{48} a^4 . \tag{13}$$

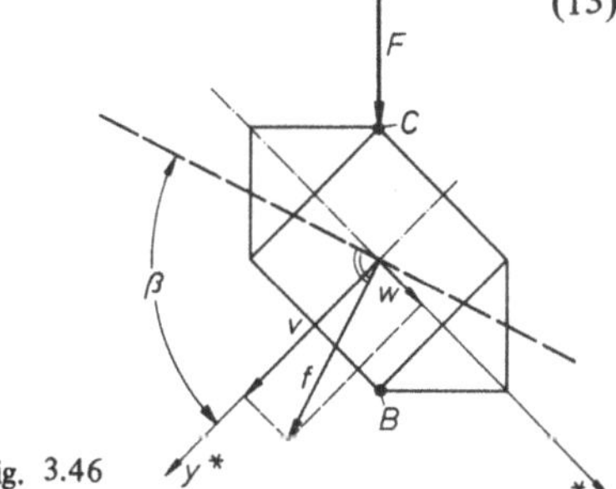

Fig. 3.46

Wegen (11) bildet die neutrale Linie mit der y^*-Achse den Winkel (s. Fig. 3.46)

$$\beta = \arctan\left(-\frac{I_{y^*}}{I_{z^*}}\right) = \arctan(-3) \triangleq -71{,}6° . \tag{14}$$

Die maximale Spannung tritt in den Punkten des Querschnitts auf, die am weitesten von der neutralen Linie entfernt liegen. Aus Fig. 3.46 liest man ab, daß dies für die Punkte B und C der Fall ist. Sie haben die Koordinaten $[y_B^*; z_B^*] = [-y_C^*; -z_C^*] = [a/2; a/2]$. Aus (10) folgt damit

$$\sigma(B) = -\sigma(C) = \frac{4}{5}\sqrt{2}\,\frac{FL}{a^3} = 1{,}131 \,\frac{FL}{a^3} . \tag{15}$$

Die maximale Durchsenkung f_{max} des Balkens erhält man aus den Durchsenkungen $w(x)$ und $v(x)$ in Richtung der Hauptachsen z^* und y^*:

$$f_{max} = f\left(\frac{L}{2}\right) = \sqrt{w^2\left(\frac{L}{2}\right) + v^2\left(\frac{L}{2}\right)} . \tag{16}$$

Die Durchsenkungen w(L/2) und v(L/2) folgen aus den Lösungen der Differentialgleichungen für die Biegelinien in der z^*, x^*- und x^*, y^*-Ebene:

$$EI_{y^*} w''(x) = - M_{y^*}(x); \qquad EI_{z^*} v''(x) = M_{z^*}(x) \ . \tag{17}$$

Mit $[M_{y^*}; M_{z^*}] = [M \cos \alpha; M \sin \alpha]$ erhält man als Lösung

$$w\left(\frac{L}{2}\right) = \frac{FL^3}{48EI_{y^*}} \cos \alpha = \frac{\sqrt{2}FL^3}{30Ea^4} \ ,$$

$$v\left(\frac{L}{2}\right) = - \frac{FL^3}{48EI_{z^*}} \sin \alpha = \frac{\sqrt{2}FL^3}{10Ea^4} \ ,$$

$$f_{max} = \frac{\sqrt{5}FL^3}{15Ea^4} = 0{,}1491 \ \frac{FL^3}{Ea^4} \ . \tag{18}$$

Aus $w\left(\dfrac{L}{2}\right) = - \dfrac{I_{z^*}}{I_{y^*} \tan \alpha} \ v\left(\dfrac{L}{2}\right)$ folgt im Vergleich mit (11), daß die Durchsenkung

f_{max} senkrecht auf der neutralen Linie steht (Fig. 3.46). Die gesuchte maximale Durchbiegung $f_{z,max}$ in Richtung der belastenden Kraft **F** ist danach

$$f_{z,max} = f_{max} \cos (\beta - \alpha) = 0{,}1333 \ \frac{FL^3}{Ea^4} \ . \tag{19}$$

Ein Vergleich der Ergebnisse (6), (8) und (15), (19), ergibt für die Querschnittanordnung II eine um 10,3% geringere Biegespannung und eine um 9,6% größere Durchsenkung in z-Richtung gegenüber den Werten für den Querschnitt I. Zusätzlich weicht der Balken II auch in der y-Richtung aus.

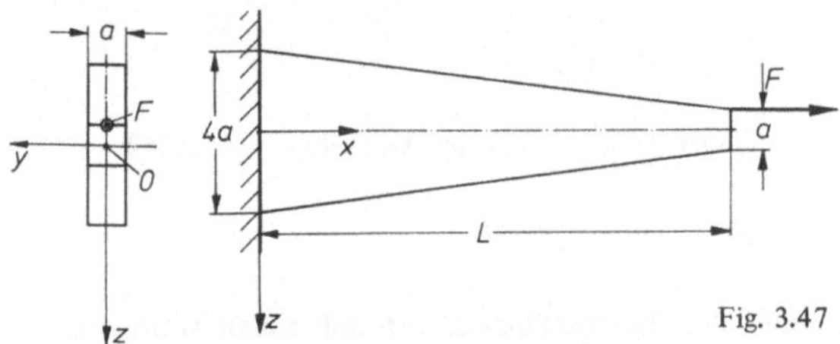

Fig. 3.47

Aufgabe 3.21 (Fig. 3.47). Ein Stab mit rechteckigem Querschnitt wird durch eine exzentrisch angreifende Zugkraft **F** belastet.

a) Man gebe die Normalspannung σ_x als Funktion von x und z an.

b) Wo wechselt σ_x am Stabrande das Vorzeichen?

L ö s u n g : a) In einem beliebigen Querschnitt des Balkens an der Stelle x hat man den Schnittwinder $(\mathbf{N}, \mathbf{M}_O)$ mit

$$M_y = - \frac{1}{2} \ aF; \qquad N_x = F \tag{1}$$

bezogen auf den Ursprung des y, z-Systems (Flächenschwerpunkt).

Die Belastung des Stabes kann demnach als Überlagerung von Zug und Biegung aufgefaßt werden. Damit gilt für die Normalspannung

$$\sigma_x = \frac{N_x}{A(x)} + \frac{M_y}{I_y(x)}\, z\,. \tag{2}$$

Mit $A(x) = a^2 \left(4 - 3\,\dfrac{x}{L}\right)$ und $I_y(x) = \dfrac{1}{12}\, a^4 \left(4 - 3\,\dfrac{x}{L}\right)^3$ erhält man

$$\sigma_x = \frac{F\left[a\left(4 - 3\,\dfrac{x}{L}\right)^2 - 6z\right]}{\left[a\left(4 - 3\,\dfrac{x}{L}\right)\right]^3}\,. \tag{3}$$

b) Die Spannung am Stabrand folgt aus (3) mit $z = \pm\dfrac{1}{2}\, a \left(4 - 3\,\dfrac{x}{L}\right)$ zu

$$\left.\begin{aligned}
\sigma_x &= \frac{F\left(1 - 3\,\dfrac{x}{L}\right)}{\left[a\left(4 - 3\,\dfrac{x}{L}\right)\right]^2} \qquad \text{für} \qquad z > 0\,, \\[4ex]
\sigma_x &= \frac{F\left(7 - 3\,\dfrac{x}{L}\right)}{\left[a\left(4 - 3\,\dfrac{x}{L}\right)\right]^2} \qquad \text{für} \qquad z < 0\,.
\end{aligned}\right\} \tag{4}$$

Diese Spannung wechselt für $0 \leqslant x \leqslant L$ das Vorzeichen bei

$$x = \frac{1}{3}\, L \tag{5}$$

im Bereich $z > 0$, also am unteren Rande des Balkens. Hier überlagern sich Zugspannungen mit den Druck-Biegespannungen. Im Bereich $z < 0$ überlagert sich Zugspannung und Zug-Biegespannung, so daß hier kein Vorzeichenwechsel eintreten kann.

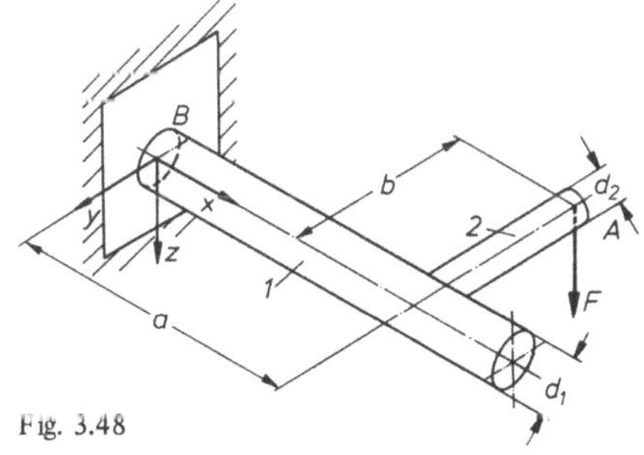

Fig. 3.48

Aufgabe 3.22 (Fig. 3.48). Ein Stab (1) mit Kreisquerschnitt ist einseitig fest eingespannt. Im Abstand a von der Einspannstelle ist ein zweiter Stab (2) angeschweißt, der im Punkt A durch eine Kraft **F** belastet wird. Beide Stäbe sind aus gleichem Werkstoff.

a) Wie groß ist die maximale Vergleichsspannung σ_V im Stab 1 an der am stärksten beanspruchten Stelle B nach der Hypothese der Gestaltänderungsenergie?

b) Wie groß ist die Absenkung des Punktes A in Kraftrichtung?

Z a h l e n w e r t e : $a = 1,5$ m; $b = 0,8$ m; $d_1 = 40$ mm; $d_2 = 20$ mm; $F = 350$ N; Werkstoffkennwerte: $E = 20,6 \cdot 10^4$ N/mm^2; $G = 8,1 \cdot 10^4$ N/mm^2.

L ö s u n g : a) Die Lagerreaktionen in der Einspannstelle B setzen sich zusammen aus einer Einzelkraft $F_{Bz} = - F$, einem Torsionsmoment $M_{Bx} = bF$ und einem Biegemoment $M_{By} = aF$. Diese Lagerreaktionen rufen im Werkstoff Spannungen hervor, die für die einzelnen Belastungsarten getrennt berechnet und dann überlagert werden können.

Die Schubspannungen infolge der Querkraft sind bei Stäben mit kleinem Durchmesser-Längen-Verhältnis gegenüber den Spannungen infolge der anderen Belastungen vernachlässigbar klein. Das Biegemoment ruft an der Staboberkante bei B eine Zugspannung (bzw. an der Stabunterkante eine entsprechende Druckspannung) mit dem Maximalwert

$$\sigma = \frac{M_y d_1}{2 I_1} = \frac{32 a F}{\pi d_1^3} = 8356 \; \frac{N}{cm^2} \tag{1}$$

hervor. Die maximale Schubspannung an der Oberfläche des Stabes 1 infolge des Torsionsmomentes ist

$$\tau = \frac{M_T}{W_{p1}} = \frac{16 b F}{\pi d_1^3} = 2228 \; \frac{N}{cm^2}. \tag{2}$$

In der am stärksten beanspruchten Stelle des Stabes 1 bei B an der Ober- bzw. Unterkante herrscht ein e b e n e r S p a n n u n g s z u s t a n d mit den Spannungswerten σ und τ nach (1) und (2). Hieraus läßt sich die Vergleichsspannung σ_V berechnen. Nach der Hypothese der Gestaltänderungsenergie gilt für den allgemeinen dreiachsigen Spannungszustand

$$\sigma_V = \sqrt{\frac{1}{2} \left[(\sigma_1 - \sigma_2)^2 + (\sigma_2 - \sigma_3)^2 + (\sigma_3 - \sigma_1)^2 \right]}. \tag{3}$$

Da der hier vorliegende Spannungszustand eben ist, gilt $\sigma_3 = 0$. Die Hauptspannungen σ_1 und σ_2 werden aus σ und τ nach (1) und (2) am einfachsten mit Hilfe des Mohrschen Spannungskreises bestimmt; er ist in Fig. 3.49 für den Punkt an der Oberkante des Stabes 1 in B für die Spannungswerte

$$\sigma_x = \sigma; \qquad \sigma_y = 0; \qquad \tau_{xy} = \tau_{yx} = \tau \tag{4}$$

konstruiert. Nach Fig. 3.49 gilt

$$\sigma_{1,2} = \frac{1}{2} \sigma \pm \sqrt{\left(\frac{1}{2} \sigma \right)^2 + \tau^2}. \tag{5}$$

Damit folgt aus (3)

$$\sigma_V = \sqrt{\sigma^2 + 3\tau^2} = 9204 \ \frac{N}{cm^2} \ . \tag{6}$$

b) Die Absenkung w_A des Kraftangriffspunktes setzt sich bei Vernachlässigung der Schubabsenkung durch Querkräfte aus drei Anteilen zusammen, für die bei Voraussetzung kleiner Verformungen gilt

1. Verdrehung des Stabes 1:

$$w_{A,1} = b\varphi = \frac{abM_T}{GI_{p1}} = \frac{ab^2F}{GI_{p1}} \ , \qquad I_{p1} = \frac{1}{32} \pi d_1^4 \ ;$$

2. Biegung des Stabes 1:

$$w_{A,2} = \frac{Fa^3}{3EI_1} \ , \qquad I_1 = \frac{1}{64} \pi d_1^4 ;$$

3. Biegung des Stabes 2:

$$w_{A,3} = \frac{Fb^3}{3EI_2} \ , \qquad I_2 = \frac{1}{64} \pi d_2^4 \ .$$

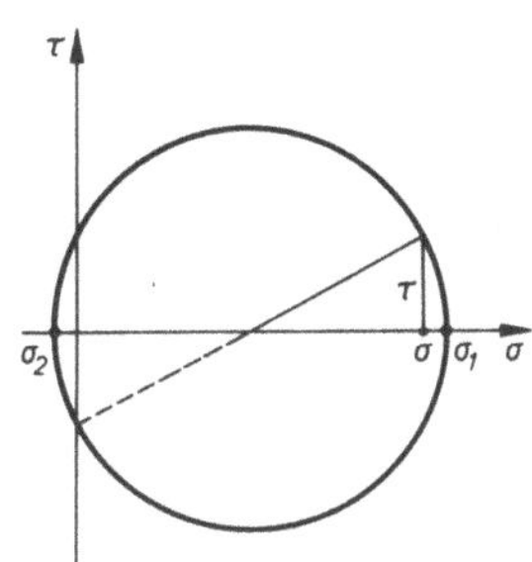

Fig. 3.49

Zusammengefaßt erhält man

$$w_A = \frac{F}{3E}\left(\frac{a^3}{I_1} + \frac{b^3}{I_2}\right) + \frac{ab^2F}{GI_{p1}} = 68,6 \ \text{mm} \ . \tag{7}$$

A n d e r e r   L ö s u n g s w e g : Die Absenkung des Lastangriffspunktes A kann auch mit Hilfe des 1. Satzes von Castigliano

$$w_A = \frac{\partial V}{\partial F} \tag{8}$$

berechnet werden. Berücksichtigt man – wie zuvor – nur die Biege- und Torsionsverformung, dann gilt für die Formänderungsenergie im ganzen System

$$V = V_{Biegung} + V_{Torsion}$$

$$= \frac{1}{2}\left[\int_0^a \frac{M_1^2(x)}{EI_1}dx + \int_0^b \frac{M_2^2(y)}{EI_2} dy + \int_0^a \frac{M_T^2(x)}{GI_{p1}} dx\right] \ . \tag{9}$$

Hierin sind

$$M_1(x) = -F(a-x); \qquad M_2(y) = -F(b-y); \qquad M_T(x) = -Fb \ .$$

Aus (8) und (9) folgt damit wieder das Ergebnis (7).

Aufgabe 3.23 (Fig. 3.50). Für die skizzierte Getriebewelle bestimme man die Durchbiegung am Angriffspunkt der Kraft F_1.

Z a h l e n w e r t e : $F_1 = 9500$ N; $F_2 = 1900$ N; $d_1 = 80$ mm; $d_2 = 120$ mm; $a = 150$ mm; $b = 200$ mm; $c = 450$ mm; $d = 700$ mm; $e = 850$ mm;
Werkstoffkennwert: $E = 2 \cdot 10^5$ N/mm^2.

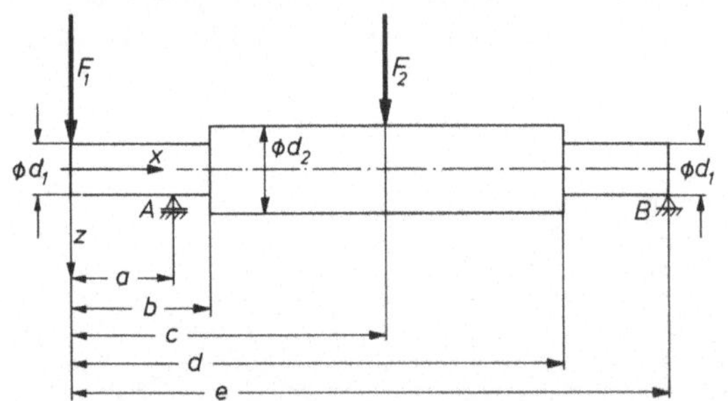

Fig. 3.50

L ö s u n g : Für die Berechnung der Durchbiegung stehen vor allem zwei Verfahren zur Verfügung: die Integration der Differentialgleichung der Biegelinie und die Methode von Castigliano. Da der Wellenquerschnitt veränderlich ist, muß — auch bei Anwendung von Klammerfunktionen — zur Darstellung von M(x) für das erstgenannte Verfahren mit drei Balkenabschnitten gerechnet werden, so daß insgesamt 6 Integrationskonstanten zu bestimmen sind. Hier soll deshalb die Energiemethode nach Castigliano verwendet werden. Danach gilt für die Verformung w_1 der Welle am Angriffspunkt der Kraft F_1 in Richtung ihrer Wirkungslinie

$$w_1 = \frac{\partial V}{\partial F_1} \ . \tag{1}$$

Voraussetzung für die Gültigkeit dieses Satzes ist, daß zwischen Kraft und Verformung ein linearer Zusammenhang besteht. Als Gegenbeispiel hierzu betrachte man Aufgabe 3.4. Die in der Welle insgesamt gespeicherte Formänderungsenergie V setzt sich zusammen aus Anteilen der Biege- und Schubverformung. Da die Formänderung infolge der Schubspannungen bei Balkenproblemen im allgemeinen vernachlässigbar klein ist, soll hier nur die Biegung berücksichtigt werden. Es gilt

$$V_{\text{Biegung}} = \frac{1}{2} \int_0^e \frac{M^2(x)}{EI_y(x)} \ dx \ . \tag{2}$$

Es ist zweckmäßig, vor dem Auswerten dieses Energieintegrals zunächst die partielle Differentiation nach (1) auszuführen. Damit folgt

$$w_1 = \int_0^e \frac{M(x)}{EI_y(x)} \cdot \frac{\partial M(x)}{\partial F_1} \ dx \ . \tag{3}$$

Für das Biegemoment gilt mit den Lagerreaktionen

$$F_{Az} = -\frac{17}{14} F_1 - \frac{4}{7} F_2 ; \qquad F_{Bz} = \frac{3}{14} F_1 - \frac{3}{7} F_2$$

in den drei Belastungsabschnitten

$$0 \leqslant x \leqslant a: \quad M(x) = -F_1 x, \quad \frac{\partial M}{\partial F_1} = -x \; ;$$

$$a \leqslant x \leqslant c: \quad M(x) = \left(\frac{3}{14} F_1 + \frac{4}{7} F_2\right) x - \left(\frac{17}{14} F_1 + \frac{4}{7} F_2\right) a \; ,$$

$$\frac{\partial M}{\partial F_1} = \frac{3}{14} x - \frac{17}{14} a \; ;$$

$$c \leqslant x \leqslant e: \quad M(x) = -\left(\frac{3}{14} F_1 - \frac{3}{7} F_2\right)(e - x), \quad \frac{\partial M}{\partial F_1} = -\frac{3}{14}(e - x) \; .$$

Das Integral (3) wird nun feldweise ausgewertet:

$$w_1 = \frac{1}{EI_1} \left\{ \int_0^a F_1 x^2 dx + \int_a^b \left[\left(\frac{3}{14} F_1 + \frac{4}{7} F_2\right) x - \right. \right.$$

$$\left. -\left(\frac{17}{14} F_1 + \frac{4}{7} F_2\right) a \right] \left(\frac{3}{14} x - \frac{17}{14} a\right) dx \right\} +$$

$$+ \frac{1}{EI_2} \left\{ \int_b^c \left[\left(\frac{3}{14} F_1 + \frac{4}{7} F_2\right) x - \left(\frac{17}{14} F_1 + \frac{4}{7} F_2\right) a \right] \left(\frac{3}{14} x - \frac{17}{14} a\right) dx + \right.$$

$$\left. + \int_c^d \frac{3}{14} \left(\frac{3}{14} F_1 - \frac{3}{7} F_2\right)(e - x)^2 dx \right\} +$$

$$+ \frac{1}{EI_1} \int_d^e \frac{3}{14} \left(\frac{3}{14} F_1 - \frac{3}{7} F_2\right)(e - x)^2 dx \; .$$

Als Zahlenwert erhält man

$$w_1 = 0{,}067 \text{ mm} \; .$$

Aufgabe 3.24 (Fig. 3.24). Man bestimme die Torsionsmomente in den Lagern der statisch unbestimmt gelagerten Welle von Aufgabe 3.12 mit Hilfe der Energiemethoden der Elastostatik.

L ö s u n g : Bei der Berechnung von Lagerreaktionen statisch unbestimmt gelagerter Systeme erhält man neben den Gleichgewichtsbedingungen zusätzliche Gleichungen aus dem Satz von M e n a b r e a . Hierfür wird das betrachtete System an den Lagern freigeschnitten und die Formänderungsenergie V in Abhängigkeit von allen äußeren Belastungen, einschließlich der Schnittreaktionen, bestimmt. Die Schnittreaktionen R_i ($i = 1, \ldots, n$) nehmen dabei solche Werte an, daß die Formänderungsenergie zum Minimum wird. Damit erhält man die n zusätzlichen Gleichungen

$$\frac{\partial V}{\partial R_i} = 0, \quad i = 1, \ldots, n \; . \tag{1}$$

Wird die Welle von Fig. 3.24 am Lager A freigeschnitten, dann ist dort das noch unbekannte Lager-Reaktionsmoment M_{Ax} einzusetzen. Das Torsionsmoment ist

$$M_t(x) = - M_{Ax}\{x\}^0 - M_T \{x - a - b\}^0 \ . \tag{2}$$

Mit der Formänderungsenergie der Torsion

$$V_{Torsion} = \frac{1}{2} \int\limits_0^L \frac{M_t^2 (x)}{GI_p(x)} \ dx \tag{3}$$

folgt aus (1) und (2) bei Beachtung der Unstetigkeitsstellen des Integranden

$$\frac{\partial V}{\partial M_{Ax}} = \int\limits_0^L \frac{M_t(x)}{GI_p(x)} \ \frac{\partial M_t(x)}{\partial M_{Ax}} \ dx =$$

$$= \frac{1}{GI_{p1}} \int\limits_0^a M_{Ax} dx + \frac{1}{GI_{p2}} \int\limits_a^{(a+b)} M_{Ax} dx + \frac{1}{GI_{p2}} \int\limits_{(a+b)}^{(a+b+c)} (M_{Ax} + M_T) \, dx = 0. \tag{4}$$

Hieraus folgt für das Lager-Reaktionsmoment bei A

$$M_{Ax} = - M_T \ \frac{I_{p1}c}{I_{p2}a + I_{p1}(b+c)} = - M_T \ \frac{cd_1^4}{ad_2^4 + (b+c)\, d_1^4} \ . \tag{5}$$

Das Reaktionsmoment im Lager B folgt damit aus der Gleichgewichtsbedingung

$$M_{Bx} = - M_{Ax} - M_T = - M_T \ \frac{ad_2^4 + bd_1^4}{ad_2^4 + (b+c)\, d_1^4} \ .$$

Aufgabe 3.25 (Fig. 3.12). Man löse die Aufgabe 3.6 mit Hilfe der Energiemethoden der Elastostatik.

L ö s u n g : a) Die Gleichgewichtsbedingungen liefern für das freigeschnittene System (vgl. Fig. 3.13)

$$F_{AH} = F_{BH}; \quad F_{AV} = F_{BV} = \frac{1}{2} F \ . \tag{1}$$

Aus den Gleichgewichtsbedingungen für die Fachwerkknoten folgen nach Fig. 3.13 und (1) die Stabkräfte S_i:

$$\left. \begin{aligned} S_1 = S_2 = - S_3 = - \frac{1}{\sqrt{3}} \ F_{BH} - \frac{1}{2}F \ , \\[2ex] S_4 = S_5 = - \frac{1}{\sqrt{3}} \ F_{BH} + \frac{1}{2} F \ . \end{aligned} \right\} \tag{2}$$

Die im System gespeicherte Formänderungsenergie infolge der Zug- bzw. Druckkräfte S_i in den Stäben kann nun in Abhängigkeit von der äußeren Systembelastung einschließlich der Lagerreaktionen angeschrieben werden:

$$V_{Zug} = \frac{1}{2} \int_0^L \frac{F^2(x)}{EA}\, dx = \frac{1}{2EA} \sum_{i=1}^{5} S_i^2 L_i \,. \tag{3}$$

Dieser Ausdruck wird zum Extremwert, wenn die Lager-Reaktionskraft F_{BH} ihren wirklichen Wert annimmt (Satz von M e n a b r e a) . Also folgt als zusätzliche Gleichung

$$\frac{\partial V}{\partial F_{BH}} = \frac{1}{EA} \sum_{i=1}^{5} S_i L_i\, \frac{\partial S_i}{\partial F_{BH}} = 0 \,. \tag{4}$$

Aus (2) und (4) erhält man

$$\frac{L}{EA}\left[\sqrt{3}\left(\frac{1}{\sqrt{3}} F_{BH} + \frac{1}{2} F\right) + \frac{2}{\sqrt{3}}\left(\frac{1}{\sqrt{3}} F_{BH} - \frac{1}{2} F\right)\right] = 0 \,,$$

$$F_{BH} = -\frac{\sqrt{3}}{10} F \tag{5}$$

und damit

$$S_1 = S_2 = -S_3 = -\frac{2}{5} F; \qquad S_4 = S_5 = \frac{3}{5} F \,.$$

b) Greift **F** in C an, dann ändern sich die Gleichungen (2) in

$$\left.\begin{aligned}
S_1 = S_2 &= -\frac{1}{\sqrt{3}} F_{BH} - \frac{1}{2} F \,, \\[2ex]
S_4 = S_5 = -S_3 &= -\frac{1}{\sqrt{3}} F_{BH} + \frac{1}{2} F \,.
\end{aligned}\right\} \tag{6}$$

Damit folgt aus (4)

$$\frac{L}{EA}\left[\frac{2}{\sqrt{3}}\left(\frac{1}{\sqrt{3}} F_{BH} + \frac{1}{2} F\right) + \sqrt{3}\left(\frac{1}{\sqrt{3}} F_{BH} - \frac{1}{2} F\right)\right] = 0 \,,$$

$$F_{BH} = \frac{\sqrt{3}}{10} F \,,$$

$$S_1 = S_2 = -\frac{3}{5} F; \qquad S_4 = S_5 = -S_3 = \frac{2}{5} F \,.$$

Aufgabe 3.26. In Aufgabe 2.21 wurden die Biegemomente in einem durch zwei Einzelkräfte F symmetrisch belasteten Kreisring diskutiert. Der Ring war aus drei gelenkig verbundenen Bogenelementen aufgebaut (Fig. 2.49).

a) Wie ist der Verlauf des Biegemomentes in einem gelenklosen, geschlossenen Kreisring?

b) Um welche Strecke f_F wird der Ring zusammengedrückt, wenn man nur die Verformung infolge der Biegemomente berücksichtigt?

c) Um welche Strecke f_H weitet sich dabei der Ring in der zur Kraftrichtung senkrechten Ebene auf?

L ö s u n g : a) Der gelenklose, geschlossene Kreisring ist ein innerlich statisch unbestimmtes System. Also reichen die Gleichgewichtsbedingungen nicht zur Bestimmung der Schnittreaktionen aus. Statisch unbestimmte Schnittreaktionen können mit Hilfe des Satzes von M e n a b r e a berechnet werden. Die Schnittreaktionen R_i (i = 1, . . ., n) nehmen gerade solche Werte an, daß die Schnittstellen nicht auseinanderklaffen. Es gelten also die n Gleichungen

$$\frac{\partial V}{\partial R_i} = 0, \qquad i = 1, \ldots, n \,. \tag{1}$$

Die Formänderungsenergie V muß als Funktion aller äußeren Kräfte, einschließlich aller im Schnitt freigelegten Schnittreaktionen berechnet werden. Man wird den Schnitt so führen, daß möglichst wenig unbekannte Reaktionen auftreten und damit die Anzahl der linearen Gleichungen (1) klein bleibt. Im vorliegenden Fall ist es vorteilhaft, den Ring in einer Symmetrieebene senkrecht zur Belastungsebene zu schneiden (Fig. 3.51). In diesem Schnitt gilt für die Querkräfte $Q(\varphi = 0) = Q_0 = 0$, da die Schnittufer nicht gegeneinander verschoben werden. Für die Normalkraft gilt nach den Gleichgewichtsbedingungen $N(\varphi = 0) = N_0 = F/2$. Das Biegemoment $M(\varphi = 0) = M_0$ wird mit (1) bestimmt. In dem Ausdruck für die Formänderungsenergie V werden die Normal- und Querkraftanteile V_{Zug} und V_{Quer} gegenüber dem Biegungsanteil vernachlässigt:

$$V \approx V_{Biegung} - \frac{1}{2} \int_0^L \frac{M^2(x)}{EI} \, dx = \frac{r}{2} \int_0^{2\pi} \frac{M^2(\varphi)}{EI} \, d\varphi \,. \tag{2}$$

Darin wurde anstelle der mitzuführenden Längenkoordinate x (s. Fig. 3.51) der Winkel φ mit $x = r\varphi$ verwendet. Für das Biegemoment M_0 im Schnitt gilt nach (1) und (2)

$$\frac{\partial V}{\partial M_0} = r \int_0^{2\pi} \frac{M(\varphi)}{EI} \, \frac{\partial M(\varphi)}{\partial M_0} \, d\varphi = 0 \tag{3}$$

$$\text{mit} \qquad -\frac{\pi}{2} \leqslant \varphi \leqslant \frac{\pi}{2} : M(\varphi) = M_0 + N_0 r \, (1 - \cos\varphi) = M_0 + \frac{1}{2} \, Fr \, (1 - \cos\varphi),$$

$$\left. \frac{\pi}{2} \leqslant \varphi \leqslant \frac{3}{2} \, \pi : M(\varphi) = M_0 + N_0 r \, (1 - \cos\varphi) + Fr \cos\varphi \right\} \tag{4}$$

$$= M_0 + \frac{1}{2} \, Fr \, (1 + \cos\varphi) \,.$$

Setzt man (4) in (3) ein und wertet das Integral abschnittweise aus, dann folgt

$$\frac{\partial V}{\partial M_0} = \frac{r}{EI} \, [M_0 2\pi + Fr \, (\pi - 2)] = 0 \,,$$

$$M_0 = Fr \left(\frac{1}{\pi} - \frac{1}{2} \right). \tag{5}$$

Dieses Ergebnis läßt sich noch einfacher ableiten, wenn man die Symmetrie des belasteten Ringes in den vier Quadranten ausnützt. Dann folgt aus

$$\frac{\partial V}{\partial M_0} = 4\,\frac{r}{EI} \int_0^{\pi/2} \left[M_0 + \frac{1}{2}\,Fr\,(1 - \cos\varphi)\right] d\varphi =$$

$$= \frac{4r}{EI}\left[M_0\,\frac{\pi}{2} + \frac{1}{2}\,Fr\left(\frac{\pi}{2} - 1\right)\right] = 0$$

unmittelbar wieder (5).

Mit den jetzt ermittelten Schnittreaktionen N_0, Q_0 und M_0 im Schnitt $\varphi = 0$ folgt für den Biegemomentenverlauf im Ring nach (4)

$$M(\varphi) = Fr\left(\frac{1}{\pi} - \frac{1}{2}\,|\cos\varphi|\right), \qquad 0 \leqslant \varphi \leqslant 2\pi. \tag{6}$$

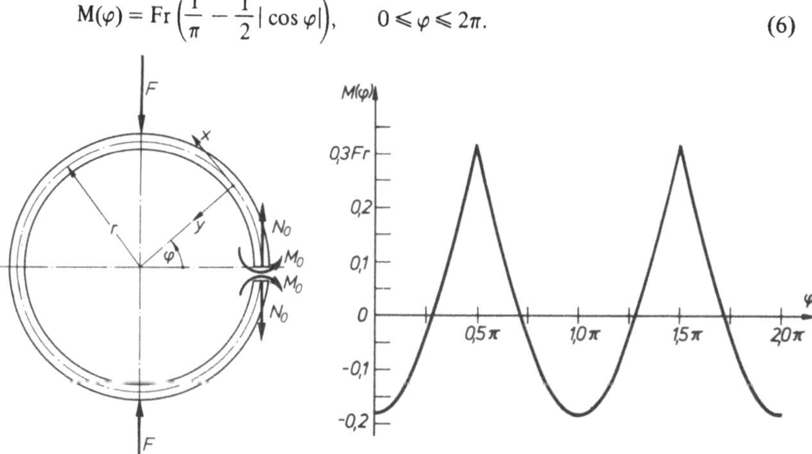

Fig. 3.51   Fig. 3.52

Diese Funktion ist in Fig. 3.52 aufgetragen; sie hat ein Maximum an den Angriffsstellen der Kräfte F ($\varphi = \pi/2$ und $\varphi = 3\pi/2$):

$$M_{max} = 0{,}3183\ Fr. \tag{7}$$

Interessant ist der Vergleich mit den in Aufgabe 2.21 erhaltenen Werten für einen aus drei gleichen, gelenkig verbundenen Elementen aufgebauten Ring. Im günstigsten Belastungsfall (Fig. 3.53, Mitte) ist

$$M_{max} = 0{,}3333\ Fr\,,$$

im ungünstigsten Belastungsfall (Fig. 3.53, rechts)

$$M_{max} = 0{,}5774\ Fr\,.$$

b) Berücksichtigt man nur die Formänderungsenergie infolge der Biegebeanspruchung, dann gilt für die Verschiebung f_F der Angriffspunkte der zueinander gerichteten Kräfte F nach dem 1. Satz von Castigliano

$$f_F = \frac{\partial V}{\partial F} = \frac{\partial}{\partial F}\left[\frac{1}{2}\int_0^L \frac{M^2(x)}{EI}\,dx\right] = r\int_0^{2\pi}\frac{M(\varphi)}{EI}\cdot\frac{\partial M(\varphi)}{\partial F}\,d\varphi\,. \tag{8}$$

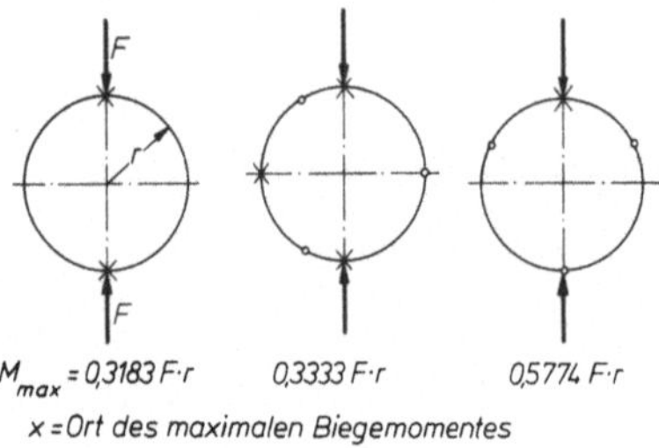

Fig. 3.53

Fig. 3.54

Mit dem Momentenverlauf (6) folgt hieraus

$$f_F = 4\,\frac{Fr^3}{EI}\int_0^{\pi/2}\left(\frac{1}{\pi}-\frac{1}{2}\cos\varphi\right)^2\,d\varphi$$

$$= \frac{2Fr^3}{EI}\left(\frac{\pi}{8}-\frac{1}{\pi}\right) = 0{,}1488\,\frac{Fr^3}{EI}\,. \tag{9}$$

c) Zur Bestimmung der Verschiebung eines Bauteils an einer Stelle ohne Kraftangriff muß an dieser Stelle zunächst eine in Verschiebungsrichtung wirkende Hilfskraft F_H eingeführt werden (Fig. 3.54). Die gesuchte Verschiebung f_H kann dann nach Castigliano in gewohnter Weise bestimmt werden, wobei im Endergebnis $F_H = 0$ einzusetzen ist. Im vorliegenden Fall gilt

$$f_H = \left[\frac{\partial V\,(F, F_H)}{\partial F_H}\right]_{F_H=0} = \left[r\int_0^{2\pi}\frac{M(\varphi)}{EI}\cdot\frac{\partial M(\varphi)}{\partial F_H}\,d\varphi\right]_{F_H=0} \tag{10}$$

Das Biegemoment $M(\varphi)$ kann leicht durch Superposition gefunden werden:

$$M(\varphi) = M\,(F, \varphi) + M\,(F_H, \varphi)\,. \tag{11}$$

Hierin gilt nach (6)

$$M\,(F, \varphi) = Fr\left(\frac{1}{\pi}-\frac{1}{2}\,|\cos\varphi|\right),\qquad 0\leqslant\varphi\leqslant 2\pi\,. \tag{12}$$

Nach Fig. 3.54 kann der Anteil $M(F_H, \varphi)$ sofort aus (12) angegeben werden, wenn man berücksichtigt, daß die Richtung der Kräfte F_H um $\varphi = \pi/2$ gegenüber F gedreht ist und das Vorzeichen umgekehrt werden muß:

$$M(F_H, \psi) = - F_H r\left(\frac{1}{\pi} - \frac{1}{2}|\cos\psi|\right),$$

mit $\psi - \dfrac{\pi}{2} = \varphi$ folgt

$$M(F_H, \varphi) = - F_H r\left(\frac{1}{\pi} - \frac{1}{2}|\sin\varphi|\right), \qquad 0 \leqslant \varphi \leqslant 2\pi . \tag{13}$$

Aus (10), (12) und (13) erhält man schließlich

$$f_H = - \frac{4r^3}{EI}\left\{\int_0^{\pi/2}\left[F\left(\frac{1}{\pi} - \frac{1}{2}\cos\varphi\right) - F_H\left(\frac{1}{\pi} - \frac{1}{2}\sin\varphi\right)\right]\left(\frac{1}{\pi} - \frac{1}{2}\sin\varphi\right)d\varphi\right\}_{F_H=0}$$

$$= - \frac{4Fr^3}{EI}\int_0^{\pi/2}\left(\frac{1}{\pi} - \frac{1}{2}\cos\varphi\right)\left(\frac{1}{\pi} - \frac{1}{2}\sin\varphi\right)d\varphi$$

$$= \frac{2Fr^3}{EI}\left(\frac{1}{\pi} - \frac{1}{4}\right) = 0{,}1366\,\frac{Fr^3}{EI} \quad .$$

Die Aufweitung f_H des Ringes ist um 8,2% kleiner als die Zusammendrückung f_F. Im vorliegenden Fall wurde nur der Formänderungseinfluß der Biegemomente berücksichtigt. Das gilt mit guter Näherung für dünne Kreisringe. Andernfalls muß auch die Formänderungsenergie infolge der Querkräfte $Q(x)$ und Normalkräfte $N(x)$ im Ring berücksichtigt werden.

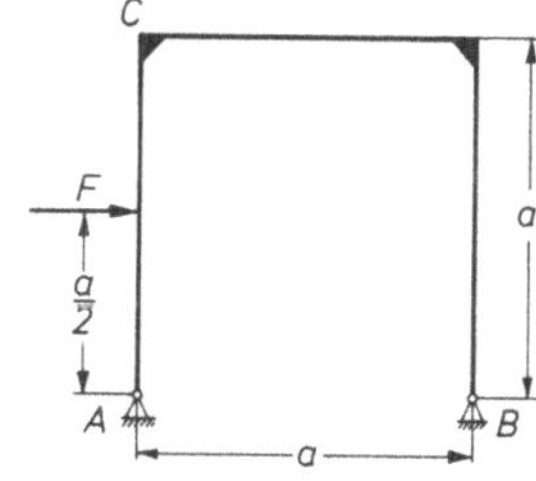

Fig. 3.55

Aufgabe 3.27 (Fig. 3.55). Ein statisch unbestimmt gelagerter Rahmen mit festverschweißten (winkeltreuen) Ecken wird durch eine Kraft **F** belastet.

a) Wie groß sind die Lagerreaktionen?

b) Wie groß ist die Verschiebung der Ecke C in horizontaler Richtung?

L ö s u n g : a) Der einfach statisch unbestimmt gelagerte Rahmen wird zunächst von seinen Lagern freigeschnitten (Fig. 3.56). Für die Lager-Reaktionskräfte folgt aus den Gleichgewichtsbedingungen

$$F_{AV} = F_{BV} = \frac{F}{2}; \qquad F_{AH} = F_{BH} - F .\tag{1}$$

Eine weitere Beziehung liefert der Satz von Menabrea. So kann z.B. für die unbekannte Lagerreaktion F_{BH}

$$\frac{\partial V}{\partial F_{BH}} = 0\tag{2}$$

geschrieben werden. Dabei können für schlanke Träger bei der Berechnung der Formänderungsenergie V mit guter Näherung die Normal- und Querkraftanteile gegenüber den Momentenanteilen vernachlässigt werden, so daß

$$V \approx V_{\text{Biegung}} = \frac{1}{2} \int_0^L \frac{M^2(x)}{EI}\, dx\tag{3}$$

gesetzt werden kann. Mit (2) erhält man daraus als Bestimmungsgleichung für F_{BH}

$$\int_0^L \frac{M(x)}{EI} \cdot \frac{\partial M(x)}{\partial F_{BH}}\, dx = 0 .\tag{4}$$

Fig. 3.56

Das Integral muß über die gesamte Länge $L = 3a$ des Rahmens erstreckt werden. Dazu wird das z, x-Koordinatensystem in Fig. 3.56 so entlang der Balkenachse geführt, daß die x-Koordinate immer mit der Balkenachse zusammenfällt.

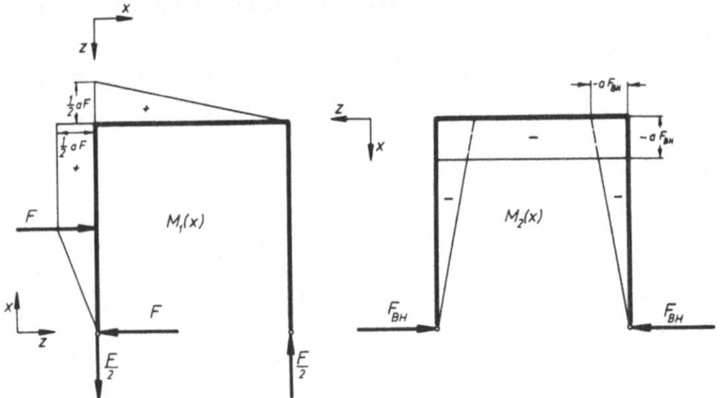

Fig. 3.57

Die Auswertung von (4) kann in Verbindung mit dem in Fig. 3.57 skizzierten Biegemomentenverlauf geschehen. Die in (4) auftretende partielle Ableitung $\partial M(x)/\partial F_{BH}$ legt es nahe, die Belastung des Rahmens (Fig. 3.56) in zwei verschiedene Belastungsfälle aufzuspalten. Die Überlagerung dieser Biegemomente ergibt das resultierende Moment. Für den ersten Belastungsfall wird $F_{BH} = 0$ gesetzt; das führt mit den neuen Lagerreaktionen F_{A1} und F_{B1} auf die in Fig. 3.57 links eingetragenen Biegemomente $M_1(x)$. Für den zweiten Belastungsfall wird $F = 0$ gesetzt, während $F_{BH} \neq 0$ einen beliebigen Wert annimmt. Daraus folgen die Biegemomente $M_2(x)$ in Fig. 3.57. Zusammengefaßt gilt

$$M(x) = [M_1(x)]_{F_{BH}=0} + [M_2(x)]_{F=0} \tag{5}$$

und damit für (4)

$$\int_0^L \frac{1}{EI} [M_1(x) + M_2(x)] \frac{\partial M_2(x)}{\partial F_{BH}} \, dx = 0 . \tag{6}$$

Die abschnittweise Auswertung des Integrals mit den in Fig. 3.57 eingetragenen Momenten ergibt

$$\frac{1}{EI} \left\{ - \int_0^{a/2} (Fx - F_{BH}x) \, x \, dx - \int_{a/2}^a \left(\frac{1}{2} Fa - F_{BH}x\right) x \, dx - \right.$$

$$\left. - \int_0^a \left[\frac{1}{2}F(a - x) - F_{BH}a\right] a \, dx + \int_0^a F_{BH}(a - x)(a - x) \, dx \right\} = 0. \tag{7}$$

Dies führt unter Berücksichtigung von (1) auf

$$F_{BH} = \frac{23}{80} F; \qquad F_{AH} = - \frac{57}{80} F . \tag{8}$$

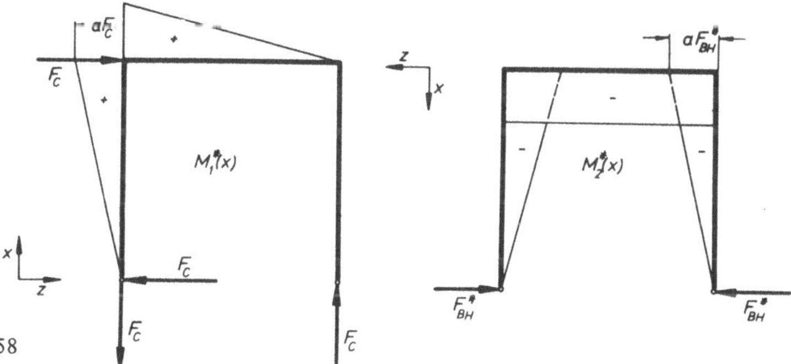

Fig. 3.58

b) Am Punkte C wird eine Zusatzkraft F_C in Richtung der gesuchten Verschiebung f_C angebracht.

Dann gilt

$$f_C = \left[\frac{\partial V}{\partial F_C}\right]_{F_C=0} = \left[\int_0^L \frac{M(x)}{EI} \cdot \frac{\partial M(x)}{\partial F_C} \, dx\right]_{F_C=0} . \tag{9}$$

Zur Bestimmung von M(x) müssen zunächst die Lagerreaktionen des durch $\mathbf{F}$ und $\mathbf{F_C}$ belasteten Rahmens berechnet werden. Da die Lagerreaktionen (8) bei der Belastung mit $\mathbf{F}$ bereits bekannt sind, genügt es, den Einfluß der Zusatzkraft $\mathbf{F_C}$ auf die Lager zu bestimmen und beide Ergebnisse zu überlagern.

Geht man wie unter a) vor, dann folgt mit den in Fig. 3.58 eingetragenen Momenten

$$\int_0^L \frac{1}{EI} [M_1^*(x) + M_2^*(x)] \frac{\partial M_2^*(x)}{\partial F_{BH}^*} \, dx = 0 \, ,$$

$$\frac{1}{EI} \left\{ - \int_0^a (F_C x - F_{BH}^* \, x) x \, dx - \int_0^a [F_C(a - x) - F_{BH}^* \, a] a \, dx + \right.$$

$$\left. + \int_0^a F_{BH}^* (a - x)^2 \, dx \right\} = 0 \, ,$$

$$F_{BH}^* = \frac{1}{2} F_C \, .$$

Die Verschiebung f_C folgt nun aus (9). Den Faktor $\partial M(x)/\partial F_C = \partial M^*(x)/\partial F_C$ entnimmt man der Fig. 3.58. Im linken Rahmensteg gilt nach Überlagerung der Momente $M_1^*(x) + M_2^*(x)$

$$\frac{\partial M(x)}{\partial F_C} = \frac{\partial}{\partial F_C} \left[F_C x - \frac{1}{2} F_C x \right] = \frac{1}{2} x \, .$$

Für den mittleren Steg erhält man $\partial M(x)/\partial F_C = (a/2 - x)$ und für den rechten $\partial M(x)/\partial F_C = (x - a)/2$. Das Moment M(x) in (9) ist die Überlagerung $M_1(x) + M_2(x)$ aus Fig. 3.57, da $F_C = 0$ gesetzt wird.

Insgesamt folgt damit aus (9)

$$f_C = \frac{1}{EI} \left\{ \int_0^{a/2} \left(Fx - \frac{23}{80} Fx \right) \frac{1}{2} x \, dx + \int_{a/2}^a \left(\frac{1}{2} Fa - \frac{23}{80} Fx \right) \frac{1}{2} x \, dx + \right.$$

$$+ \int_0^a \left[\frac{1}{2} F(a - x) - \frac{23}{80} Fa \right] \left(\frac{1}{2} a - x \right) dx +$$

$$\left. + \int_0^a \frac{23}{80} F(a - x) \frac{1}{2} (a - x) \, dx \right\} \, ,$$

und ausgerechnet

$$f_C = \frac{5Fa^3}{32EI} \, . \tag{11}$$

Aufgabe 3.28 (Fig. 3.59). Eine einseitig fest eingespannte, teilweise aufgebohrte Stütze ist durch ein axial wirkendes Gewicht G belastet.

Bei welchem Wert für die Länge h_2 der genau zentrischen Bohrung knickt die Stütze aus?

Z a h l e n w e r t e : $G = 4000$ N; $h = 460$ mm; $d_1 = 14$ mm; $d_2 = 10$ mm; $E = 20,6 \cdot 10^4$ N/mm^2.

L ö s u n g : Bei der Behandlung von Stabilitätsproblemen muß die Verformung des Systems infolge der Belastung mit berücksichtigt werden. Dann lassen sich einfache Stabilitätsprobleme mit den Gleichungen der linearen Elasto-Mechanik lösen. Bei Verwendung des Koordinatensystems in Fig. 3.59 gilt im vorliegenden Fall für das in die Differentialgleichung der Biegelinie

$$EIw''(x) = - M(x) \, , \qquad (1)$$

eingehende Moment bei einer Auslenkung $w(x)$ der Stütze in z-Richtung

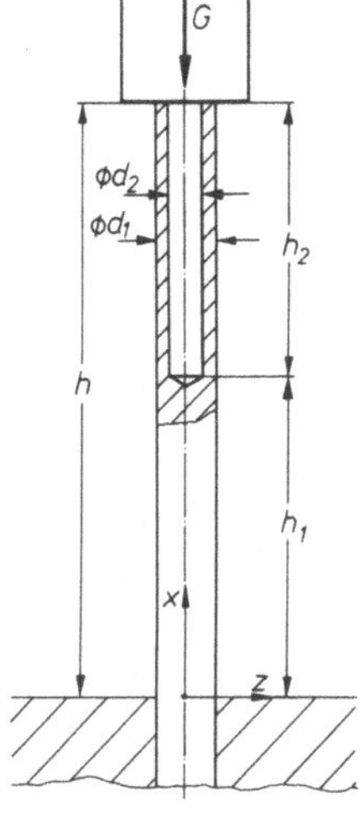

Fig. 3.59

$$M(x) = - G\,[w(h) - w(x)] \, . \qquad (2)$$

Damit erhält man aus (1) für die beiden Stützenabschnitte die Differentialgleichungen

$$0 \leqslant x \leqslant h_1: \qquad w'' + k_1^2 w = k_1^2 w(h) \, , \left.\vphantom{\begin{array}{c}a\\a\end{array}}\right\}$$
$$h_1 \leqslant x \leqslant h: \qquad w'' + k_2^2 w = k_2^2 w(h) \, , \qquad\qquad (3)$$

mit

$$k_1 = \sqrt{\frac{G}{EI_1}} = \sqrt{\frac{64G}{E\pi d_1^4}} - 3{,}209 \cdot 10^{-3}\, \frac{1}{\text{mm}} \, ,$$
$$k_2 = \sqrt{\frac{G}{EI_2}} = \sqrt{\frac{64G}{E\pi\,(d_1^4 - d_2^4)}} = 3{,}731 \cdot 10^{-3}\, \frac{1}{\text{mm}} \, . \qquad (4)$$

Die Gleichungen (3) haben die Lösungen

$$0 \leqslant x \leqslant h_1: \qquad w_1(x) = C_1 \sin k_1 x + C_2 \cos k_1 x + w(h),$$
$$h_1 \leqslant x \leqslant h: \qquad w_2(x) = C_3 \sin k_2 x + C_4 \cos k_2 x + w(h). \qquad (5)$$

Zur Bestimmung der Konstanten C_1, C_2, C_3, C_4 und der unbekannten Auslenkung $w(h)$ der Stütze stehen die folgenden geometrischen Randbedingungen zur Verfügung

$$\left.\begin{aligned}
&w_1(0) = 0; \quad w_1'(0) = 0 ,\\
&w_2(h_1 + h_2) = w(h) ,\\
&w_1(h_1) = w_2(h_1) ,\\
&w_1'(h_1) = w_2'(h_1) .
\end{aligned}\right\} \tag{6}$$

Setzt man (6) in (5) und in deren Ableitung ein, dann erhält man das lineare Gleichungssystem

$$\left.\begin{aligned}
&C_2 = - w(h) ,\\
&C_1 = 0 \qquad ,
\end{aligned}\right\} \tag{7}$$

$$\left.\begin{aligned}
&C_3\sin[k_2(h_1 + h_2)] + C_4\cos[k_2(h_1 + h_2)] = 0 ,\\
&C_2\cos(k_1 h_1) - C_3\sin(k_2 h_1) - C_4\cos(k_2 h_1) = 0,\\
&-C_2 k_1\sin(k_1 h_1) - C_3 k_2\cos(k_2 h_1) + C_4 k_2\sin(k_2 h_1) = 0 .
\end{aligned}\right\} \tag{8}$$

Dieses lineare homogene Gleichungssystem hat entweder die triviale Lösung $C_2 = C_3 = C_4 = 0$, was physikalisch der Gleichgewichtslage bei unverformter Stabachse entspricht, oder eine nicht-triviale, aber einfach unbestimmte Lösung, falls seine Determinante $D(h_1, h_2)$ verschwindet. Das bedeutet, daß die Stabachse um einen bestimmten Betrag aus der Normallage abweichen wird. Der zweitgenannte Fall führt auf ein Eigenwertproblem: aus $D = 0$ folgt eine Bestimmungsgleichung für die gesuchte Größe h_2 an der Knickgrenze. Es gilt nach (8)

$$D = \begin{vmatrix} 0 & \sin[k_2(h_1 + h_2)] & \cos[k_2(h_1 + h_2)] \\ \cos(k_1 h_1) & -\sin(k_2 h_1) & -\cos(k_2 h_1) \\ -k_1\sin(k_1 h_1) & -k_2\cos(k_2 h_1) & k_2\sin(k_2 h_1) \end{vmatrix} = 0, \tag{9}$$

oder ausgerechnet

$$D = [\cot(k_2 h_1) + \tan(k_2 h_1)]\,[k_2\cot(k_1 h_1) - k_1\tan(k_2 h_2)] = 0 .$$

Diese Bedingung ist erfüllt für

$$\tan(k_2 h_2)\,\tan(k_1 h_1) = \frac{k_2}{k_1} . \tag{10}$$

Mit den Zahlenwerten (4) folgt daraus

$$\tan(3{,}731 \cdot 10^{-3} h_2)\,\tan[3{,}209 \cdot 10^{-3}(h - h_2)] = 1{,}1627 . \tag{11}$$

Durch Iteration findet man daraus als kleinsten Lösungswert

$$h_2 = 300 \text{ mm} .$$

Bei dieser Bohrungstiefe beginnt die Stütze unter dem Einfluß der Belastung G elastisch auszuknicken.

Aufgabe 3.29 (Fig. 3.60). Man bestimme die Federkonstante $c = F_V/w(0)$ für die Biegung eines axial belasteten Rundstabes mit der Biegesteifigkeit EI.

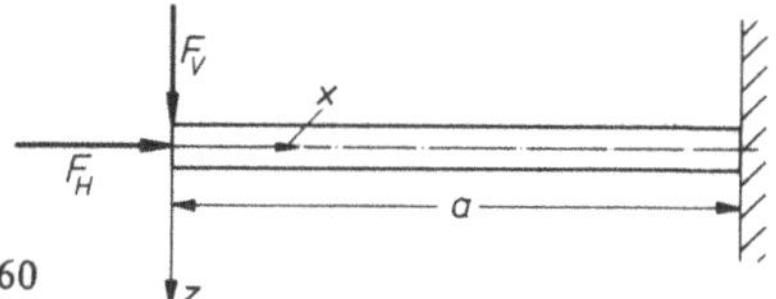

Fig. 3.60

L ö s u n g : Aus der Biegedifferentialgleichung

$$EIw''(x) = -M(x) \tag{1}$$

erhält man mit dem Biegemoment (Fig. 3.61)

$$M(x) = -xF_V - [w(0) - w(x)]\, F_H \tag{2}$$

die Differentialgleichung

$$EIw''(x) + F_H w(x) - xF_V = F_H w(0) . \tag{3}$$

Ihre allgemeine Lösung ist

$$w(x) = C_1 \sin kx + C_2 \cos kx + C_3 x + C_4 . \tag{4}$$

Zur Bestimmung der Konstanten wird (4) in (3) eingesetzt; man erhält

$$(F_H C_1 - EIC_1 k^2)\sin kx + (F_H C_2 - EIC_2 k^2)\cos kx +$$
$$+ (F_H C_3 - F_V)\, x + [F_H C_4 - F_H w(0)] = 0 . \tag{5}$$

Da dies für alle Werte der Variablen x gelten soll, müssen die Klammerausdrücke verschwinden. Daraus folgt zunächst

$$C_3 = \frac{F_V}{F_H}; \qquad C_4 = w(0); \qquad k^2 = \frac{F_H}{EI} . \tag{6}$$

Die Konstanten C_1 und C_2 erhält man aus den Randbedingungen $w(a) = w'(a) = 0$. Mit (4) führen diese Bedingungen zu

$$\left. \begin{aligned} C_1 \sin(ak) + C_2 \cos(ak) + a\,\frac{F_V}{F_H} + w(0) &= 0 , \\[2ex] C_1 k \cos(ak) - C_2 k \sin(ak) + \frac{F_V}{F_H}\ &= 0 , \end{aligned} \right\} (7)$$

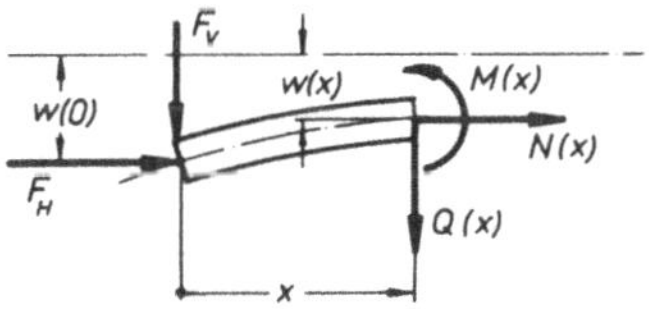

mit der Lösung

Fig. 3.61

$$\left. \begin{aligned} C_1 &= -\left[a\,\frac{F_V}{F_H} + w(0)\right]\sin(ak) - \frac{F_V}{kF_H}\cos(ak) , \\[2ex] C_2 &= -\left[a\,\frac{F_V}{F_H} + w(0)\right]\cos(ak) + \frac{F_V}{kF_H}\sin(ak) . \end{aligned} \right\} (8)$$

Die Absenkung des Stabes am Kraftangriffspunkt folgt schließlich aus (4), (6) und (8)

$$w(0) = \frac{F_V}{F_H} \left[\frac{1}{k} \tan (ak) - a \right] . \tag{9}$$

Die Federkonstante wird damit

$$c = \frac{F_V}{w(0)} = \frac{F_H}{\sqrt{\dfrac{EI}{F_H}} \tan \left(a\sqrt{\dfrac{F_H}{EI}} \right) - a} . \tag{10}$$

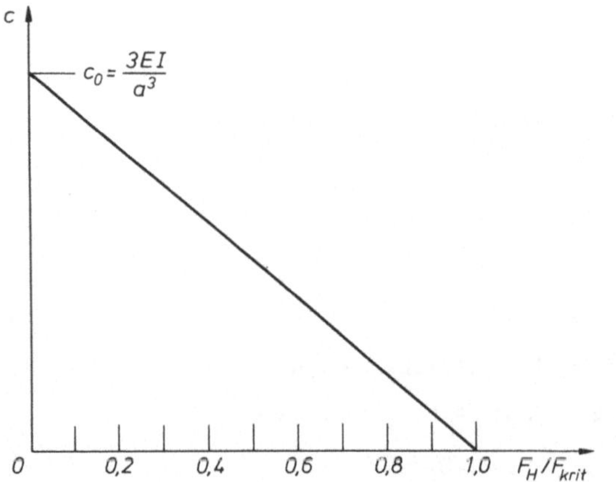

Fig. 3.62

Dieser Ausdruck hängt von der Axialkraft F_H ab. Für die kritische Knicklast $(F_H)_{krit} = EI\pi^2/(4a^2)$ wird $c = 0$. Die Funktion $c = c(F_H)$ ist in Fig. 3.62 aufgetragen. Die Federkonstante des axial nicht belasteten Freiträgers $(F_H = 0)$ ist $c_0 = 3EI/a^3$. Der Kurvenverlauf kann mit sehr guter Näherung durch die Gerade $c = c_0(1 - F_H/F_{krit})$ ersetzt werden.

Aufgabe 3.30. Das Dach einer halbkugelförmigen Traglufthalle besteht aus einer $h = 1,2$ mm dicken Plastikfolie mit der Dichte $\rho = 1,4$ kg/dm^3.

Wie groß muß der innere Überdruck p mindestens sein, damit die Halle ihre Form behält?

L ö s u n g : Da die Haut der Traglufthalle biegeweich ist und deshalb nur Zugspannungen übertragen kann, bleibt ihre Form nur erhalten, wenn die Normalspannungen an keiner Stelle Null werden. Es müssen daher die Hauptnormalspannungen in der Dachhaut, die Meridianspannung σ_m und die Ringspannung σ_r (Fig. 3.63) berechnet werden.

Für rotationssymmetrische Schalen, die durch inneren Überdruck p und durch ihr Eigengewicht belastet sind, kann die Meridianspannung durch Überlagerung berechnet werden:

$$\sigma_m(r^*) = \sigma_{m1}(p, r^*) + \sigma_{m2}(\rho, r^*)$$

$$= \frac{1}{hr^*\sin\varphi(r^*)} \int_0^{r^*} pr\,dr - \frac{\rho g}{hr^*\sin\varphi(r^*)} \int_0^{r^*} \frac{hr}{\cos\varphi(r)}\,dr. \qquad (1)$$

Hierin ist r^* der von der Symmetrieachse aus gemessene Schalenradius. Das erste Integral in (1) ergibt den konstanten Wert $\sigma_{m1} = Rp/(2h)$. Zum Auswerten des zweiten Integrals wird die Variable φ verwendet. Mit $r = R\sin\varphi$ erhält man $dr = R\cos\varphi\,d\varphi$ und damit aus (1)

$$\sigma_m(\varphi) = \frac{Rp}{2h} + \frac{\rho gR}{\sin^2\varphi}(\cos\varphi - 1) = \frac{Rp}{2h} - \frac{\rho gR}{1 + \cos\varphi}. \qquad (2)$$

Hieraus kann mit Hilfe der Grundgleichung der Membrantheorie die zweite Hauptnormalspannung, die Ringspannung σ_r, bestimmt werden. Für eine Membran mit den Hauptkrümmungsradien R_1 und R_2 und einem inneren Überdruck p gilt

$$\frac{\sigma_1}{R_2} + \frac{\sigma_2}{R_1} = \frac{p}{h}. \qquad (3)$$

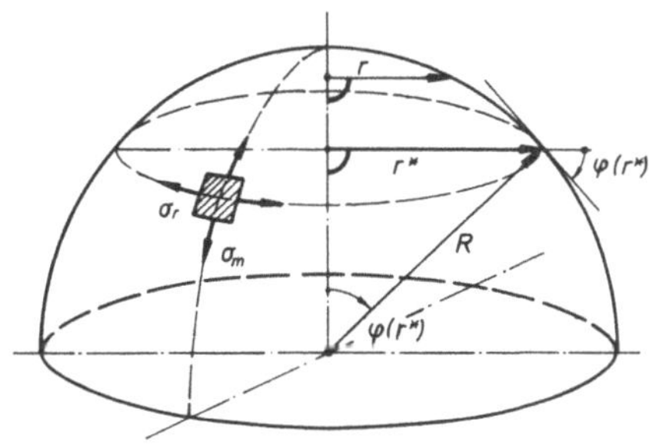

Fig. 3.63

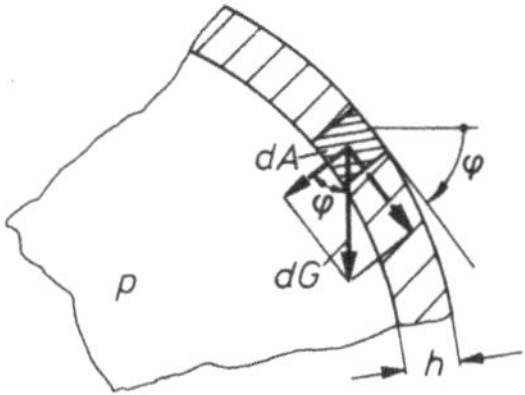

Fig. 3.64

Für die halbkugelförmige Halle ist $\sigma_1 = \sigma_m$, $\sigma_2 = \sigma_r$ und $R_1 = R_2 = R$ zu setzen. Anstelle des Überdruckes p ist im vorliegenden Belastungsfall auf der rechten Seite von (3)

$$\frac{dF}{dA} = p - \frac{\cos\varphi\,dG}{dA} = p - \rho gh\cos\varphi \qquad (4)$$

zu setzen (s. Fig. 3.64). Für die Ringspannung erhält man damit

$$\sigma_r(\varphi) = \frac{Rp}{h} - \sigma_m(\varphi) = \frac{Rp}{2h} + R\rho g\left(\frac{1}{1 + \cos\varphi} - \cos\varphi\right). \qquad (5)$$

Als Grenzwerte für p, bei denen (2) bzw. (5) zu Null werden, folgt

$$\sigma_m(\varphi) = 0 \quad \text{für:} \quad p_{mo} = \frac{2\rho gh}{1 + \cos\varphi}, \qquad (6)$$

$$\sigma_r(\varphi) = 0 \quad \text{für:} \quad p_{ro} = 2\rho gh\left(\cos\varphi - \frac{1}{1+\cos\varphi}\right). \tag{7}$$

Der größere dieser Grenzwerte im Bereich $0 \leqslant \varphi \leqslant \pi/2$ ist der gesuchte notwendige Überdruck p_{min}. Man erhält ihn aus (6) für $\varphi = \pi/2$ zu

$$p_{min} = 2\rho\,gh = 33\,\frac{N}{m^2} = 0{,}33\ \text{mbar}.$$

Bei Erreichen dieses Druckes wird σ_m am Boden der Halle zu Null; bei Unterschreiten des Mindestdruckes sind Falten in Ringrichtung zu erwarten.

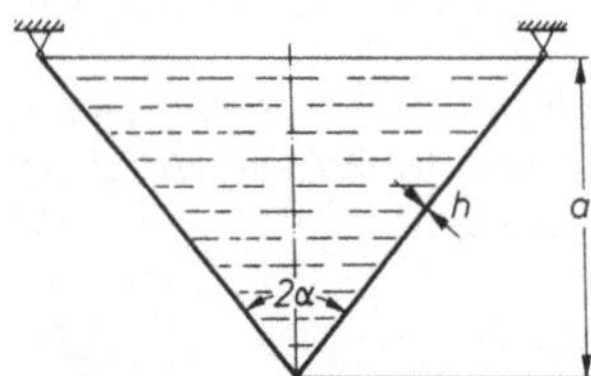

Fig. 3.65

Aufgabe 3.31 (Fig. 3.65). Ein dünnwandiger Wasserbehälter in Form eines geraden Kreiskegels ist auf dem ganzen Umfang seines Randes aufgehängt. Wie groß ist die maximale Normalspannung in der Behälterwand und wo tritt sie auf? Das Behältereigengewicht kann vernachlässigt werden.

L ö s u n g : Die Hauptnormalspannungen in der Behälterwand sind die Meridianspannung σ_m und die Ringspannung σ_r (Fig. 3.66). Für die Meridianspannung gilt bei einer rotationssymmetrischen Schale, die durch inneren Überdruck belastet ist

$$\sigma_m = \frac{1}{hr^*\sin\varphi(r^*)}\int\limits_0^{r^*} p(r)\,r\,dr. \tag{1}$$

Für den Überdruck $p(r)$ im Wasser erhält man mit der z-Koordinate von Fig. 3.66

$$p = \rho g\,(a - z)\,. \tag{2}$$

Mit $z = r/\tan\alpha$; $\varphi = \pi/2 - \alpha$ folgt aus (1) und (2)

$$\sigma_m(r^*) = \frac{\rho g}{hr^*\cos\alpha}\int\limits_0^{r^*}\left(a - \frac{r}{\tan\alpha}\right)r\,dr = \frac{\rho g}{hr^*\cos\alpha}\left(\frac{ar^{*2}}{2} - \frac{r^{*3}}{3\tan\alpha}\right),$$

$$\sigma_m(z) = \frac{\rho g\tan\alpha}{h\cos\alpha}\left(\frac{a}{2} - \frac{z}{3}\right)z\,. \tag{3}$$

Die Extremwertberechnung aus (3) ergibt eine maximale Meridianspannung bei $z = 3a/4$ von

$$(\sigma_m)_{max} = \frac{3\rho ga^2\tan\alpha}{16h\cos\alpha}\,. \tag{4}$$

Bei einem dünnwandigen Behälter können die Biegespannungen vernachlässigt werden und damit die Behälterwand als Membran betrachtet werden. Die zweite Hauptnormalspannung folgt dann aus der Grundgleichung der Membrantheorie

$$\frac{\sigma_1}{R_2} + \frac{\sigma_2}{R_1} = \frac{p}{h} \, . \tag{5}$$

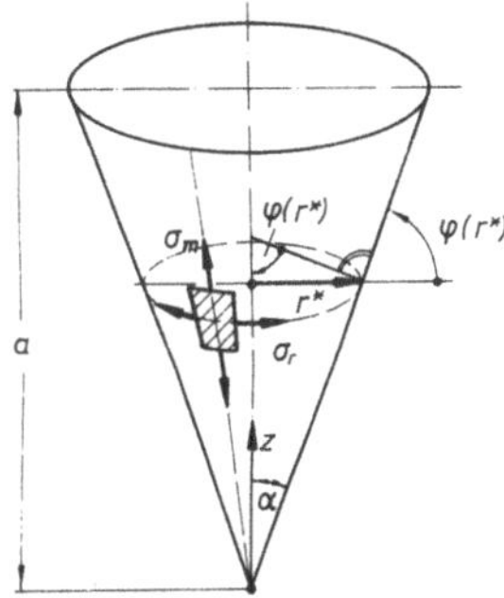

Fig. 3.66

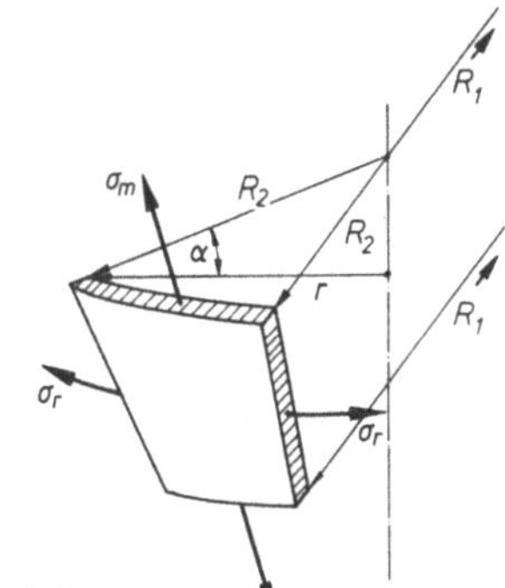

Fig. 3.67

Der zur Schnittfläche mit $\sigma_1 = \sigma_r$ gehörende Radius ist $R_1 \to \infty$ (Fig. 3.67). Den Radius R_2 der Schnittfläche mit der Spannung σ_m erhält man aus dem Satz von Meusnier

$$R_2 = \frac{r}{\cos \alpha} \, . \tag{6}$$

Für die Ringspannung folgt damit

$$\sigma_r(z) = \sigma_1 = \frac{pR_2}{h} = \frac{pr}{h \cos \alpha} = \frac{\rho g \tan \alpha}{h \cos \alpha} \, (a - z) \, z \, . \tag{7}$$

Diese Ringspannung nimmt für $z = a/2$ den Maximalwert

$$(\sigma_r)_{\max} = \frac{\rho g a^2 \tan \alpha}{4h \cos \alpha} \tag{8}$$

an. Der Vergleich mit (4) zeigt, daß die größte Normalspannung die Ringspannung σ_r in der halben Behälterhöhe ist.

4.   Fluid-Statik

Aufgabe 4.1 (Fig. 4.1). Ein kugelförmiger Wasserbehälter besteht aus zwei zusammengeschraubten Halbkugelschalen. Der Druck des im Behälter und in der Zuleitung stehenden Wassers kann an einem Manometer abgelesen werden. Gemessen wird der Überdruck Δp im Wasser gegen den äußeren Luftdruck p_0.

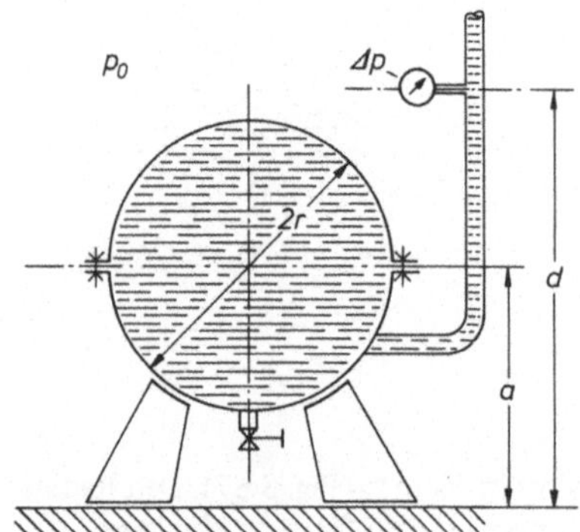

Fig. 4.1

a) Wie groß darf Δp höchstens werden, wenn die vertikale Wasserkraft am Flansch $F = 18\,000$ N nicht überschreiten soll?

b) Wie verändert sich F, wenn sich im Kugelbehälter eine Luftblase mit der Höhe $s = r/2$ befindet, und Δp dem unter a) errechneten Wert gleicht?

Z a h l e n w e r t e : $r = 0,9$ m; $a = 1,5$ m; $d = 2,6$ m.

L ö s u n g : a) Nach dem Erstarrungsprinzip kann die obere Behälterschale als eine Fläche in einer teilweise erstarrt gedachten Wassermenge betrachtet werden (Fig. 4.2). Die Höhe h der Wassersäule über dem Behälter folgt aus der Forderung, daß in der Höhe des Manometers der Druck $p_0 + \Delta p$ herrscht:

$$p_0 + \Delta p = p_0 + \rho g(h - d + a) \, . \tag{1}$$

Die Vertikalkraft auf die obere Behälterschale entspricht nun genau dem Gewicht der Wassersäule über der Halbkugelfläche:

$$F = \rho g \left(\pi r^2 h - \frac{4}{6} \pi r^3 \right) \, . \tag{2}$$

Aus (1) und (2) folgt

$$\Delta p = \frac{F}{\pi r^2} + \rho g \left(\frac{2}{3} r + a - d \right) = 0,0217 \text{ bar} \, .$$

Die Höhe der Wassersäule mit freier Oberfläche über dem Manometeranschluß darf demnach den Wert

$$\Delta h = \frac{\Delta p}{\rho g} = 0{,}22 \text{ m}$$

nicht überschreiten.

b) Der Druck in der Luftblase ist

$$p_L = p_0 + \Delta p + \rho g \left(d - a - \frac{1}{2}\, r \right).$$

Auf die freie Wasseroberfläche im Kugelbehälter wirkt eine Kraft, die gleich dem Gewicht einer Wassersäule mit der Höhe $(h - r/2)$ ist. Die vertikale Druckkraft auf dem zugehörigen Kugelabschnitt ist dieser Kraft dem Betrage nach gleich. Das Erstarrungsprinzip läßt sich auch hier anwenden. Durch Vergleich der Fig. 4.2 und 4.3 findet man, daß die Vertikalbelastung auf die obere Behälterhalbkugel mit wachsender Luftblase größer wird, da das Volumen des über der Erstarrungsgrenze stehenden Wassers um das Luftblasenvolumen zunimmt.

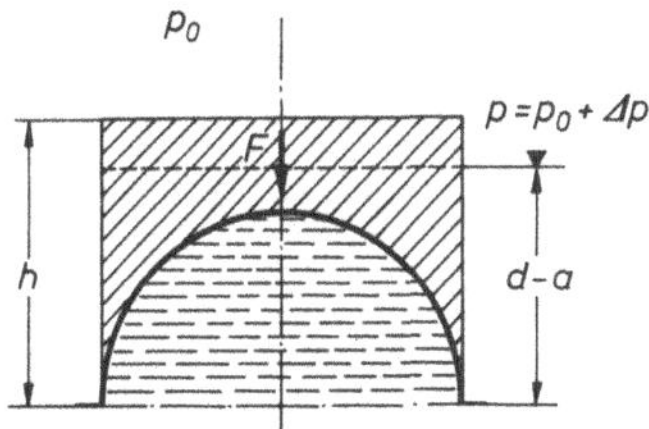

Fig. 4.2

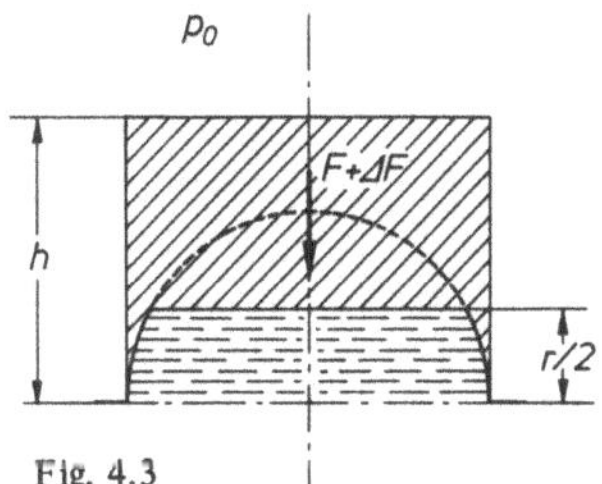

Fig. 4.3

Die zusätzliche Vertikalkraft ΔF ist

$$\Delta F = \rho g\, \Delta V \, . \tag{3}$$

Mit dem Luftblasenvolumen (Kugelabschnitt) $\Delta V = \dfrac{5}{24}\, \pi r^3$ folgt

$$\Delta F = \frac{5}{24}\, \rho g \pi r^3 = 4680 \text{ N} \, .$$

Die Vertikalkraft auf die obere Behälterschale ist dann

$$F = 22680 \text{ N} \, .$$

B e m e r k u n g : Der hier eingeschlagene Lösungsweg demonstriert den Nutzen des Erstarrungsprinzips. Eine Berechnung mit Hilfe der Hydrostatischen Druckgleichung und Integration über die Behälterinnenfläche wäre erheblich mühsamer.

Aufgabe 4.2 (Fig. 4.4). Der Wasserstand in einem Graben mit rechteckigem Querschnitt kann durch eine Wehrklappe über einen Seilzug verändert werden. Die Wehrklappe hat die Querschnittform eines Zylinderabschnitts. Sie ist am Boden des Grabens um eine Achse C drehbar gelagert.

Wie groß ist die vom Seil aufzunehmende Wasserkraft auf das Wehr, wenn Ober- und Unterwasser die Höhen h_o bzw. h_u haben, und der Graben die Breite ℓ hat?

Z a h l e n w e r t e : $h_o = 1,8$ m; $h_u = 0,8$ m; $r = 1,2$ m; $\ell = 2,5$ m; $t = 2,0$ m; $\beta = 60°$.

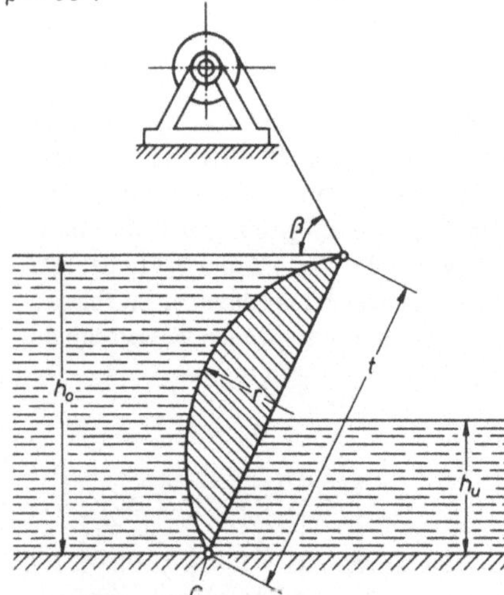

Fig. 4.4.

L ö s u n g : Zunächst werden die Kräfte des Ober- und Unterwassers, F_o und F_u auf die Wehrklappe bestimmt.

Da alle Teilkräfte des Wasserdrucks rechtwinklig zur Wehroberfläche gerichtet sind, muß die Wirkungslinie der resultierenden O b e r w a s s e r k r a f t F_o durch den Kreisbogenmittelpunkt der Wehrklappe gehen. Ihre horizontale Kraftkomponente F_{oH} entspricht der Wasserkraft auf die Projektion der Wehrklappe auf eine Vertikalebene:

$$F_{oH} = \frac{1}{2}\, \ell\, h_o^2 \rho g = 39731 \text{ N}\,. \tag{1}$$

Die vertikale Kraftkomponente F_{oV} kann geschrieben werden als die Summe der positiv und negativ zu zählenden Gewichtskräfte der in Fig. 4.5 schraffierten Wassermengen (Erstarrungsprinzip!):

$$F_{oV} = G_1 - G_2\,,$$

$$G_1 = A_1\, \ell\, \rho g\,,$$

mit $A_1 = \dfrac{ab}{2} - \dfrac{1}{2}\, r^2\,(\delta - \sin\delta), \qquad a = r\sin\delta, \qquad b = r\,(1 - \cos\delta),$

$$G_1 = \rho g \ell\, \frac{r^2}{2}\,(2\sin\delta - \sin\delta\,\cos\delta - \delta)\,.$$

Aus dem Lagewinkel α der Klappe und dem Zentriwinkel γ des Klappenbogens (Fig. 4.5) folgt für den Winkel δ

$$\delta = \frac{\gamma}{2} + \frac{\pi}{2} - \alpha\,,$$

mit $\qquad \sin\alpha = \dfrac{h_o}{t}\,, \qquad \sin\left(\dfrac{\gamma}{2}\right) = \dfrac{t}{2r}\,, \qquad \delta = 82{,}3°\,;$

$$G_2 = A_2\,\ell\rho g\,,$$

mit $\qquad A_2 = ca + \dfrac{1}{4}\,r^2\,(2\epsilon - \sin 2\epsilon)\,, \qquad c = r(1 - \cos\epsilon)\,, \qquad \epsilon = \gamma - \delta = 30{,}6°\,,$

$$G_2 = \rho g\ell r^2\left[\sin\delta\,(1 - \cos\epsilon) + \frac{1}{4}\,(2\epsilon - \sin 2\epsilon)\right].$$

Zusammengefaßt erhält man für F_{oV}:

$$F_{oV} = \rho g\ell r^2\left[\sin\delta\left(\cos\epsilon - \frac{1}{2}\cos\delta\right) - \frac{1}{2}(\delta + \epsilon) + \frac{1}{4}\sin 2\epsilon\right] \tag{2}$$

$$F_{oV} = 722\,\text{N}\,.$$

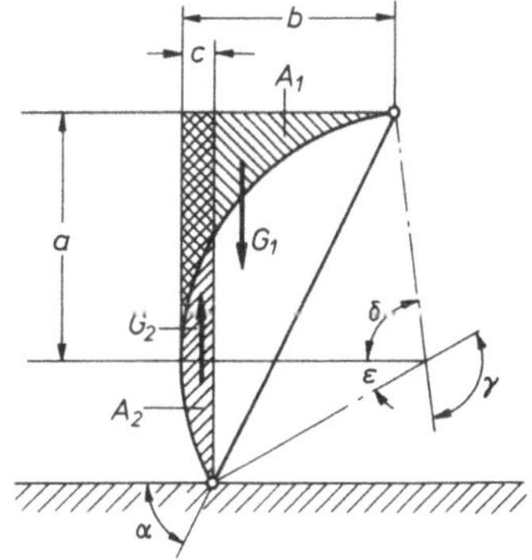

Fig. 4.5

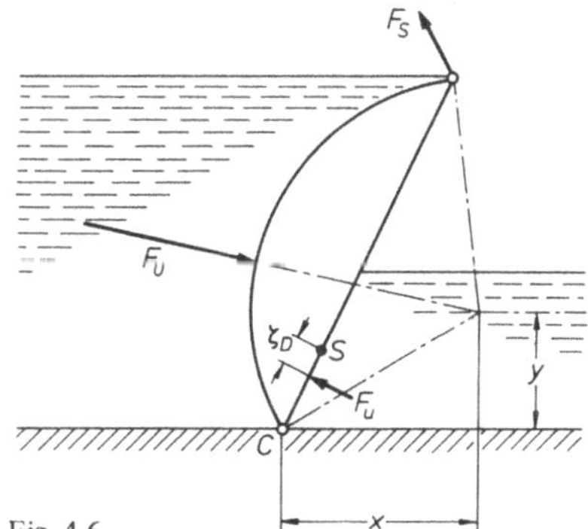

Fig. 4.6

Die resultierende Kraft F_u des Unterwassers auf die Wehrklappe ist

$$F_u = A\rho g h_s = \frac{\ell\,h_u}{\sin\alpha}\,\rho g\,\frac{h_u}{2} = \frac{1}{2}\,\rho g\,\frac{\ell h_u^2 t}{h_o} \tag{3}$$

$$F_u = 8720\,\text{N}\,.$$

Der Angriffspunkt von F_u liegt um $|\zeta_D|$ unter dem Schwerpunkt der benetzten, ebenen Wehrfläche (Fig. 4.6):

$$|\zeta_D| = \frac{I_{xS}\sin\alpha}{A h_s}\,,$$

$$\text{mit}\qquad I_{xS} = \frac{1}{12}\,\ell\left(\frac{h_u}{\sin\alpha}\right)^3, \qquad A = \ell\,\frac{h_u}{\sin\alpha}\,, \qquad h_s = \frac{h_u}{2}\,, \qquad |\zeta_D| = \frac{h_u t^2}{6h_o^2}\,.$$

Die Seilkraft $\mathbf{F_s}$ wird aus der Momentenbedingung für den Lagerpunkt C (Fig. 4.6) berechnet:

$$\Sigma\,M_C = F_s t \sin(\alpha+\beta) + F_u\left(\frac{h_u}{2\sin\alpha} - |\zeta_D|\right) - F_{oH}y - F_{oV}x = 0\,,$$

$$\text{mit}\qquad y = h_o - r\sin\delta, \qquad x = r\cos\epsilon;$$

$$F_s = \frac{1}{\sin(\alpha+\beta)}\left[\frac{1}{t}\,F_{oH}\,(h_o - r\sin\delta) + \frac{1}{t}\,F_{oV}\,r\cos\epsilon - F_u\,\frac{h_u}{3h_o}\right]$$

$$F_s = 13\,553\ \text{N}\,.$$

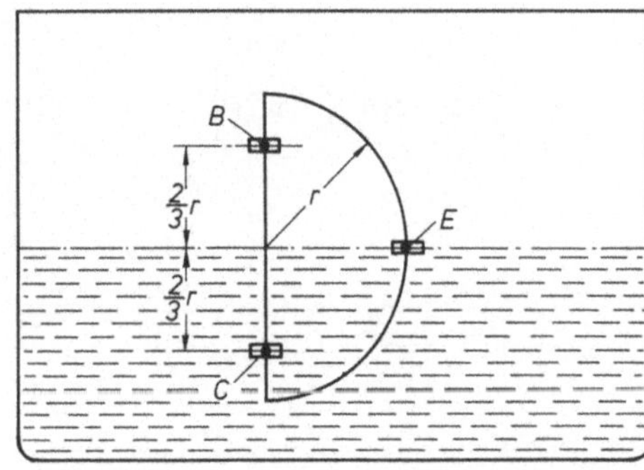

Fig. 4.7

Aufgabe 4.3 (Fig. 4.7). In einem Wasserbehälter mit vertikalen Wänden befindet sich eine Montageöffnung, die durch eine halbkreisförmige Tür verschlossen ist.

Wie groß sind die Wasserkräfte auf dem Riegel bei E und auf die Türangeln B und C, wenn der Wasserspiegel im Becken bis zur Türmitte reicht?

L ö s u n g : Die Wasserkraft $\mathbf{F}$ auf die Tür hat den Betrag

$$F = A\rho g h_S\,,$$

$$\text{mit}\qquad h_S = \frac{4}{3}\,\frac{r}{\pi}\,, \qquad A = \frac{1}{4}\,\pi r^2$$

$$F = \frac{1}{3}\,\rho g r^3\,. \tag{1}$$

Die Koordinaten (z_D, x_D) des Kraftangriffspunktes (Druckpunkt D) im z, x-Koordinatensystem in Fig. 4.8 sind

$$z_D = -\frac{I_x S}{Ah_S}\,,$$

mit $\qquad I_{xS} = \dfrac{1}{4} I_0 - h_S^2 A, \qquad I_0 = \dfrac{\pi r^4}{4}, \qquad I_{xS} = r^4 \left(\dfrac{\pi}{16} - \dfrac{4}{9\pi} \right),$

$$z_D = - 3r \left(\frac{\pi}{16} - \frac{4}{9\pi} \right) = - 0{,}1646 \, r \qquad (2)$$

und $\qquad x_D = - \dfrac{I_{xzS}}{A h_S} \, .$

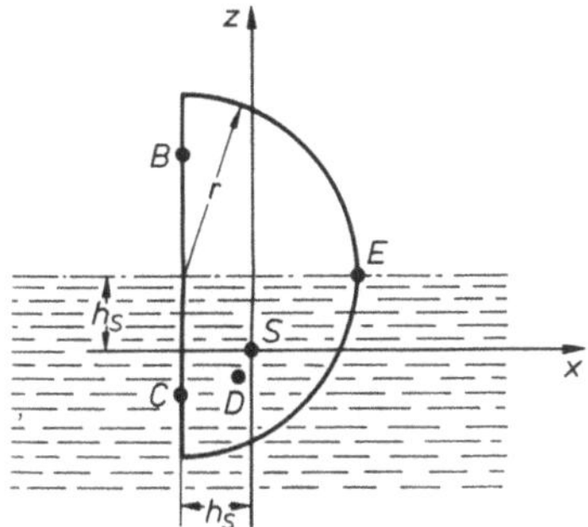

Fig. 4.8

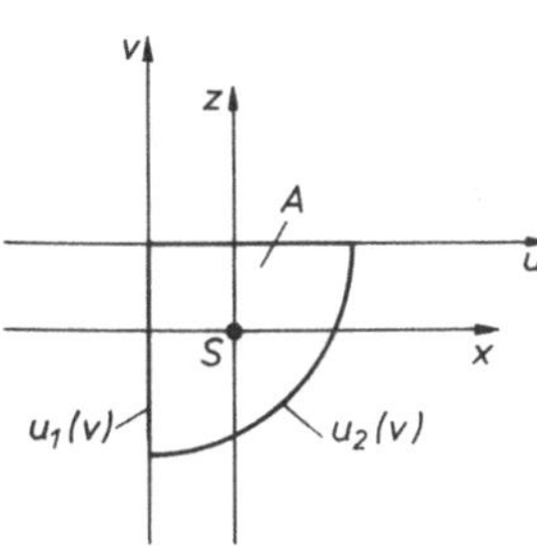

Fig. 4.9

Für das Deviationsmoment I_{xzS} kann man bei Anwendung des Steinerschen Satzes schreiben (Fig. 4.9)

$$I_{xzS} = I_{uv} - u_S v_S A, \qquad (3)$$

mit $\qquad u_S = - v_S = \dfrac{4}{3} \dfrac{r}{\pi}$ und

$$I_{uv} = \iint\limits_A uv \, du \, dv = \int\limits_{v_1}^{v_2} v \int\limits_{u_1(v)}^{u_2(v)} u \, du \, dv \, .$$

Mit den Integralgrenzen $v_1 = - r$, $v_2 = 0$ und $u_1(v) = 0$, $u_2(v) = \sqrt{r^2 - v^2}$ erhält man

$$I_{uv} = \int\limits_{-r}^{0} v \int\limits_{0}^{\sqrt{r^2 - v^2}} u \, du \, dv = \int\limits_{-r}^{0} \frac{1}{2} v \, (r^2 - v^2) \, dv = - \frac{1}{8} r^4 \, .$$

Aus (3) wird damit

$$I_{xzS} = r^4 \left(\frac{4}{9\pi} - \frac{1}{8} \right) .$$

Für die x-Komponente des Druckmittelpunktes erhält man schließlich

$$x_D = 3r \left(\frac{1}{8} - \frac{4}{9\pi} \right) = - 0{,}0494 \, r \qquad (4)$$

Die Kräfte F_B, F_C und F_E werden mit Hilfe der Gleichgewichtsbedingungen im x, y, z-Koordinatensystem von Fig. 4.8 bestimmt:

$$\Sigma M_{BCz} = r\,F_E + \left(\frac{4r}{3\pi} - |x_D|\right) F = 0 ,$$

$$F_E = -0,375\,F,$$

$$\Sigma M_{Bx} = \frac{2}{3}\,r\,F_E + \frac{4}{3}\,r\,F_C + \left(\frac{2}{3}r + h_S + |z_D|\right) F = 0,$$

$$F_C = -0,754\,F,$$

$$\Sigma F_y = F + F_B + F_C + F_E = 0 ,$$

$$F_B = 0,129\,F.$$

Die Türangel C und der Riegel E werden in Richtung des Wasserdrucks beansprucht, die Kraft auf die Türangel B ist entgegengesetzt gerichtet.

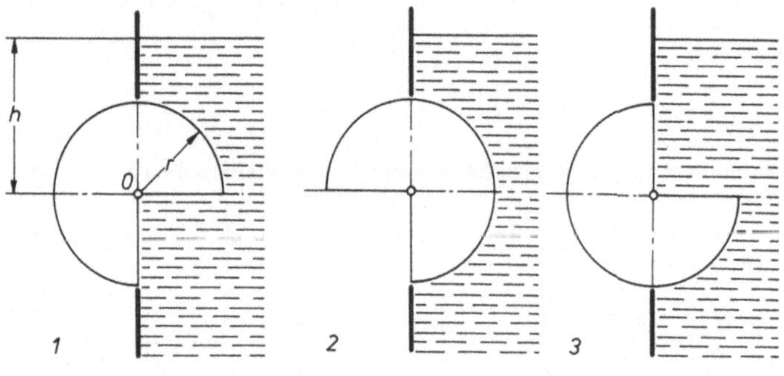

Fig. 4.10

Aufgabe 4.4 (Fig. 4.10). Die rechteckige Ausflußöffnung in der vertikalen Wand eines Wassergefäßes hat die Länge ℓ und die Höhe 2r. Sie wird durch einen Hahn verschlossen, der um die horizontale Achse O drehbar ist. Sein Querschnitt hat die Form eines Dreiviertelkreises.

Welche Kräfte und Momente übt das Wasser auf die Achse O bei den drei Hahnstellungen aus?

L ö s u n g : Die Wasserkräfte auf die Achse des Hahns können auf einen aus Kraft und Moment bestehenden Kraftwinder reduziert werden. Man erhält für die H o r i - z o n t a l k o m p o n e n t e F_H in allen 3 Fällen den gleichen Wert:

$$F_{H1} = F_{H2} = F_{H3} = \rho g h_S A = 2\,\rho g h r \ell .$$

Die V e r t i k a l k o m p o n e n t e F_V ist identisch mit dem Auftrieb des im Wasser befindlichen Hahnteiles:

$$F_{V1} = F_{V3} = \frac{1}{4}\,\rho g \pi r^2 \ell ,$$

$$F_{V2} = \frac{1}{2}\,\rho g \pi r^2 \ell\,.$$

Damit erhält man als resultierende Wasserkräfte **F** auf die Achse O

$$F = \sqrt{F_H^2 + F_V^2}\,,$$

$$F_1 = F_3 = \rho g r \ell \sqrt{4\,h^2 + \left(\frac{\pi r}{4}\right)^2} \quad\text{und}$$

$$F_2 = \rho g r \ell \sqrt{4h^2 + \left(\frac{\pi r}{2}\right)^2}\,.$$

M o m e n t e   u m   O: Die Wasserkräfte auf die Zylinderfläche des Hahns haben kein Moment um die Achse O, da ihre Wirkungslinien durch den Kreismittelpunkt gehen. Daraus folgt

$$M_2 = 0.$$

Für die Hahnstellung 1 gilt nach Fig. 4.11

$$M_1 = F_I\,\frac{r}{2} + M - F_{II}\,\frac{r}{2}\,,$$

$$M_1 = \rho g\left(h + \frac{r}{2}\right) r \ell\,\frac{r}{2} + \rho g I - \rho g h r \ell\,\frac{r}{2}\,,$$

mit $\quad I = \frac{1}{12}\,\ell r^3, \quad M_1 = \frac{1}{3}\,\rho g \ell r^3.$

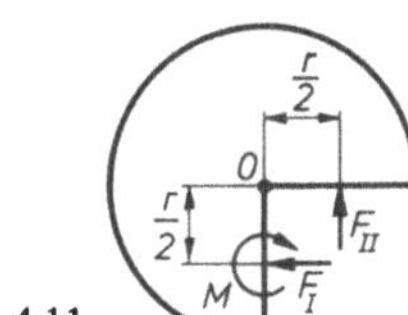

Fig. 4.11

Das gleiche Moment erhält man auch im Fall 3:

$$M_3 = -\rho g\left(h - \frac{r}{2}\right) r \ell\,\frac{r}{2} + \rho g I + \rho g h r \ell\,\frac{r}{2}\,,$$

$$M_3 = \frac{1}{3}\,\rho g \ell r^3\,.$$

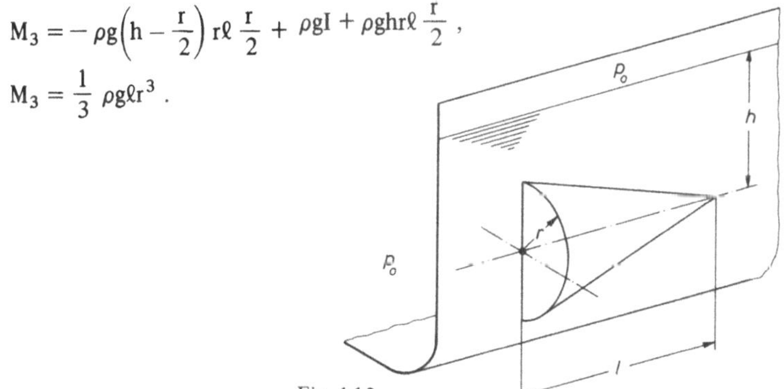

Fig. 4.12

Aufgabe 4.5 (Fig. 4.12). An einem Schwimmkörper befindet sich unter der Wasserlinie an der vertikalen Außenwand eine Ausbuchtung in der Form eines halben Kreiskegels.

Welche Kraft übt das Wasser auf den Kegelmantel aus und wo liegt ihr Angriffspunkt?

Z a h l e n w e r t e : $h = 3$ m; $r = 0,6$ m; $\ell = 3,6$ m.

L ö s u n g : Die Kraftwirkung des Wassers auf den Kegelmantel kann durch eine Kräftegruppe $\mathbf{F_x}$, $\mathbf{F_y}$ und $\mathbf{F_z}$ beschrieben werden. Bei Wahl eines Koordinatensystems nach Fig. 4.13 erhält man folgende Kraftkomponenten

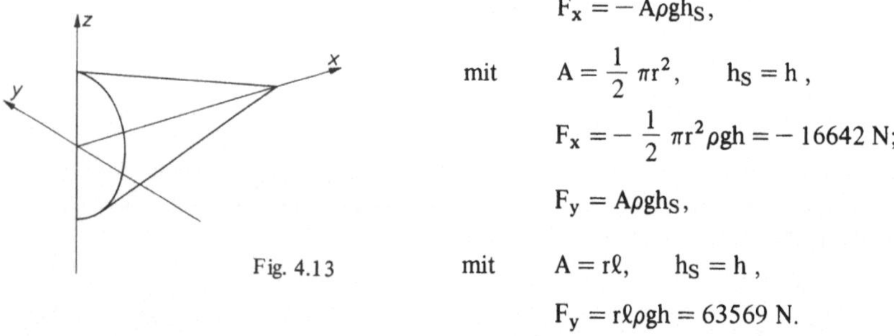

$$F_x = -A\rho g h_S,$$

mit $\quad A = \frac{1}{2}\,\pi r^2, \quad h_S = h,$

$$F_x = -\frac{1}{2}\,\pi r^2 \rho g h = -16642\ \text{N};$$

$$F_y = A\rho g h_S,$$

mit $\quad A = r\ell, \quad h_S = h,$

$$F_y = r\ell\rho g h = 63569\ \text{N}.$$

Fig. 4.13

Die Kraft $\mathbf{F_z}$ ist gleich dem Auftrieb, der auf den Halbkegel im Wasser wirkt (Erstarrungsprinzip!):

$$F_z = V\rho g, \quad \text{mit} \quad V = \frac{1}{6}\,\pi r^2 \ell,$$

$$F_z = \frac{1}{6}\,\pi r^2 \ell \rho g = 6657\ \text{N}.$$

Die Wirkungslinien von $\mathbf{F_x}$ und $\mathbf{F_y}$ gehen durch die Druckmittelpunkte der Projektionsflächen Halbkreis und Dreieck. Die Wirkungslinie von $\mathbf{F_z}$ geht durch den Volumenmittelpunkt der verdrängten Wassermenge.

Wirkungslinie für $\mathbf{F_x}$:

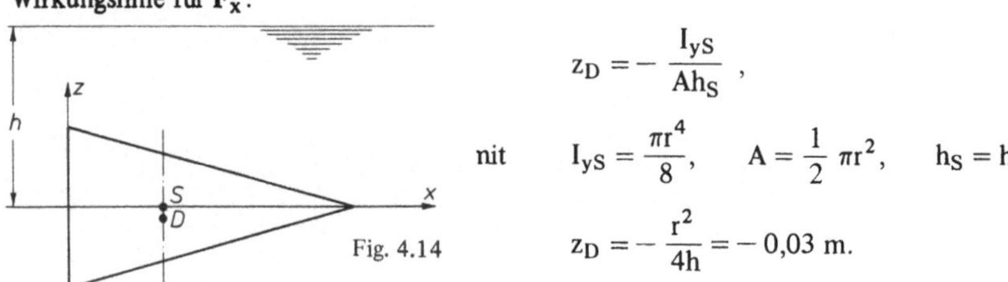

$$z_D = -\frac{I_{yS}}{A h_S},$$

mit $\quad I_{yS} = \dfrac{\pi r^4}{8}, \quad A = \dfrac{1}{2}\,\pi r^2, \quad h_S = h$

$$z_D = -\frac{r^2}{4h} = -0,03\ \text{m}.$$

Fig. 4.14

Da die y-Achse für A die Symmetrieachse ist, wird $I_{yzS} = 0$. Damit wird

$$y_D = y_S = -\frac{4r}{3\pi} = -0,255\ \text{m}.$$

Wirkungslinie für $\mathbf{F_y}$ (Fig. 4.14):

$$z_D = -\frac{I_{xS}}{A h_S},$$

mit $\quad I_{xS} = \dfrac{\ell r^3}{6}, \qquad A = r\ell\,,$

$$z_D = -\frac{r^2}{6h} = -0{,}02\ \text{m}\,,$$

$$x_D = \frac{1}{3}\,\ell = 1{,}2\ \text{m}\,.$$

Wirkungslinie für $\mathbf{F}_z$: Der Volumenmittelpunkt eines Kreiskegels der Höhe ℓ liegt im Abstand $\ell/4$ von der Grundfläche:

$$x_D = \frac{1}{4}\,\ell = 0{,}9\ \text{m}\,.$$

Der Wert für y_D kann wie folgt gefunden werden. Die Koordinate $y_S(x)$ für den Volumenmittelpunkt einer dünnen Halbkreisscheibe aus dem Halbkegel entspricht der Flächenmittelpunktskoordinate eines Halbkreises $y_S(x) = -\,4\,r(x)/3\pi$. Die Mittelpunkte aller Scheiben liegen auf einer Geraden, auf der auch der Volumenmittelpunkt des Halbkegels liegen muß:

$$y_D = \frac{3}{4}\,y_s\,(x = 0) = -\,\frac{r}{\pi} = -\,0.191\ \text{m}\,.$$

In Fig. 4.15 ist das System der drei Kräfte $(\mathbf{F}_x, \mathbf{F}_y, \mathbf{F}_z)$ dargestellt. Da sich die Wirkungslinien nicht schneiden, lassen sich die Kräfte nicht durch eine Einzelkraft $\mathbf{F}$, sondern nur durch einen Kraftwinder $(\mathbf{F}, \mathbf{M})$ ersetzen.

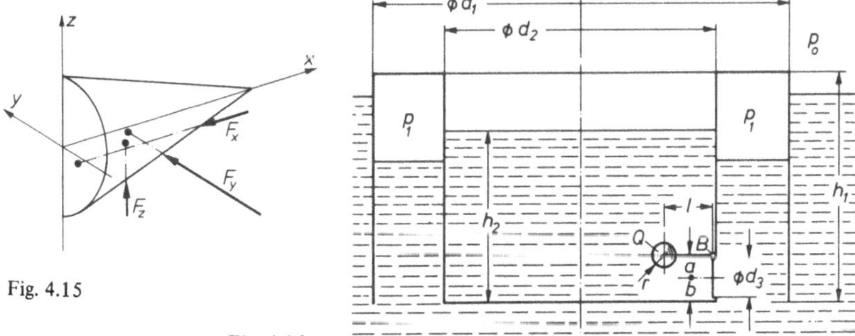

Fig. 4.15

Fig. 4.16

Aufgabe 4.6 (Fig. 4.16). Ein in Salzwasser schwimmender Behälter mit ringförmigem, unten offenem Schwimmer ist mit Trinkwasser gefüllt. Der Druck p_1 der im Schwimmer eingeschlossenen Luft kann mit Hilfe einer Druckluftanlage verändert werden. Eine kreisrunde Öffnung in der Behälterwand wird durch eine im Punkt B drehbar gelagerte Klappe verschlossen. Durch ein kugelförmiges Gewicht Q mit der Masse m_1 wird auf die Verschlußklappe ein Schließmoment ausgeübt. Die Gesamtmasse des Behälters mit allen Zusatzeinrichtungen ist m.

Bei den Berechnungen können die Wanddicken des Behälters, sowie das Gewicht und das Volumen des Hebelarms für das Schließgewicht Q vernachlässigt werden. Der Schwerpunkt des Behälters liege auf der Symmetrieachse der Schwimmer.

a) Wie groß muß der Luftdruck p_1 im Schwimmer mindestens sein, damit die Verschlußklappe in der Behälterwand nicht durch den äußeren Wasserdruck geöffnet wird? Wie tief taucht der Behälter dabei im Wasser ein?

b) Wie groß ist die resultierende Kraft aus den vertikalen Belastungen auf dem Behälterboden, wenn der Luftdruck im Schwimmer $p_1 = 1,05$ bar ist?

Z a h l e n w e r t e : m = 2800 kg; d_1 = 3,8 m; d_2 = 2,5 m; h_1 = 2,0 m; h_2 = 1,5 m; d_3 = 0,39 m; m_1 = 26 kg; r = 0,1 m; ℓ = 0,45 m; a = 0,2 m; b = 0,2 m; Trinkwasserdichte ρ_T = 1000 kg/m^3; Salzwasserdichte ρ_S = 1070 kg/m^3; äußerer Luftdruck p_0 = 1,0 bar.

L ö s u n g : a) Es werden die Momente auf die Klappe bezüglich des Drehpunktes B berechnet. Das S c h l i e ß m o m e n t ist das resultierende Moment aus den Druckkräften vom Tankinnenraum auf die Klappe und aus dem Schließgewicht Q (Fig. 4.17). Bei den Druckkräften wird der äußere Luftdruck p_0 mitberücksichtigt.

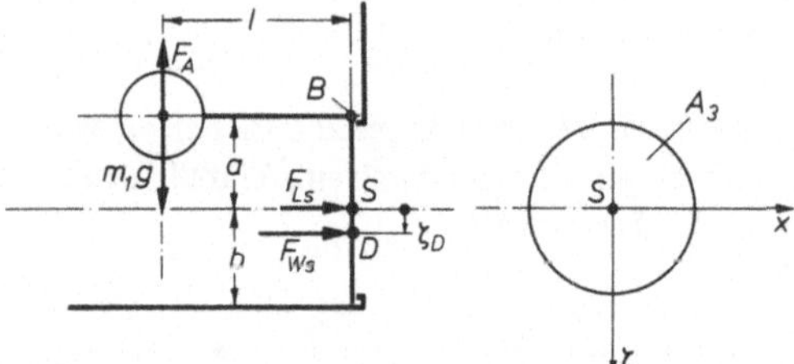

Fig. 4.17

Im allgemeinen heben sich Luftkräfte F_L bei Aufgaben der Hydrostatik heraus, deshalb bleiben sie im Lösungsansatz meist unberücksichtigt. Da man sich im vorliegenden Übungsbeispiel für die Ermittlung der öffnend wirkenden Klappenmomente auf den Luftdruck p_1 oder p_0 beziehen kann, müssen die Luftkräfte hier zunächst mit berücksichtigt werden:

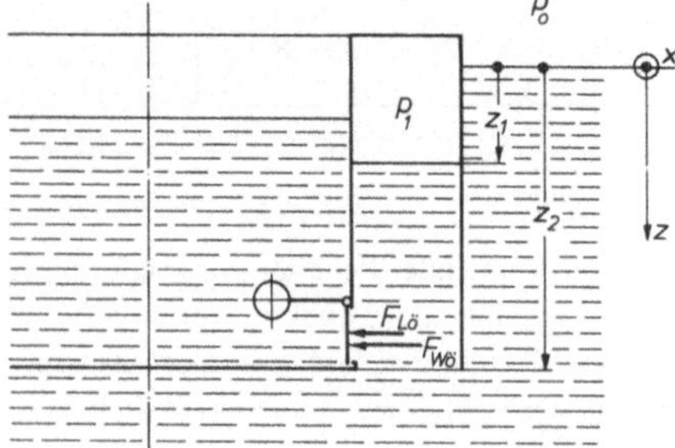

Fig. 4.18

$$(M_B)_{\text{schließ.}} = (m_1 g - F_A)\,\ell + F_{Ls}a + F_{Ws}(a + \zeta_D), \tag{1}$$

mit $\qquad F_A = \rho_T g V_Q = \rho_T g \dfrac{4}{3}\pi r^3, \qquad F_{Ls} = A_3 p_0,$

$$F_{Ws} = A_3 \rho_T g(h_2 - b), \qquad \zeta_D = \frac{I_{xS}}{A_3(h_2 - b)}, \qquad I_{xS} = \frac{\pi d_3^4}{64}.$$

Die Koordinate ζ_D beschreibt die Lage der resultierenden Wasserkraft auf die Klappe (Druckmittelpunkt).

Für das öffnend wirkende Moment auf die Klappe erhält man bei Verwendung des z,x-Koordinatensystems nach Fig. 4.18

$$(M_B)_{\text{öffn.}} = F_{L\ddot{o}} a + F_{W\ddot{o}}(a + \zeta_D), \tag{2}$$

mit $\qquad F_{L\ddot{o}} = A_3 p_1, \qquad F_{W\ddot{o}} = A_3 \rho_S g(z_2 - z_1 - b), \qquad \zeta_D = \dfrac{I_{xS}}{A_3(z_2 - b)}.$

Gl. (2) kann auch auf die freie Wasseroberfläche bezogen werden:

$$F_{L\ddot{o}} = A_3 p_0; \qquad F_{W\ddot{o}} = A_3 \rho_S g(z_2 - b); \qquad \zeta_D = \frac{I_{xS}}{A_3(z_2 - b)}.$$

Aus (1) und (2) erhält man als Schließbedingung für die Klappe

$$(m_1 - \rho_T V_Q)\ell + A_3 \rho_T(h_2 - b)a + \rho_T I_{xS} \geqslant A_3 \rho_S(z_2 - b)a + \rho_S I_{xS}. \tag{3}$$

Als oberer Grenzwert der Tauchtiefe z_2 folgt aus (3)

$$z_2 \leqslant \frac{\ell}{A_3 \rho_S a}(m_1 - \rho_T V_Q) + \frac{I_{xS}}{A_3 a}\left(\frac{\rho_T}{\rho_S} - 1\right) + \frac{\rho_T}{\rho_S}(h_2 - b) + b \tag{4}$$

$$z_2 \leqslant 1{,}796 \text{ m.}$$

Der Luftdruck p_1 im Schwimmer kann aus der hydrostatischen Druckgleichung und der Auftriebsgleichung berechnet werden:

$$p_1 = p_0 + \rho_S g z_1, \tag{5}$$

$$mg + A_2 h_2 \rho_T g = A_2 z_2 \rho_S g + (A_1 - A_2)z_1 \rho_S g. \tag{6}$$

Aus (5) und (6) folgt für den Mindestdruck p_1

$$(p_1 - p_0) = \frac{g}{(A_1 - A_2)}\left[m + A_2(h_2 \rho_T - z_2 \rho_S)\right], \tag{7}$$

$$p_1 \geqslant 1{,}011 \text{ bar.}$$

b) Die resultierende Kraft F auf den Behälterboden ergibt sich mit den Drücken $p_T(h_2)$ im Trinkwasser und $p_S(z_2)$ im Salzwasser am Boden des Behälters zu

$$F = A_2[p_T(h_2) - p_S(z_2)] = A_2 g(\rho_T h_2 - \rho_S z_2). \tag{8}$$

Die Tauchtiefe z_2 in Abhängigkeit des Luftdruckes p_1 folgt aus (5) und (6):

$$z_2 = \frac{m}{A_2 \rho_S} + \frac{p_1 - p_0}{\rho_S g}\left(1 - \frac{A_1}{A_2}\right) + \frac{\rho_T}{\rho_S} h_2. \tag{9}$$

Die Gln. (8) und (9) können zusammengefaßt werden zu

$$F = (p_1 - p_0)(A_1 - A_2) - mg = 4694 \text{ N} .\tag{10}$$

Gl. (10) läßt sich auch sehr schnell mit folgender Überlegung herleiten. Das Gesamtgewicht des wassergefüllten Behälters ($mg + A_2 h_2 \rho_T g$) muß im Gleichgewicht stehen mit der Kraft F_B, die von unten auf den Behälterboden wirkt, und mit der Kraft $(p_1 - p_0)(A_1 - A_2)$, die auf den Schwimmer wirkt:

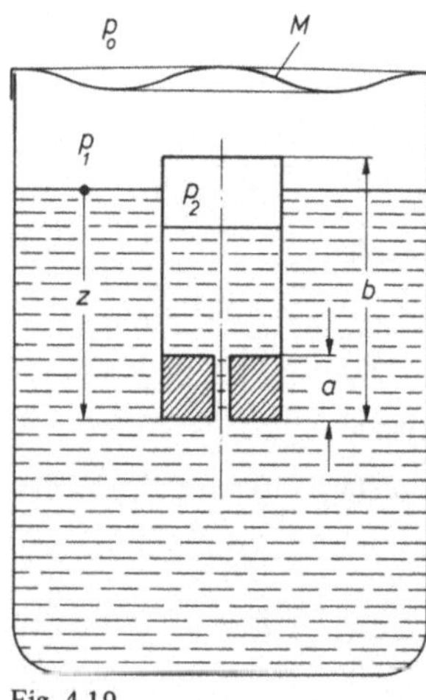

Fig. 4.19

$$mg + A_2 h_2 \rho_T g = F_B + (p_1 - p_0)(A_1 - A_2) .$$

Die resultierende Kraft auf den Behälterboden ist

$$F = A_2 h_2 \rho_T g - F_B = (p_1 - p_0)(A_1 - A_2) - mg.$$

Aufgabe 4.7 (Fig. 4.19). Ein Tauchkörper („Kartesischer Taucher") besteht aus einem dünnwandigen, zylindrischen Gefäß mit einem durchbohrten Zusatzgewicht. Der Querschnitt des Tauchers sei A, sein Gesamtgewicht G. Vor dem Einsetzen in ein Wassergefäß, das durch eine Membran luftdicht verschlossen werden kann, wird das Innenvolumen des Tauchkörpers bei Atmosphärendruck p_0 zur Hälfte mit Wasser gefüllt. Der Luftdruck p_1 auf die Wasseroberfläche kann durch Drücken der Membran M erhöht werden. Dabei sollen die Zustandsänderungen der Luft im Tauchgefäß (Luftdruck p_2) als isotherm angenommen werden.

Die Wasserverdrängung der Gefäßwand und das Wasservolumen in der Bohrung des Zusatzgewichtes sollen vernachlässigt werden.

a) Wie groß ist der Luftdruck p_2 im Tauchkörper und die Eintauchtiefe z bei offenem Gefäß, d.h. $p_1 = p_0$?

b) Bei welchem Druck p_1 ist der Tauchkörper in einer Tauchtiefe $z \geqslant b$ im Gleichgewicht? Ist dieser Gleichgewichtszustand stabil oder instabil?

L ö s u n g : a) Die drei Variablen p_2, z und h (Fig. 4.20) für den Schwimmzustand des Tauchkörpers können aus der Auftriebsgleichung, der hydrostatischen Druckgleichung und der Gasgleichung bestimmt werden.

Für den Auftrieb gilt

$$G + \rho g A(h - a) = \rho g A z .\tag{1}$$

Aus der hydrostatischen Druckgleichung folgt

$$p_2 = p_1 + \rho g(z - h) .\tag{2}$$

Für isotherme Zustandsänderungen lautet die Gasgleichung

$$p_0 V_0 = p_2 V_2.$$

Mit dem Einfüllvolumen $V_0 = \dfrac{A}{2}\,(b - a)$ und dem Endvolumen $V_2 = A(b - h)$ erhält man

$$p_2 = \frac{p_0}{2}\left(\frac{b - a}{b - h}\right). \qquad (3)$$

Mit $p_1 = p_0$ erhält man aus (1), (2) und (3) die gesuchten Größen:

$$p_2 = \frac{G}{A} - a\rho g + p_0\,, \qquad (4)$$

$$z = \frac{G}{A\rho g} + (b - a)\left(1 - \frac{p_0}{2p_2}\right). \qquad (5)$$

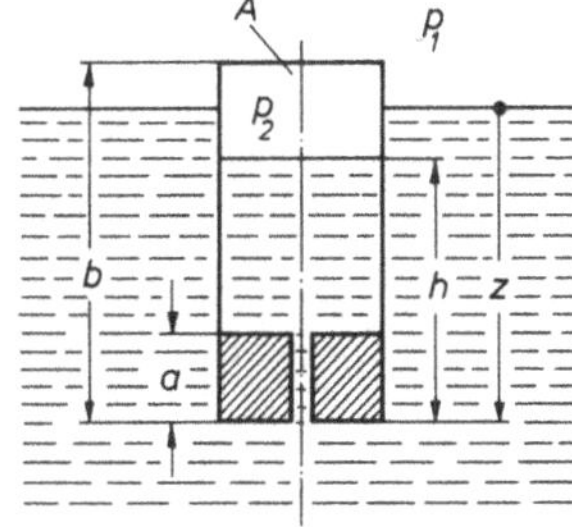

Fig. 4.20

b) Der Tauchkörper ist in beliebiger Tauchtiefe z im Gleichgewicht, wenn $\mathbf{F}_A + \mathbf{G} = 0$ gilt, worin $\mathbf{F}_A$ die Auftriebskraft ist. Für den ganz eingetauchten Tauchkörper ist

$$F_A = G = \rho g\,[Aa + A(b - h)]\,. \qquad (6)$$

Aus (2), (3) und (6) folgt

$$p_1 = \frac{\dfrac{p_0(b - a)}{2\left(\dfrac{G}{A\rho g} - a\right)} - \frac{G}{A} - (z - a - b)\,\rho g\,. \qquad (7)$$

Die Gleichgewichtslage des Schwimmers ist stabil, wenn nach kleinen Auslenkungen $\pm dz$ solche Änderungen dF_A der Auftriebskraft entstehen, daß der Schwimmer in seine Ausgangslage zurückkehrt. Das ist der Fall für $dF_A/dz > 0$, für $dF_A/dz < 0$ ist der Gleichgewichtszustand instabil.
Die Funktion $F_A(z)$ folgt aus (6), (2) und (3)

$$F_A(z) = A\rho g\left[a + \frac{\dfrac{p_0}{2}(b - a)}{\dfrac{G}{A} + p_1 + (z - a - b)\,\rho g}\right] \qquad (8)$$

für $z \geqslant b$. Man erkennt daraus unmittelbar, daß $dF_A/dz < 0$ ist; also ist die Gleichgewichtslage instabil.

Dieses Ergebnis kann auch durch eine qualitative Betrachtung gefunden werden. Bei konstantem Druck p_1 nimmt der hydrostatische Druck und damit auch p_2 mit zunehmender Tauchtiefe z zu. Da sich dabei das eingeschlossene Luftvolumen verringert, wird die Auftriebskraft kleiner. Der Taucher sinkt dann bis auf den Boden des Gefäßes. Bei einer Störung in negativer z-Richtung wird er bis an die Wasseroberfläche steigen.

Aufgabe 4.8 (Fig. 4.21). Ein zylindrisches Graugußteil ist mit einem Kern für die abgesetzte Bohrung in zwei Formkästen eingeformt.

Welche vertikale Kraft wird bei gefüllter Form vom flüssigen Grauguß auf den Oberkasten ausgeübt, wenn das Volumen vom Einguß und Steigtrichter vernachlässigt werden kann?

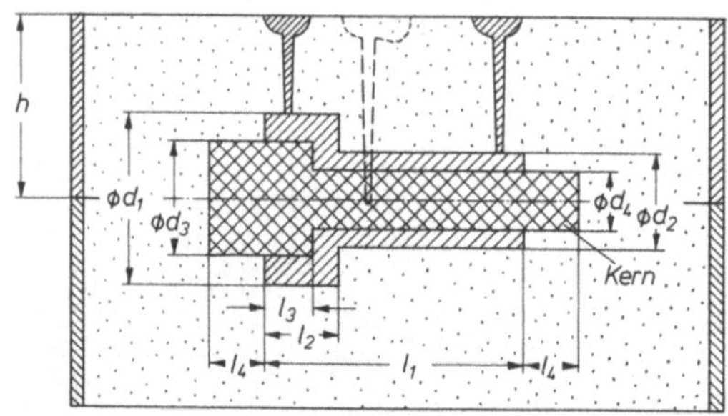

Fig. 4.21

Z a h l e n w e r t e : $d_1 = 0,45$ m; $d_2 = 0,25$ m; $d_3 = 0,3$ m; $d_4 = 0,15$ m; $\ell_1 = 0,7$ m; $\ell_2 = 0,2$ m; $\ell_3 = 0,13$ m; $\ell_4 = 0,15$ m; $h = 0,45$ m; Graugußdichte $\rho_G = 7400\,\text{kg/m}^3$; Dichte des Kernmaterials $\rho_K = 1600\ \text{kg/m}^3$.

L ö s u n g : Die Kraft **F** auf den Oberkasten setzt sich zusammen aus der Druckkraft **F**$_D$ des flüssigen Gußeisens auf die obere Halbzylinderfläche und dem Auftrieb des Kerns **F**$_A$, vermindert um sein Gewicht **G**$_K$:

$$F = F_D + F_A - G_K.$$

Für die Kraft **F**$_D$ gilt bei Anwendung des Erstarrungsprinzips (vergl. Aufgabe 4.1)

$$F_D = \rho_G g \left[\left(d_1 h - \frac{1}{2}\,\pi\,\frac{d_1^2}{4} \right) \ell_2 + \left(d_2 h - \frac{1}{2}\,\pi\,\frac{d_2^2}{4} \right) (\ell_1 - \ell_2) \right],$$

$$F_D = 4978\ \text{N} .$$

Für den Auftrieb und das Gewicht des Kerns gilt

$$F_A - G_K = (\rho_G - \rho_K)g \left[\frac{\pi d_3^2}{4}\,\ell_3 + \frac{\pi d_4^2}{4}\,(\ell_1 - \ell_3) \right] - $$
$$ - \rho_K g \ell_4 \left(\frac{\pi d_3^2}{4} + \frac{\pi d_4^2}{4} \right),$$

$$F_A - G_K = 888\ \text{N}.$$

Folgerung: Das Gewicht des Oberkastens muß mindestens $F = 5866$ N betragen, damit er durch das flüssige Gußeisen nicht angehoben wird.

Aufgabe 4.9 (Fig. 4.22). Ein im Wasser schwimmender homogener, kreiszylindrischer Schwimmkörper vom Gewicht G_1 trägt in seiner Mittelbohrung eine Signalstange. Die Stange hat eine gleichförmige Massenverteilung, ihr Gewicht ist $G_2 = q\ell$.

a) Wie groß darf die Stangenlänge ℓ höchstens werden, wenn der Schwimmkörper nicht umkippen soll?

b) Um welchen Wert darf die vertikale Mittelbohrung aus der geometrischen Mitte des Schwimmkörpers maximal versetzt sein, wenn sich das System bei einer Stangenlänge von $\ell = 0,8$ m höchstens um $\varphi = 3°$ neigen darf?

Z a h l e n w e r t e : $d = 0,5$ m; $h = 0,1$ m; $G_1 = 60$ N; $q = 40$ N/m.

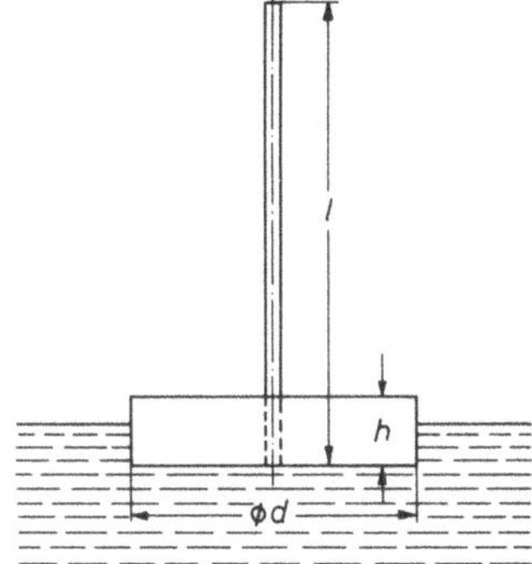

Fig. 4.22

L ö s u n g : a) Für die Stabilität der aufrechten Schwimmlage gilt die Bedingung für die Metazenterhöhe

$$h_M = \frac{I}{V} - s > 0, \tag{1}$$

mit $I = \dfrac{\pi d^4}{64}$. Das Eintauchvolumen V folgt aus der Auftriebsformel

$$\rho g V = G_1 + G_2 = G_1 + q\ell \, .$$

Für die Strecke s zwischen Schwerpunkt und Auftriebspunkt gilt nach Fig. 4.23

$$s = z_S - \frac{t}{2},$$

mit $\quad z_S = \dfrac{1}{G_1 + q\ell} \left(\dfrac{G_1 h}{2} + \dfrac{q\ell^2}{2} \right), \quad t = \dfrac{4\,V}{\pi d^2} \ .$

Damit erhält man aus (1)

$$h_M = \left[\frac{\pi d^4}{64} \rho g - \frac{1}{2} (G_1 h + q\ell^2) \right] \frac{1}{G_1 + q\ell} + \frac{2\,(G_1 + q\ell)}{\rho g\ \pi d^2} \, . \tag{2}$$

Aus $h_M > 0$ folgt für die zulässige Stangenlänge ℓ

$$\ell^2 \left(q^2 - \frac{1}{4} \rho g\,\pi d^2 q \right) + \ell\, 2q\, G_1 + G_1^2 + \frac{1}{2} \rho g\,\pi d^2 \left(\frac{\pi d^4}{64} \rho g - \frac{1}{2} G_1 h \right) > 0,$$

$$\ell < 1,208 \text{ m}.$$

Dieser Grenzwert für die Stangenlänge ist nur dann zulässig, wenn die Tauchtiefe t dabei geringer ist als die Höhe h des Schwimmkörpers:

$$t = \frac{4\,V}{\pi d^2} = \frac{4}{\rho g\,\pi d^2}\,(G_1 + q\ell),$$

$$t = 0{,}056\ \text{m} < h = 0{,}1\ \text{m}.$$

b) Da der Neigungswinkel φ des Schwimmkörpers klein ist, gilt auch für den Schwimmer mit wenig versetzter Stange die Gl. (2). Aus Fig. 4.24 kann für die gezeichnete stabile Schwimmlage mit der Neigung φ die Momentengleichgewichtsbedingung um das Metazentrum M abgelesen werden:

$$\Sigma\,M_M = G_1\left(h_M + z_S - \frac{h}{2}\right)\sin\varphi - G_2\left[\left(\frac{\ell}{2} - h_M - z_S\right)\sin\varphi + e\cos\varphi\right] = 0. \qquad (3)$$

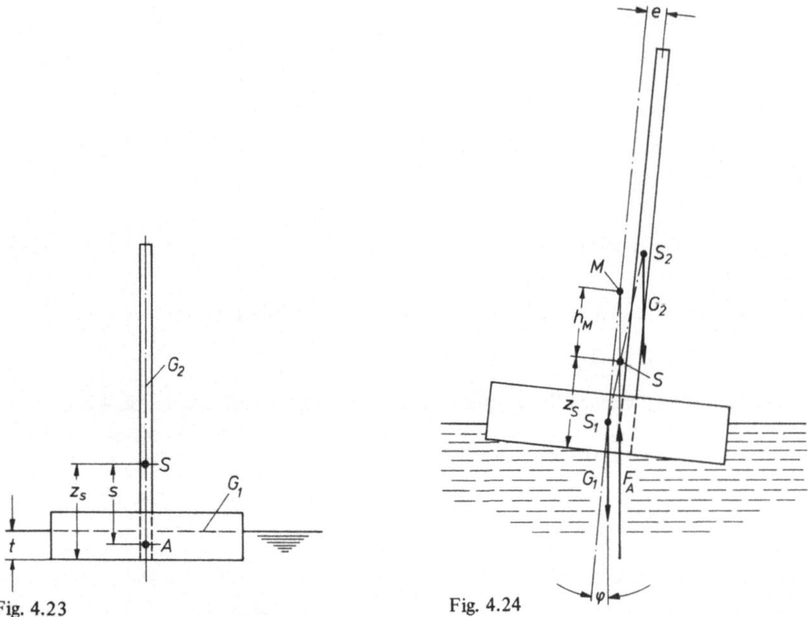

Fig. 4.23   Fig. 4.24

Daraus folgt für die Mittenabweichung e der Stange mit $\varphi \ll 1$

$$e = \varphi\left[\frac{G_1}{G_2}\left(h_M + z_S - \frac{h}{2}\right) - \frac{\ell}{2} + h_M + z_S\right], \qquad (4)$$

mit $h_M = 0{,}179$ m nach (2) und $z_S = 0{,}172$ m,

$e = 0{,}027$ m.

Aufgabe 4.10 (Fig. 4.25). Ein homogener, gleichseitiger Kreiskegel mit der Dichte ρ_K soll in einer Flüssigkeit mit der Dichte ρ_F schwimmen.

a) Für welche Werte des Verhältnisses $\rho_K : \rho_F$ sind die Schwimmlagen I und II stabil?

b) Welche Zugkraft F_Z (d, ρ_K, ρ_F) muß eine an der Kegelspitze befestigte, senkrecht nach unten hängende Kette mindestens ausüben, damit der Kreiskegel in der Schwimmlage I immer stabil schwimmt?

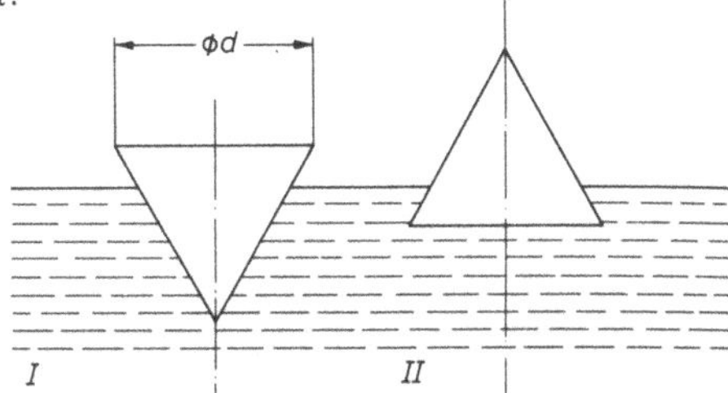

Fig. 4.25

L ö s u n g : a) Als Hilfsvariable wird der Durchmesser a des von der Wasseroberfläche gebildeten Kreises eingeführt (Fig. 4.26). Der Grenzwert des Verhältnisses a/d, für den die S c h w i m m l a g e I noch stabil ist, wird aus

$$h_M = \frac{I}{V_F} - s_I > 0, \tag{1}$$

ermittelt.

In (1) sind $I = \dfrac{\pi a^4}{64}$, $\quad V_F = \dfrac{1}{3} \pi \dfrac{a^2}{4} h = \dfrac{\sqrt{3}}{24} \pi a^3$, $\quad s_I = \dfrac{3}{8} \sqrt{3} (d - a)$.

Aus der geometrischen Randbedingung $a \leqslant d$ erhält man aus (1) für die Stabilität der Schwimmlage I die Forderung

$$1 \geqslant \frac{a}{d} > \frac{3}{4} . \tag{2}$$

Für das zugehörige Dichteverhältnis $\rho_K : \rho_F$ folgt unter Berücksichtigung der Schwimmbedingung (Auftriebsformel)

$$g\rho_K V_K = g\rho_F V_F,$$

$$\frac{\rho_K}{\rho_F} = \frac{V_F}{V_K} = \left(\frac{a}{d}\right)^3 \tag{3}$$

als Bedingung für Schwimmstabilität in der Lage I

$$1 \geqslant \frac{\rho_K}{\rho_F} > 0{,}4219. \tag{4}$$

Für die Stabilität der S c h w i m m l a g e II erhält man aus (1) mit den Werten (Fig. 4.27)

$$I = \frac{\pi a^4}{64}, \quad V_F = \frac{\sqrt{3}}{24} \pi (d^3 - a^3), \quad s_{II} = \frac{3}{8} \sqrt{3} (d - a) \frac{a^3}{(d^3 - a^3)}$$

die Forderung

$$1 \geqslant \frac{a}{d} > \frac{3}{4}.$$
(5)

Die Bedingungen (5) und (2) sind identisch!

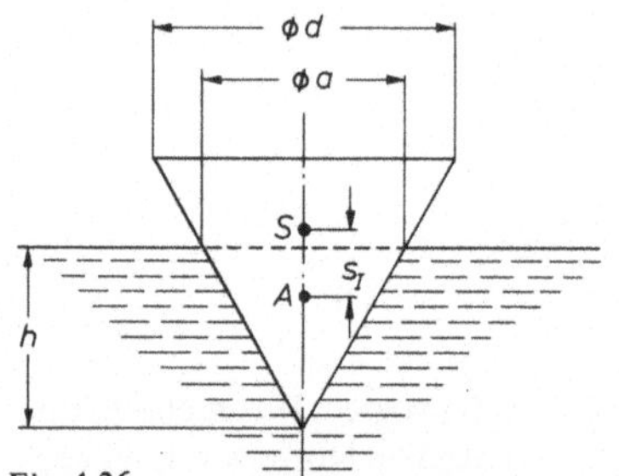

Fig. 4.26   Fig. 4.27

Das zugehörige Dichteverhältnis $\rho_K : \rho_F$ ergibt mit der Schwimmbedingung

$$\frac{\rho_K}{\rho_F} = \frac{V_F}{V_K} = 1 - \left(\frac{a}{d}\right)^3$$
(6)

als Bedingung für Schwimmstabilität in der Lage II

$$0 \leqslant \frac{\rho_K}{\rho_F} < 0{,}5781.$$
(7)

In Fig. 4.28 sind die Stabilitätsbedingungen (4) und (7) dargestellt. Im Bereich $0{,}4219 < \rho_K/\rho_F < 0{,}5781$ sind beide Schwimmlagen für den gleichseitigen Kreiskegel stabil.

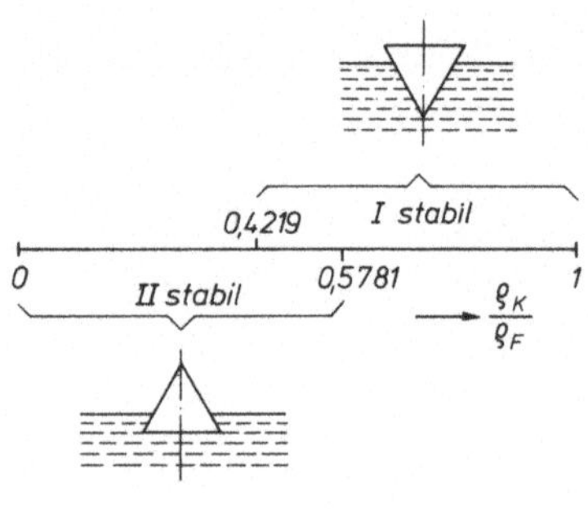

Fig. 4.28   Fig. 4.29

b) Auch für Dichteverhältnisse $\rho_K/\rho_F \leqslant 0{,}4219$ kann die Schwimmlage I stabil sein, wenn an der Kegelspitze eine entsprechende Zusatzkraft F_Z angreift (Fig. 4.29).

Mit $\varphi \ll 1$ ergibt das Gleichgewicht der Momente um den Kegelschwerpunkt

$$\Sigma\, M_S = F_A\, |h_M|\, \varphi - F_Z\, \frac{3}{4}\left(\frac{1}{2}\, \sqrt{3}\,d\right)\varphi = 0 \tag{8}$$

und das Gleichgewicht der Kräfte in vertikaler Richtung

$$F_A - F_Z - G = 0. \tag{9}$$

Ferner gilt

$$|h_M| = \left|\frac{1}{2}\,\sqrt{3}\left(a - \frac{3}{4}\,d\right)\right| = \frac{1}{2}\,\sqrt{3}\left(\frac{3}{4}\,d - a\right), \tag{10}$$

$$F_A = \rho_F g\pi a^3\,\frac{\sqrt{3}}{24}\,, \qquad G = \rho_K g\pi d^3\,\frac{\sqrt{3}}{24}\,. \tag{11}$$

Aus (8) bis (11) folgt die Mindestzugkraft F_Z für stabiles Schwimmen:

$$F_Z = \frac{\sqrt{3}}{24}\,g\rho_K\pi d^3\left[\sqrt[4]{\left(\frac{3}{4}\right)^3\frac{\rho_F}{\rho_K}} - 1\right]\,, \tag{12}$$

$$F_Z = G\left(\sqrt[4]{0{,}4219\,\frac{\rho_F}{\rho_K}} - 1\right)\,.$$

Aufgabe 4.11 (Fig. 4.30): Ein geschlossener würfelförmiger Behälter, der um seine vertikale Symmetrieachse mit einer konstanten Drehzahl n rotiert, ist vollständig mit Wasser gefüllt. Bei nichtdrehendem Behälter ist der Innendruck am Deckel gleich dem äußeren Luftdruck p_0.

a) Welcher Druck herrscht im rotierenden Behälter; insbesondere bestimme man den Druck entlang der Innenkanten 1,2 und 3?

b) Welche Kräfte werden bei ruhendem und bei rotierendem Behälter auf die einzelnen Behälterwände ausgeübt?

Z a h l e n w e r t e : $d = 0{,}8\,\text{m}; n = 1s^{-1}; p_0 = 1$ bar.

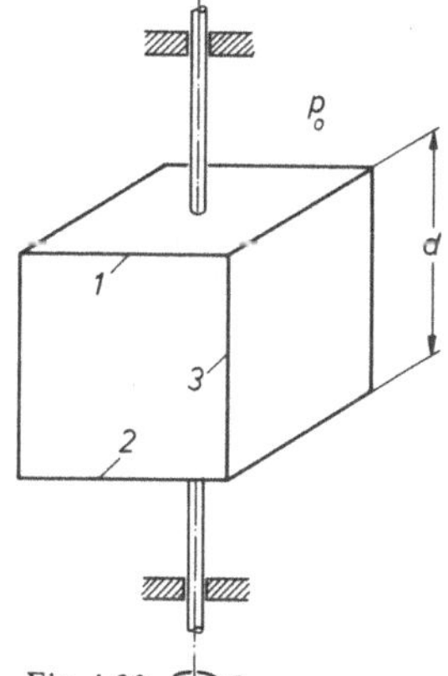

L ö s u n g : a) Zunächst wird der hydrostatische Druck p (x, y, z) im Behälter allgemein ausgerechnet. Hierbei wird das behälterfeste Koordinatensystem nach Fig. 4.31 verwendet.

Aus einer Gleichgewichtsbetrachtung an einem Fluidelement folgt

$$\frac{d\mathbf{F}_V}{dV} = \text{grad }p\,. \tag{1}$$

Hierin ist $d\mathbf{F}_V$ die resultierende Volumenkraft auf das Fluidelement. Sie setzt sich zusammen aus der Gewichtskraft $d\mathbf{F}_G$ und der wegen der Drehung des Systems entstehenden Trägheitskraft $d\mathbf{F}_T$. Wenn a die Beschleunigung des Fluidelementes ist, gilt

$$d\mathbf{F}_V = d\mathbf{F}_G + d\mathbf{F}_T = \rho dV\,(\mathbf{g} - \mathbf{a}).\tag{2}$$

In der Aufgabe ist

$$\mathbf{a} = [-x\omega^2; -y\omega^2; 0],\quad \text{mit}\quad \omega = 2\pi n \quad \text{und}\quad \mathbf{g} = [0; 0; -g].$$

Aus (1) und (2) folgt damit

$$\operatorname{grad} p = \rho\,[x\omega^2; y\omega^2; -g].$$

Die Integration ergibt

$$p(x, y, z) = \int \operatorname{grad} p\; dr = \rho \int [\omega^2 x\, dx + \omega^2 y\, dy - g\, dz] =$$

$$= \frac{1}{2}\,\rho\,\omega^2\,(x^2 + y^2) - \rho g z + C .\tag{3}$$

Wegen $p(0, 0, d) = p_0 = -\rho g d + C$
ist $C = p_0 + \rho g d,$

also ist $p(x, y, z) = p_0 + \dfrac{1}{2}\,\rho\omega^2\,(x^2 + y^2) + \rho g(d - z) .$ (4)

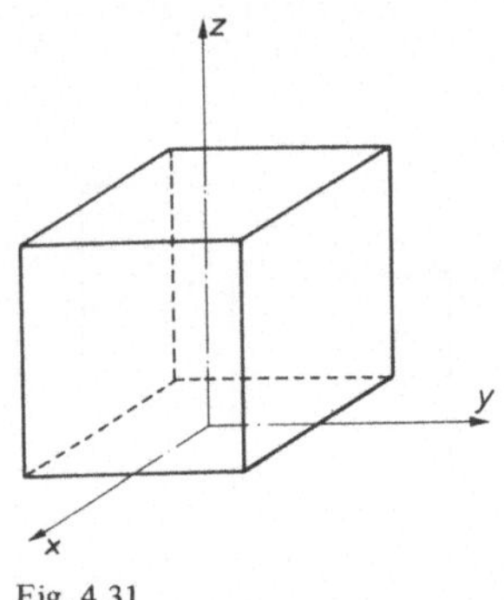

Fig. 4.31

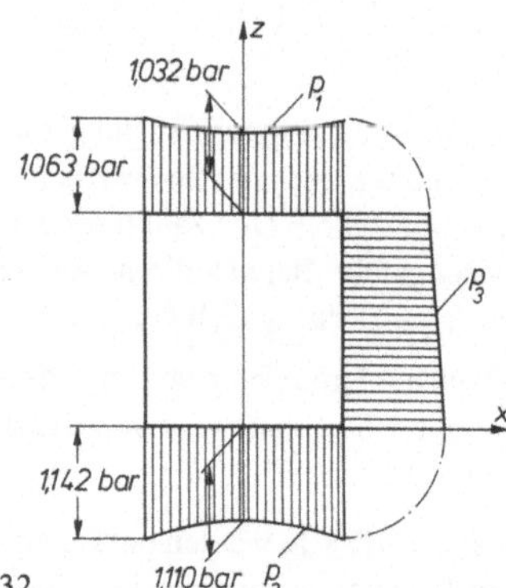

Aus (4) kann der Druck entlang der Behälterinnenkanten 1, 2 und 3 abgelesen werden:

$$p_1(y) = p_0 + \frac{1}{2}\,\rho\omega^2\left(\frac{d^2}{4} + y^2\right),$$

$$p_2(y) = p_0 + \frac{1}{2}\,\rho\omega^2\left(\frac{d^2}{4} + y^2\right) + \rho g d,$$

$$p_3(z) = p_0 + \frac{1}{4}\,\rho\omega^2 d^2 + \rho g\,(d - z) .$$

Fig. 4.32 zeigt diese Druckverläufe.

b) Für die aus Wasser- und Luftdruck resultierende Kraft **F** auf eine Behälterwand A gilt

$$F = \int_A [p(x, y, z) - p_0]\, dA. \tag{5}$$

Für eine Seitenwand folgt daraus

$$F_S = \int_{-d/2}^{d/2} \int_0^d \left[\frac{1}{2} \rho\omega^2 \left(\frac{d^2}{4} + y^2\right) + \rho g(d - z)\right] dz\, dy,$$

$$F_S = \frac{1}{6} \rho\omega^2 d^4 + \frac{1}{2} \rho g d^3. \tag{6}$$

Für den Behälterboden erhält man

$$F_B = \int_{-d/2}^{d/2} \int_{-d/2}^{d/2} \left[\frac{1}{2} \rho\omega^2 (x^2 + y^2) + \rho g d\right] dx\, dy,$$

$$F_B = \frac{1}{12} \rho\omega^2 d^4 + \rho g d^3. \tag{7}$$

Die Kraft **F$_D$** auf den Behälterdeckel ist gleich der Differenz aus der Bodenkraft F$_B$ und dem Gewicht G des eingeschlossenen Wassers:

$$F_D = F_B - G = \frac{1}{12} \rho\omega^2 d^4. \tag{8}$$

Mit den angegebenen Zahlenwerten und der Beziehung $\omega = 2\pi n$ folgt für den r u h e n - d e n Behälter

$$F_D = 0, \qquad F_B = 5023\,\text{N}, \qquad F_S = 2511\,\text{N}$$

und für den r o t i e r e n d e n Behälter

$$F_D = 1348\,\text{N}, \qquad F_B = 6370\,\text{N}, \qquad F_S = 5206\,\text{N}.$$

Aufgabe 4.12 (Fig. 4.33). In ein zylindrisches Gefäß, das um seine vertikale Symmetrieachse drehbar gelagert ist, sind zwei nicht mischbare Flüssigkeiten von verschiedener Dichte gefüllt. Über den Flüssigkeiten befinden sich in der Gefäßwand Ausflußöffnungen.

Welche Drehzahl muß man dem Gefäß mit Inhalt um seine lotrechte Symmetrieachse erteilen, damit die leichtere Flüssigkeit ganz, von der schwereren dagegen nichts an den Ausflußöffnungen abfließt?

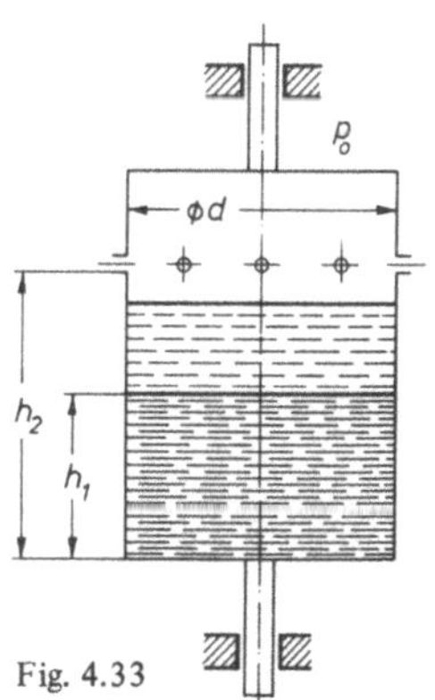

Fig. 4.33

Z a h l e n w e r t e : $d = 0{,}6$ m; $h_1 = 0{,}35$ m; $h_2 = 0{,}6$ m.

L ö s u n g : Bei der gesuchten Drehzahl bildet die Oberfläche der schwereren Flüssigkeit eine Äquipotentialfläche mit $p = p_0$ in Form eines Rotationsparaboloids, das gerade bis an die Ausflußöffnungen reicht. Aus der Druckgleichung für eine um die lotrechte z-Achse rotierende Flüssigkeit [vgl. Aufgabe 4.11, Gl. (3)] erhält man für $p\,(x, y, z) = p_0$ die Äquipotentialfläche

$$z(x, y) = \frac{\omega^2}{2g}\,(x^2 + y^2) - \frac{p_0}{\rho g} + C\,. \tag{1}$$

Mit dem behälterfesten Zylinder-Koordinatensystem nach Fig. 4.34 folgt mit $z(d/2) = 0$

$$C = \frac{p_0}{\rho g} - \frac{\omega^2 d^2}{8g}\,.$$

Damit ist die Gleichung des Rotationsparaboloids

$$z(r) = \frac{\omega^2}{2g}\left(r^2 - \frac{d^2}{4}\right). \tag{2}$$

Das Flüssigkeitsvolumen unter der Paraboloidfläche muß gleich dem Volumen der schwereren Flüssigkeit im unteren Zylinderabschnitt bei ruhendem Gefäß sein. Der Inhalt eines Rotationsparaboloids entspricht dem halben Volumen des umschriebenen Kreiszylinders:

$$\frac{\pi\,d^2}{4}\,h_2 - \frac{1}{2}\left[\frac{\pi\,d^2}{4}\,(h_2 - h)\right] = \frac{\pi\,d^2}{4}\,h_1,$$

$$h = 2\,h_1 - h_2\,. \tag{3}$$

Die Höhe h folgt aus (2) mit $z(0) = h - h_2$

$$h = h_2 - \frac{\omega^2\,d^2}{8g}\,.$$

Mit (3) erhält man daraus die gesuchte Drehzahl $n = \dfrac{\omega}{2\pi}$

$$n = \frac{2}{d\pi}\,\sqrt{g\,(h_2 - h_1)} = 1{,}66\,\frac{1}{s}\,.$$

H i n w e i s : Dieses Ergebnis ist nur dann richtig, wenn $|z(0)| < h_2$ ist. Das ist im vorliegenden Fall erfüllt.

Aufgabe 4.13 (Fig. 4.35). Ein einseitig verschlossenes U-Rohr mit Quecksilberfüllung kann als Drehzahlmesser verwendet werden. Im Ruhestand soll das Quecksilber in beiden Rohrschenkeln gleichhoch stehen. Beide Rohrschenkel haben den gleichen Durchmesser.

Welcher Zusammenhang besteht zwischen der Drehzahl n und der Höhe des Quecksilberspiegels im verschlossenen Schenkel des U-Rohres, wenn der Dampfdruck des Quecksilbers und die Kapillarwirkung im Rohr vernachlässigt werden?

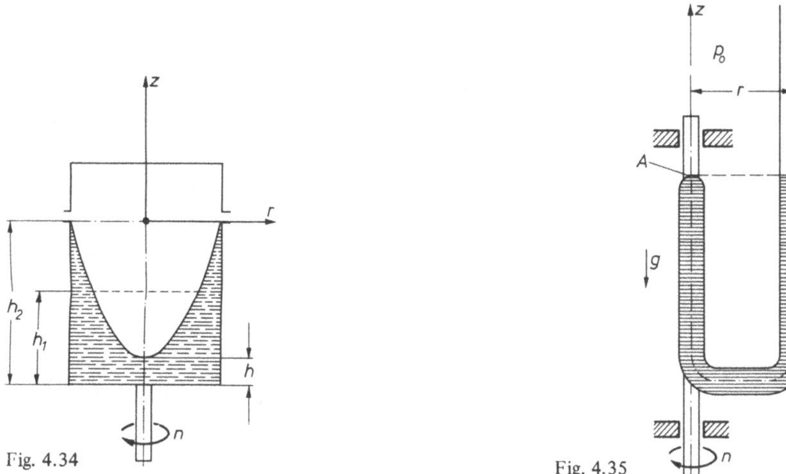

L ö s u n g : Beim Drehen des U-Rohres ändert sich die Höhe des Quecksilberspiegels nicht, solange für den Punkt A $p_A > 0$ ist. Wird mit steigender Drehzahl $p_A = 0$, dann sinkt der Quecksilberspiegel bei A. Die Druckgleichung für eine um die lotrechte z-Achse rotierende Flüssigkeit lautet nach Aufgabe 4.11, Gl. (3)

$$p(x, y, z) = \frac{1}{2} \rho \omega^2 (x^2 + y^2) - \rho g z + C. \tag{1}$$

Legt man ein z, x-Koordinatensystem mit seinen Ursprung in A, dann folgt aus (1) für die Höhenkoordinate z_0 der Quecksilberoberfläche im offenen U-Rohr-Schenkel

$$p(r, 0, z_0) = \frac{1}{2} \rho \omega^2 r^2 - \rho g z_0 + C = p_0 \tag{2}$$

und im verschlossenen U-Rohr-Schenkel

$$p(0, 0, -z_0) = \rho g z_0 + C = 0. \tag{3}$$

Durch Elimination von C und mit $n = \omega/2\pi$ folgt schließlich

$$n = \frac{1}{\pi r} \sqrt{g z_0 + \frac{p_0}{2\rho}}. \tag{4}$$

Daraus folgt mit $z_0 = 0$ auch die Grenzdrehzahl n_{Gr}, von der ab der Drehzahlmesser erst anzuzeigen beginnt:

$$n_{Gr} = \frac{1}{\pi r} \sqrt{\frac{p_0}{2\rho}}.$$

5.   Kinematik

Aufgabe 5.1 (Fig. 5.1). Ein Flugzeug F fliegt auf einer geradlinigen Flugbahn in der konstanten Höhe h mit der konstanten Geschwindigkeit v an einer Radarstation R vorbei. Im eingezeichneten bodenfesten Koordinatensystem sei die Projektion der Flugbahn auf die horizontale x,y-Ebene beschrieben durch die Geradengleichung $y = ax + b$.

a) Man gebe den Ortsvektor des Flugzeugs $\mathbf{r}(t)$ an, wenn zur Zeit $t = 0$ gerade die y-Achse überflogen wird.

b) Wie lauten die Winkel-Zeit-Funktionen $\psi(t)$ und $\vartheta(t)$ für die Einstellung des Radarschirmes auf das Flugzeug?

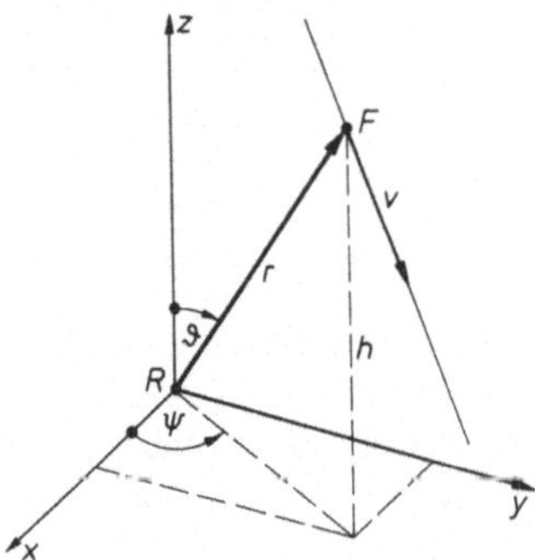

Fig. 5.1

L ö s u n g : a) Für die Komponenten des Ortsvektors zum Flugzeug $\mathbf{r}(t) = [r_x ; r_y ; r_z]$ erhält man aus der gegebenen Flugbahn

$$\mathbf{r}(t) = [r_x ; ar_x + b; h] . \tag{1}$$

Aus (1) folgt der Geschwindigkeitsvektor durch Differentiation nach der Zeit

$$\mathbf{v}(t) = [v_x ; v_y ; v_z] = [\dot{r}_x ; a\dot{r}_x ; 0] , \tag{2}$$

mit dem Betrag

$$v = \sqrt{v_x^2 + v_y^2 + v_z^2} = \dot{r}_x \sqrt{1 + a^2} . \tag{3}$$

Aus dem bekannten Betrag v der Fluggeschwindigkeit folgt schließlich mit (3) in (2)

$$\mathbf{v} = \left[\frac{v}{\sqrt{1 + a^2}} ; \quad \frac{av}{\sqrt{1 + a^2}} ; \ 0 \right] . \tag{4}$$

Hiermit ist das Problem auf die Grundaufgabe zurückgeführt, den Ortsvektor $\mathbf{r}(t)$ aus bekanntem Geschwindigkeitsvektor $\mathbf{v}(t)$ zu bestimmen. Durch Integration folgt aus (4)

$$\mathbf{r}(t) = \int\limits_0^t \mathbf{v}\, dt + \mathbf{r}_0, \qquad \text{mit} \qquad \mathbf{r}_0 = [0; b; h],$$

$$\mathbf{r}(t) = \left[\frac{vt}{\sqrt{1+a^2}} \; ; \quad \frac{avt}{\sqrt{1+a^2}} + b \; ; \qquad h \right]. \tag{5}$$

b) Die Funktionen $\psi(t)$ und $\vartheta(t)$ können mit den Komponenten des Ortsvektors $\mathbf{r}(t)$ aus (5) unmittelbar angegeben werden:

$$\tan\psi = \frac{r_y}{r_x}, \qquad \psi(t) = \arctan\left(a + \frac{b\sqrt{1+a^2}}{vt} \right),$$

$$\tan\vartheta = \frac{1}{r_z}\sqrt{r_x^2 + r_y^2}, \qquad \vartheta(t) = \arctan\left[\frac{1}{h}\sqrt{\frac{v^2 t^2}{1+a^2} + \left(\frac{avt}{\sqrt{1+a^2}} + b \right)^2} \right].$$

Aufgabe 5.2. (Fig. 5.2.). Das Phasendiagramm $v(s)$ (Geschwindigkeit-Weg-Funktion) für einen elektrisch betriebenen Zug kann zwischen zwei Haltepunkten näherungsweise durch eine Beschleunigungs- und Verzögerungsparabel sowie einen dazwischen liegenden Streckenabschnitt mit konstanter Geschwindigkeit beschrieben werden.

a) Bis zu welcher Geschwindigkeit v_{max} muß der Zug beschleunigt werden, wenn die Strecke $s_3 = 6500$ m zwischen zwei Haltepunkten in $t_3 = 5,5$ min durchfahren werden soll?

b) Man skizziere die $a(t)$-, $v(t)$- und $s(t)$-Diagramme.

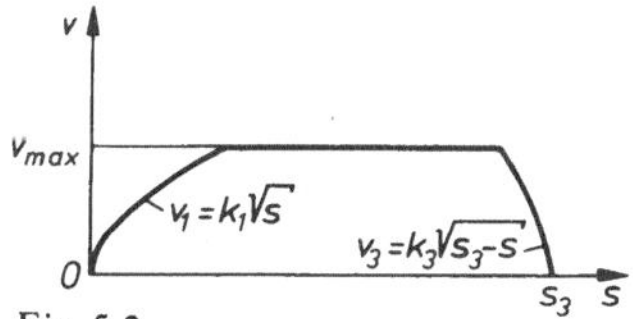

Z a h l e n w e r t e : $k_1 = 0{,}6\, \dfrac{m^{\frac{1}{2}}}{s}$; $k_3 = 1{,}2\, \dfrac{m^{\frac{1}{2}}}{s}$.

Fig. 5.2

L ö s u n g : a) Aus der gegebenen Funktion $v(s)$ werden zunächst die Beschleunigungen a in den drei Bewegungsabschnitten des Zuges bestimmt. Es gilt

$$a = \frac{dv}{dt} = \frac{dv}{ds}\frac{ds}{dt} = v\,\frac{dv}{ds}. \tag{1}$$

Daraus folgt

$$0 \leqslant s < s_1: \qquad a_1 = v_1 \frac{d}{ds}[k_1\sqrt{s}] = \frac{1}{2}k_1^2,$$

$$s_1 \leqslant s < s_2: \qquad a_2 = 0,$$

$$s_2 \leqslant s \leqslant s_3: \qquad a_3 = v_3 \frac{d}{ds}[k_3\sqrt{s_3 - s}] = -\frac{1}{2}k_3^2. \tag{2}$$

Geschwindigkeit und Weg können nun aus

$$\left.\begin{array}{l} v(t) = v_0 + \int\limits_0^t a\, d\tau\,, \\[4mm] s(t) = s_0 + \int\limits_0^t v\, d\tau \end{array}\right\} \tag{3}$$

berechnet werden. Für die drei Bewegungsabschnitte erhält man mit Berücksichtigung der jeweiligen Anfangsbedingungen

$$0 \leqslant t \leqslant t_1:\quad v_1(t) = \frac{1}{2}\, k_1^2 t\,, \tag{4}$$

$$s_1(t) = \frac{1}{4}\, k_1^2 t^2\,, \tag{5}$$

$$t_1 \leqslant t \leqslant t_2:\quad v_2(t) = v_1(t_1) = \frac{1}{2} k_1^2 t_1\,, \tag{6}$$

$$s_2(t) = s_1(t_1) + \frac{1}{2} k_1^2 t_1\,(t - t_1)$$

$$= -\frac{1}{4} k_1^2 t_1^2 + \frac{1}{2} k_1^2 t_1 t\,, \tag{7}$$

$$t_2 \leqslant t \leqslant t_3:\quad v_3(t) = v_2(t_2) - \frac{1}{2}\, k_3^2\,(t - t_2)$$

$$= \frac{1}{2}\, k_1^2 t_1 - \frac{1}{2}\, k_3^2\,(t - t_2)\,, \tag{8}$$

$$s_3(t) = s_2(t_2) + \frac{1}{2}\, k_1^2 t_1 t - \frac{1}{2}\, k_1^2 t_1 t_2 -$$

$$- \frac{1}{4}\, k_3^2 t^2 + \frac{1}{4} k_3^2 t_2^2 + \frac{1}{2}\, k_3^2 t_2 t - \frac{1}{2}\, k_3^2 t_2^2$$

$$= -\frac{1}{4}\, k_1^2 t_1^2 + \frac{1}{2} k_1^2 t_1 t - \frac{1}{4}\, k_3^2 t^2 + \frac{1}{2}\, k_3^2 t_2 t - \frac{1}{4}\, k_3^2 t_2^2\,. \tag{9}$$

Aus (4) bis (9) erhält man in Verbindung mit dem Phasendiagramm (Fig. 5.2)

$$v(t_1) = \frac{1}{2}\, k_1^2 t_1 = v_{max}\,, \tag{10}$$

$$v(t_3) = \frac{1}{2}\, k_1^2 t_1 - \frac{1}{2}\, k_3^2(t_3 - t_2) = 0\,, \tag{11}$$

$$s(t_3) = -\frac{1}{4}\, k_1^2 t_1^2 + \frac{1}{2}\, k_1^2 t_1 t_3 + \frac{1}{2}\, k_3^2 t_2 t_3 - \frac{1}{4}\, k_3^2 t_3^2 - \frac{1}{4}\, k_3^2 t_2^2 = s_3\,. \tag{12}$$

Durch Elimination von t_2 folgt aus (11) und (12) die quadratische Gleichung

$$t_1^2 - \frac{2\,k_3^2\,t_3}{k_3^2 + k_1^2}\,t_1 + \frac{4\,k_3^2\,s_3}{k_1^2(k_3^2 + k_1^2)} = 0$$

mit der Lösung

$$t_1 = 154{,}8\text{ s}\,. \tag{13}$$

Die maximale Geschwindigkeit v_{max} erhält man damit aus (10) mit (13)

$$v_{max} = 27{,}9\ \frac{m}{s} \cong 100{,}4\ \frac{km}{h}\ . \tag{14}$$

A n d e r e r   L ö s u n g s w e g : Da mit dem Phasendiagramm die Geschwindigkeit-Weg-Funktion $v(s)$ gegeben ist, kann die Lösung unmittelbar durch Integration von

$$dt = \frac{ds}{v(s)} \tag{15}$$

gefunden werden. Für die drei Bewegungsabschnitte gilt nach (15)

$$\left.\begin{aligned}
0 \leqslant t \leqslant t_1: \quad t_1 &= \int_0^{s_1} \frac{ds}{k_1\sqrt{s}} = \frac{2}{k_1}\sqrt{s_1}\,, \\[2ex]
t_1 \leqslant t \leqslant t_2: \quad t_2 - t_1 &= \int_{s_1}^{s_2} \frac{ds}{k_1\sqrt{s_1}} = \frac{s_2 - s_1}{k_1\sqrt{s_1}}\,, \\[2ex]
t_2 \leqslant t \leqslant t_3: \quad t_3 - t_2 &= \int_{s_2}^{s_3} \frac{ds}{k_3\sqrt{s_3 - s}} = \frac{2}{k_3}\sqrt{s_3 - s_2}\,.
\end{aligned}\right\} \tag{16}$$

Als vierte Gleichung entnimmt man dem Phasendiagramm

$$k_1\sqrt{s_1} = k_3\sqrt{s_3 - s_2} = v_{max}\,. \tag{17}$$

Aus (16) und (17) folgt die quadratische Gleichung

$$v_{max}^2 - \frac{k_1^2\,k_3^2}{k_1^2 + k_3^2}\,t_3 v_{max} + \frac{k_1^2\,k_3^2}{k_1^2 + k_3^2}\,s_3 = 0 \tag{18}$$

mit der Lösung

$$v_{max} = 27{,}9\ \frac{m}{s}\,.$$

b) Die Zeitfunktionen für Beschleunigung a, Geschwindigkeit v und Weg s sind mit den Gleichungen (2) und (4) bis (9) bereits bestimmt. Den noch unbekannten Zeitpunkt t_2 erhält man aus (8):

$$v_3(t_3) = \frac{1}{2}\,k_1^2 t_1 - \frac{1}{2}\,k_3^2(t_3 - t_2) = 0$$

$$t_2 = 291{,}3\text{ s}\,. \tag{19}$$

Die Ergebnisse sind in Fig. 5.3 skizziert.

Aufgabe 5.3 (Fig. 5.4). Ein Schiff S fährt in einer Wasserströmung, die die konstante Geschwindigkeit v_W hat. Gegenüber dem Wasser bewegt es sich mit der Geschwindigkeit v_S. Sein Kurs verändert sich dabei so, daß der Peilwinkel zu einem Leuchtturm L unverändert $\vartheta = 90°$ bleibt.

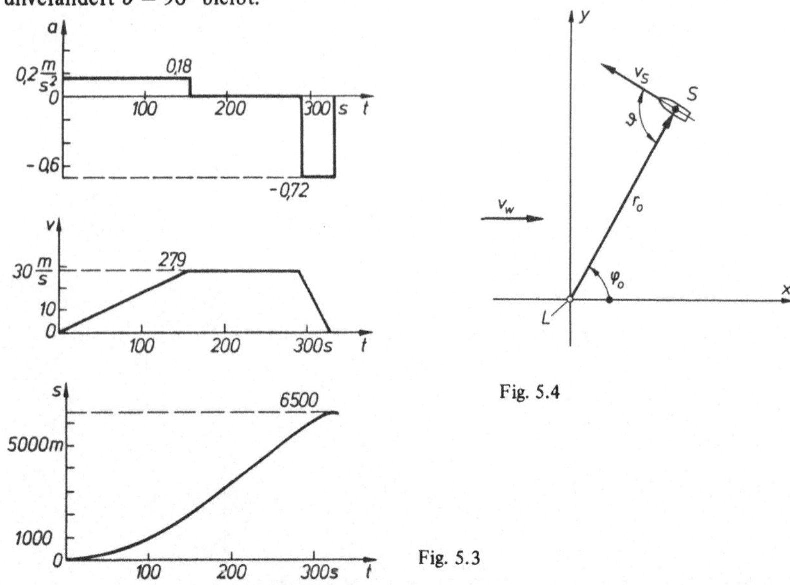

Fig. 5.4

Fig. 5.3

a) Bis auf welchen Abstand kann sich das Schiff dabei dem Leuchtturm nähern, wenn $v_W = 2$ m/s, $v_S = 3$ m/s und die Anfangswerte für den Ortsvektor $r_0 = 200$ m und $\varphi_0 = 60°$ betragen?

b) Man diskutiere die Bahnkurve des Schiffes in Abhängigkeit von der Geschwindigkeit v_S.

L ö s u n g : a) Im Koordinatensystem nach Fig. 5.4 gilt für den Ortsvektor **r** vom Leuchtturm zum Schiff

$$\mathbf{r} = [r_x ; r_y] = [r \cos \varphi ; r \sin \varphi] \,. \tag{1}$$

Für die Absolutgeschwindigkeit des Schiffes erhält man aus (1)

$$\mathbf{v}_{abs} = \dot{\mathbf{r}} = [\dot{r} \cos \varphi - r\dot{\varphi} \sin \varphi ; \dot{r} \sin \varphi + r\dot{\varphi} \cos \varphi] \,. \tag{2}$$

Andererseits gilt

$$\mathbf{v}_{abs} = \mathbf{v}_S + \mathbf{v}_W \,, \tag{3}$$

mit $\mathbf{v}_S = [- v_S \sin \varphi ; v_S \cos \varphi]$ und $\mathbf{v}_W = [v_W ; 0]$. Durch Vergleich folgt aus (2) und (3)

$$\dot{r} \cos \varphi - r\dot{\varphi} \sin \varphi = v_W - v_S \sin \varphi \,, \tag{4}$$

$$\dot{r} \sin \varphi + r\dot{\varphi} \cos \varphi = v_S \cos \varphi \,, \tag{5}$$

oder noch weiter vereinfacht

$$\dot{r} = v_W \cos \varphi \, , \tag{6}$$

$$r\dot{\varphi} = v_S - v_W \sin \varphi \, . \tag{7}$$

Aus (6) und (7) erhält man durch Division die Differentialgleichung

$$\frac{1}{r} \, dr = \frac{v_W \cos \varphi}{v_S - v_W \sin \varphi} \, d\varphi \tag{8}$$

mit der Lösung

$$\ln \left| \frac{r}{r_0} \right| = - \ln \left| \frac{v_S - v_W \sin \varphi}{v_S - v_W \sin \varphi_0} \right| \, ,$$

$$r = r_0 \, \frac{v_S - v_W \sin \varphi_0}{v_S - v_W \sin \varphi} \, . \tag{9}$$

Das ist die Bahnkurve des Schiffes in Polarkoordinaten. Der Winkel $\overline{\varphi}$, bei dem der Radiusvektor r einen Extremwert annimmt, folgt unmittelbar aus (6) für $\dot{r} = 0$ zu

$$\overline{\varphi} = \frac{2n - 1}{2} \, \pi \quad \text{mit} \quad n = 1, 2, 3 \dots . \tag{10}$$

Den Minimalabstand r_{min} erhält man mit (10) aus der Bahnkurve des Schiffes, wenn in (9) der Nenner maximal wird, d.h. für $\sin \varphi = -1$, also $\overline{\varphi} = \frac{3}{2} \, \pi$.

$$r_{min} = r_0 \, \frac{v_S - v_W \sin \varphi_0}{v_S + v_W} = 50{,}72 \text{ m.} \tag{11}$$

b) Zur Diskussion der Bahnkurve des Schiffes wird (9) in kartesischen Koordinaten dargestellt. Mit $x = r \cos \varphi$, $y = r \sin \varphi$, $x^2 + y^2 = r^2$, sowie den Abkürzungen $\lambda = v_W/v_S$ und $\mu = r_0(1 - \lambda \sin \varphi_0)$ folgt aus (9)

$$r = \frac{\mu}{1 - \lambda \sin \varphi}$$

und damit

$$(x^2 + y^2)\left(1 - 2\lambda \cdot \frac{y}{\sqrt{x^2 + y^2}} + \lambda^2 \, \frac{y^2}{x^2 + y^2} \right) = \mu^2 \, ,$$

$$\left(\sqrt{x^2 + y^2} - \lambda y \right)^2 = \mu^2 \, ,$$

$$\sqrt{x^2 + y^2} - \lambda y = \mu \, .$$

Hierin ist nur das positive Vorzeichen gültig, wie man aus der Anfangsbedingung

$$\mu = r_0(1 - \lambda \sin \varphi_0) = \sqrt{x_0^2 + y_0^2} - \lambda y_0$$

sofort erkennt. Somit erhält man für die Bahnkurve in kartesischen Koordinaten

$$x^2 + y^2 (1 - \lambda^2) - 2\mu\lambda y = \mu^2 \ . \tag{12}$$

Mit (12) hat man eine Kurve zweiter Ordnung, die in Abhängigkeit von dem Parameter λ zu einer Ellipse, Hyperbel oder Parabel werden kann. Dabei sind drei Fälle zu unterscheiden:

$\lambda < 1$ ($v_S > v_W$): Hierfür folgt aus (12) die Ellipse

$$\frac{x^2}{\dfrac{\mu^2}{1 - \lambda^2}} + \frac{\left(y - \dfrac{\mu\lambda}{1 - \lambda^2}\right)^2}{\left(\dfrac{\mu}{1 - \lambda^2}\right)^2} = 1 \ ,$$

die mit $\lambda = 0$ ($v_W = 0$) in einen Kreis übergeht.

$\lambda = 1$ ($v_S = v_W$): Hierfür folgt aus (12) die Parabel

$$y = \frac{1}{2\mu} \ x^2 - \frac{1}{2} \ \mu \ .$$

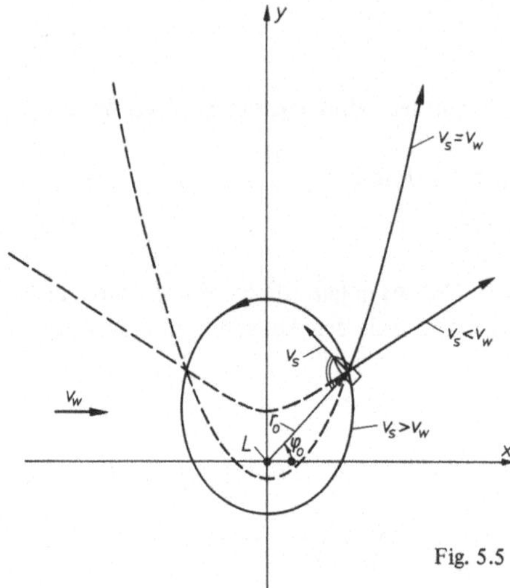

Fig. 5.5

$\lambda > 1$ ($v_S < v_W$): Hierfür folgt aus (12) die Hyperbel

$$- \frac{x^2}{\dfrac{\mu^2}{\lambda^2 - 1}} + \frac{\left(y + \dfrac{\mu\lambda}{\lambda^2 - 1}\right)^2}{\left(\dfrac{\mu}{\lambda^2 - 1}\right)^2} = 1 \ .$$

In Fig. 5.5 sind drei Bahnkurven des Schiffes für verschiedene Werte von $\lambda = v_W / v_S$ aufgetragen.

Aufgabe 5.4. Aus dem Reifen eines mit der Geschwindigkeit v auf horizontaler Straße fahrenden Autos löst sich ein Spike.

a) Wie groß ist die Wurfhöhe und Wurfweite des Spikes bei Vernachlässigung des Luftwiderstandes?

b) Welchen Sicherheitsabstand muß ein mit der gleichen Geschwindigkeit v = 126 km/h nachfolgendes Fahrzeug halten, damit es nicht mehr getroffen werden kann? Der Luftwiderstand und die Höhe des Spikeablösepunktes über der Straße sollen dabei unberücksichtigt bleiben.

L ö s u n g : a) Wurfweite und Wurfhöhe werden aus der Flugbahn des Spikes bestimmt. Sie kann aus Anfangsbedingungen und Beschleunigung errechnet werden. In einem ortsfesten Koordinatensystem (Fig. 5.6.) gilt für die Spikegeschwindigkeit v_{SO} im Ablösepunkt

$$\mathbf{v}_{SO} = \boldsymbol{\omega} \times \mathbf{r}_0 = \begin{bmatrix} 0 \\ 0 \\ -\omega \end{bmatrix} \times \begin{bmatrix} -R\,\sin\varphi_0 \\ R\,(1-\cos\varphi_0) \\ 0 \end{bmatrix}$$

$$= [\omega R\,(1-\cos\varphi_0); \quad \omega R\,\sin\varphi_0; \quad 0]$$

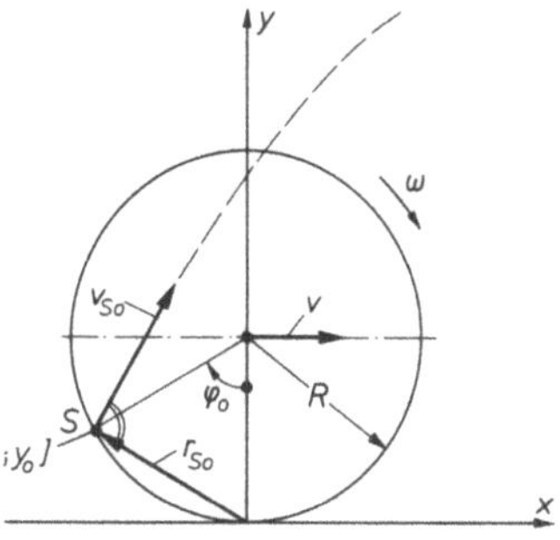

und mit $\omega R = v$,

$$\mathbf{v}_{SO} = [v(1-\cos\varphi_0); \quad v\,\sin\varphi_0; \quad 0]\,.$$

Fig. 5.6

Für die Beschleunigung a_S gilt bei Vernachlässigung des Luftwiderstandes

$$\mathbf{a}_S = \mathbf{g} = [0; \quad -g]\,. \tag{2}$$

Die Integration ergibt

$$\mathbf{v}_S = \mathbf{v}_{SO} + \int\limits_0^t \mathbf{a}_S d\tau = [v(1-\cos\varphi_0); \quad v\,\sin\varphi_0 - gt]\,, \tag{3}$$

$$\mathbf{r}_S = \mathbf{r}_{SO} + \int\limits_0^t \mathbf{v}_S d\tau = [x_0 + vt(1-\cos\varphi_0); \quad y_0 + vt\,\sin\varphi_0 - \frac{1}{2}gt^2]\,. \tag{4}$$

Aus (4) erhält man nach Elimination der Zeit für die Bahnkurve

$$y_S = \frac{\sin\varphi_0}{1-\cos\varphi_0}\,(x_S - x_0) - \frac{1}{2}\,g\,\frac{(x_S - x_0)^2}{v^2(1-\cos\varphi_0)^2} + y_0\,. \tag{5}$$

Aus (5) folgt für die Wurfweite x_{max} mit der Bedingung $y_S(x_{max}) = 0$

$$x_{max} = \frac{1}{g}\,v\,(1-\cos\varphi_0)\,(v\,\sin\varphi_0 + \sqrt{v^2\sin^2\varphi_0 + 2gy_0}) + x_0\,. \tag{6}$$

Die Wurfhöhe y_{max} findet man aus der Bedingung $v_{Sy}(y_{max}) = 0$ aus (3):

$$t(y_{max}) = \frac{1}{g}\, v \sin \varphi_0,\tag{7}$$

die y-Komponente von (4) liefert dafür

$$y_{max} = \frac{1}{2g}\, v^2 \sin^2 \varphi_0 + y_0\,.\tag{8}$$

b) Die Berechnung des Sicherheitsabstandes entspricht der Bestimmung der Wurfweite in einem fahrzeugfesten Koordinatensystem. Dabei wird ein Treffer durch mögliches Abprallen des Spikes von der Straße nicht mehr berücksichtigt! In den Gln. (2) bis (6) ändert sich hierbei nur die Anfangsbedingung für die Spikegeschwindigkeit im Ablösepunkt. Relativ zum fahrzeugfesten Koordinatensystem gilt für die Spikegeschwindigkeit

$$v'_S = v_S - v\,.$$

Mit (1) und $v = [v; 0]$ folgt daraus für die Relativgeschwindigkeit am Anfang

$$v'_{S0} = [-v \cos \varphi_0; \quad v \sin \varphi_0]\,.\tag{9}$$

Damit erhält man bei entsprechender Auswertung von (2) bis (6) die Wurfweite im fahrzeugfesten Koordinatensystem:

$$x'_{max} = -\frac{1}{g}\, v \cos \varphi_0 \left(v \sin \varphi_0 + \sqrt{v^2 \sin^2 \varphi_0 + 2 g y_0} \right) + x_0\,.\tag{10}$$

Bleiben die Koordinaten des Spikeablösepunktes unberücksichtigt (d.h. $x_0 = 0$, $y_0 = 0$), dann folgt

$$x'_{max} \approx -\frac{2}{g}\, v^2 \sin \varphi_0 \cos \varphi_0 = -\frac{v^2}{g} \sin 2 \varphi_0\,.\tag{11}$$

Bei $\varphi_0 = \pi/4$ nimmt (11) den maximalen Wert

$$\left| x'_{max}\left(\frac{\pi}{4}\right) \right| \approx \frac{v^2}{g} = 124{,}9 \text{ m}\tag{12}$$

an, der als Sicherheitsabstand einzuhalten ist.

Aufgabe 5.5. (Fig. 5.7.). Eine um den Punkt B drehbar gelagerte Scheibe wird durch eine Kurbel $\overline{AC}$ mit verstellbarer Armlänge r angetrieben. Die Kurbel dreht sich mit konstanter Winkelgeschwindigkeit ω um den Gelenkpunkt C; der an der Kurbel befestigte Kulissenstein A gleitet in einer durch den Scheibenmittelpunkt gelegten Nut.

a) Wie groß ist die Winkelgeschwindigkeit $\dot{\psi}$ der Scheibe in Abhängigkeit von dem Kurbelwinkel φ? Für $r = 2b$ und $r = b/2$ skizziere man die Funktionsverläufe $\dot{\psi}(\varphi)$.

b) Bei welchen Kurbellagen φ stimmen die Beträge der Winkelgeschwindigkeiten von Kurbel und Scheibe überein?

c) Wie groß ist die Gleitgeschwindigkeit $\dot{s} = ds/dt$ des Kulissensteins in der Scheibennut in Abhängigkeit vom Kurbelwinkel φ?

L ö s u n g : a) Die gesuchte Funktion $\psi (\varphi)$ erhält man durch Ableiten der Beziehung $\psi (\varphi)$, die aus Fig. 5.7 abgelesen werden kann:

$$r \cos \varphi = s \cos \psi + b , \tag{1}$$

$$r \sin \varphi = s \sin \psi . \tag{2}$$

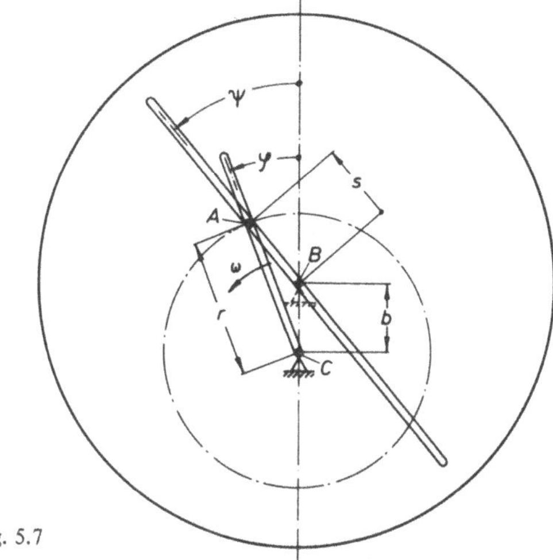

Fig. 5.7

Durch Elimination von s folgt daraus

$$r \cos \varphi \sin \psi - r \sin \varphi \cos \psi = b \sin \psi . \tag{3}$$

Nach der Zeit abgeleitet erhält man

$$\dot{\psi}r \cos \varphi \cos \psi - \dot{\varphi}r \sin \varphi \sin \psi + \dot{\psi}r \sin \varphi \sin \psi - \dot{\varphi}r \cos \varphi \cos \psi =$$

$$= \dot{\psi}b \cos \psi ,$$

$$\dot{\psi} = \frac{\dot{\varphi}r \sin \varphi \tan \psi + \dot{\varphi}r \cos \varphi}{r \cos \varphi + r \sin \varphi \tan \psi - b} . \tag{4}$$

Mit $\tan \psi$ aus (1) und (2)

$$\tan \psi = \frac{r^2 \, rb \cos \varphi}{r \cos \varphi - b} \tag{5}$$

geht (4) über in

$$\dot{\psi} = \dot{\varphi} \, \frac{r^2 - rb \cos \varphi}{r^2 + b^2 - 2rb \cos \varphi} , \tag{6}$$

mit $\dot{\varphi} = \omega$. Die Winkelgeschwindigkeit der Scheibe $\dot{\psi}$ (φ) ist abhängig von der Einstellung des Kulissensteins A, d.h. vom Verhältnis r/b. Für

r > b   hat $\dot{\psi}$ dasselbe Vorzeichen wie $\dot{\varphi}$, für

r < b   wechselt $\dot{\psi}$ das Vorzeichen bei einem Kurbelumlauf zweimal. Im Grenzfall

r = b   ist die Lage der Scheibe bei $\varphi = 0$ nicht mehr eindeutig.

In Fig. 5.8. ist $\dot{\psi}/\dot{\varphi}(\varphi)$ für r = 2b und r = b/2 aufgetragen. Im Werkzeugmaschinenbau wird dieser Antriebsmechanismus für r < b bei Kurzhobelmaschinen verwendet. Kennzeichen des Bewegungsablaufs sind, wie Fig. 5.8. zeigt, ein verhältnismäßig gleichmäßiger Maschinenvorlauf ($\dot{\psi}/\dot{\varphi} > 0$) und ein schneller Rücklauf ($\dot{\psi}/\dot{\varphi} < 0$). Im Fall r = b/2 ist das Verhältnis von Vorlauf- zu Rücklaufzeit $T_V/T_R = 2$.

b) Die Beträge der Winkelgeschwindigkeiten von Kurbel und Scheibe stimmen nach (6) überein für

$$\left| \frac{r^2 - rb \cos\varphi}{r^2 + b^2 - 2rb \cos\varphi} \right| = 1 \ . \tag{7}$$

F a l l u n t e r s c h e i d u n g : Aus (7) folgt $|\dot{\psi}| = |\dot{\varphi}|$ im Fall

$$r > b \quad \text{für:} \quad \cos\varphi = \frac{b}{r} \tag{8}$$

und im Fall

$$\frac{1}{2}b \leqslant r < b \quad \text{für:} \quad \cos\varphi = \frac{2r^2 + b^2}{3rb} \ . \tag{9}$$

Bei r = b ist für $\varphi = 0$ jede Winkelgeschwindigkeit $\dot{\psi}$ der Scheibe möglich.

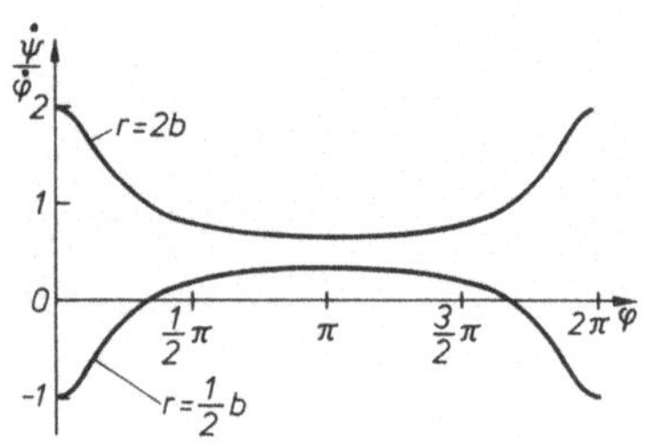

Fig. 5.8

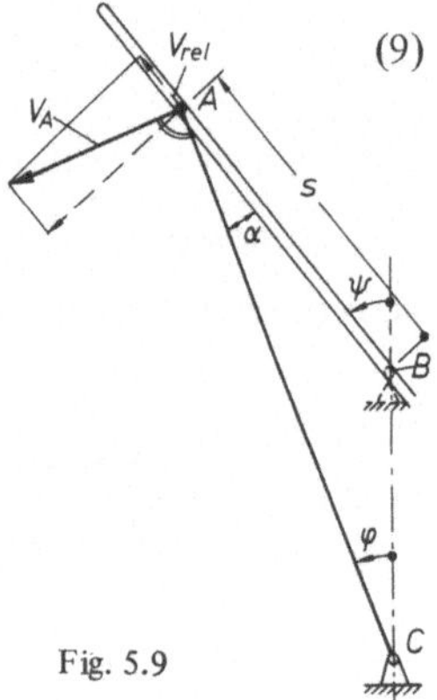

Fig. 5.9

c) Die Relativgeschwindigkeit $\dot{s}$ zwischen Kulissenstein und Scheibe erhält man durch Ableiten von (2) und Elimination der Variablen s, ψ und $\dot{\psi}$ mit (1), (5) und (6):

$$\dot{s} = \dot{\varphi} \, \frac{rb \sin\varphi}{\sqrt{r^2 + b^2 - 2rb \cos\varphi}} \ . \tag{10}$$

Dieses Ergebnis läßt sich auch auf einem anschaulicherem Wege durch Betrachten des Geschwindigkeitsvektors v_A für den Kulissenstein A ableiten. Nach Fig. 5.9 gilt

$$|v_{rel}| = \dot{s} = v_A \sin \alpha \,. \tag{11}$$

Mit $v_A = r\dot{\varphi}$ und $\alpha = \psi - \varphi$ folgt aus (11)

$$\dot{s} = r\dot{\varphi} \sin(\psi - \varphi) \,. \tag{12}$$

Dies führt mit (5) unmittelbar auf das Ergebnis (10).

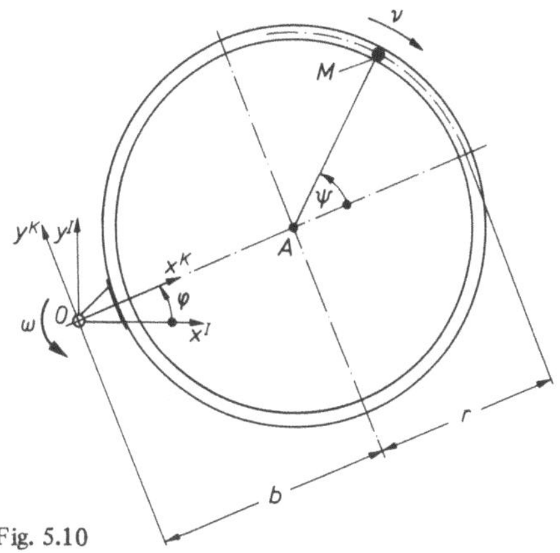

Fig. 5.10

Aufgabe 5.6. (Fig. 5.10). Ein ringförmig gebogenes Rohr dreht sich mit der konstanten Winkelgeschwindigkeit ω um die Achse O senkrecht zur Ringebene. Relativ zum Rohr wird eine Punktmasse M mit der konstanten Winkelgeschwindigkeit ν geführt.

a) Man bestimme die absolute Geschwindigkeit $v_M(t)$ und die absolute Beschleunigung $a_M(t)$ der Punktmasse und gebe sie sowohl in den Koordinaten eines x, y-Inertialsystems (I) als auch eines mit dem Rohr verbundenen x^K, y^K-Koordinatensystems (K) an.

b) Man untersuche, für welche Winkel ψ und für welche Winkelgeschwindigkeitsverhältnisse ν/ω die Beschleunigung $a_M = 0$ werden kann.

L ö s u n g : a) Die Lösung kann auf zwei verschiedenen Wegen gefunden werden. Bei der ersten Lösung erhält man aus dem Ortsvektor r_{OM} der Punktmasse M, angeschrieben im I n e r t i a l s y s t e m (I), durch Ableiten nach der Zeit die Geschwindigkeit v_M und die Beschleunigung a_M. Durch Transformation können hieraus die Koordinaten im mitgeführten System (K) gefunden werden. Bei der zweiten Lösung geht man von den Ausdrücken für Geschwindigkeit und Beschleunigung im m i t g e f ü h r t e n K o o r d i n a t e n s y s t e m aus. Die absoluten kinematischen Größen findet man durch Addition von Relativ-, Führungs- und Coriolis-Anteilen. Ihre Koordinaten im Inertialsystem (I) werden wieder mit Hilfe von Vektortransformationen bestimmt.

Erster Lösungsweg : Im Inertialsystem gilt nach Fig. 5.10

$$\mathbf{r}_{OM}^{(I)} = \begin{bmatrix} r\cos(\psi+\varphi) \ + \ b\cos\varphi \\ r\sin(\psi+\varphi) \ + \ b\sin\varphi \\ 0 \end{bmatrix} \quad , \tag{1}$$

mit $\varphi = \varphi_0 + \omega t; \qquad \psi = \psi_0 - \nu t$. $\tag{2}$

Aus (1) findet man durch Ableiten nach der Zeit

$$\mathbf{v}_M^{(I)} = \dot{\mathbf{r}}_{OM}^{(I)} = \begin{bmatrix} r(\nu-\omega)\sin(\psi+\varphi) \ - \ \omega b\sin\varphi \\ -r(\nu-\omega)\cos(\psi+\varphi) \ + \ \omega b\cos\varphi \\ 0 \end{bmatrix} \quad , \tag{3}$$

$$\mathbf{a}_M^{(I)} = \dot{\mathbf{v}}_M^{(I)} = \begin{bmatrix} [2r\nu\omega - r(\nu^2+\omega^2)]\cos(\psi+\varphi) \ - \omega^2 b\cos\varphi \\ [2r\nu\omega - r(\nu^2+\omega^2)]\sin(\psi+\varphi) \ - \omega^2 b\sin\varphi \\ 0 \end{bmatrix} \ . \tag{4}$$

Für die Transformation dieser Größen in das mitgeführte Koordinatensystem (K) gilt

$$\mathbf{v}_M^{(K)} = \mathbf{B}^{IK}\mathbf{v}_M^{(I)} ; \qquad \mathbf{a}_M^{(K)} = \mathbf{B}^{IK}\mathbf{a}_M^{(I)} \ . \tag{5}$$

Darin ist $\mathbf{B}^{IK}$ die Transformationsmatrix für den Übergang von (I) nach (K). Nach Fig. 5.10 gilt hierfür

$$\mathbf{B}^{IK} = \begin{bmatrix} \cos\varphi & \sin\varphi & 0 \\ -\sin\varphi & \cos\varphi & 0 \\ 0 & 0 & 1 \end{bmatrix} . \tag{6}$$

Damit folgt aus (5) mit (3) bzw. (4)

$$\mathbf{v}_M^{(K)} = \begin{bmatrix} r(\nu-\omega)\sin\psi \\ -r(\nu-\omega)\cos\psi + \omega b \\ 0 \end{bmatrix} \tag{7}$$

$$\mathbf{a}_M^{(K)} = \begin{bmatrix} [2r\omega\nu - r(\nu^2+\omega^2)]\cos\psi - \omega^2 b \\ [2r\omega\nu - r(\nu^2+\omega^2)]\sin\psi \\ 0 \end{bmatrix} \ . \tag{8}$$

Zweiter Lösungsweg : Bei Betrachtung im mitgeführten System setzt sich die Absolutgeschwindigkeit $\mathbf{v}_M$ zusammen aus der Relativgeschwindigkeit $\mathbf{v}'$ und der Führungsgeschwindigkeit $\mathbf{v}_F$:

$$\mathbf{v}_M = \mathbf{v}' + \mathbf{v}_F = \nu \times \mathbf{r}_{AM} + \boldsymbol{\omega} \times \mathbf{r}_{OM}$$

mit $\quad \boldsymbol{v} = [0; 0; -\nu]; \quad \boldsymbol{\omega} = [0; 0; \omega]; \quad r_{AM}^{(K)} = [r \cos \psi; r \sin \psi; 0];$

$$r_{OM}^{(K)} = r_{OA}^{(K)} + r_{AM}^{(K)} = [b + r \cos \psi; r \sin \psi; 0] \,,$$

$$v_M^{(K)} = \begin{bmatrix} r(\nu - \omega) \sin \psi \\ -r(\nu - \omega) \cos \psi + \omega b \\ 0 \end{bmatrix} . \tag{9}$$

Die Absolutbeschleunigung setzt sich zusammen aus der Relativ-, Führungs- und Coriolisbeschleunigung:

$$a_M = a' + a_F + a_C =$$

$$= \nu \times (\nu \times r_{AM}) + \omega \times (\omega \times r_{OM}) + 2\omega \times (\nu \times r_{AM}) \,, \tag{10}$$

$$a_M^{(K)} = \begin{bmatrix} [2r\omega\nu - r(\nu^2 + \omega^2)] \cos \psi - \omega^2 b \\ [2r\omega\nu - r(\nu^2 + \omega^2)] \sin \psi \\ 0 \end{bmatrix} . \tag{11}$$

Für die Transformation dieser Größen in das Inertialsystem (I) gilt

$$v_M^{(I)} = B^{KI} v_M^{(K)}; \qquad a_M^{(I)} = B^{KI} a_M^{(I)} \,, \tag{12}$$

mit der Transformationsmatrix B^{KI}

$$B^{KI} = (B^{IK})^T = \begin{bmatrix} \cos \varphi & -\sin \varphi & 0 \\ \sin \varphi & \cos \varphi & 0 \\ 0 & 0 & 1 \end{bmatrix} , \tag{13}$$

worin T die Transposition für die Matrix (6) bedeutet. Aus (12) und (13) folgen wieder die Vektoren (3) und (4).

b) Für das Quadrat der absoluten Beschleunigung gilt z.B. nach (8)

$$a_M^2 = [2r\omega\nu - r(\nu^2 + \omega^2)]^2 + \omega^4 b^2 - 2\omega^2 b[2r\omega\nu - r(\nu^2 + \omega^2)] \cos \psi . \tag{14}$$

Die Bedingung $a_M = 0$ führt auf

$$\cos \psi = \frac{r^2(\nu - \omega)^4 + \omega^4 b^2}{-2\omega^2 br(\nu - \omega)^2} . \tag{15}$$

Da die rechte Seite von (15) in jedem Falle negativ ist, kann die Beschleunigung der Punktmasse nur verschwinden, wenn sich M im 2. oder 3. Quadranten des Ringrohres befindet.

Aus (15) folgt die Bedingung

$$\frac{r^2(\nu - \omega)^4 + \omega^4 b^2}{-2\omega^2\, br\,(\nu - \omega)^2} \geqslant -1 \,, \tag{16}$$

die nur von

$$\frac{\nu}{\omega} = 1 + \sqrt{\frac{b}{r}} \tag{17}$$

an der unteren Grenze erfüllt wird, also für

$$\psi = \pi \,. \tag{18}$$

Dieses Ergebnis kann an Hand von (10) leicht nachgeprüft werden. Die Beschleunigungsterme a' und a_C sind für alle ψ antiparallel $a' \uparrow\downarrow a_C$. Folglich kann nur dann $a_M = 0$ sein, wenn a_F ebenfalls in Richtung der Relativ- und Coriolisbeschleunigung weist. Das ist nur der Fall, wenn $r_{OM} \parallel r_{AM}$, d.h. für $\psi = 0$ und π. Mit diesen Werten folgt aus (11) sofort das obige Ergebnis.

Aufgabe 5.7. (Fig. 5.11). Ein Fahrzeug A durchfährt mit der Geschwindigkeit v_A eine Kurve mit dem Radius r. Vom Fahrzeug aus wird eine Kugel K unter dem Winkel α zur Fahrtrichtung mit der Relativgeschwindigkeit v'_{K0} horizontal nach außen geworfen. Die Abwurfhöhe über dem ebenen Gelände ist h.

Welche Bahn $r'_K(t)$, Geschwindigkeit $v'_K(t)$ und Beschleunigung $a'_K(t)$ der Kugel nimmt ein mitfahrender Beobachter wahr?

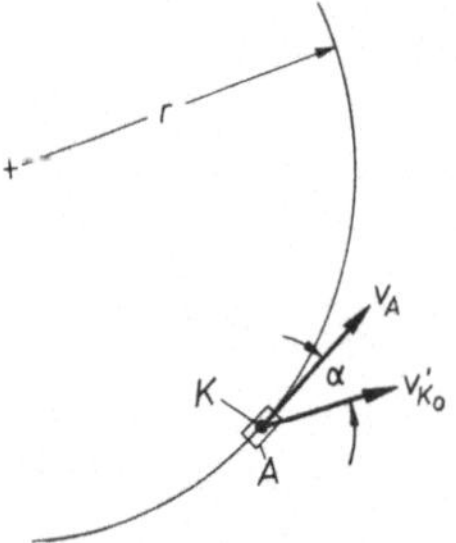

Fig. 5.11

L ö s u n g : Obwohl hier nach den kinematischen Relativgrößen in einem fahrzeugfesten Bezugssystem (F) gefragt wird, ist es zweckmäßig, zunächst von einem raumfesten Koordinatensystem (I) auszugehen.

Für die absolute Beschleunigung der Kugel gilt in dem in Fig. 5.12 eingezeichneten raumfesten $x^{(I)}$, $y^{(I)}$, $z^{(I)}$-System

$$a_K^{(I)} = [0;\, 0;\, -g] \,. \tag{1}$$

Die Integration ergibt

$$v_K^{(I)} = \int_0^t a_K^{(I)} d\tau + v_K^{(I)}(0) \,.$$

Mit $\mathbf{v}_K^{(I)}(0) = [v_A + v'_{Ko} \cos\alpha;\; -v'_{Ko} \sin\alpha;\; 0]$

(s. Fig. 5.12) folgt also

$$\mathbf{v}_K^{(I)}(t) = \begin{bmatrix} v_A + v'_{Ko} \cos\alpha \\ -v'_{Ko} \sin\alpha \\ -gt \end{bmatrix} \quad . \quad (2)$$

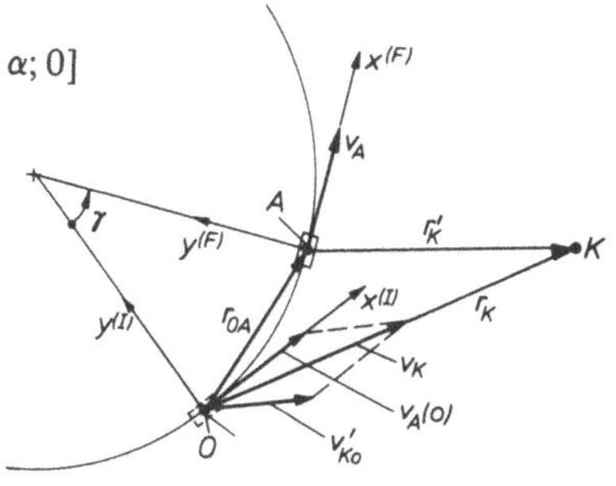

Nochmalige Integration führt zu

$$\mathbf{r}_K^{(I)} = \int\limits_0^t \mathbf{v}_K^{(I)} d\tau + \mathbf{r}_K^{(I)}(0)\,,$$

Fig. 5.12

und mit $\mathbf{r}_K^{(I)}(0) = [0;0;h]$, d.h. der Ursprung des Inertialsystems liegt auf der Erdoberfläche, zu

$$\mathbf{r}_K^{(I)}(t) = \begin{bmatrix} (v_A + v'_{Ko}\cos\alpha)\, t \\ -v'_{Ko}\, t \sin\alpha \\ -\dfrac{1}{2} g t^2 + h \end{bmatrix} \quad . \tag{3}$$

Die vom mitfahrenden Beobachter im bewegten System (F) wahrgenommenen kinematischen Größen werden nun aus (3) und Fig. 5.12 bestimmt. Zunächst berechnet man den relativen Ortsvektor im Intertialsystem $\mathbf{r'_K}^{(I)}$ und überführt ihn durch eine Vektortransformation in $\mathbf{r'_K}^{(F)}$. Daraus folgen durch Differentiation die Relativwerte für Geschwindigkeit und Beschleunigung. Aus

$$\mathbf{r'_K} = \mathbf{r}_K - \mathbf{r}_{OA} \tag{4}$$

(s. Fig. 5.12) folgt mit $\mathbf{r}_{OA}^{(I)} = [r\sin\gamma;\, r(1-\cos\gamma);\, h]$ und $\gamma = v_A t/r$

$$\mathbf{r'_K}^{(I)} = \begin{bmatrix} (v_A + v'_{Ko}\cos\alpha)\, t - r\sin\left(\dfrac{1}{r} v_A t\right) \\ -v'_{Ko}\, t \sin\alpha - r\left[1 - \cos\left(\dfrac{1}{r} v_A t\right)\right] \\ -\dfrac{1}{2} g t^2 \end{bmatrix} \quad . \tag{5}$$

Im mitgeführten System (F) hat $\mathbf{r'_K}$ die Koordinaten

$$\mathbf{r'_K}^{(F)} = \mathbf{B}^{IF} \mathbf{r'_K}^{(I)}\,, \tag{6}$$

worin $\mathbf{B}^{IF}$ die Transformationsmatrix für die Drehung zwischen dem Inertialsystem (I) und dem fahrzeugfesten System (F) ist:

$$B^{IF} = \begin{bmatrix} \cos\gamma & \sin\gamma & 0 \\ -\sin\gamma & \cos\gamma & 0 \\ 0 & 0 & 1 \end{bmatrix}. \tag{7}$$

Die Ausrechnung ergibt

$$r_K'^{(F)} = \begin{bmatrix} v_A t \cos\left(\frac{1}{r}v_A t\right) + v_{Ko}' t \cos\left(\alpha + \frac{1}{r}v_A t\right) - r \sin\left(\frac{1}{r}v_A t\right) \\ -v_A t \sin\left(\frac{1}{r}v_A t\right) - v_{Ko}' t \sin\left(\alpha + \frac{1}{r}v_A t\right) + r\left[1 - \cos\left(\frac{1}{r}v_A t\right)\right] \\ -\frac{1}{2}gt^2 \end{bmatrix} \tag{8}$$

Die $x^{(F)}$, $y^{(F)}$-Projektion der vom Fahrzeug aus zu beobachtenden Bahn der Kugel, Gl. (8), ist für $v_A = 22$ m/s; $v_{Ko}' = 20$ m/s; $r = 50$ m und $\alpha = 30°$ in Fig. 5.13 gezeigt.

Die 1. und 2. Ableitung von $r_K'^{(F)}$ nach der Zeit ergibt die relative Geschwindigkeit und die relative Beschleunigung. Hierbei ist zu beachten, daß die Ableitungen im bewegten Koordinatensystem (F) genommen werden müssen. Das wird symbolisch durch d'/dt ausgedrückt:

$$v_K'^{(F)} = \frac{d'r'^{(F)}}{dt}; \qquad a_K'^{(F)} = \frac{d'v_K'^{(F)}}{dt} \tag{9}$$

Aus (8) erhält man damit

$$v_K'^{(F)} = \begin{bmatrix} -\frac{1}{r}v_A^2 t \sin\left(\frac{1}{r}v_A t\right) + v_{Ko}'\left[\cos\left(\alpha + \frac{1}{r}v_A t\right) - \frac{1}{r}v_A t \sin\left(\alpha + \frac{1}{r}v_A t\right)\right] \\ -\frac{1}{r}v_A^2 t \cos\left(\frac{1}{r}v_A t\right) - v_{Ko}'\left[\sin\left(\alpha + \frac{1}{r}v_A t\right) + \frac{1}{r}v_A t \cos\left(\alpha + \frac{1}{r}v_A t\right)\right] \\ -gt \end{bmatrix}, \tag{10}$$

$$a_K'^{(F)} = \begin{bmatrix} -\frac{1}{r}v_A^2 \sin\left(\frac{1}{r}v_A t\right) - \frac{1}{r^2}v_A^3 t \cos\left(\frac{1}{r}v_A t\right) + \\ \quad + v_{Ko}'\left[-\frac{2}{r}v_A \sin\left(\alpha + \frac{1}{r}v_A t\right) - \frac{1}{r^2}v_A^2 t \cos\left(\alpha + \frac{1}{r}v_A t\right)\right] \\ -\frac{1}{r}v_A^2 \cos\left(\frac{1}{r}v_A t\right) + \frac{1}{r^2}v_A^3 t \sin\left(\frac{1}{r}v_A t\right) + \\ \quad + v_{Ko}'\left[-\frac{2}{r}v_A \cos\left(\alpha + \frac{1}{r}v_A t\right) + \frac{1}{r^2}v_A^2 t \sin\left(\alpha + \frac{1}{r}v_A t\right)\right] \\ -g \end{bmatrix} \tag{11}$$

Zur Kontrolle von (8), (9) und (10) eignet sich die Beziehung für die Absolutbeschleunigung

$$a_K^{(F)} = a_K'^{(F)} + a_F^{(F)} + a_C^{(F)} \,,$$

$$a_K^{(F)} = a_K'^{(F)} + B^{IF} \frac{d^2 r_{OA}^{(I)}}{dt^2} + [\boldsymbol{\omega} \times (\boldsymbol{\omega} + r_K')]^{(F)} + 2(\boldsymbol{\omega} \times v_K')^{(F)} = [0; 0; -g],$$

mit $\boldsymbol{\omega}^{(F)} = \left[0; 0; \dfrac{1}{r} v_A\right]$.

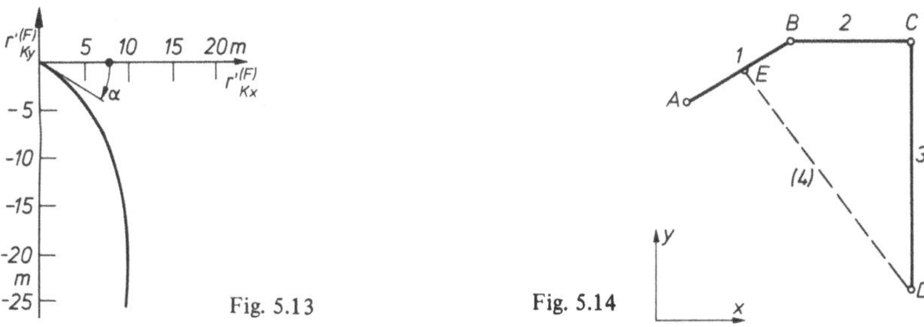

Fig. 5.13   Fig. 5.14

Aufgabe 5.8. (Fig. 5.14). Drei gelenkig miteinander verbundene Stäbe 1, 2, und 3 führen eine ebene Bewegung aus. Es seien die Geschwindigkeiten v_A, v_D sowie die Winkelgeschwindigkeiten $\boldsymbol{\omega}_2$ des Stabes 2 bekannt.

a) Man gebe die Geschwindigkeitsvektoren für die Punkte B und C sowie die Winkelgeschwindigkeit der Stäbe 1 und 3 an.

b) Man bestimme die Lage der Momentanpole Q, R, S für die Bewegungen der drei Stäbe.

c) Wo müßte der Anschlußpunkt E eines zwischen D und Stab 1 gelenkig eingezogenen Stabes 4 liegen, wenn der obige Bewegungszustand auch mit diesem zusätzlichen Stab noch möglich sein soll?

Z a h l e n w e r t e : $v_A = [1; 4; 0]$ m/s, $v_D = [3; -3; 0]$ m/s, $\boldsymbol{\omega}_2 = [0; 0; 3]$ rad/s, $r_{AB} = [0,866; 0,5; 0]$ m, $r_{BC} = [1; 0; 0]$ m, $r_{CD} = [0; -2; 0]$ m.

L ö s u n g : a) Ist der Bewegungswinder $(\boldsymbol{\omega}, v_A)$ für einen starren Körper bezüglich A bekannt, dann gilt für die Geschwindigkeit v_P eines anderen Körperpunktes P

$$v_P = v_A + \boldsymbol{\omega} \times r_{AP} \,. \tag{1}$$

Daraus folgen im vorliegenden Fall die Beziehungen

$$\left. \begin{aligned} v_B &= v_A + \boldsymbol{\omega}_1 \times r_{AB} \,, \\ v_C &= v_B + \boldsymbol{\omega}_2 \times r_{BC} \,, \\ v_D &= v_C + \boldsymbol{\omega}_3 \times r_{CD} \,, \end{aligned} \right\} \tag{2}$$

184   5. Kinematik

Ihre Komponentengleichungen lauten

$$v_{Bx} = 1 - 0{,}5\omega_{1z}; \qquad v_{By} = 4 + 0{,}866\omega_{1z},$$
$$v_{Cx} = v_{Bx} \qquad ; \qquad v_{Cy} = v_{By} + 3 \qquad , \tag{3}$$
$$3 = v_{Cx} + 2\omega_{3z}; \qquad -3 = v_{Cy} \qquad .$$

Dieses Gleichungssystem hat die Lösung

$$\mathbf{v}_B = [6{,}77; -6; 0]\ \frac{m}{s}; \qquad \mathbf{v}_C = [6{,}77; -3; 0]\ \frac{m}{s};$$

$$\boldsymbol{\omega}_1 = [0; 0; -11{,}55]\ \frac{rad}{s}; \qquad \boldsymbol{\omega}_3 = [0; 0; -1{,}88]\ \frac{rad}{s}\ .$$

b) Jede ebene Bewegung eines starren Körpers kann zu jedem Zeitpunkt als Drehung um einen momentan festen Punkt aufgefaßt werden. Für den Momentanpol Q des Stabes 1 gilt damit nach (1)

$$\mathbf{v}_Q = \mathbf{v}_A + \boldsymbol{\omega}_1 \times \mathbf{r}_{AQ} = 0\ . \tag{4}$$

Darin ist $\mathbf{r}_{AQ}$ der gesuchte Ortsvektor von A nach Q. Zur Auflösung wird (4) von links vektoriell mit $\boldsymbol{\omega}_1$ multipliziert:

$$\boldsymbol{\omega}_1 \times \mathbf{v}_A + \boldsymbol{\omega}_1 \times (\boldsymbol{\omega}_1 \times \mathbf{r}_{AQ}) = \boldsymbol{\omega}_1 \times \mathbf{v}_A + \boldsymbol{\omega}_1 (\boldsymbol{\omega}_1 \mathbf{r}_{AQ}) - \mathbf{r}_{AQ}(\boldsymbol{\omega}_1)^2 = 0\ .$$

Wegen $\boldsymbol{\omega}_1 \perp \mathbf{r}_{AQ}$ verschwindet der mittlere Term, man erhält also

$$\mathbf{r}_{AQ} = \frac{1}{\omega_1^2}\ (\boldsymbol{\omega}_1 \times \mathbf{v}_A) = [0{,}346; -0{,}087; 0]\ m\ . \tag{5}$$

Ebenso folgt für die Ortsvektoren zu den anderen beiden Momentanpolen

$$\mathbf{r}_{BR} = \frac{1}{\omega_2^2}\ (\boldsymbol{\omega}_2 \times \mathbf{v}_B) = [2; 2{,}26; 0]\ m\ , \tag{6}$$

$$\mathbf{r}_{CS} = \frac{1}{\omega_3^2}\ (\boldsymbol{\omega}_3 \times \mathbf{v}_C) = [-1{,}6; -3{,}60; 0]\ m\ . \tag{7}$$

c) Werden die Punkte D und E durch einen starren Stab miteinander verbunden, dann ist ihr Abstand fixiert. Die Projektion der Punktgeschwindigkeiten $\mathbf{v}_E$ und $\mathbf{v}_D$ auf den Ortsvektor $\mathbf{r}_{DE}$ müssen folglich übereinstimmen:

$$\mathbf{v}_D \mathbf{r}_{DE} = \mathbf{v}_E \mathbf{r}_{DE}\ , \tag{8}$$

mit $\qquad \mathbf{v}_E = \mathbf{v}_A + \boldsymbol{\omega}_1 \times \lambda \mathbf{r}_{AB} \qquad$ und

$$\mathbf{r}_{DE} = - [\mathbf{r}_{CD} + \mathbf{r}_{BC} + (1 - \lambda)\, \mathbf{r}_{AB}]\ . \tag{9}$$

Hierin ist λ der gesuchte Verkürzungsfaktor $\lambda = r_{AE}/r_{AB}$. Aus (8) und (9) erhält man $\lambda = 0{,}593$ und damit

$$\mathbf{r}_{AE} = \lambda \mathbf{r}_{AB} = [0{,}514; 0{,}297; 0]\ m\ . \tag{10}$$

Aufgabe 5.9 (Fig. 5.15). In dem skizzierten gleichachsigen Untersetzungsgetriebe stehen vier Kegelräder im Eingriff. Das Rad 1 ist mit der Antriebswelle, Rad 4 mit dem feststehenden Getriebegehäuse verbunden. Die umlaufenden Räder 2 und 3 rollen auf den Rädern 1 und 4 ab und nehmen dabei die Abtriebswelle 5 mit.

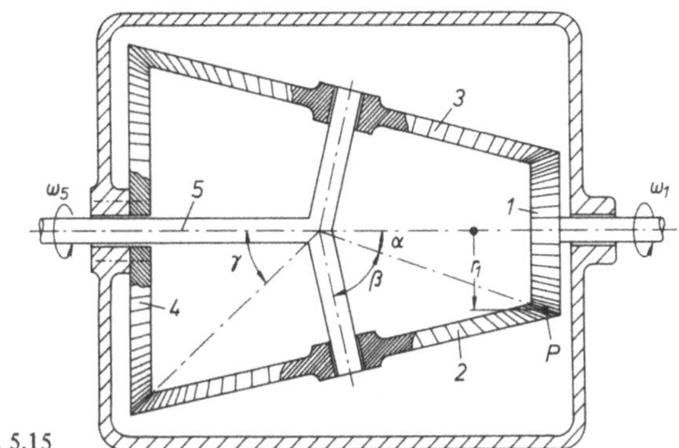

Fig. 5.15

a) Wie groß sind die Winkelgeschwindigkeit ω_5 der Abtriebswelle und die relative Winkelgeschwindigkeit $\omega_{52} = \omega_{53}$ der umlaufenden Räder 2 und 3 gegenüber der Abtriebswelle?

b) Man berechne die Koordinaten des Vektors der absoluten Beschleunigung a_P für einen Punkt P auf dem Umfang des Rades 2 und gebe ihre Zahlenwerte für den Fall an, daß P gerade das Rad 1 berührt.

Z a h l e n w e r t e : $\alpha = 20°; \beta = 58°; \gamma = 44°; r_1 = 7{,}5$ cm; $n_1 = 300$ min^{-1}.

L ö s u n g : a) Die absolute Winkelgeschwindigkeit $\boldsymbol{\omega}_5$ der Abtriebswelle ist die Summe aus der absoluten Winkelgeschwindigkeit $\boldsymbol{\omega}_1$ der Antriebswelle, der relativen Winkelgeschwindigkeit $\boldsymbol{\omega}_{12}$ des Rades 2 gegenüber dem Rad 1 und der relativen Winkelgeschwindigkeit $\boldsymbol{\omega}_{25}$ der Welle 5 gegenüber dem Rad 2.

Die momentane Drehachse für die relative Bewegung und damit die Wirkungslinie von $\boldsymbol{\omega}_{12}$ des Kegelrades 2 gegenüber 1 liegt in der Berührungslinie der beiden Kegel; $\boldsymbol{\omega}_{25}$ liegt in der Achse des Rades 2 (Fig. 5.16, links). Fig. 5.16 (rechts) zeigt den Vektorplan der Winkelgeschwindigkeiten. Hieraus entnimmt man

$$\boldsymbol{\omega}_2 + \boldsymbol{\omega}_{25} = \boldsymbol{\omega}_5 ,$$

$$\omega_2 \cos \gamma + \omega_{25} \cos(\alpha + \beta) = \omega_5, \tag{1}$$

$$\omega_2 \sin \gamma - \omega_{25} \sin(\alpha + \beta) = 0; \tag{2}$$

$$\boldsymbol{\omega}_1 + \boldsymbol{\omega}_{12} = \boldsymbol{\omega}_2 ,$$

$$\omega_1 - \omega_{12} \cos \alpha = \omega_2 \cos \gamma , \tag{3}$$

$$\omega_{12} \sin \alpha = \omega_2 \sin \gamma . \tag{4}$$

Für den Betrag der Abtriebswinkelgeschwindigkeit $\boldsymbol{\omega}_5$ folgt aus (1) bis (4) mit $\beta = (\pi - \gamma - \alpha)/2$

$$\omega_5 = \omega_1 \, \frac{\sin\alpha \sin(\alpha+\beta+\gamma)}{\sin(\alpha+\gamma)\sin(\alpha+\beta)} = \omega_1 \, \frac{1}{1 + \dfrac{\sin\gamma}{\sin\alpha}} \tag{5}$$

und für die relative Winkelgeschwindigkeit $\boldsymbol{\omega}_{25}$

$$\omega_{25} = \omega_5 \, \frac{\sin\gamma}{\sin(\alpha+\beta+\gamma)} = \omega_5 \, \frac{\sin\gamma}{\sin\beta} \ . \tag{6}$$

Die Zahlenwerte sind

$$\omega_1 = \frac{1}{30}\,\pi n_1 = 31{,}4 \ \frac{\text{rad}}{\text{s}} \ ; \qquad \omega_5 = 10{,}4 \ \frac{\text{rad}}{\text{s}} \ ; \qquad \omega_{25} = 8{,}5 \ \frac{\text{rad}}{\text{s}} \ .$$

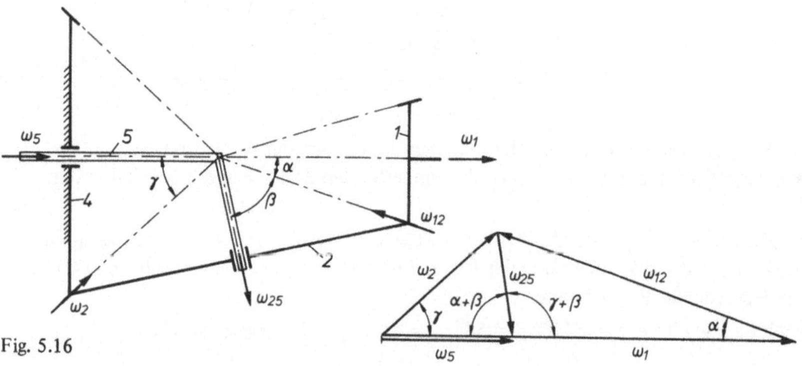

Fig. 5.16

b) Zur Bestimmung der Absolutbeschleunigung a_P eines Punktes P auf dem Umfang des Rades 2 geht man zweckmäßigerweise von einem Koordinatensystem aus, das mit der Abtriebwelle 5 fest verbunden ist (System A) in Fig. 5.17). In diesem System gilt

$$a_P = a' + a_F + a_C \ , \tag{7}$$

mit der Relativbeschleunigung

$$a' = \frac{d'^2}{dt^2}\, r_{O'P}, \qquad r_{O'P}^{(A)} = [0;\, r_2\cos\delta;\, r_2\sin\delta] \ ,$$

$$a'^{(A)} = -\,\omega_{52}^2 r_2\, [0;\, \cos\delta;\, \sin\delta] \ ; \tag{8}$$

der Führungsbeschleunigung

$$a_F = \frac{d^2}{dt^2}\, r_{OO'} + \boldsymbol{\omega}_5 \times (\boldsymbol{\omega}_5 \times r_{O'P}) \ ,$$

wegen $|\mathbf{r}_{OO'}| = $ const gilt

$$\mathbf{a}_F = \boldsymbol{\omega}_5 \times [\boldsymbol{\omega}_5 \times (\mathbf{r}_{OO'} + \mathbf{r}_{O'P})]\,,$$

$$\mathbf{r}_{OO'}^{(A)} = [b; 0; 0], \quad b = r_1\,\frac{\cos\beta}{\sin\alpha}\,,$$

$$\boldsymbol{\omega}_5^{(A)} = \boldsymbol{\omega}_5[\cos(\alpha+\beta); \quad \sin(\alpha+\beta); 0]\,,$$

$$\mathbf{a}_F^{(A)} = \omega_5^2 \begin{bmatrix} r_2\sin(\alpha+\beta)\cos(\alpha+\beta)\cos\delta - b\sin^2(\alpha+\beta) \\ b\sin(\alpha+\beta)\cos(\alpha+\beta) - r_2\cos^2(\alpha+\beta)\cos\delta \\ -r_2\cos^2(\alpha+\beta)\sin\delta - r_2\sin^2(\alpha+\beta)\sin\delta \end{bmatrix} \tag{9}$$

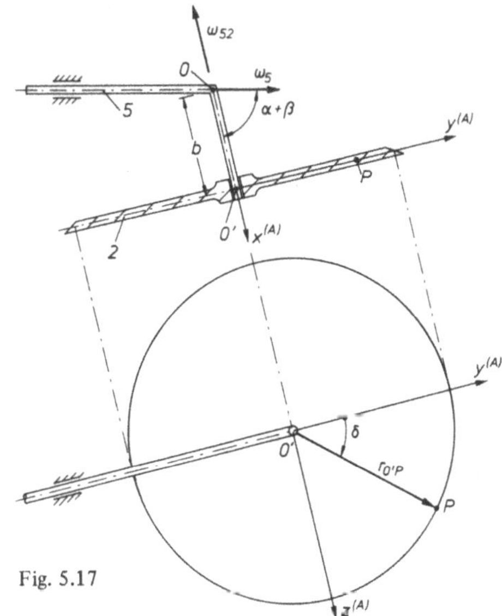

Fig. 5.17

und der Coriolisbeschleunigung

$$\mathbf{a}_C = 2\boldsymbol{\omega}_5 \times \mathbf{v}_P' = 2\left[\boldsymbol{\omega}_5 \times \frac{d'}{dt}\,\mathbf{r}_{O'P}\right] = 2\boldsymbol{\omega}_5 \times (\boldsymbol{\omega}_{52} \times \mathbf{r}_{O'P})\,.$$

$$\boldsymbol{\omega}_{52}^{(A)} = [-\omega_{52}; 0; 0]\,,$$

$$\mathbf{a}_C^{(A)} = 2r_2\omega_5\omega_{52} \begin{vmatrix} \sin(\alpha+\beta)\cos\delta \\ \cos(\alpha+\beta)\cos\delta \\ \cos(\alpha+\beta)\sin\delta \end{vmatrix}\,. \tag{10}$$

Für die Absolutbeschleunigung $\mathbf{a}_P$ folgt damit aus (8), (9) und (10)

$$\mathbf{a}_P^{(A)} = \begin{bmatrix} \omega_5^2 r_2 \sin(\alpha+\beta)\cos(\alpha+\beta)\cos\delta - \omega_5^2 b \sin^2(\alpha+\beta) - \\ - 2r_2\omega_5\omega_{52}\sin(\alpha+\beta)\cos\delta \\ \omega_5^2 b \sin(\alpha+\beta)\cos(\alpha+\beta) - \omega_5^2 r_2\cos^2(\alpha+\beta)\cos\delta - \omega_{52}^2 r_2\cos\delta + \\ + 2r_2\omega_5\omega_{52}\cos(\alpha+\beta)\cos\delta \\ -\omega_5^2 r_2\cos^2(\alpha+\beta)\sin\delta - \omega_5^2 r_2\sin^2(\alpha+\beta)\sin\delta - \omega_{52}^2 r_2\sin\delta + \\ + 2r_2\omega_5\omega_{52}\cos(\alpha+\beta)\sin\delta \end{bmatrix} \qquad (11)$$

mit $\quad r_2 = r_1\,\dfrac{\sin\beta}{\sin\alpha}\quad$ und $\quad b = r_1\,\dfrac{\cos\beta}{\sin\alpha}\;.$

Für den Fall $\delta = 0$ erhält man aus (11)

$$\mathbf{a}_P^{(A)} = [-40,1; \quad -4,9; \quad 0]\,\frac{\text{m}}{\text{s}^2}\;.$$

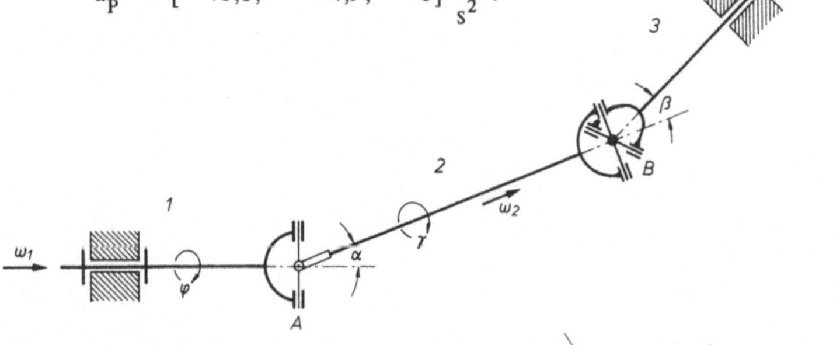

Fig. 5.18

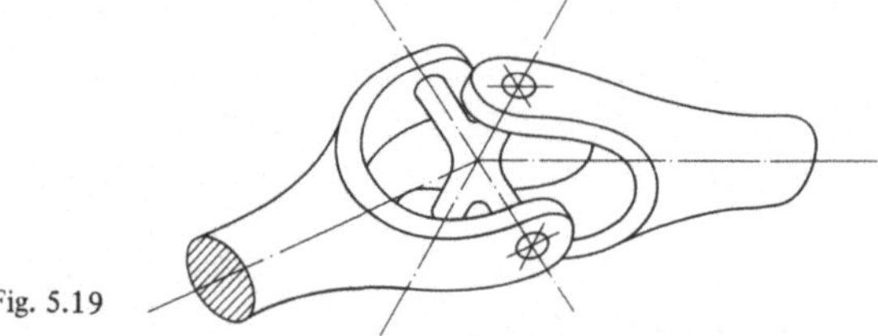

Fig. 5.19

Aufgabe 5.10 (Fig. 5.18/19). Zwei in einer Ebene liegende Wellen 1 und 3 sind durch eine Gelenkwelle 2 mit den Kardangelenken A und B miteinander verbunden.

a) Wie lautet die Funktion $\omega_2(t)$ für die Winkelgeschwindigkeit der Gelenkwelle bei konstanter Antriebswinkelgeschwindigkeit ω_1?

b) Welche Abhängigkeit $\gamma(\varphi)$ besteht zwischen den Verdrehungswinkeln γ der Gelenkwelle 2 und φ der Antriebswelle 1?

c) Wie lautet die Funktion $\omega_3(t)$ der Abtriebswelle bei konstanter Antriebswinkelgeschwindigkeit ω_1? H i n w e i s : Hierbei berücksichtige man den Winkel ϵ, um den die an der Gelenkwelle 2 befestigten Gelenkgabeln gegeneinander verdreht sind.

d) Man zeige, daß im Falle $\beta = \pm \alpha$ und $\dot{\epsilon} = 0$ Abtriebs- und Antriebsgeschwindigkeit übereinstimmen ($\omega_3 = \omega_1$).

L ö s u n g : a) Der Winkelgeschwindigkeitsvektor $\boldsymbol{\omega}_2$ kann aus den Vektoren $\boldsymbol{\omega}_1$, $\boldsymbol{\omega}_{GK}$ und $\boldsymbol{\omega}_{KH}$ zusammengesetzt werden:

$$\boldsymbol{\omega}_2 = \boldsymbol{\omega}_1 + \boldsymbol{\omega}_{GK} + \boldsymbol{\omega}_{KH} . \tag{1}$$

Hierbei sind (Fig. 5.20) $\boldsymbol{\omega}_{GK}$ die relative Winkelgeschwindigkeit des Gelenkkreuzes K gegenüber der Gelenkgabel G (Antriebswelle 1) und $\boldsymbol{\omega}_{KH}$ die relative Winkelgeschwindigkeit der Gabel H (Gelenkwelle 2) gegenüber dem Gelenkkreuz K. Die Vektoren haben in den drei körperfesten Koordinatensystemen (G), (K) und (H) (Fig. 5.21) die Komponenten

$$\boldsymbol{\omega}_1^{(G)} = \boldsymbol{\omega}_1^{(I)} = \begin{bmatrix} \omega_1 \\ 0 \\ 0 \end{bmatrix} ; \qquad \boldsymbol{\omega}_{GK}^{(G)} = \boldsymbol{\omega}_{GK}^{(K)} = \begin{bmatrix} 0 \\ \omega_{GK} \\ 0 \end{bmatrix} ;$$

$$\boldsymbol{\omega}_{KH}^{(K)} = \omega_{KH}^{(H)} = \begin{bmatrix} 0 \\ 0 \\ \omega_{KH} \end{bmatrix} ; \qquad \boldsymbol{\omega}_2^{(H)} = \begin{bmatrix} \omega_2 \\ 0 \\ 0 \end{bmatrix} \quad \text{bzw.} \tag{2}$$

$$\boldsymbol{\omega}_2^{(I)} = \begin{bmatrix} \omega_2 \cos \alpha \\ \omega_2 \sin \alpha \\ 0 \end{bmatrix}$$

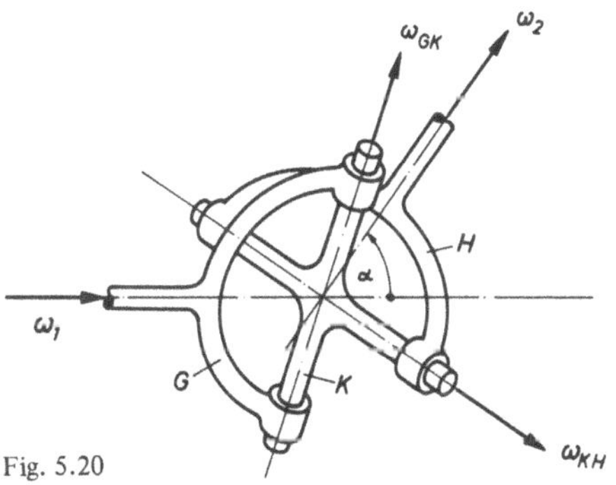

Fig. 5.20

Das Koordinatensystem (I) ist ein Inertialsystem, dessen x, y-Ebene mit der von den Wellen 1 und 2 aufgespannten Ebene zusammenfällt. Die Vektorgleichung (1) soll nun in den Koordinaten von (I) dargestellt werden. Dazu müssen zunächst die Matrizen B^{IG}, B^{GK} und B^{KH} für die Transformationen zwischen den Koordinatensystemen (I), (G), (K) und (H) aufgestellt werden. Da die Drehgeschwindigkeitsvektoren zwischen je zwei dieser Koordinatensysteme durch $\dot{\varphi} e_x^{(I)}$, $\dot{\psi} e_y^{(G)}$ bzw. $\dot{\vartheta} e_z^{(H)}$ gegeben sind, erhält man

$$B^{IG} = \begin{bmatrix} 1 & 0 & 0 \\ 0 & \cos\varphi & \sin\varphi \\ 0 & -\sin\varphi & \cos\varphi \end{bmatrix} \quad ; \quad B^{GK} = \begin{bmatrix} \cos\psi & 0 & -\sin\psi \\ 0 & 1 & 0 \\ \sin\psi & 0 & \cos\psi \end{bmatrix} \quad ;$$

$$B^{KH} = \begin{bmatrix} \cos\vartheta & \sin\vartheta & 0 \\ -\sin\vartheta & \cos\vartheta & 0 \\ 0 & 0 & 1 \end{bmatrix} . \tag{3}$$

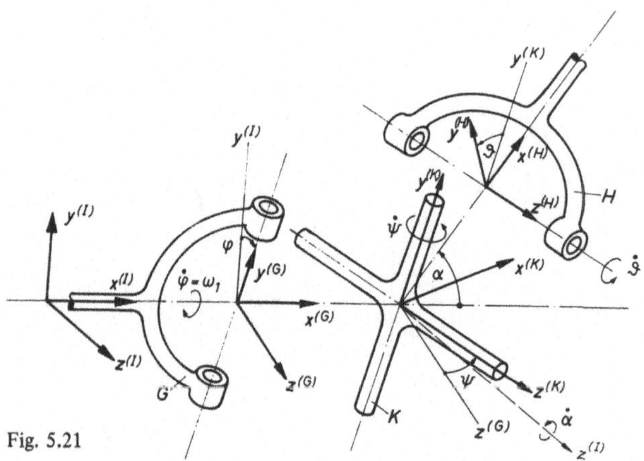

Fig. 5.21

Für die Darstellung von (1) im Inertialsystem (I) folgt mit Hilfe von (2) und (3)

$$\omega_2^{(I)} = \omega_1^{(I)} + B^{GI}\omega_{GK}^{(G)} + B^{GI}B^{KG}\omega_{KH}^{(K)} . \tag{4}$$

Die inversen Transformationsmatrizen $B^{GI} = (B^{IG})^{-1}$ und $B^{KG} = (B^{GK})^{-1}$ in (4) folgen aus den orthogonalen Matrizen (3) durch Vertauschen von Reihen und Spalten. Man erhält z.B. für

$$B^{GI} = (B^{IG})^{-1} = \begin{bmatrix} 1 & 0 & 0 \\ 0 & \cos\varphi & -\sin\varphi \\ 0 & \sin\varphi & \cos\varphi \end{bmatrix} \tag{5}$$

Aus (4) folgen die Koordinatengleichungen

$$\left. \begin{aligned} \omega_2\cos\alpha &= \omega_1 + \omega_{KH}\sin\psi , \\ \omega_2\sin\alpha &= \omega_{GK}\cos\varphi - \omega_{KH}\cos\psi \sin\varphi , \\ 0 &= \omega_{GK}\sin\varphi + \omega_{KH}\cos\psi \cos\varphi . \end{aligned} \right\} \tag{6}$$

Daraus erhält man durch Elimination der relativen Winkelgeschwindigkeiten ω_{KH} und ω_{GK}

$$\omega_2 = \omega_1 \, \frac{1}{\cos\alpha + \sin\alpha \, \sin\varphi \, \tan\psi} \; . \tag{7}$$

In den Gleichungen (4) und (6) wurde berücksichtigt, daß die Gelenkwelle 2 in der $x^{(I)}$, $y^{(I)}$-Ebene liegt und einen Winkel α gegenüber der Antriebswelle 1 ($x^{(I)}$-Achse) bildet. Aus diesem Grunde konnte $\boldsymbol{\omega}_2{}^{(I)}$ in (2) sofort angegeben werden. Zur Elimination des Winkels ψ aus (7) muß nun neben (4) eine zweite Vektorgleichung aufgestellt werden. Man kann sie direkt aus (2) und (3) entnehmen:

$$\boldsymbol{\omega}_2^{(I)} = B^{GI} B^{KG} B^{HK} \boldsymbol{\omega}_2^{(H)} \; . \tag{8}$$

Daraus folgen die Koordinatengleichungen

$$\left.\begin{aligned}
\omega_2 \cos\alpha &= \omega_2 \cos\vartheta \, \cos\psi \, , \\
\omega_2 \sin\alpha &= \omega_2 (\sin\vartheta \, \cos\varphi + \cos\vartheta \, \sin\varphi \, \sin\psi) \, , \\
0 \quad\; &= \omega_2 (\sin\vartheta \, \sin\varphi - \cos\vartheta \, \cos\varphi \, \sin\psi) \, .
\end{aligned}\right\} \tag{9}$$

Hieraus erhält man durch Elimination von ϑ

$$\tan\psi = \tan\alpha \, \sin\varphi \, , \tag{10}$$

und (7) geht über in

$$\omega_2 = \omega_1 \, \frac{1}{\cos\alpha + \sin\alpha \, \tan\alpha \, \sin^2\varphi} \quad , \tag{11}$$

mit $\alpha < \pi/2$, $\varphi = \omega_1 t + \varphi_0$. In Fig. 5.22 ist die Funktion $\omega_2(\varphi)$ nach (11) aufgetragen (Kurve mit $\epsilon = \beta = 0$). Wegen $\sin^2\varphi = (1 - \cos 2\varphi)/2$ enthält die Winkelgeschwindigkeit ω_2 der Kardanwelle bei gleichförmigem Antrieb ω_1 einen gleichförmigen und einen periodischen Anteil. Die Frequenz der überlagerten Störung ist doppelt so groß wie die Antriebsfrequenz.

b) Wegen $\omega_2 = \dot{\gamma}$ und $\omega_1 = \dot{\varphi}$ folgt aus (11) die Differentialgleichung

$$d\gamma = \frac{d\varphi}{\cos\alpha + \sin\alpha \, \tan\alpha \, \sin^2\varphi} \; , \tag{12}$$

mit der Lösung

$$\gamma = \arctan\left(\frac{\tan\varphi}{\cos\alpha}\right) \; . \tag{13}$$

c) Für die Winkelgeschwindigkeit ω_3 der Abtriebswelle kann analog zu (11) geschrieben werden

$$\omega_3 = \omega_2 \, \frac{1}{\cos\beta + \sin\beta \, \tan\beta \, \sin^2\lambda} \, . \tag{14}$$

Darin ist λ der Verdrehungswinkel der Gabel im Gelenk B an der Welle 2 gegenüber einem Inertialsystem. Er setzt sich zusammen aus dem Verdrehungswinkel γ der Welle 2 nach (13) und einem konstanten Winkel ϵ, um den die Gelenkgabeln in A und B zueinander verdreht sind. Entscheidend ist hierbei der Winkel, den die a n t r e i b e n - d e n Gabeln in den Gelenken A und B in der Nullstellung bei $\varphi = 0$ bilden. Ist ϵ der Winkel zwischen den Gabeln an der Welle 2, dann folgt

$$\lambda = \gamma + \frac{\pi}{2} + \epsilon \,. \tag{15}$$

Aus (11), (13), (14) und (15) erhält man schließlich den Zusammenhang zwischen An- und Abtriebswinkelgeschwindigkeit:

$$\omega_3 = \frac{\omega_1}{(\cos\alpha + \sin\alpha \tan\alpha \sin^2\varphi)\left\{\cos\beta + \sin\beta \tan\beta \cos^2\left[\arctan\left(\frac{\tan\varphi}{\cos\alpha}\right) + \epsilon\right]\right\}} \,. \tag{16}$$

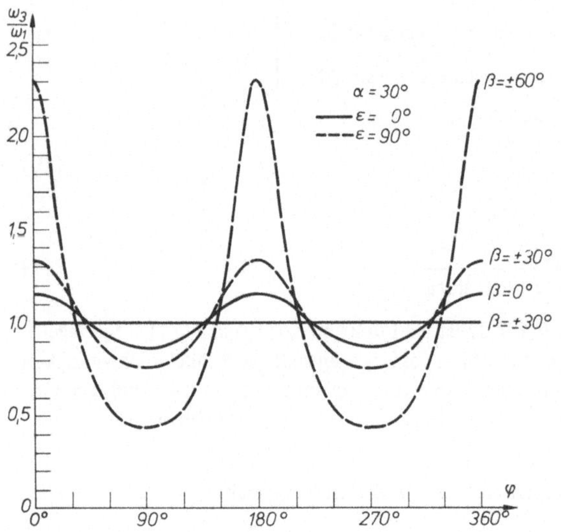

Fig. 5.22

d) Mit $\epsilon = 0$ und $\alpha = \pm\,\beta$ wird der Nenner in (16) zu 1. Diese Bedingung muß beim Einbau einer Kardanwelle beachtet werden, wenn eine gleichförmige Abtriebswinkelgeschwindigkeit gefordert wird (z.B. bei Lastkraftwagen oder Werkzeugmaschinen). Das Verhältnis ω_3/ω_1 ist in Fig. 5.22 für verschiedene Einbaulagen der Kardanwelle und der Gelenkgabeln über dem Antriebswinkel φ aufgetragen.

6.   Kinetik

Aufgabe 6.1 (Fig. 6.1). Ein Stößel (Masse m_1 gleitet auf einer gleichförmig angetriebenen Kreisnockenscheibe (Masse m_2). Er wird durch eine Druckfeder (Federkonstante c) gegen die Nockenscheibe gedrückt. Bei dem Nockenwinkel $\varphi = 0$ hat die Federkraft den Betrag F_0.

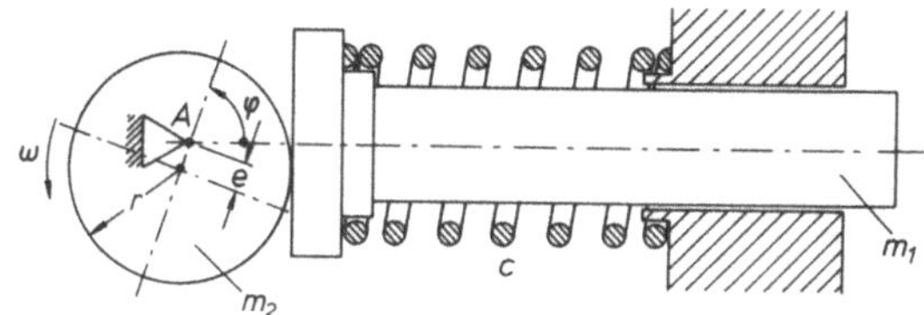

Fig. 6.1

a) Wie groß ist bei Vernachlässigung der Reibung die Horizontalkraft im Nockenlager A?

b) Bei welchem Nockenwinkel φ_0 und bei welcher Winkelgeschwindigkeit ω_0 verliert der Stößel den Kontakt mit der Nockenscheibe?

L ö s u n g : Zur Lösung von Kinetikproblemen nach der synthetischen Methode unter Anwendung von Impuls- und Drallsatz läßt sich, weitgehend unabhängig von der Problemstellung, folgender allgemeiner Weg angeben:

1. Wahl eines geeigneten Koordinatensystems, Zerschneiden des gegebenen mechanischen Systems und Eintragen aller äußeren Kräfte und Momente einschließlich der Schnittreaktionen.
2. Anschreiben von Impuls- und/oder Drallsatz für jeden Teilkörper, unter Berücksichtigung des Bezugssystems und des Bezugspunktes beim Drallsatz. Im Impulssatz $dp/dt = \Sigma F_a$ dürfen die kinematischen Größen nur in Bezug auf ein Inertialsystem angegeben werden. Dasselbe gilt für den Drallsatz $dL_P/dt = \Sigma M_P$; er gilt in dieser Form nur für unbeschleunigte Bezugspunkte P oder für den Massenmittelpunkt des betrachteten Teilsystems.
3. Aufstellen der kinematischen Beziehungen für die Koordinaten der einzelnen Systemteile.

a) Der Impulssatz für das in Stößel und Nocken zerschnittene System (Fig. 6.2) lautet allgemein

$$\frac{dp_1}{dt} = \frac{d}{dt}\,(mv_{S1}) = \Sigma F_1\,,$$
$$\left.\frac{dp_2}{dt} = \frac{d}{dt}\,(mv_{S2}) = \Sigma F_2\,.\right\} \tag{1}$$

Im vorliegenden Fall interessieren nur die x-Komponenten von (1). Für das eingezeichnete Inertialsystem erhält man

$$m_1 \ddot{x}_{S1} = F_N - F_F \,,$$

$$m_2 \ddot{x}_{S2} = F_{Ax} - F_N \,. \qquad (2)$$

Die Federkraft ist

$$F_F = F_0 + ce(1 - \cos \varphi) \,, \qquad (3)$$

mit $\varphi = \omega t$.

Die linken Seiten von (2) lassen sich aus der gegebenen Bewegung des Nockenantriebs berechnen. Aus den Schwerpunktkoordinaten

$$x_{S2} = x_A - e \cos \omega t \,; \qquad x_{S1} = x_{S10} - e \cos \omega t \qquad (4)$$

folgen nach zweimaligem Ableiten nach der Zeit die absoluten Schwerpunktbeschleunigungen in x-Richtung:

$$\ddot{x}_{S2} = \ddot{x}_{S1} = e\omega^2 \cos \omega t \,. \qquad (5)$$

Damit folgt mit (2) und (3) die Horizontalkraft im Nockenlager

$$F_{Ax} = [\omega^2(m_1 + m_2) - c] \, e \cos \omega t + F_0 + ce \,. \qquad (6)$$

b) Der Stößel löst sich von der Nockenscheibe, wenn die Normalkraft F_N zu Null wird. Man erhält aus (2), (3) und (5)

$$F_N = F_0 + ce(1 - \cos \omega t) + m_1 e\omega^2 \cos \omega t$$

$$= F_0 + ce (m_1 \omega^2 - c) \, e \cos \omega t \,. \qquad (7)$$

Diese Normalkraft ist bei sehr langsamer Drehung der Nockenscheibe ($\omega \to 0$) stets positiv; sie hat für $m_1 \omega^2 - c < 0$ ihren kleinsten Betrag bei $\varphi = \omega t = 0$. Für $\omega^2 = c/m_1$ gilt $F_N = F_0 + ce = \text{const}$.

Für $\omega^2 > c/m_1$ ist F_N bei $\varphi = \pi$ am kleinsten; bei

$$\omega_{max} = \sqrt{\frac{1}{em_1} \, (F_0 + 2ce)} \qquad (8)$$

wird schließlich $F_N = 0$. Steigert man die Winkelgeschwindigkeit über ω_{max} hinaus, dann ist die Beschleunigung a_{2x} der Nockenscheibe bei $\varphi = \pi$ größer als die Beschleunigung a_{1x}, die dem Stößel durch die Federkraft erteilt wird.

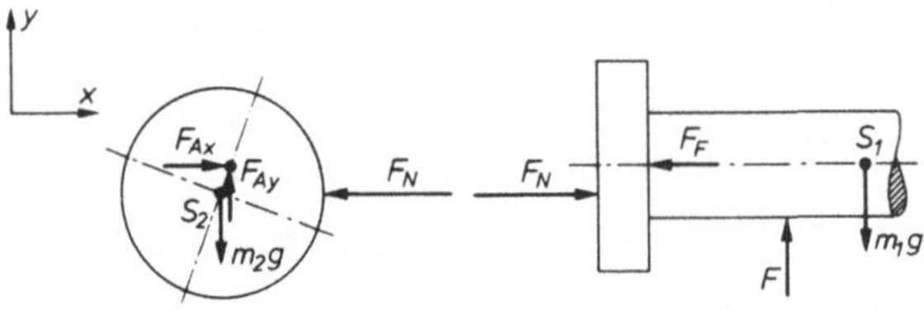

Fig. 6.2

Aufgabe 6.2 (Fig. 6.3). Von einem Turm wird in der Höhe h eine Kugel (Masse m) horizontal mit der Geschwindigkeit v_0 abgeworfen. Während des Falls wird nach T Sekunden von der Kugel durch einen eingebauten Mechanismus eine Teilmasse Δm senkrecht nach unten abgesprengt. Dabei wird zwischen Kugel und Teilmasse der Kraftstoß Δp ausgeübt.

Wie groß ist die abgesprengte Teilmasse Δm, wenn die Masse $m' = m - \Delta m$ in der Entfernung b vom Turm auf den Boden aufschlägt? Der Luftwiderstand soll vernachlässigt werden.

Z a h l e n w e r t e : $h = 40$ m; $m = 4$ kg; $v_0 = 12$ m/s; $T = 1{,}5$ s; $\Delta p = 18$ kgm/s; $b = 38$ m.

L ö s u n g : Der Massenmittelpunkt der Kugel bewegt sich auf einer Fallparabel, die mit Hilfe des Impulssatzes berechnet werden kann. Auch nach dem Absprengen der

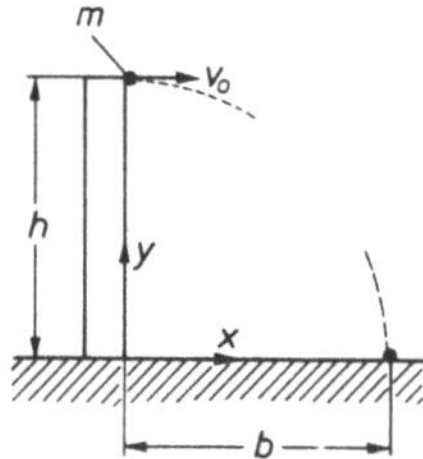

Fig. 6.3

Teilmasse bleibt der gemeinsame Massenmittelpunkt beider Teilkörper auf dieser Bahn, da die Massentrennung durch innere Kräfte ausgelöst wird. Mit dem x, y-System nach Fig. 6.3 folgen aus dem Impulssatz

$$\frac{d}{dt}(mv_S) = \Sigma \mathbf{F}$$

die Koordinatengleichungen

$$m\ddot{x}_S = 0; \quad m\ddot{y}_S = -mg\,. \tag{1}$$

Zweimalige Integration ergibt die Bahnkurve in Parameterdarstellung

$$\left. \begin{aligned} \dot{x}_S &= C_1 & , & \quad C_1 = v_0\,, \\ \dot{y}_S &= -gt + C_2 & , & \quad C_2 = 0\,; \end{aligned} \right\} \tag{2}$$

$$\left. \begin{aligned} x_S &= v_0 t + C_3\,, & \quad C_3 = 0\,, \\ y_S &= -\frac{1}{2}gt^2 + C_4\,, & \quad C_4 = h\,. \end{aligned} \right\} \tag{3}$$

Nach Elimination des Parameters t folgt daraus die Bahnkurve

$$y_S = h - \frac{g}{2v_0^2}\, x_S^2\,. \tag{4}$$

Die Bahn der Kugel m′ nach dem Absprengen der Teilmasse muß zum Zeitpunkt t = T auf der Bahnkurve (4) beginnen. Die Anfangsbedingungen zum Zeitpunkt t′ = t − T = 0 erhält man aus (2) und (3) sowie aus der Integralform des Impulssatzes. Unmittelbar nach dem Absprengen gilt für die y-Komponente des Impulses der Masse m′ = m − Δm

$$p_y = (m - \Delta m)\,\dot{y}_S\,(T) + \Delta p_y = (m - \Delta m)\,[\dot{y}_S(T) + \Delta\dot{y}]\;, \tag{5}$$

worin wegen (2) $\dot{y}_S(T) = -\,gT$ gilt. Aus (5) kann Δm berechnet werden, da sich der noch unbekannte Geschwindigkeitszuwachs $\Delta\dot{y}$ aus dem bekannten Endpunkt der Bahnkurve von m′ ermitteln läßt. Die Anfangsbedingungen für die Fallbewegung der Masse m′ sind für t′ = 0

$$x_0 = v_0 T \quad ; \quad y_0 = h - \frac{1}{2}\,gT^2 \;; \tag{6}$$

$$\dot{x}_0 = v_0 \quad ; \quad \dot{y}_0 = \Delta\dot{y} - gT \;. \tag{7}$$

Aus $\quad m'\ddot{x}_S = 0 \quad ; \quad m'\ddot{y}_S = -\,m'g \tag{8}$

folgt mit (6) und (7)

$$\left.\begin{aligned}
&\dot{x}_S = v_0, \quad \dot{y}_S = \Delta\dot{y} - gT - gt'\,, \\[4pt]
&x_S = v_0 t' + v_0 T\,, \\[4pt]
&y_S = h - \frac{1}{2}\,gT^2 + \Delta\dot{y}t' - gTt' - \frac{1}{2}\,gt'^2\;.
\end{aligned}\right\} \tag{9}$$

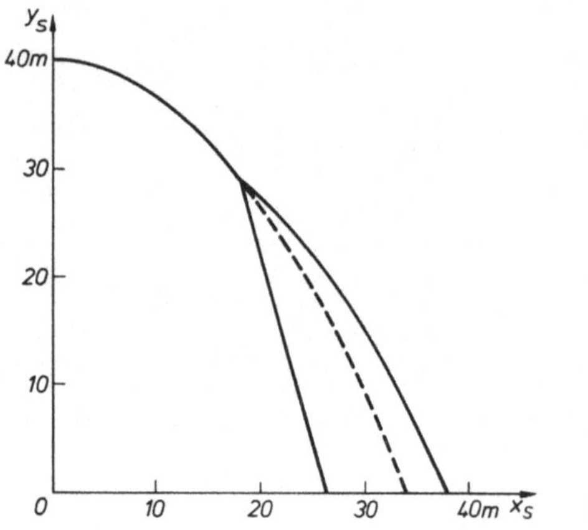

Fig. 6.4

Daraus erhält man durch Elimination von t′ als Bahnkurve im x, y-System

$$y_S = h - \frac{1}{2}\,gT^2 + (\Delta\dot{y} - gT)\left(\frac{x_S}{v_0} - T\right) - \frac{1}{2}\,g\left(\frac{x_S}{v_0} - T\right)^2 \;. \tag{10}$$

Mit dem bekannten Aufschlagpunkt $[x_S; y_S] = [b; 0]$ kann aus (10) der Geschwindigkeitszuwachs für m' beim Absprengen bestimmt werden:

$$\Delta\dot{y} = \frac{\frac{1}{2}gT^2 - h}{\frac{b}{v_0} - T} + gT + \frac{1}{2}g\left(\frac{b}{v_0} - T\right) = 5{,}51\,\frac{m}{s}\,. \tag{11}$$

Aus (11) und (5) folgt schließlich die Masse des abgesprengten Teilstückes

$$\Delta m = m - \frac{\Delta p_y}{\Delta\dot{y}} = 0{,}733\,\text{kg}\,. \tag{12}$$

Die Bahnkurven der Massen sind in Fig. 6.4. dargestellt.

Aufgabe 6.3 (Fig. 6.5). Wie lauten die Bewegungsgleichungen für die Punktmasse m eines Raumpendels mit der Fadenlänge r_0 in Kugelkoordinaten r, φ und ψ? Reibungswiderstände sollen vernachlässigt werden.

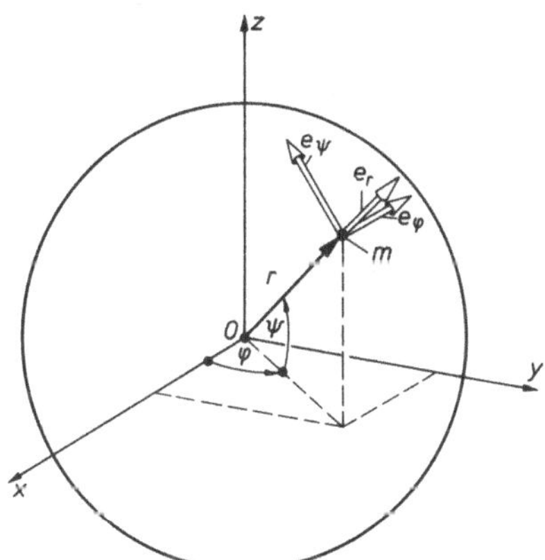

Fig. 6.5

L ö s u n g : Auf die Punktmasse wirken als äußere Kräfte die Fadenkraft $\mathbf{F}_N$ und die Gewichtskraft $\mathbf{F}_G$ (Fig. 6.6). Nach dem Impulssatz gilt

$$m\ddot{\mathbf{r}} = \mathbf{F}_N + \mathbf{F}_G, \quad F_N > 0\,, \tag{1}$$

mit $\ddot{\mathbf{r}} = d^2(r_0\mathbf{e}_r)/dt^2$. Beim Berechnen der Ableitung muß beachtet werden, daß die Einheitsvektoren der Kugelkoordinaten $\mathbf{e}_r$, $\mathbf{e}_\varphi$, $\mathbf{e}_\psi$ nicht raumfest sind, ihre Ableitungen nach der Zeit also nicht verschwinden.

Zwischen Kugel- und Kartesischen Koordinaten gilt nach Fig. 6.5 der Zusammenhang

$$e_r = \cos\varphi\,\cos\psi\,e_x + \sin\varphi\,\cos\psi\,e_y + \sin\psi\,e_z,$$

$$e_\varphi = -\sin\varphi\,e_x + \cos\varphi\,e_y, \qquad\qquad\qquad (2)$$

$$e_\psi = -\cos\varphi\,\sin\psi\,e_x - \sin\varphi\,\sin\psi\,e_y + \cos\psi\,e_z\,.$$

Die Ableitung von (2) nach der Zeit ergibt mit $\dot{e}_x = \dot{e}_y = \dot{e}_z = 0$

$$\dot{e}_r = \dot\varphi\,\cos\psi\,e_\varphi + \dot\psi e_\psi\,,$$

$$\dot{e}_\varphi = -\dot\varphi\,\cos\psi\,e_r + \dot\varphi\,\sin\psi\,e_\psi, \qquad (3)$$

$$\dot{e}_\psi = -\dot\psi e_r - \dot\varphi\,\sin\psi\,e_\varphi\,.$$

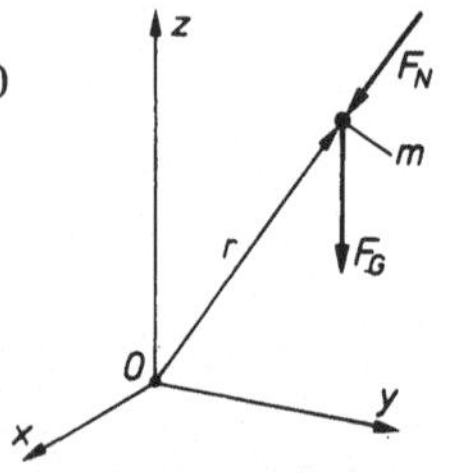

Fig. 6.6

Für die Beschleunigung $\ddot{r}$ der Punktmasse in Kugelkoordinaten folgt aus (2) und (3) mit $r = r_0 = \text{const}$

$$\ddot{r} = r_0\,\frac{d^2(e_r)}{dt^2} = r_0\,\frac{d}{dt}\,(\dot\varphi\,\cos\psi\,e_\varphi + \dot\psi e_\psi)$$

$$= r_0\,[-(\dot\psi^2 + \dot\varphi^2\cos^2\psi)\,e_r + (\ddot\varphi\,\cos\psi - 2\dot\varphi\dot\psi\,\sin\psi)\,e_\varphi +$$

$$+ (\ddot\psi + \dot\varphi^2\sin\psi\,\cos\psi)\,e_\psi]\,. \qquad\qquad (4)$$

Die äußeren Kräfte (Fig. 6.6) haben die Komponenten

$$F_N = -F_N e_r,\ (F_N > 0)\,,$$

$$\qquad\qquad\qquad\qquad\qquad\qquad (5)$$

$$F_G = -mg(\sin\psi\,e_r + \cos\psi\,e_\psi)\,.$$

Durch Einsetzen von (4) und (5) in (1) erhält man die Bewegungsgleichungen im r, φ, ψ-System:

$$r:\quad mr_0(\dot\psi^2 + \dot\varphi^2\cos^2\psi) = mg\,\sin\psi + F_N,\quad (F_N > 0),$$

$$\varphi:\quad mr_0(\ddot\varphi\,\cos\psi - 2\dot\varphi\dot\psi\,\sin\psi) = 0\,, \qquad\qquad (6)$$

$$\psi:\quad mr_0(\ddot\psi + \dot\varphi^2\sin\psi\,\cos\psi) = -mg\,\cos\psi\,.$$

(Hinweis: Mit Hilfe der Lagrangeschen Gleichungen zweiter Art lassen sich die Bewegungsgleichungen des Raumpendels wesentlich einfacher aufstellen).

Ohne auf die allgemeine Lösung dieses nichtlinearen Differentialgleichungssystems einzugehen, sollen aus (6) noch zwei Teilergebnisse abgeleitet werden.

a) Aus (6/2) folgt durch Integration

$$\dot\varphi\,\cos^2\psi = \text{const}\,. \qquad\qquad\qquad (7)$$

Dieses Ergebnis kann auch unmittelbar aus dem Drallsatz abgeleitet werden; bei Bezug auf den Pendelaufhängepunkt O gilt

$$\frac{\mathrm{d\mathbf{L}_O}}{\mathrm{dt}} = \mathbf{M}_O = \mathbf{r} \times (\mathbf{F}_N + \mathbf{F}_G) \,. \tag{8}$$

Wegen $M_{Oz} = 0$ folgt aus (8) $L_{Oz} = \text{const}$. Mit $L_{Oz} = m(r_x \dot{r}_y - r_y \dot{r}_x)$, $r_x = r \cos \varphi \cos \psi$ und $r_y = r \cos \psi \sin \varphi$ erhält man unmittelbar das Integral (7).

b) Für den Fall des „Kegelpendels" mit $\psi = \psi_0 = \text{const}$ folgt aus (6/1,3)

$$\dot{\varphi}^2 = - \frac{g}{r \sin \psi_0} \,; \qquad F_N = - \frac{mg}{\sin \psi_0} \,. \tag{9}$$

Diese Bewegung mit $\dot{\varphi} = \text{const}$ ist nur bei $\psi_0 < 0$ möglich. Die Punktmasse bewegt sich dabei auf einem Kreis mit dem Radius $r^* = r_0 \cos \psi_0$. Die Resultierende aus der Fallbeschleunigung $\mathbf{g}$ und der Zentrifugalbeschleunigung $\mathbf{a}_Z$ mit $a_Z = r^* \dot{\varphi}^2$ fällt dabei mit der Fadenrichtung $\mathbf{e}_r$ zusammen (Fig. 6.7).

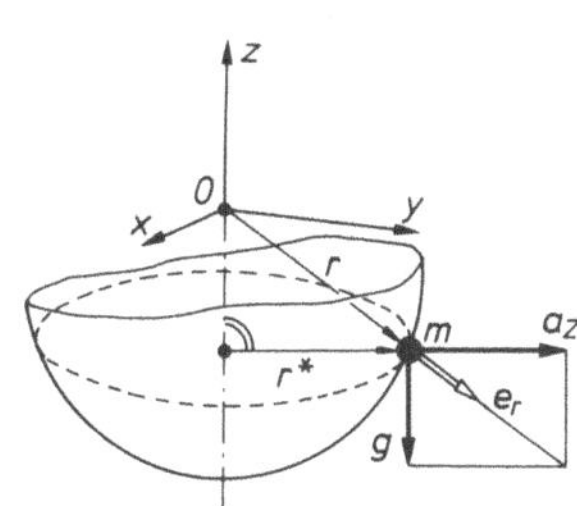

Fig. 6.7   Fig. 6.8

Aufgabe 6.4 (Fig. 6.8). In einer Förderanlage befindet sich eine Rampe, auf der die zu befördernden Kisten K (Masse m) herunterrutschen. Am Ende der Gleitstrecke werden sie durch einen elastischen Anschlag (Federkonstante c) abgebremst. Zwischen Kiste und Rampe kann Coulombsche Reibung mit dem Reibungsbeiwert μ angenommen werden.

a) Welche Zeit t_0 benötigt die Kiste bis zum Berühren des Anschlags und welche Geschwindigkeit v_0 hat sie dabei, wenn sie aus der Ruhelage bei $x = 0$ freigegeben wird?

b) Wie groß ist der Federweg x_{Fmax}, der zum Abbremsen einer Kiste auf die Geschwindigkeit Null notwendig ist (die Massen des elastischen Anschlags sollen vernachlässigt werden)?

c) In welchem Bereich $x_{F1} \leqslant x_F \leqslant x_{F2}$ kann die Kiste endgültig zur Ruhe kommen?

L ö s u n g : a) Mit den in Fig. 6.9 eingetragenen Kräften erhält man aus dem Impulssatz für die x-Richtung und y-Richtung

$$m\ddot{x}_S = - F_R \operatorname{sgn} \dot{x}_S + mg \sin \alpha \,, \tag{1}$$

$$0 = mg \cos \alpha - F_N \,. \tag{2}$$

Dabei ist

$$F_R = \mu F_N = \mu mg \cos \alpha \, . \tag{3}$$

Im vorliegenden Fall interessiert das Herunterrutschen und das Abbremsen der Kiste. Für beide Bewegungsvorgänge ist $\dot{x}_S > 0$, also wird sgn $\dot{x}_S = 1$. Damit folgt aus (1), (2) und (3)

$$\ddot{x}_S = g(\sin \alpha - \mu \cos \alpha) = \text{const} \, . \tag{4}$$

Man erkennt daraus, daß das Gleiten nur einsetzen kann, wenn $\tan \alpha > \mu = \tan \rho$ oder $\alpha > \rho$ ist; dabei ist ρ der Reibungswinkel.

Zweimalige Integration von (4) führt auf

$$\left. \begin{aligned} \dot{x}_S &= g(\sin \alpha - \mu \cos \alpha)t + C_1, \qquad C_1 = 0 \, , \\ x_S &= \frac{1}{2} \, g \, (\sin \alpha - \mu \cos \alpha)t^2 + C_2, C_2 = 0 \, . \end{aligned} \right\} \tag{5}$$

Aus (5) folgt für die Rutschzeit t_0 und die Geschwindigkeit $v_0 = \dot{x}(s)$

$$t_0 = \sqrt{\frac{2s}{g(\sin \alpha - \mu \cos \alpha)}} \, , \tag{6}$$

$$v_0 = \sqrt{2sg(\sin \alpha - \mu \cos \alpha)} \, . \tag{7}$$

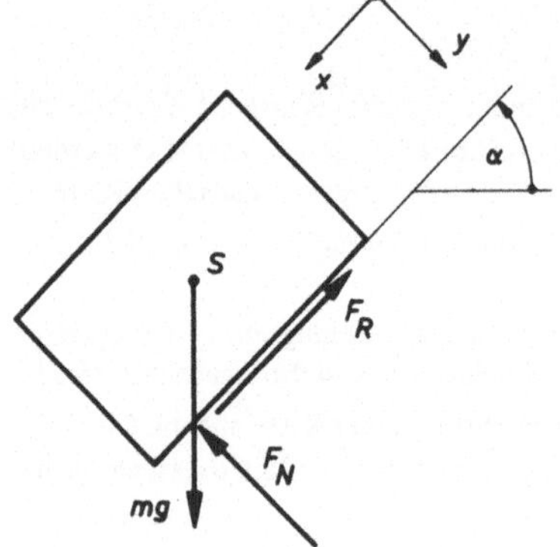

Fig. 6.9

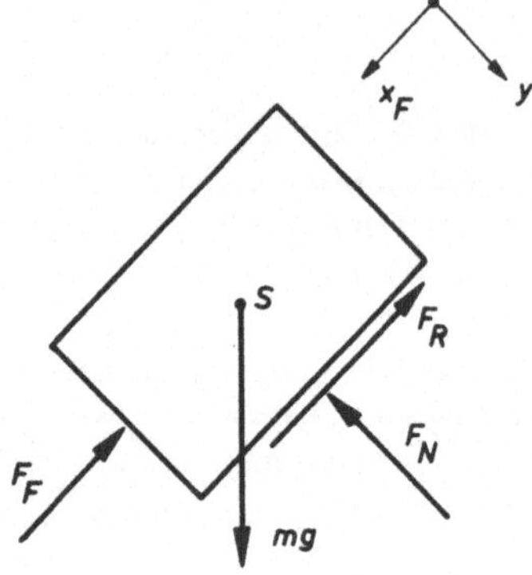

Fig. 6.10

b) Wenn die Kiste den Anschlag berührt, dann muß zusätzlich die Federkraft F_F berücksichtigt werden (Fig. 6.10). Dann liefert der Impulssatz

$$m\ddot{x}_F = -F_R - F_F + mg \sin \alpha \, , \tag{8}$$

$$0 = mg \cos \alpha - F_N \, , \tag{9}$$

mit der Reibungskraft (3) und der Federkraft

$$F_F = cx_F \; . \tag{10}$$

Aus (8), (9) und (10) folgt anstelle von (4) jetzt

$$\ddot{x}_F = g(\sin \alpha - \mu \cos \alpha) - \frac{c}{m} \, x_F \; . \tag{11}$$

Wenn $-$ wie im vorliegenden Fall $-$ die Beschleunigung $\ddot{x}$ als Funktion des Weges $\ddot{x}(x)$ bekannt ist, kann man wegen

$$\ddot{x} = \frac{d\dot{x}}{dt} = \frac{d\dot{x}}{dx} \frac{dx}{dt} = \frac{d\dot{x}}{dx} \, \dot{x} \tag{12}$$

nach Trennung der Variablen die Funktion $\dot{x}(x)$ durch Integration finden. Mit $\dot{x}_F(0) = v_0$ und $\dot{x}_F \, (x_{F\,max}) = 0$ folgt aus (11) mit (12)

$$\int\limits_{v_0}^{0} \dot{x}_F d\dot{x}_F = \int\limits_{0}^{x_{F\,max}} \left[g\,(\sin \alpha - \mu \cos \alpha) - \frac{c}{m} \, x_F \right] dx_F$$

und ausgerechnet mit der Abkürzung $\lambda = g(\sin \alpha - \mu \cos \alpha)$

$$x_{F\,max}^2 - \frac{2m}{c} \lambda x_{F\,max} - \frac{m}{c} v_0^2 = 0 \; , \tag{13}$$

mit der Lösung

$$x_{F\,max} = \frac{m}{c} \left(\lambda \pm \sqrt{\lambda^2 + \frac{c}{m} \, v_0^2} \right) . \tag{14}$$

Darin ist nur das positive Vorzeichen physikalisch sinnvoll. Mit (7) folgt schließlich aus (14)

$$x_{F\,max} = \frac{m}{c} \left[\lambda + \sqrt{\lambda \left(\lambda + 2 \, \frac{c}{m} s \right)} \right] . \tag{15}$$

A n d e r e r   L ö s u n g s w e g . Etwas schneller führt eine Energiebetrachtung zum Ziel: Die anfängliche potentielle Energie der Kiste wird bei der Gleitbewegung in kinetische Energie, Reibungsarbeit und potentielle Energie der Feder umgesetzt. Setzt man die potentielle Energie nach einem Rutschweg von $s + x_F$ gleich Null, dann hat man die Energiebilanz

$$mg(s + x_F) \sin \alpha = \frac{1}{2} \, m\dot{x}_F^2 + \mu mg \, (s + x_F) \cos \alpha + \frac{1}{2} \, cx_F^2 \; . \tag{16}$$

Daraus folgt mit $\dot{x}_F = 0$ unmittelbar die quadratische Gleichung (13).

c) Die Bestimmung der möglichen endgültigen Ruhelage der Kiste ist ein statisches Problem. Berücksichtigt man, daß die Reibungskraft F_R wegen der beiden möglichen

Bewegungsrichtungen verschiedenes Vorzeichen haben kann, dann erhält man als Gleichgewichtsbedingung in x_F-Richtung

$$\pm F_R + mg \sin \alpha - F_F = 0 \ .$$

Mit (3) und (10) folgt daraus

$$\left.\begin{array}{c} x_{F1} \\ x_{F2} \end{array}\right\} = \frac{mg}{c} (\sin \alpha \mp \mu \cos \alpha) \ . \tag{17}$$

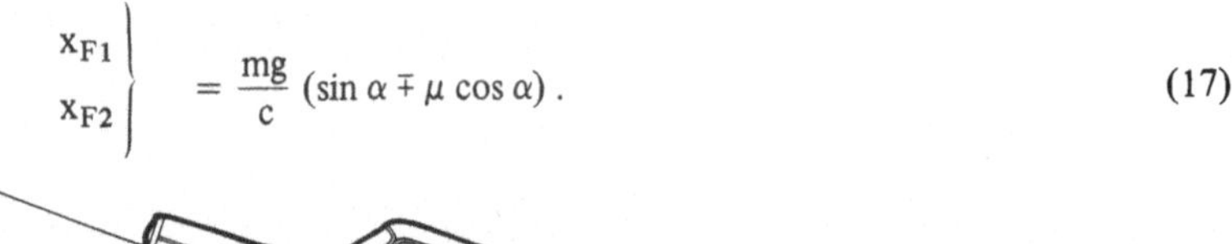

Fig. 6.11

Aufgabe 6.5 (Fig. 6.11). Ein Kraftwagen befindet sich auf einer Bergstraße mit 13 % Steigung. Welche maximale Beschleunigung a_{max} kann er bei Bergfahrt erreichen, wenn man die Trägheitsmomente der Räder vernachlässigt und einen Haftreibungsbeiwert $\mu_0 = 0{,}6$ zwischen Reifen und Fahrbahn annimmt? . Man berechne a_{max} für die drei Antriebsmöglichkeiten: Hinterrad-, Front- und Allradantrieb.

Z a h l e n w e r t e : $b = 0{,}45$ m; $c = 1{,}5$ m.

L ö s u n g : Es ist zweckmäßig, mit dem Fall des Allradantriebs zu beginnen, da sich die beiden anderen Fälle unmittelbar daraus ableiten lassen. Wichtig ist dabei, daß durch einen geeigneten Ansatz der Bewegungsgleichungen Vorderrad- und Hinterrad-Kräfte getrennt mitgeführt werden. Dies kann z.B. durch Einführen der Parameter K_A und K_B für die Reibungskräfte zwischen Rädern und Straße (Fig. 6.12) geschehen. Diese Parameter nehmen die Werte 0 und 1 nach folgender Tabelle an:

Antriebsart		Hinterrad	Vorderrad	Allrad
Parameter	K_A	0	1	1
	K_B	1	0	1

Der Impulssatz ergibt für x- und y-Richtung

$$m\ddot{x}_S = K_A F_{RA} + K_B F_{RB} - mg \sin \alpha \ , \tag{1}$$

$$0 = -F_B - F_A + mg \cos \alpha \ , \tag{2}$$

mit $F_{RA} \leqslant \mu_0 F_A$; $F_{RB} \leqslant \mu_0 F_B$.   (3)

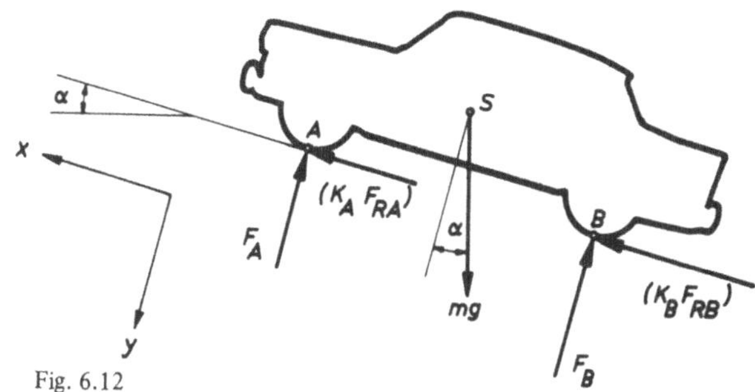

Fig. 6.12

Die noch fehlende fünfte Gleichung zur Bestimmung der fünf Unbekannten $\ddot{x}_S$, F_A, F_B, F_{RA}, F_{RB} liefert der Drallsatz. Mit dem Massenmittelpunkt S des Systems als Bezugspunkt gilt $dL_S/dt = M_S$. Die z-Komponente dieser Vektorgleichung ergibt

$$\frac{dL_{Sz}}{dt} = -cF_A + cF_B - bK_A F_{RA} - bK_B F_{RB} = 0 \; . \tag{4}$$

Aus (1), (2), (3) und (4) erhält man

$$F_B = mg \cos \alpha \left[\frac{c + bK_A \mu_0}{2c + \mu_0 b (K_A - K_B)} \right] , \tag{5}$$

$$F_A = mg \cos \alpha - F_B \; , \tag{6}$$

$$\ddot{x}_S = K_A \mu_0 g \cos \alpha + \mu_0 g \cos \alpha (K_B - K_A) \left[\frac{c + bK_A \mu_0}{2c + b\mu_0 (K_A - K_B)} \right] - g \sin \alpha. \tag{7}$$

Diese Lösungen gelten aber nur, wenn F_A und F_B positiv sind, da negative Kräfte von der Fahrbahn nicht auf die Reifen übertragen werden. Wie man aus (5) erkennt, kann die Hinterradbelastung F_B nicht verschwinden, während die Vorderradbelastung F_A bei Antrieb durch die Hinterräder möglicherweise auch zu Null werden kann. Im vorliegenden Fall erhält man mit $\alpha = 7{,}4°$ ($\cong$ 13 % Steigung) die folgenden Zahlenwerte

Antriebsart		Hinterrad	Vorderrad	Allrad
Rad-belastung	F_A/mg	0,447	0,455	0,407
	F_B/mg	0,545	0,537	0,585

Für die Fahrzeugbeschleunigung $\ddot{x}_S$ folgt aus (7) bei Hinterradantrieb:

$$\ddot{x}_S = \frac{gc\mu_0 \cos \alpha}{2c - \mu_0 b} - g \sin \alpha = 1{,}94 \; \frac{m}{s^2} \; , \tag{8}$$

Vorderradantrieb:

$$\ddot{x}_S = \frac{gc\mu_0 \cos\alpha}{2c + \mu_0 b} - g\sin\alpha = 1{,}41\ \frac{m}{s^2}\ ,\tag{9}$$

Allradantrieb:

$$\ddot{x}_S = g(\mu_0\cos\alpha - \sin\alpha) = 4{,}57\ \frac{m}{s^2}\ .\tag{10}$$

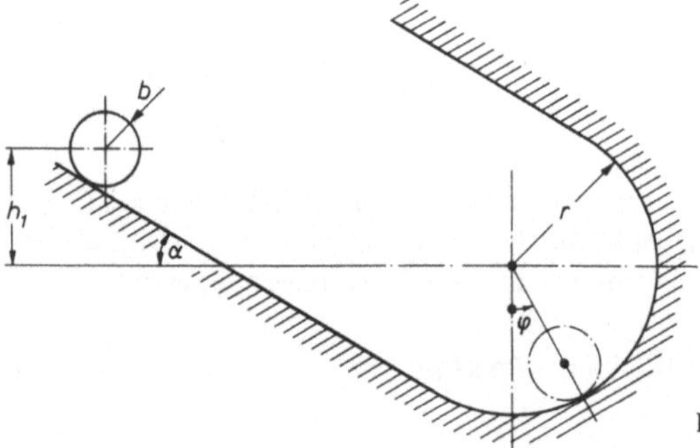

Fig. 6.13

Aufgabe 6.6 (Fig. 6.13). Auf einer schiefen Ebene, die in eine kreisförmig gekrümmte Bahn übergeht, wird eine Walze mit homogener Massenverteilung aus der Höhe h_1 stoßfrei losgelassen. Der Reibungsbeiwert μ für Gleiten sei gleich dem Haftreibungsbeiwert.

a) Bei welchem Winkel φ_1 beginnt die Walze nach dem Durchlaufen der schiefen Ebene auf der Kreisbahn zu gleiten?

b) Aus welcher Mindesthöhe h_2 muß die Walze freigelassen werden, damit sie den höchsten Punkt der Kreisbahn ($\varphi = \pi - \alpha$) erreicht, ohne zu gleiten?

Z a h l e n w e r t e : $b = 0{,}14$ m; $r = 0{,}8$ m; $h_1 = 0{,}8$ m; $\mu = 0{,}25$; $\alpha = 30°$.

L ö s u n g : a) Zunächst muß überprüft werden, ob die Walze nach dem Loslassen aus dem Ruhezustand zu rollen beginnt oder ob Gleiten stattfindet. Hierfür wird die zum Rollen notwendige tangential wirkende Reibungskraft F_R bestimmt. Nach Fig. 6.14 (freigeschnittene Walze) ergibt der Impulssatz

$$m\ddot{x}_S = -F_R + mg\sin\alpha\ ,\tag{1}$$

$$0 = F_N - mg\cos\alpha\ ,\tag{2}$$

mit $\quad F_R \leqslant \mu F_N\ .\tag{3}$

Eine weitere Beziehung liefert der Drallsatz. Mit dem Walzenschwerpunkt S als Bezugspunkt gilt bei Verwendung des xyz-Systems nach Fig. 6.14

$$\dot{L}_{Sz} = J_S\dot{\omega} = -bF_R\ .\tag{4}$$

Dabei gilt für die homogene Walze

$$J_S = \frac{1}{2}\, mb^2 \,. \tag{5}$$

Als Rollbedingung gilt im vorliegenden Fall

$$\dot{x}_S = -\,b\omega \,, \tag{6}$$

wobei $\omega = \omega_z$ die Winkelgeschwindigkeit der Walze ist. Aus (1), (4), (5) und (6) folgt für die beim Rollen auftretende Kraft zwischen Walze und schiefer Ebene

$$F_R = \frac{1}{3}\, mg \sin\alpha \,. \tag{7}$$

Mit (2) und (3) erhält man daraus als Bedingung für reines Rollen

$$\mu \geqslant \frac{1}{3}\, \tan\alpha \,. \tag{8}$$

Diese Bedingung ist für die gegebenen Zahlenwerte erfüllt.

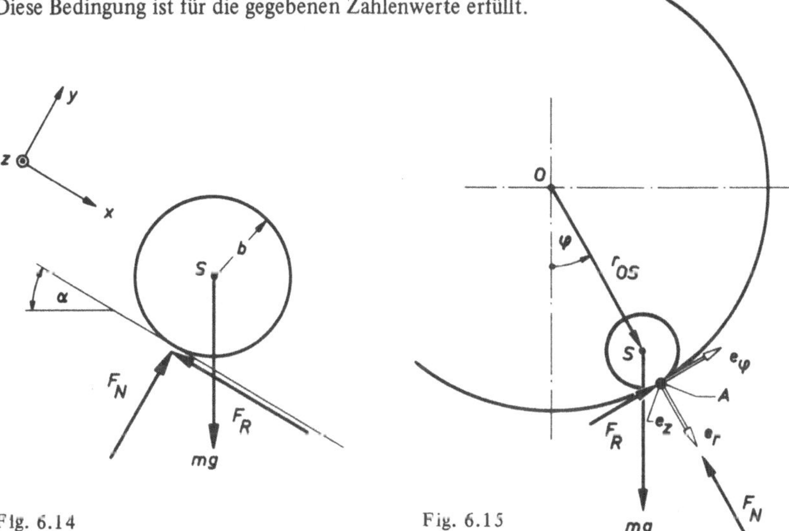

Fig. 6.14   Fig. 6.15

Die Bewegung der Walze auf der schiefen Ebene soll von der Bewegung in der Kreisbahn getrennt betrachtet werden. Die Walzengeschwindigkeit $\dot{x}_{S2}$ am Ende der schiefen Ebene bestimmt man am einfachsten mit dem Energiesatz. Dies ist möglich, da die Reibungskraft F_R bei reinem Rollen keine Arbeit leistet; die Kraft F_R greift an dem stets ruhenden Momentanpol der Walzenbewegung an. Man erhält deshalb aus $V_1 + T_1 = V_2 + T_2$

$$mg[h_1 + (r - b) \cos\alpha] + 0 = 0 + \frac{1}{2}\, m\dot{x}_{S2}^2 + \frac{1}{2}\, J\omega_2^2 \,. \tag{9}$$

Mit (5) und (6) folgt daraus

$$\dot{x}_{S2} = \sqrt{\frac{4}{3}\, g[h_1 + (r-b)\cos\alpha]} = 4{,}236 \,\frac{m}{s} \;. \tag{10}$$

Zur Berechnung der Bewegung der Walze in der Kreisbahn werden zweckmäßigerweise die Polarkoordinaten r, φ (Fig. 6.15) verwendet. Der Impulssatz gibt

$$m\ddot{\mathbf{r}}_{OS} = \mathbf{F}_R + \mathbf{F}_N + \mathbf{F}_G \;. \tag{11}$$

Die zweite Ableitung des Ortsvektors $\mathbf{r}_{OS} = r_{OS}\mathbf{e}_r = (r-b)\,\mathbf{e}_r$ ergibt wegen $\dot{r}_{OS} = \ddot{r}_{OS} = 0$

$$\ddot{\mathbf{r}}_{OS} = -\,r_{OS}\dot{\varphi}^2\mathbf{e}_r + r_{OS}\ddot{\varphi}\mathbf{e}_\varphi \;. \tag{12}$$

Damit folgen aus (11) die Koordinatengleichungen

$$-\,m(r-b)\dot{\varphi}^2 = -\,F_N + mg\cos\varphi \;, \tag{13}$$

$$m(r-b)\ddot{\varphi} = F_R - mg\sin\varphi \;. \tag{14}$$

Der Drallsatz bezogen auf den Schwerpunkt der Walze ergibt in der z-Komponente für $\varphi > 0$

$$\dot{L}_{Sz} = J_S\dot{\omega} = bF_R \;. \tag{15}$$

Die Rollbedingung kann jetzt durch Betrachten des Momentanpols A (Fig. 6.15) erhalten werden. Es gilt

$$\mathbf{v}_A = \mathbf{v}_S + \boldsymbol{\omega} \times \mathbf{r}_{SA} = [(r-b)\dot{\varphi} + b\omega]\,\mathbf{e}_\varphi = 0 \;, \tag{16}$$

also

$$\omega = -\,\dot{\varphi}\,\frac{r-b}{b} \quad \text{und} \quad \dot{\omega} = -\,\ddot{\varphi}\,\frac{r-b}{b} \;. \tag{17}$$

Für die zum Aufrechterhalten der reinen Rollbewegung notwendige Reibungskraft F_R erhält man aus (14), (15) und (17) die zu (7) entsprechende Beziehung

$$F_R = \frac{1}{3}\,mg\sin\varphi \;. \tag{18}$$

Rollen ist möglich, solange nach (3) gilt

$$F_N \geqslant \frac{1}{\mu}\,F_R \;. \tag{19}$$

Zur Bestimmung von F_N aus (13) muß zunächst die Winkelgeschwindigkeit $\dot{\varphi}(\varphi)$ aus (14) ermittelt werden. Man erhält aus (18) und (14) die Differentialgleichung

$$\ddot{\varphi} = -\,\frac{2g}{3(r-b)}\,\sin\varphi \;, \tag{20}$$

die mit $\ddot{\varphi} = \dot{\varphi}\,d\dot{\varphi}/d\varphi$ und Trennung der Variablen einmal integriert werden kann:

$$\dot{\varphi}^2 = \frac{4g}{3(r-b)}\,(\cos\varphi - \cos\alpha) + \dot{\varphi}_0^2 \;. \tag{21}$$

Darin ist $\dot{\varphi}_0$ die Schwerpunktsgeschwindigkeit beim Einlaufen der Walze in die Kreisbahn. Man erhält sie aus (10)

$$\dot{\varphi}_0^2 = \frac{\dot{x}_{S2}^2}{(r-b)^2} = 41{,}19 \left(\frac{\text{rad}}{\text{s}}\right)^2 . \tag{22}$$

Für die Normalkraft F_N kann nun mit (13) und (21) geschrieben werden

$$F_N = m\left[\frac{4}{3}\, g\,(\cos\varphi - \cos\alpha) + g\cos\varphi + (r-b)\,\dot{\varphi}_0^2\right] . \tag{23}$$

Für den Grenzwinkel φ_1 des reinen Rollens in der Kreisbahn erhält man aus (18), (19) und (23) die Bedingung

$$7\mu\cos\varphi_1 - \sin\varphi_1 = \mu\left[4\cos\alpha - \frac{3}{g}\,(r-b)\,\dot{\varphi}_0^2\right] . \tag{24}$$

Zur Auflösung dieser Gleichung nach φ_1 wird als Hilfsgröße $\tan\psi = 1/(7\mu)$ eingeführt. Nach Multiplikation von (24) mit $\sin\psi = 1/\sqrt{1 + 49\mu^2}$ folgt dann

$$\cos(\varphi_1 + \psi) = \sin\psi\left[4\cos\alpha - \frac{3}{g}\,(r-b)\,\dot{\varphi}_0^2\right]\mu$$

oder nach φ_1 aufgelöst

$$\varphi_1 = \arccos\left\{\frac{\mu\left[4\cos\alpha - \dfrac{3}{g}(r-b)\,\dot{\varphi}_0^2\right]}{\sqrt{1 + 49\mu^2}}\right\} - \arctan\left(\frac{1}{7\mu}\right) = 97{,}2° . \tag{25}$$

b) Wenn während der ganzen Bewegung auf der Kreisbahn kein Gleiten stattfindet, kann der Energiesatz verwendet werden. Die Differenz der potentiellen Energien wird in kinetische Energie der Walze umgesetzt:

$$mg\,[h - (r-b)\cos\alpha] = \frac{1}{2}\, mv_S^2 + \frac{1}{2}\, J\omega^2 . \tag{26}$$

Berücksichtigt man hier wieder (5) und (17), dann folgt

$$h_2 = (r-b)\cos\alpha + \frac{3}{4g}\, \dot{\varphi}_2^2\, (r-b)^2 . \tag{27}$$

Die notwendige Winkelgeschwindigkeit $\dot{\varphi}_2$, die am Ende der Kreisbahn bei $\varphi_2 = 150°$ noch vorhanden sein muß, damit die Walze eine reine Rollbewegung ausführt, folgt aus (13), (18) und dem oberen Grenzwert von (19)

$$\dot{\varphi}_2^2 = \frac{g}{(r-b)}\left(\frac{1}{3\mu}\sin\varphi_2 - \cos\varphi_2\right) = 22{,}78 \left(\frac{\text{rad}}{\text{s}}\right)^2 . \tag{28}$$

Dies führt mit (27) auf die Mindesthöhe $h_2 = 1{,}33$ m.

Aufgabe 6.7 (Fig. 6.16). Das skizzierte Hubwerk besteht aus einem zwischen zwei Führungswänden reibungsfrei gleitenden Förderkorb 1 mit der Masse m_F, der Seiltrommel 2 und den Seilumlenkrollen 3 und 4. Die Seiltrommel und die Umlenkrollen sollen gleiche Masse m und gleiche Halbmesser r haben. Es soll vereinfachend für alle Systemteile eine homogene Massenverteilung angenommen werden. Die Reibung bei der Drehung von Trommel und Umlenkrollen kann vernachlässigt werden.

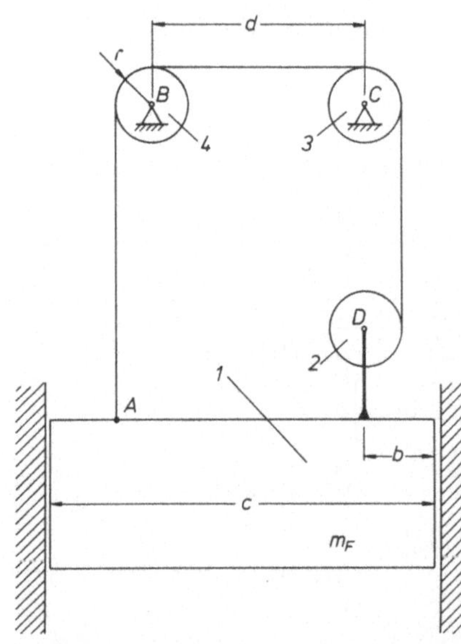

Fig. 6.16

a) Wie groß muß der Rollenachsabstand d gewählt werden, wenn der Förderkorb bei blockierter Seiltrommel und vertikalen Seilsträngen zwischen den Führungswänden schweben soll, ohne eine Kraft auf sie auszuüben?

b) Wie groß ist die Beschleunigung des Förderkorbes, wenn die Trommelbremse freigegeben wird?

c) Welches Moment wird dabei von den Führungswänden auf den Förderkorb ausgeübt?

L ö s u n g : a) Für den Ruhezustand ergeben die Gleichgewichtsbedingungen mit der Seilkraft S

$$\Sigma F_V = 2S - (m_F + m)\,g = 0\,,$$

$$\Sigma M_A = S(d + 2r) - mg\,(r + d) - m_F g\left(r + d + b - \frac{c}{2}\right) = 0\,.$$

Hieraus folgt nach Elimination von S

$$d = \frac{m_F}{m_F + m}\,(c - 2b)\,. \tag{1}$$

b) Impuls- und Drallsatz lassen sich für jeden der herausgeschnitten gedachten Teilkörper anschreiben. Um Vorzeichenfehler zu vermeiden, sollte man die Koordinatengleichungen dabei stets für das gleiche Koordinatensystem angeben. Nach Fig. 6.17 ergibt der Impulssatz für Förderkorb und Seiltrommel

$$\left.\begin{aligned} m_F \ddot{x}_{SF} &= -S_1 - D_V + m_F g\,, \\ m_F \ddot{y}_{SF} &= -D_H + F_F - F_E\,, \\ m \ddot{x}_D &= -S_2 + D_V + mg\,, \\ m \ddot{y}_D &= D_H\,. \end{aligned}\right\} \tag{2}$$

Da sich der Förderkorb nur in x-Richtung bewegen kann, folgt $\ddot{y}_D = \ddot{y}_{SF} = 0$ und damit $D_H = 0$, $F_F = F_E$. Das Kräftepaar $(\mathbf{F}_E, \mathbf{F}_F)$ entspricht dem von den Führungswänden auf den Förderkorb ausgeübten Moment M. Aus dem Drallsatz für die Umlenkrollen, die Seiltrommel und den Förderkorb, jeweils auf den Schwerpunkt des betrachteten Teilsystems bezogen, erhält man

$$\left.\begin{aligned} J_4 \dot{\omega}_4 &= S_1 r - S_3 r\,, \\ J_3 \dot{\omega}_3 &= S_3 r - S_2 r\,, \\ J_2 \dot{\omega}_2 &= S_2 r\,, \\ J_{SF} \dot{\omega}_F &= -S_1\left(b + d + r - \frac{c}{2}\right) + D_V\left(\frac{c}{2} - b\right) + M\,. \end{aligned}\right\} \tag{3}$$

In den acht Gln. (2) und (3) treten insgesamt 16 Unbekannte auf. Die noch fehlenden acht Gleichungen können aus kinematischen Bedingungen für das System sowie aus dem Zusammenhang zwischen F_E, F_F und M gewonnen werden.

Zunächst gilt $\ddot{y}_D = \ddot{y}_{SF} = \dot{\omega}_F = 0$ und $\ddot{x}_{SF} = \ddot{x}_D$. Da ein nichtdehnbares Seil vorausgesetzt wird, ist $\omega_3 = \omega_4$. Der Förderkorb kann sich nur translatorisch bewegen; damit gelten die Bedingungen $\dot{x}_{SF} = r\omega_4$ und $\dot{x}_{SF} = r\omega_2 - r\omega_3$.

Mit diesen sieben kinematischen Verträglichkeitsbedingungen und dem Trägheitsmoment $J_S = mr^2/2$ für eine homogene Rolle erhält man nach Elimination der anderen Unbekannten die gesuchte Förderkorbbeschleunigung

$$\ddot{x}_{SF} = \frac{m + m_F}{4m + m_F}\, g\,. \tag{4}$$

c) Aus (2), (3) und (4), sowie aus den kinematischen Verträglichkeitsbedingungen folgt für das zwischen Führung und Förderkorb von den Normalkräften ausgeübte Moment

$$M = \frac{gm}{m_F + 4m}\left[2(d + r)(m + m_F) - 3m_F\left(\frac{c}{2} - b\right)\right]\,. \tag{5}$$

A n d e r e r   L ö s u n g s w e g : Man hätte in b) den Schnitt durch das Lager D auch auslassen können. Für den Impulssatz gilt dann

$$(m + m_F)\,\ddot{x}_S = -S_1 - S_2 + (m + m_F)\,g,$$

$$(m + m_F)\,\ddot{y}_S = F_F - F_E = 0,$$

(6)

wobei S der gemeinsame Schwerpunkt von Förderkorb und Seiltrommel 2 ist. Der Drall dieses Systems bezogen auf S ist

$$\mathbf{L}_S = \mathbf{L}_{SF} + \mathbf{r}_{S,SF} \times [m_F(\mathbf{v}_{SF} - \mathbf{v}_S)] + \mathbf{L}_D + \mathbf{r}_{SD} \times [m(\mathbf{v}_D - \mathbf{v}_S)]. \tag{7}$$

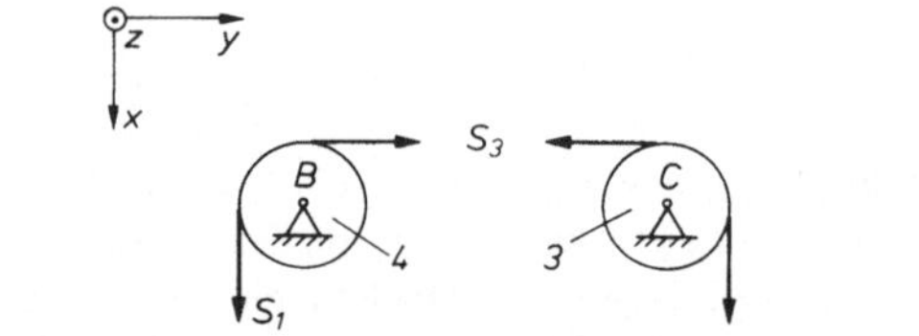

Fig. 6.17

Hierin ist wegen $\omega_F = 0$ und $\mathbf{v}_{SF} = \mathbf{v}_S = \mathbf{v}_D$ nur der dritte Term von Null verschieden:

$$\mathbf{L}_S = \mathbf{L}_D = [0; 0; J_2\omega_2]. \tag{8}$$

Der Drallsatz lautet damit nach Abb. 6.17

$$\dot{L}_{Dz} = J_2\dot{\omega}_2 = S_2\,(y_K - y_S) + m_F g(y_S - y_{SF}) - mg(y_D - y_S) - \tag{9}$$

$$- S_1\,(y_S - y_A) + M.$$

Mit $y_S = (y_{SF}m_F + y_D m)/(m_F + m)$ folgt aus (9) schließlich

$$J_2\dot{\omega}_2 = \frac{1}{m_F + m}\left\{ S_2\left[m_F\left(\frac{c}{2} - b + r\right) + mr \right] + \right.$$

$$\left. + S_1\left[m_F\left(\frac{c}{2} - b\right) - (m_F + m)\,(d + r) \right] \right\} + M. \tag{10}$$

Mit den kinematischen Nebenbedingungen können aus (6) und (10) die gesuchten Größen $\ddot{x}_S$ und M berechnet werden.

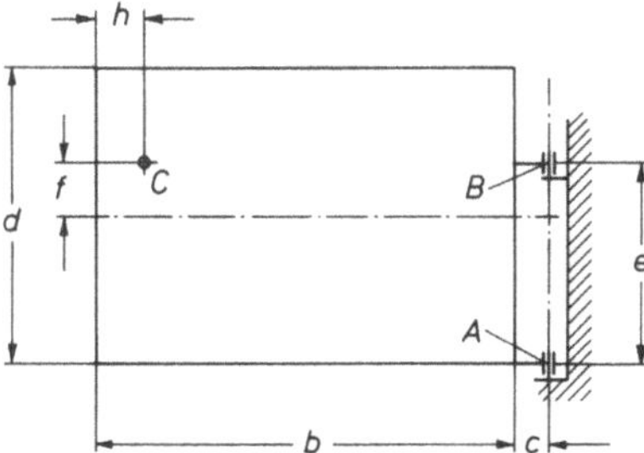

Fig. 6.18

Aufgabe 6.8 (Fig. 6.18). Ein rechteckiges Tor (ebene dünne Platte mit homogener Massenverteilung) ist in den senkrecht übereinanderliegenden Punkten A und B gelagert. An dem Griff C wird mit einer senkrecht zur Torfläche gerichteten Kraft **F** gezogen. An welcher Stelle muß der Griff angebracht werden, wenn sich das Tor möglichst schnell öffnen soll, aber die Belastungen der Lager in Richtung von **F** den Betrag F_{max} nicht überschreiten dürfen?

L ö s u n g : Die dynamischen Lagerreaktionen können mit Hilfe von Impuls- und Drallsatz bestimmt werden. Im raumfesten Koordinatensystem nach Fig. 6.19 erhält man die folgenden Komponentengleichungen für den Augenblick des Bewegungsbeginns (d.h. in der dargestellten Lage):

Impulssatz: $m\ddot{x}_S = F + F_{Bx} + F_{Ax}$, $\qquad(1)$

Drallsatz, bezogen auf den Torschwerpunkt S:

$$\dot{L}_{Sz} = \frac{d}{dt}\,(J_{Sz}\omega_z) = \left(\frac{b}{2} - h\right)F - \left(\frac{b}{2} + c\right)(F_{Ax} + F_{Bx}) , \qquad(2)$$

$$\dot{L}_{Sy} = \frac{d}{dt}\,(J_{Sy}\omega_y) = fF + \left(e - \frac{d}{2}\right)F_{Bx} - \frac{d}{2}\,F_{Ax} = 0 . \qquad(3)$$

Gl. (3) darf nicht ohne weiteres mit der Momentengleichgewichtsbedingung der Statik verglichen werden. Während in der Statik die Gleichgewichtsaussage $\Sigma M = 0$ für jeden Bezugspunkt gilt, ist (3) eine aus dem Drallsatz erhaltene Aussage, die nur für S gilt. Weiter gilt die kinematische Bedingung

$$\dot{x}_S = \left(\frac{b}{2} + c\right)\omega_z \quad\text{bzw.}\quad \ddot{x}_S = \left(\frac{b}{2} + c\right)\dot{\omega}_z . \qquad(4)$$

Für das Trägheitsmoment J_{Sz} des Tores, bezogen auf die zur z-Achse parallele Achse durch S gilt

$$J_{Sz} = \frac{1}{12}\,mb^2 . \qquad(5)$$

Aus (1), (2) und (4) erhält man für die Winkelbeschleunigung $\dot{\omega}_z$ des Tores durch Elimination der Lagerreaktionen $(F_{Ax} + F_{Bx})$

$$\dot{\omega}_z = \frac{F}{m}\left(\frac{b + c - h}{b^2/3 + bc + c^2}\right) \ . \tag{6}$$

Dieses Ergebnis läßt sich auch aus dem Drallsatz, bezogen auf die raumfeste z-Achse durch A und B ableiten.

Aus (6) entnimmt man, daß die Winkelbeschleunigung des Tores bei gegebenem F mit abnehmendem h steigt. Dies entspricht der Erfahrung: Je weiter die Kraft F vom Torlager angreift, umso schneller öffnet sich das Tor. Eine Beziehung zwischen h und den Lagerkräften F_{Ax} und F_{Bx} erhält man aus (1), (2) und (3) durch Elimination der Beschleunigungen $\dot{\omega}_z$ und $\ddot{x}_S$ unter Berücksichtigung von (4):

$$h = b + c - \left(1 + \frac{F_{Bx} + F_{Ax}}{F}\right)\frac{b^2/3 + bc + c^2}{b/2 + c} \ . \tag{7}$$

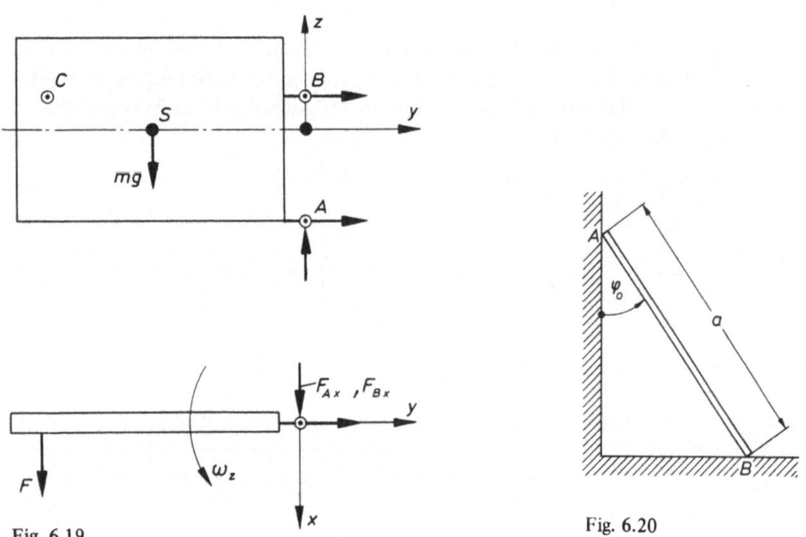

Fig. 6.19   Fig. 6.20

Den kleinsten Wert für h erhält man, wenn für F_{Ax} und F_{Bx} jeweils der obere Grenzwert F_{max} eingesetzt wird.

Die Größe f folgt aus (3) mit $F_{Ax} = F_{Bx} = F_{max}$

$$f = \frac{F_{max}}{F} \ (d - e) \ . \tag{8}$$

B e m e r k u n g : Die hier gezeigte Lösung in einem r a u m f e s t e n Koordinatensystem ist nur möglich, wenn die raumfeste Drehachse zugleich eine Hauptträgheitsachse des starren Körpers ist. Wenn das nicht der Fall ist, empfiehlt es sich, ein körperfestes Koordinatensystem zu verwenden. Beim Differenzieren sind dann die Ableitungsregeln für Vektoren in bewegten Koordinatensystemen zu beachten (vgl. Aufgabe 6.15). In einem raumfesten Koordinatensystem wird der Trägheitstensor zeitvariabel.

Aufgabe 6.9 (Fig. 6.20). Ein homogener Stab wird aus der skizzierten Lage φ_0 zwischen Wand und Boden stoßfrei losgelassen und rutscht dann reibungsfrei an Wand und Boden entlang.

Wie groß ist die Winkelgeschwindigkeit $\omega = \dot{\varphi}$ des Stabes in Abhängigkeit von φ und bei welchem Winkel φ_1 löst sich das Stabende von der Wand?

L ö s u n g : Nach dem Impulssatz gilt für die Schwerpunktsbewegung des Stabes (Fig. 6.21)

$$\begin{aligned}\dot{p}_x &= m\ddot{x}_S = F_A \ , \\ \dot{p}_y &= m\ddot{y}_S = F_B - mg \ .\end{aligned} \right\} \tag{1}$$

Der Drallsatz, bezogen auf den Schwerpunkt S, ergibt

$$\dot{L}_{Sz} = J_{Sz}\dot{\omega} = \frac{a}{2}\,F_B\sin\varphi - \frac{a}{2}\,F_A\cos\varphi \ . \tag{2}$$

Das Trägheitsmoment des dünnen Stabes ist

$$J_{Sz} = \frac{1}{12}\,ma^2 \ . \tag{3}$$

Solange der Stab Wand und Boden berührt, gilt die Bedingung

$$x_S = \frac{a}{2}\,\sin\varphi; \qquad y_S = \frac{a}{2}\,\cos\varphi \ . \tag{4}$$

Hieraus erhält man durch zweimalige Differentiation nach der Zeit

$$\begin{aligned}\ddot{x}_S &= \frac{a}{2}\,(\ddot{\varphi}\cos\varphi - \dot{\varphi}^2\sin\varphi) \ , \\ \ddot{y}_S &= -\frac{a}{2}\,(\ddot{\varphi}\sin\varphi + \dot{\varphi}^2\cos\varphi) \ .\end{aligned} \right\} \tag{5}$$

Aus (1), (2), (3) und (5) folgt die Winkelbeschleunigung

$$\ddot{\varphi} = \frac{3g}{2a}\,\sin\varphi \ . \tag{6}$$

Mit $\ddot{\varphi} = \dot{\varphi}\,d\dot{\varphi}/d\varphi$ und Trennung der Variablen folgt aus der nichtlinearen Differentialgleichung (6) die gesuchte Funktion $\dot{\varphi} = \omega(\varphi)$

$$\int\limits_{0}^{\omega} \omega\, d\omega = \int\limits_{\varphi_0}^{\varphi} \ddot{\varphi}\, d\varphi = \frac{3g}{2a} \int\limits_{\varphi_0}^{\varphi} \sin\varphi\, d\varphi\,,$$

$$\omega = \sqrt{\frac{3g}{a}\,(\cos\varphi_0 - \cos\varphi)}\,. \tag{7}$$

Dieses Ergebnis läßt sich auch direkt aus dem Energiesatz herleiten, da die Kräfte F_A und F_B senkrecht zur Bewegungsrichtung der Punkte A und B stehen und somit keine Arbeit leisten. Es gilt

$$T_0 + V_0 = T + V\,,$$

$$mg y_{S0} = \left[\frac{1}{2}\, J_{Sz}\omega^2 + \frac{1}{2}\, m\left(\dot{x}_S^2 + \dot{y}_S^2\right)\right] + mg y_S\,. \tag{8}$$

Mit (4) und deren erster Ableitung nach der Zeit $\dot{x}_S = \frac{1}{2}\, a\dot{\varphi}\cos\varphi$; $\dot{y}_S = -\frac{1}{2}\, a\dot{\varphi}\sin\varphi$ kann man aus (8) wieder (7) erhalten. Durch die Verwendung des Energiesatzes wird eine Integration gespart. Die Lage φ_1 des Stabes beim Lösen von der Wand folgt aus $F_A(\varphi_1) = 0$. Setzt man (5/1), (6) und (7) in (1/1) ein, dann wird

$$F_A = \frac{1}{4}\, mg\,(9\cos\varphi - 6\cos\varphi_0)\sin\varphi\,. \tag{9}$$

Dieser Ausdruck verschwindet für

$$\cos\varphi_1 = \frac{2}{3}\cos\varphi_0\,. \tag{10}$$

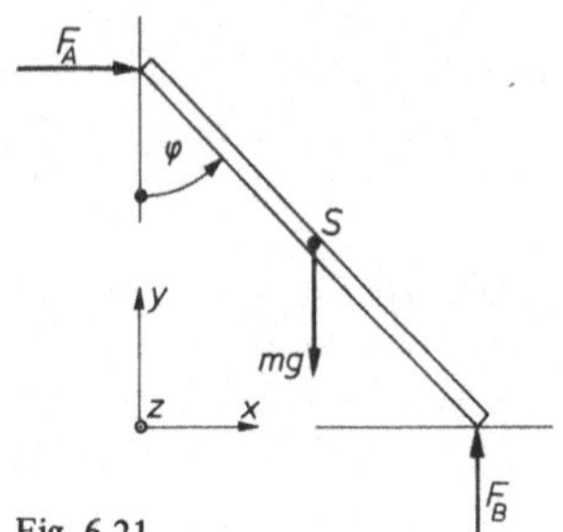

Fig. 6.21

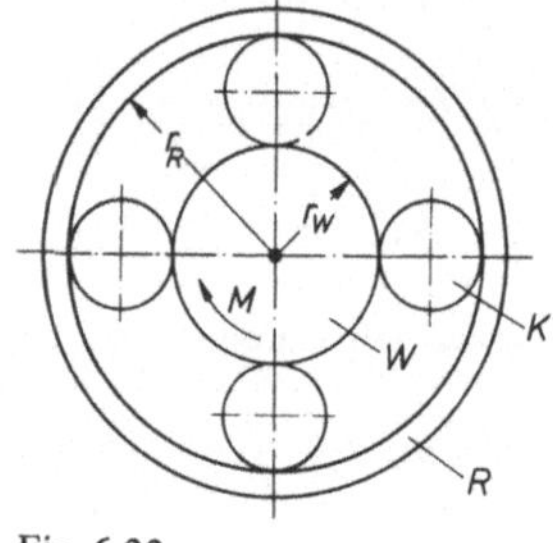

Fig. 6.22

Aufgabe 6.10 (Fig. 6.22). Auf einer Welle W mit vertikaler Achse laufen 4 Walzen K, die außen einen Ring R tragen. Die Trägheitsmomente der Systemteile, jeweils bezogen auf ihre Symmetrieachse, sind J_W, J_K und J_R; die Masse einer Walze sei m_K. Wie groß ist die Winkelbeschleunigung des Ringes, wenn an der Welle ein Antriebsmoment M angreift und die Reibung zwischen Walzen, Welle und Ring so groß ist, daß kein Gleiten auftritt? Der Rollwiderstand soll vernachlässigt werden.

L ö s u n g : Mit Hilfe von Schnittprinzip, Impuls- und Drallsatz stellt man die Gleichungen für den Bewegungszustand der Teile des Systems auf. Man erhält aus dem Impulssatz in der raumfesten x-Richtung für eine W a l z e (Fig. 6.23)

$$m_K \ddot{x}_{KS} = F_W - F_R \,. \tag{1}$$

Nach dem Drallsatz gilt für den R i n g

$$J_R \dot{\omega}_R = -4r_R F_R \,, \tag{2}$$

für eine W a l z e

$$J_K \dot{\omega}_K = \frac{1}{2}\,(r_R - r_W)\,(F_W + F_R) \tag{3}$$

und für die W e l l e

$$J_W \dot{\omega}_W = -M + 4r_W F_W \,. \tag{4}$$

Weitere Gleichungen folgen aus den kinematischen Verträglichkeitsbedingungen. Da die Walzen auf Welle und Ring ohne Gleiten abrollen, findet man

$$r_W \omega_W + (r_R - r_W)\,\omega_K = r_R \omega_R \,, \tag{5}$$

und für die Schwerpunktsgeschwindigkeit der oberen Walze in Fig. 6.24 gilt

$$-\dot{x}_{KS} = r_W \omega_W + \frac{1}{2}\,\omega_K\,(r_R - r_W) \,. \tag{6}$$

Aus (5) und (6) folgt

$$\dot{x}_{KS} - \frac{1}{2}\,(r_W \omega_W + r_R \omega_R) \,. \tag{7}$$

Gl. (7) kann man auch direkt aus Fig. 6.24 ablesen.

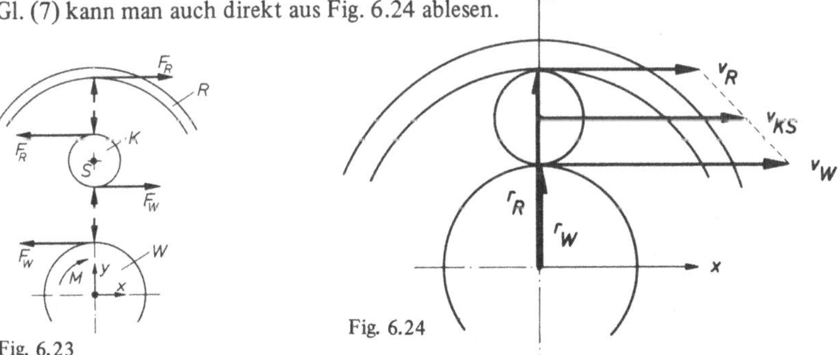

Fig. 6.24

Fig. 6.23

Zur Ermittlung der Winkelbeschleunigung $\dot{\omega}_R$ aus (1), (2), (3), (4), (5) und (7) setzt man die Ableitungen von (5) und (7) zunächst in (3) und (1) ein. Aus der Summe und Differenz der daraus folgenden Gleichungen erhält man unter Berücksichtigung von F_R aus (2) und F_W aus (4) das folgende lineare Gleichungssystem für $\dot{\omega}_R$ und $\dot{\omega}_W$

$$\left[\frac{2J_K}{(r_R - r_W)^2} + \frac{m_K}{2} + \frac{J_R}{2r_R^2}\right] r_R \dot\omega_R + \left[\frac{m_K}{2} - \frac{2J_K}{(r_R - r_W)^2}\right] r_W \dot\omega_W = 0 \, ,$$

$$\left[\frac{m_K}{2} - \frac{2J_K}{(r_R - r_W)^2}\right] r_R \dot\omega_R + \left[\frac{2J_K}{(r_R - r_W)^2} + \frac{m_K}{2} + \frac{J_W}{2r_W^2}\right] r_W \dot\omega_W = -\frac{M}{2r_W} \, . \tag{8}$$

Hieraus folgt für die Winkelbeschleunigung des Ringes

$$\dot\omega_R = -\frac{M}{\lambda}\left[\frac{J_K}{(r_R - r_W)^2} - \frac{1}{4}\, m_K\right] \, , \tag{9}$$

worin λ die Determinante von (8) ist:

$$\lambda = \left\{\left[\frac{2J_K}{(r_R - r_W)^2} + \frac{m_K}{2} + \frac{J_R}{2r_R^2}\right]\left[\frac{2J_K}{(r_R - r_W)^2} + \frac{m_K}{2} + \frac{J_W}{2r_W^2}\right] - \left[\frac{m_K}{2} - \frac{2J_K}{(r_R - r_W)^2}\right]^2\right\} r_R r_W \, .$$

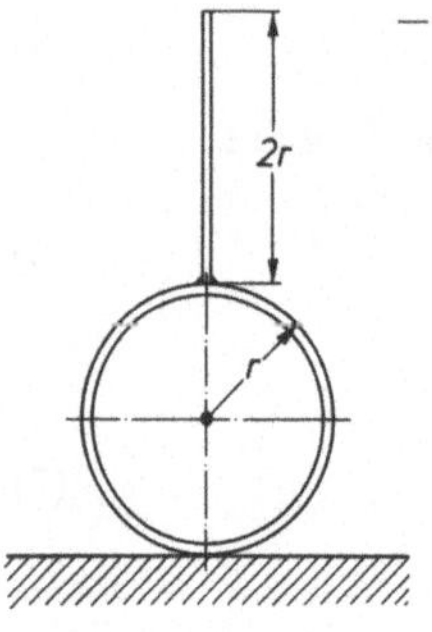

Fig. 6.25

Aufgabe 6.11 (Fig. 6.25). Ein starrer Körper besteht aus einem dünnwandigen Hohlzylinder (Masse m), auf dessen Mantel in radialer Richtung ein dünner, homogener Stab mit gleicher Masse befestigt ist. Aus der gezeichneten instabilen Gleichgewichtslage beginnt der Körper infolge einer kleinen Störung zu kippen.

Wie groß ist die Winkelgeschwindigkeit des Körpers beim Aufschlagen des Stabendes auf die Unterlage, wenn

a) der Zylinder auf der Unterlage rollt,

b) die Unterlage völlig glatt ist, so daß zwischen Zylinder und Unterlage keine Reibungskräfte auftreten?

L ö s u n g : In beiden Fällen kann mit dem Energiesatz gearbeitet werden, da auch bei a) von den Reibungskräften keine Arbeit geleistet wird. Setzt man die potentielle Energie für $y_S = 0$ im raumfesten Koordinatensystem nach Fig. 6.26 mit $V = 0$ fest, dann folgt aus $T_0 + V_0 = T_1 + V_1$

$$(2m)gy_{S0} = \frac{1}{2}(2m)\,v_{S1}^2 + \frac{1}{2}\,J_S\omega_1^2 + (2m)\,gy_{S1}\;. \tag{1}$$

Der Systemschwerpunkt S befindet sich an der Nahtstelle zwischen Ring und Stab. Damit folgt

$$y_{S0} = 2r; \qquad y_{S1} = \frac{2}{3}\,r. \tag{2}$$

Das Trägheitsmoment des dünnwandigen Hohlzylinders, bezogen auf seinen Schwerpunkt ist $J_Z = mr^2$, für den dünnen Stab gilt $J_{St} = m(2r)^2/12$. Mit dem Satz von Huygens-Steiner erhält man daraus

$$J_S = (J_Z + mr^2) + (J_{St} + mr^2) = \frac{10}{3}\,mr^2\;. \tag{3}$$

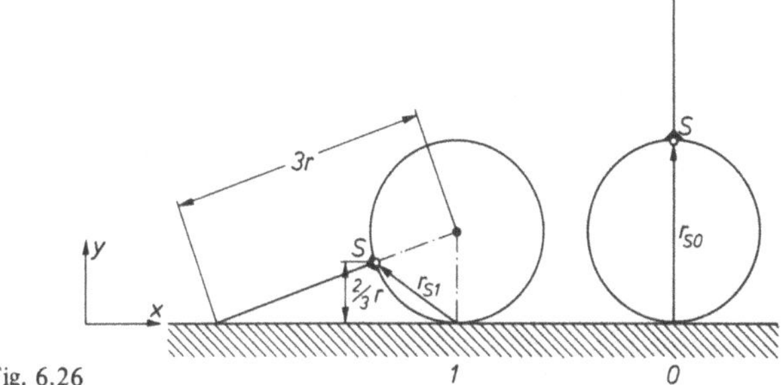

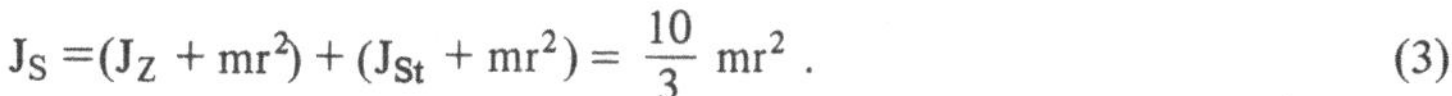

Fig. 6.26

a) Da der Zylinder auf der Unterlage ohne Gleiten rollt, ist der Berührpunkt zwischen Zylinder und Boden Momentanpol für die Bewegung. Daraus folgt der Zusammenhang zwischen der Schwerpunktgeschwindigkeit v_S und der Winkelgeschwindigkeit ω (Fig. 6.26):

$$v_S = \boldsymbol{\omega} \times \mathbf{r}_S \tag{4}$$

und mit $r_{S1}^2 = \left(\frac{2}{3}\,r\right)^2 + \left[r^2 - \left(\frac{1}{3}\,r\right)^2\right] = \frac{4}{3}\,r^2$ \quad folgt \quad $v_{S1}^2 = \frac{4}{3}\,r^2\omega_1^2\;.$ \quad (5)

Aus (1), (2), (3) und (5) erhält man

$$\omega_1 = \sqrt{\frac{8}{9}\,\frac{g}{r}} = 0{,}9428\,\frac{g}{r}\;. \tag{6}$$

b) Auch jetzt gilt der Energiesatz (1). Es ändert sich nur der Zusammenhang zwischen der Schwerpunktsgeschwindigkeit v_S und der Winkelgeschwindigkeit ω. Der Berührpunkt zwischen Zylinder und Boden ist jetzt nicht mehr Momentanpol der Bewegung. Die Beziehung $v_S(\omega)$ soll auf drei verschiedenen Wegen hergeleitet werden:

1. Aus dem Zusammenhang der Lagekoordinaten y_S und φ für den Schwerpunkt im raumfesten Koordinatensystem (Fig. 6.27) $y_S = r + r\cos\varphi$ folgt durch Ableiten nach

der Zeit $\dot{y}_S = -r\dot{\varphi}\sin\varphi$. Da wegen der Reibungsfreiheit keine Kräfte in x-Richtung wirken, bleibt der Impuls des Körpers in x-Richtung Null und damit x_S konstant. Es gilt also $v_S = \dot{y}_S$. Mit $\dot{\varphi} = \omega$ folgt damit

$$v_S = -r\omega\sin\varphi\,. \tag{7}$$

2. Da man von zwei Punkten des starren Körpers die Richtungen der Geschwindigkeiten kennt (Fig. 6.27), kann man schreiben

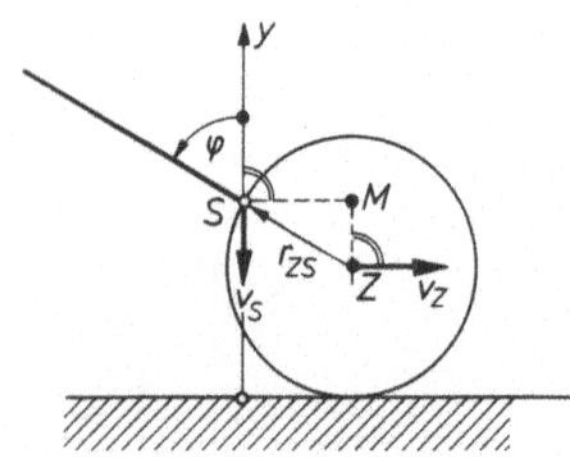

$$\mathbf{v}_S = \mathbf{v}_Z + \boldsymbol{\omega} \times \mathbf{r}_{ZS}. \tag{8}$$

Mit $\mathbf{v}_S = [0;\,v_S;\,0]$, $\mathbf{v}_Z = [v_Z;\,0;\,0]$, $\boldsymbol{\omega} = [0;\,0;\,\omega]$ und $\mathbf{r}_{ZS} = [-r\sin\varphi;\,r\cos\varphi;\,0]$ folgt daraus für die y-Komponente

$$v_S = v_{Sy} = -r\omega\sin\varphi\,.$$

Fig. 6.27

3. Der Momentanpol M der Starrkörperbewegung ist der Schnittpunkt der Senkrechten auf die Geschwindigkeitsvektoren zweier Körperpunkte. Mit den bekannten Geschwindigkeitsrichtungen $\mathbf{v}_Z$ und $\mathbf{v}_S$ findet man M (Fig. 6.27). Wegen $v_M \equiv 0$ gilt dann

$$\mathbf{v}_S = \boldsymbol{\omega} \times \mathbf{r}_{MS},$$

woraus mit $\mathbf{r}_{MS} = [-r\sin\varphi;\,0;\,0]$ wieder $v_{Sy} = -r\omega\sin\varphi$ folgt.

Im Zustand 1 (Fig. 6.26) gilt

$$\sin\varphi_1 = \sqrt{1 - \cos^2\varphi_1} = \sqrt{1 - \left(\frac{1}{3}\right)^2} = \sqrt{\frac{8}{9}}\,. \tag{9}$$

Aus (1), (2), (3), (7) und (9) folgt das Ergebnis

$$\omega_1 = \sqrt{\frac{24}{23}}\,\frac{g}{r} = 1{,}0215\,\frac{g}{r}\,.$$

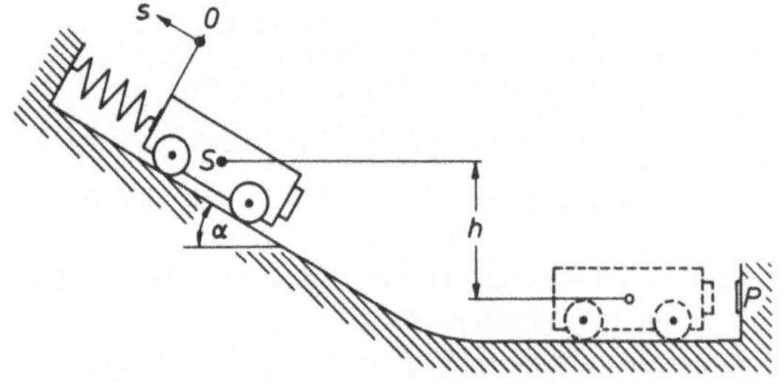

Fig. 6.28

Aufgabe 6.12 (Fig. 6.28). Ein Wagen soll auf einer schiefen Ebene durch eine vorgespannte Druckfeder mit der Federkonstanten c so beschleunigt werden, daß er am Ende der horizontalen Auslaufstrecke an einem Anschlag eine Platzpatrone P zur Zündung bringt. Hierfür ist ein Kraftstoß Δp erforderlich. Der Wagen hat die Gesamtmasse m, von der ein Viertel auf die homogenen, zylindrischen Räder entfällt.

Wie groß muß der Vorspannungsweg s der Druckfeder mindestens sein, wenn Bewegungswiderstände vernachlässigt werden? Die Räder sollen nicht gleiten.

Z a h l e n w e r t e : h = 0,7 m; c = 250 N/m; Δp = 80 kgm/s; m = 16 kg; $\alpha = 30°$.

L ö s u n g : Auf der horizontalen Auslaufstrecke (Zustand 1) muß der Impuls des Wagens so groß sein, daß beim Aufschlag der erforderliche Kraftstoß Δp ausgeübt wird. W ä h r e n d des Aufschlagstoßes gibt der Impulssatz für den Wagen mit den äußeren Kräften nach Fig. 6.29

$$m\ddot{x}_S = -F_P + F_R \, . \tag{1}$$

Das Integral über die Stoßzeit Δt, in der der Wagen vollständig abgestoppt wird, ergibt

$$-m\dot{x}_{S1} = -\int_0^{\Delta t} F_P dt + \int_0^{\Delta t} F_R dt \, . \tag{2}$$

Das erste Integral auf der rechten Seite ist der zur Zündung erforderliche Kraftstoß Δp, das zweite folgt aus dem von den Rädern ausgeübten Momentenstoß. Aus dem Drallsatz für ein Rad, bezogen auf den Radschwerpunkt, folgt

$$J_R \dot{\omega} = \frac{1}{4} F_R r \, , \tag{3}$$

mit $J_R = \frac{1}{2} \frac{m}{16} r^2 = \frac{1}{32} mr^2$ und der Rollbedingung $\dot{x}_S = -\omega r$. Durch Integration

von (3) über die Stoßzeit Δt erhält man

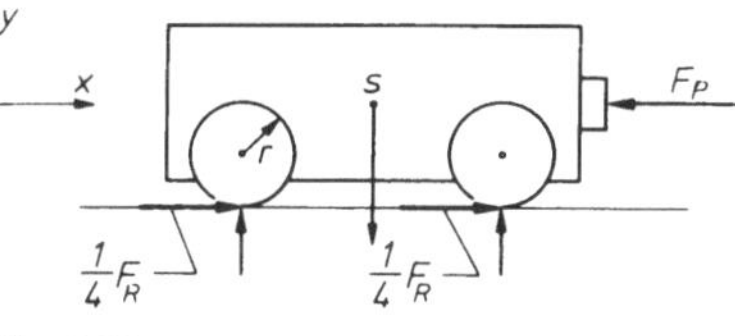

Fig. 6.29

$$\frac{1}{8} m\dot{x}_{S1} = \int_0^{\Delta t} F_R dt \, . \tag{4}$$

Das gilt aber nur, wenn die Räder während des Stoßvorganges nicht gleiten. Aus (4) und (2) folgt die notwendige Geschwindigkeit des Wagens auf der horizontalen Auslaufstrecke

$$\dot{x}_{S1} = \frac{8\Delta p}{9\,m} \, . \tag{5}$$

Der gesuchte Federweg s kann aus dem Energiesatz $T_0 + V_0 = T_1 + V_1$ berechnet werden. Mit der in der Feder gespeicherten potentiellen Energie $V_F = \frac{1}{2} cs^2$ erhält man

$$mg(h + s \sin \alpha) + \frac{1}{2} cs^2 = \frac{1}{2} mv_{S1}^2 + \frac{1}{2} (4J_R) \omega_1^2 \, . \tag{6}$$

Mit $\omega = -v_S/r$ und dem Ausdruck für J_R folgt durch Auflösen der in s quadratischen Gleichung (6)

$$s = \frac{1}{c}\, mg\, \sin\alpha \left[\sqrt{1 - \frac{2c}{mg^2\sin^2\alpha}\left(gh - \frac{9}{16}\, v_{S1}^2\right)} - 1 \right] = 0{,}487\ \text{m}.$$

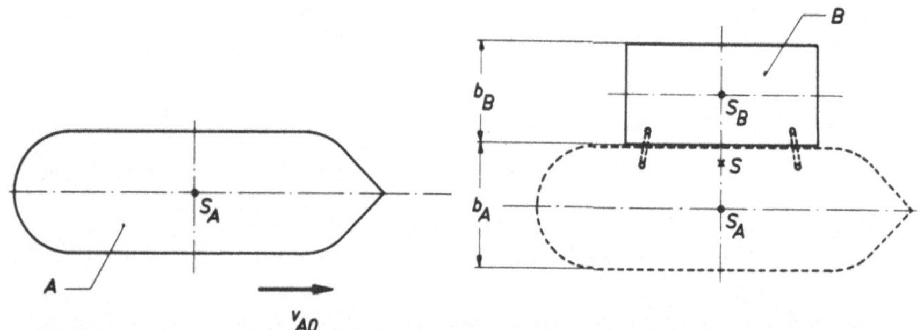

Fig. 6.30

Aufgabe 6.13 (Fig. 6.30). Ein Schiff A nähert sich nach Abstellen des Motors mit einer Restgeschwindigkeit v_{A0} einem Prahm B (flacher Schwimmkörper), an dem es anlegt und nach Erreichen der gestrichelt gezeichneten Lage festgebunden wird. Der Prahm sei vor dem Anlegen in Ruhe.

a) Wie ist bei Vernachlässigung des Wasserwiderstandes der Bewegungszustand des fest verbundenen Systems Schiff und Prahm nach dem Anlegemanöver?

b) Wie groß müßte die Breite b_B des Prahms sein, wenn der Momentenstoß infolge der zwischen Schiff und Prahm wirkenden Normalkräfte verschwinden soll?

Z a h l e n w e r t e : $v_{A0} = 0{,}3$ m/s; $m_A = 20$ t; $m_B = 10$ t; $b_A = 3$ m; $b_B = 4$ m; $J_{AS} = 200$ tm^2; $J_{BS} = 40$ tm^2.

L ö s u n g : a) Betrachtet man Schiff und Prahm während des Anlegemanövers als ein System, dann gelten wegen der Vernachlässigung des Wasserwiderstandes die Erhaltungssätze für Impuls und Drall. Wenn die Bewegungszustände vor bzw. nach dem Anlegen durch den Index 0 bzw. 1 bezeichnet werden, folgt für die Impulsbilanz

$$p_{A0} + p_{B0} = p_{A1} + p_{B1} \tag{1}$$

und für die Drallbilanz bezogen auf den mit dem Prahmschwerpunkt zusammenfallenden Fixpunkt D

$$L^A_{D,0} + L^B_{D,0} = L^A_{D,1} + L^B_{D,1}\ . \tag{2}$$

(Die Wahl des Drallbezugspunktes ist im übrigen beliebig). Für die x- bzw. z-Koordinate nach Fig. 6.31 folgt aus (1) und (2)

$$m_A v_{A0} = (m_A + m_B) v_{S1} , \tag{3}$$

$$\frac{1}{2} (b_A + b_B) m_A v_{A0} = J_S \omega_1 + s(m_A + m_B) v_{S1} . \tag{4}$$

Hierin ist v_{S1} die Geschwindigkeit des gemeinsamen Schwerpunktes S von Schiff und Prahm nach dem Anlegen, J_S das Trägheitsmoment von Schiff und Prahm, bezogen auf S und s der Betrag der y-Koordinate des Ortsvektors r_{DS}. Es gilt

$$s = r \frac{m_A}{m_A + m_B} , \tag{5}$$

$$J_S = J_{AS} + J_{BS} + s^2 m_B + (r - s)^2 m_A , \tag{6}$$

$$r = \frac{1}{2} (b_A + b_B) . \tag{7}$$

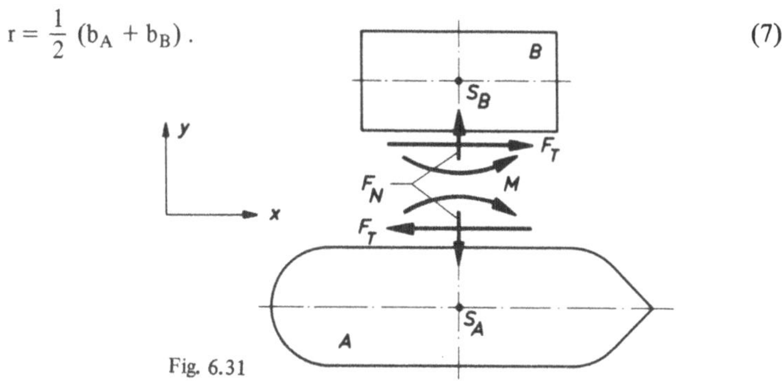

Fig. 6.31

Der Bewegungszustand des Systems nach dem Anlegen wird durch die Geschwindigkeit v_{S1} des gemeinsamen Schwerpunktes S und die Winkelgeschwindigkeit ω_1 beschrieben. Aus (3) folgt

$$v_{S1} = v_{A0} \frac{m_A}{m_A + m_B} ; \qquad v_{C1} = [0,2; 0; 0] \frac{m}{s} \tag{8}$$

und aus (4), (5), (6) und (7)

$$\omega_1 = \frac{r\, v_{A0}}{\left(\dfrac{1}{m_A} + \dfrac{1}{m_B}\right) (J_{AS} + J_{BS}) + r^2} = 0{,}0218 \frac{rad}{s} . \tag{9}$$

b) Wenn Aussagen über die Kräfte zwischen Schiff und Prahm gemacht werden sollen, müssen beide Systemteile getrennt betrachtet werden. Die gesamte Kraftwirkung beim Abbremsen kann in die in der Berührungsebene liegende Kraft $\mathbf{F}_T$ und in eine normal dazu gerichtete Kräfteverteilung aufgeteilt werden. Die normal gerichteten Kräfte entsprechen einem auf den Einzelkörperschwerpunkt bezogenen Kraftwinder $(\mathbf{F}_N, \mathbf{M}_S^A)$ bzw. $(\mathbf{F}_N, \mathbf{M}_S^B)$. Das Zeitintegral über das Moment $\mathbf{M}$ während des Anlegevorgangs ist der hier zu betrachtende Momentenvorstoß $\int_0^{\Delta t} \mathbf{M}dt$. Da die x-Koordinaten der Teilschwerpunkte S_A und S_B im Augenblick des Anlegens gleich sind, stimmen auch die Beiträge der Momentenstöße für beide Teilkörper überein.

Nach Anwenden des Schnittprinzips erhält man damit für Schiff und Prahm die äußeren Kräfte nach Fig. 6.31. Der Drallsatz gibt damit

$$\left.\begin{aligned} J_{AS}\dot{\omega}_A &= \frac{1}{2}\,b_A F_T - M\,, \\[2em] J_{BS}\dot{\omega}_B &= \frac{1}{2}\,b_B F_T + M\,. \end{aligned}\right\} \tag{10}$$

Integriert man (10) über die Anlegezeit Δt

$$\left.\begin{aligned} J_{AS}\omega_A &= \frac{1}{2}\,b_A \int_0^{\Delta t} F_T\,dt - \int_0^{\Delta t} M\,dt\,, \\[2em] J_{BS}\omega_B &= \frac{1}{2}\,b_B \int_0^{\Delta t} F_T\,dt + \int_0^{\Delta t} M\,dt\,, \end{aligned}\right\} \tag{11}$$

dann folgt mit $\omega_A = \omega_B = \omega_1$ nach (9) und nach Elimination des Kraftstoßes für den Momentenstoß

$$\int_0^{\Delta t} M\,dt = \frac{1}{2}\,v_{A0}\,\frac{J_{BS}b_A - J_{AS}b_B}{\left(\dfrac{1}{m_A} + \dfrac{1}{m_B}\right)(J_{AS} + J_{BS}) + r^2}\,. \tag{12}$$

Der Momentenstoß verschwindet für eine Prahmbreite

$$b_B = b_A\,\frac{J_{BS}}{J_{AS}}\,.$$

Um diesen Ausdruck auszuwerten, muß die Abhängigkeit des Trägheitsmomentes J_{BS} von b_B bekannt sein. Bei konstant angenommenem J_{BS} erhält man im vorliegenden Fall $b_B = 0{,}6$ m.

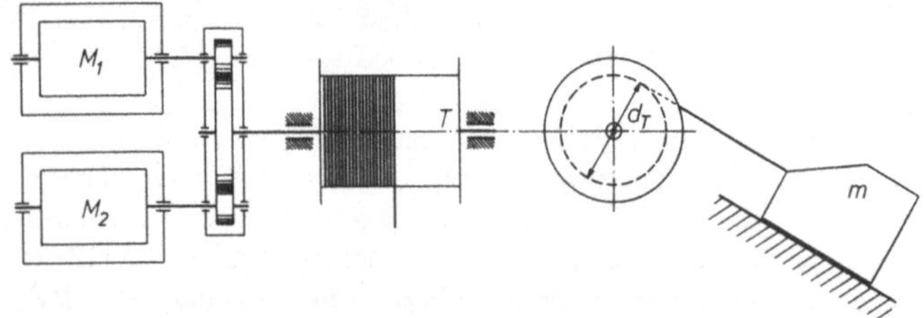

Fig. 6.32

Aufgabe 6.14 (Fig. 6.32). Die skizzierte Fördereinrichtung wird über ein Getriebe durch zwei gleichartige Elektromotoren angetrieben, deren aufgenommene Leistung P je Motor nach $P = 15\,n/(n+600)$ [kW] von der Motordrehzahl n (in 1/min) abhängt. Für die Zugkraft im Förderseil wurde bei konstanter Fördergeschwindigkeit v die Beziehung $F_{S0} = m(11 + 1,5\,v)$ [N] ermittelt, wobei v in m/s und m (Gesamtmasse von Förderkorb und Ladung) in kg einzusetzen sind. Die Motoren arbeiten mit einem Wirkungsgrad von $\eta_M = 0,83$; für das Getriebe gilt $\eta_G = 0,9$. Das Getriebe hat ein Untersetzungsverhältnis von u = 6:1. Die Trägheitsmomente der rotierenden Teile betragen:

Motorläufer mit Ritzel: $J_L = 0,4$ kgm^2;

Getriebewelle mit Seiltrommel: $J_T = 0,6$ kgm^2.

Der Trommeldurchmesser ist $d_T = 0,4$ m.

a) Wie groß ist die Anlaufbeschleunigung $\dot{v}$ des Förderkorbes bei m = 250 kg?

b) Wie groß ist die erreichbare stationäre Trommeldrehzahl bei m = 250 kg?

L ö s u n g : a) Die auf die auseinandergeschnittenen Systemteile wirkenden Kräfte und Momente sind in Fig. 6.33 eingezeichnet. Dabei wurden beide Motoren zusammengefaßt. Die mechanischen Verluste im Getriebe werden durch das Reibungsmoment M_{TR} berücksichtigt, das dem antreibenden Moment entgegen wirkt. Die Verluste in den Motoren werden bei der Bestimmung des Antriebsmomentes berücksichtigt. Wenn die positive Koordinatenrichtung jeweils mit dem antreibenden Moment zusammenfällt, liefert der Drallsatz für die Elektromotoren und für die Trommel einschließlich Getrieberad die Gleichungen

$$2\,J_L\,\dot{\omega}_M = 2\,M_M - r_R\,F_T \,, \tag{1}$$

$$J_T\,\dot{\omega}_T = r_G\,F_T - M_{TR} - r_T\,F_S \,. \tag{2}$$

Das Verlustmoment M_{TR} kann aus dem Getriebewirkungsgrad und dem Getriebeantriebsmoment berechnet werden

$$r_G\,F_T - M_{TR} = \eta_G\,r_G\,F_T \,. \tag{3}$$

Die Zugkraft im Förderseil folgt aus dem Impulssatz für Förderkorb und Ladung

$$m\dot{v} = F_S - F_{S0} \,,$$

$$F_S = m(11 + 1,5v + \dot{v}) \,. \tag{4}$$

Das Anfahrmoment wird aus der angegebenen Leistungsaufnahme berechnet. Aus $P = dW/dt = \mathbf{F}\,dr/dt = M\omega$ erhält man mit $\omega = \pi n/30$ (n in U/min) bei Berücksichtigung des Motorwirkungsgrades

$$\eta_M\,P = \frac{15n\eta_M}{n + 600} \cdot 10^3 = M_M\,\frac{\pi n}{30} \,,$$

$$M_M = \frac{15 \cdot 10^4\eta_M}{\pi\,(n + 600)} \,. \tag{5}$$

Das Anfahrmoment eines Motors ist nach (5) mit n = 0

$$M_{M0} = 198,15 \text{ Nm} \,. \tag{6}$$

Mit $\omega_M = u\omega_T = u\,\dfrac{v}{r_T}$ (7)

und $r_G/r_R = u$ folgt schließlich aus (1) ... (7) für die Beschleunigung des Förderkorbes

$$\dot{v} = \frac{2M_M u - \dfrac{1}{\eta_G}\,r_T m\,(11 + 1{,}5v)}{\dfrac{mr_T}{\eta_G} + \dfrac{J_T}{\eta_G r_T} + \dfrac{2J_L u^2}{r_T}}$$ (8)

Setzt man darin $v = 0$ und für M_M das Anfahrmoment (6) ein, dann folgt für die Anfahrbeschleunigung

$$\dot{v}(0) = 8{,}71\,\frac{m}{s^2}\ .$$

b) Bei stationärer Trommeldrehzahl ($\dot{v} = 0$) verschwindet der Zähler in (8). Mit $v = 2r_T \pi n_T/60$ (n in U/min), $n = n_T u$ und (5) folgt damit eine quadratische Gleichung für n_T

$$n_T^2 + \left(\frac{220}{r_T \pi} + \frac{600}{u}\right) n_T + \frac{13{,}2\cdot 10^4}{u r_T \pi} - \frac{18\cdot 10^6 \eta_M \eta_G}{r_T^2 \pi^2 m} = 0$$

mit der Lösung $n_{T(\max)} = 164{,}6\,\dfrac{1}{\min}$.

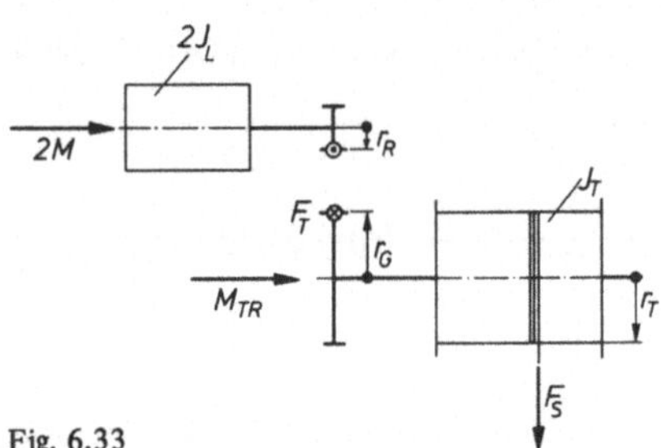

Fig. 6.33   Fig. 6.34

Aufgabe 6.15 (Fig. 6.34). Ein gerader Kreiskegel mit homogener Massenverteilung (Masse m) rollt auf einer waagerechten Ebene. Die Winkelgeschwindigkeit, mit der die Symmetrieachse des Kegels um die Lotrichtung geführt wird, sei ω_P = const.

a) Man berechne den Drall des Kegels, bezogen auf seine Spitze P.

b) An welcher Stelle greift die resultierende Normalkraft F_N zwischen Boden und Kegel an und wie groß ist sie?

L ö s u n g : a) Die Spitze P des Kegels ist raumfest. Damit gilt

$$\mathbf{L}_P = \overline{\overline{\mathbf{J}}}_P \boldsymbol{\omega}$$ (1)

mit der absoluten Winkelgeschwindigkeit $\vec{\omega}$ und dem Trägheitstensor $\bar{\bar{J}}_P$ des Kegels bezogen auf P.

Bei der Auswahl eines geeigneten Koordinatensystems wird man eine möglichst einfache Form der Koordinatengleichungen anstreben. In einem raumfesten Bezugssystem würde im vorliegenden Fall der Trägheitstensor zeitvariabel sein. Die Elemente des Trägheitstensors sind konstant, wenn man sich auf ein Hauptachsensystem mit dem Ursprung in P bezieht. Dabei kann man entweder ein körperfestes System (K) oder ein System (H) wählen, dessen $z^{(H)}$-Achse mit der Kegelsymmetrieachse zusammenfällt und das sich mit ω_P gegenüber einem Inertialsystem dreht (Fig. 6.35). Das System (H) ist das vorteilhafteste, weil hierbei der Rollwinkel des Kegels wegen $A_P = B_P$ in den Gleichungen nicht auftritt. Für den Trägheitstensor gilt

$$\bar{\bar{J}}_P^{(H)} = \bar{\bar{J}}_P^{(K)} = \begin{bmatrix} A_P & 0 & 0 \\ 0 & A_P & 0 \\ 0 & 0 & C_P \end{bmatrix} \tag{2}$$

Die momentane Drehachse des Kreiskegels ist seine Berührungslinie mit der Unterlage. Nach Fig. 6.35 folgt damit für die absolute Winkelgeschwindigkeit $\vec{\omega}$ im Koordinatensystem (H)

$$\vec{\omega}^{(H)} = \frac{\omega_P}{\tan \alpha} \, [0; \sin \alpha; \cos \alpha] \, . \tag{3}$$

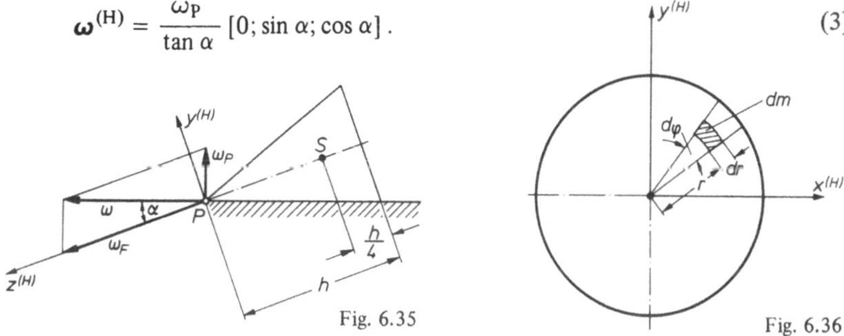

Fig. 6.35   Fig. 6.36

Berechnung der Trägheitsmomente: Für die Elemente des Trägheitstensors (2) gilt

$$A_P = \int_K (y^2 + z^2) \, dm; \qquad C_P = \int_K (x^2 + y^2) \, dm \, , \tag{4}$$

mit $dm = \rho \, dx \, dy \, dz$. Führt man Zylinderkoordinaten mit den Basisvektoren $\mathbf{e}_r, \mathbf{e}_\varphi, \mathbf{e}_z$ ein, dann folgt

$$x = r \cos \varphi; \qquad y = r \sin \varphi \, . \tag{5}$$

Als Massenelement erhält man aus dem vollständigen Differential eines Zylinderausschnitts (Fig. 6.36)

$$dm = d\left(\frac{1}{2}\,\rho\varphi r^2 h\right) = \rho r\, d\varphi\; dr\; dz\;. \tag{6}$$

Damit gilt

$$A_P = \int\limits_{-h}^{0} \int\limits_{0}^{r(z)} \int\limits_{0}^{2\pi} \rho r(r^2 \sin^2\varphi + z^2)\, d\varphi\; dr\; dz\;,$$

mit $r(z) = -z \tan\alpha$,

$$A_P = \int\limits_{-h}^{0} \int\limits_{0}^{r(z)} \rho r\pi (r^2 + 2z^2)\, dr\; dz$$

$$= \int\limits_{-h}^{0} \rho\pi z^4 \left(\frac{1}{4}\,\tan^4\alpha + \tan^2\alpha\right) dz$$

$$= \frac{1}{5}\,\rho\pi h^5 \tan^2\alpha\left(\frac{1}{4}\,\tan^2\alpha + 1\right).$$

Mit der Kegelmasse $m = \frac{1}{3}\,\rho\pi R^2 h = \frac{1}{3}\,\rho\pi \tan^2\alpha\, h^3$ folgt schließlich

$$A_P = \frac{3}{20}\, m\;(4h^2 + R^2)\;. \tag{7}$$

Für das Trägheitsmoment um die Symmetrieachse gilt mit (4), (5) und (6)

$$C_P = \int\limits_{-h}^{0} \int\limits_{0}^{r(z)} \int\limits_{0}^{2\pi} \rho r^3\, d\varphi\; dr\; dz = \frac{3}{10}\, mR^2\;. \tag{8}$$

A n d e r e r   L ö s u n g s w e g : Etwas einfacher findet man die Trägheitsmomente (7) und (8), wenn für dm Körperelemente von einfacher geometrischer Gestalt genommen werden, für die die Trägheitsmomente bekannt sind. Für eine Kreisscheibe von der Dicke dz gilt, bezogen auf ein Koordinatensystem (x', y', z') mit dem Ursprung im Scheibenmittelpunkt

$$dJ_{x'} = dJ_{y'} = \frac{1}{4}\, r^2 dm; \qquad dJ_{z'} = \frac{1}{2}\, r^2 dm\;. \tag{9}$$

Mit Hilfe des Satzes von Huygens-Steiner folgt aus (9) sofort

$$J_x^{(H)} = A_P = \int\limits_{K} (dJ_{x'} + z^2 dm) = \int\limits_{K}\left(\frac{r^2}{4} + z^2\right) dm\;.$$

Mit $dm = \rho\pi r^2 dz$ und $r = -z \tan\alpha$ erhält man

$$A_P = \rho\pi \tan^2\alpha \left(\frac{\tan^2\alpha}{4} + 1\right) \int\limits_{-h}^{0} z^4 dz\;.$$

Für das Trägheitsmoment um die Kegelsymmetrieachse gilt nach (9)

$$J_z^{(H)} = C = \int_K dJ_{z'} = \frac{1}{2} \int_K r^2 dm = \frac{1}{2} \rho\pi \tan^4\alpha \int_{-h}^{0} z^4 dz \ .$$

Setzt man nach Integration den Ausdruck für die Masse des Kegels ein, dann folgen wieder die Ergebnisse (7) und (8).

Für den Drall des Kegels, bezogen auf P, erhält man aus (1), (3), (7) und (8) schließlich

$$\mathbf{L}_P^{(H)} = \begin{bmatrix} 0 \\[2mm] \dfrac{3}{20}\, m\,(4h^2 + R^2)\,\omega_P\cos\alpha \\[3mm] \dfrac{3}{10}\, mR^2\,\omega_P\,\dfrac{\cos\alpha}{\tan\alpha} \end{bmatrix} \ . \tag{10}$$

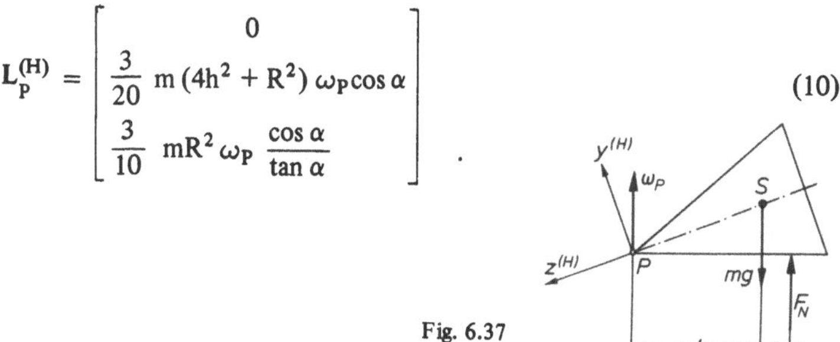

Fig. 6.37

b) Auf den Kegel wirken als äußere Kräfte die Gewichtskraft F_G = mg und die Normalkraft F_N (Fig. 6.37). Der Drallsatz mit dem Fixpunkt P als Bezugspunkt lautet

$$\frac{dL_P}{dt} = \mathbf{M}_P \ . \tag{11}$$

Schreibt man (11) im Koordinatensystem (H) an, dann folgt bei Beachtung der Differentiationsregel für einen Vektor in einem drehenden Koordinatensystem

$$\frac{dL_P^{(H)}}{dt} = \frac{d'}{dt}\, L_P^{(H)} + (\boldsymbol{\omega}_P \times L_P)^{(H)} = \mathbf{M}_P^{(H)} \ . \tag{12}$$

Hierin ist d'/dt die relative Ableitung im System (H), $M_P^{(H)} = [F_N(b + c) - mgb;\ 0;\ 0]$ und $\boldsymbol{\omega}_P^{(H)} = [0;\ \omega_P\cos\alpha;\ -\omega_P\sin\alpha]$. Da sich der Drall im mitdrehenden System nicht ändert, wird $d'L_P/dt = 0$.

Aus dem Impulssatz in der Lotrichtung folgt F_N = mg und damit aus (10) und (12)

$$c = \frac{3\omega_P^2}{20g\tan\alpha} \left[R^2\,(1 + \cos^2\alpha) + 4\,h^2\,\sin^2\alpha \right] \ . \tag{13}$$

Aufgabe 6.16 (Fig. 6.38): Der skizzierte Rotor für eine Maschine soll ausgewuchtet werden.

a) Man bestimme den Trägheitstensor $\bar{\mathbf{J}}_P$ des Rotors im eingezeichneten Koordinatensystem.

b) Am Umfang der Rotorstirnflächen U und V sollen zwei punktförmig zu denkende Ausgleichsmassen m_U und m_V unter den Winkeln φ_U und φ_V angebracht werden, so daß der Rotorschwerpunkt auf der z-Achse liegt und die z-Achse gleichzeitig Hauptträgheitsachse wird. Man berechne m_U, m_V, φ_U und φ_V.

Z a h l e n w e r t e : $r_1 = 0{,}35$ m; $r_2 = 0{,}11$ m; $r_3 = 0{,}07$ m; $h = 0{,}5$ m; $b = 0{,}3$ m, $c = 0{,}2$ m; $e = 0{,}12$ m; $f = 0{,}16$ m; $g = 0{,}15$ m; $\rho = 2{,}7$ kg/dm^3.

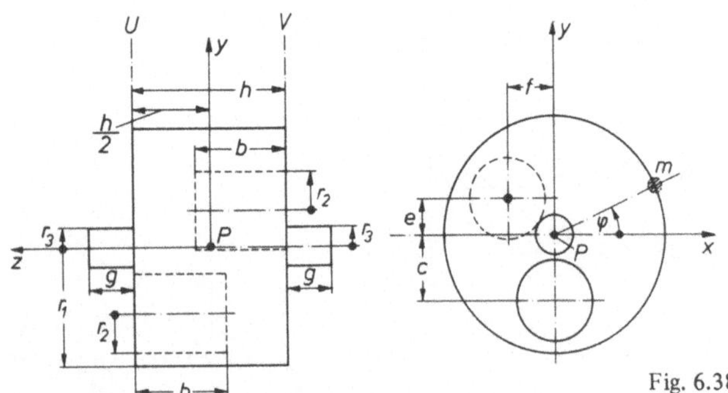

Fig. 6.38

L ö s u n g : a) Der Trägheitstensor hat die Elemente

$$\overline{\overline{J}}_P = \begin{bmatrix} A & -F & -E \\ -F & B & -D \\ -E & -D & C \end{bmatrix}. \tag{1}$$

Hierin sind A, B, C die Trägheitsmomente bezogen auf die x-, y- bzw. z-Achse und D, E, F die Deviationsmomente des Körpers. Da man den Rotor aus zylindrischen Teilkörpern zusammensetzen kann, wird die Berechnung dieser Größen hier einfach. Für einen zylindrischen Körper mit der Masse m, dem Halbmesser r und der Länge h gilt für das Trägheitsmoment um die Symmetrieachse (z-Achse)

$$J_z = C = \frac{1}{2}\,mr^2 . \tag{2}$$

Die Trägheitsmomente um die Querachsen x und y durch den Schwerpunkt sind

$$J_x = J_y = A = B = \frac{1}{12}\,m(3r^2 + h^2) . \tag{3}$$

Da diese Achsen Hauptträgheitsachsen sind, gilt $D = E = F = 0$.

Zerlegt man den Rotor in die Teilmassen

$$m = m_1 - 2m_2 + 2m_3 , \tag{4}$$

dann gilt bei Berücksichtigung des Satzes von Huygens-Steiner

$$A = \frac{1}{12} \, m_1(3r_1^2 + h^2) - \left\{ \frac{2}{12} \, m_2(3r_2^2 + b^2) + \left[2\left(\frac{h}{2} - \frac{b}{2}\right)^2 + c^2 + e^2 \right] m_2 \right\}$$

$$+ \frac{2}{12} \, m_3(3r_3^2 + g^2) + 2\left(\frac{h}{2} + \frac{g}{2}\right)^2 m_3 = 25{,}1505 \text{ kgm}^2 \, ,$$

$$B = \frac{1}{12} \, m_1(3r_1^2 + h^2) - \left\{ \frac{2}{12} \, m_2(3r_2^2 + b^2) + \left[2\left(\frac{h}{2} - \frac{b}{2}\right)^2 + f^2 \right] m_2 \right\}$$

$$+ \frac{2}{12} \, m_3(3r_3^2 + g^2) + 2\left(\frac{h}{2} + \frac{g}{2}\right)^2 m_3 = 26{,}0373 \text{ kgm}^2 \, ,$$

$$C = \frac{1}{2} \, m_1 r_1^2 - [m_2 r_2^2 + (c^2 + e^2 + f^2) \, m_2] + m_3 r_3^2 = 29{,}0166 \text{ kgm}^2 \, ,$$

$$D = -(-c)\left(\frac{h}{2} - \frac{b}{2}\right) m_2 - e\left(\frac{b}{2} - \frac{h}{2}\right) m_2 = 0{,}9853 \text{ kgm}^2 \, ,$$

$$E = -\left(\frac{b}{2} - \frac{h}{2}\right)(-f) \, m_2 = -0{,}4926 \text{ kgm}^2 \, ,$$

$$F = -(-f) \, e m_2 = 0{,}5912 \text{ kgm}^2 \, .$$

Für den Trägheitstensor erhält man demnach

$$\overline{\overline{J}}_P = \begin{bmatrix} 25{,}1505 & -0{,}5912 & 0{,}4926 \\ -0{,}5912 & 26{,}0373 & -0{,}9853 \\ 0{,}4926 & -0{,}9853 & 29{,}0166 \end{bmatrix} \text{ kgm}^2 \, . \tag{5}$$

b) Für die Bestimmung des Massenmittelpunktes wird die Beziehung verwendet

$$\sum_{i=1}^{n} \mathbf{r}_{Pi} \, \Delta m_i - \mathbf{r}_{PS} m \, . \tag{6}$$

Mit der Forderung $r_{PSx} = r_{PSy} = 0$ erhält man aus (6)

$$\left. \begin{aligned} m_U x_U + m_V x_V - m_2(-f) &= 0 \, , \\[2mm] m_U y_U + m_V y_V - m_2 e - m_2(-c) &= 0 \, . \end{aligned} \right\} \tag{7}$$

Wenn als weitere Forderung die z-Achse zur Hauptträgheitsheitachse werden soll, müssen die Deviationsmomente D und E durch Anbringen von Zusatzmassen zu Null gemacht werden. Man kann dies leicht durch folgende Überlegung einsehen: Dreht sich ein Körper um eine seiner Hauptträgheitsachsen, dann sind $\boldsymbol{\omega}$ und $\mathbf{L}$ parallele Vektoren. Ist z die Drehachse, dann gilt $\mathbf{L}_P \parallel \boldsymbol{\omega}_z$. Für einen beliebigen Körper gilt bei einer Drehung um die z-Achse

$$\mathbf{L}_P = \bar{\bar{\mathbf{J}}}_P \boldsymbol{\omega}_z = \begin{bmatrix} A & -F & -E \\ -F & B & -D \\ -E & -D & C \end{bmatrix} \begin{bmatrix} 0 \\ 0 \\ \omega_z \end{bmatrix} = \begin{bmatrix} -E\omega_z \\ -D\omega_z \\ C\omega_z \end{bmatrix} .$$

Demnach ist die Bedingung $\mathbf{L}_P \parallel \boldsymbol{\omega}_z$ nur für $D = E = 0$ erfüllt.

Beim Anbringen von punktförmigen Ausgleichsmassen in den Ebenen U und V erhält man für die Deviationsmomente D und E des Rotors

$$\left. \begin{array}{l} D = D_0 + m_U y_U \dfrac{h}{2} + m_V y_V \left(-\dfrac{h}{2}\right) = 0 , \\[4mm] E = E_0 + m_U x_U \dfrac{h}{2} + m_V x_V \left(-\dfrac{h}{2}\right) = 0; \end{array} \right\} \qquad (8)$$

hierin beziehen sich D_0 und E_0 auf den nicht ausgewuchteten Rotor.

Mit $x_{U,V} = r_1 \cos \varphi_{U,V}$; $y_{U,V} = r_1 \sin \varphi_{U,V}$ folgen aus (7) und (8) die Bestimmungsgleichungen für Größe und Anbringungsort der Ausgleichsmassen:

$$\left. \begin{array}{l} m_U \cos \varphi_U + m_V \cos \varphi_V = -m_2 \dfrac{f}{r_1} = -14{,}075 \text{ kg} , \\[4mm] m_U \sin \varphi_U + m_V \sin \varphi_V = m_2 \dfrac{(e-c)}{r_1} = -7{,}038 \text{ kg} , \\[4mm] m_U \sin \varphi_U - m_V \sin \varphi_V = -\dfrac{2D_0}{hr_1} = -11{,}261 \text{ kg} , \\[4mm] m_U \cos \varphi_U - m_V \cos \varphi_V = -\dfrac{2E_0}{hr_1} = 5{,}630 \text{ kg} . \end{array} \right\} \qquad (9)$$

Durch Addition der Gleichungen (9/1) und (9/4) sowie (9/2) und (9/3) erhält man

$$2m_U \cos \varphi_U = -8{,}445; \qquad 2m_U \sin \varphi_U = -18{,}299 .$$

Hieraus folgt $\tan \varphi_U = 2{,}1668$. Da die Massen nur positiv sein können, muß der Winkel φ_U im dritten Quadranten liegen.

Entsprechendes gilt für φ_V und m_V. Man erhält

$$m_U = m_V = 10{,}07 \text{ kg}; \qquad \varphi_U = 245{,}2°; \qquad \varphi_V = 167{,}9° .$$

H i n w e i s : Haben die Zusatzgewichte endliche Ausdehnung, dann wird ihre Gestalt nach (8) nur durch die Bedingung eingeschränkt, daß eine ihrer Hauptträgheitsachsen durch ihren Schwerpunkt zur Rotordrehachse parallel liegen muß.

Aufgabe 6.17 (Fig. 6.39). Für die skizzierte Kurbelwelle berechne man

a) die Hauptträgheitsmomente, bezogen auf den Schwerpunkt S,

b) die Lage der Hauptträgheitsachsen durch S und

c) die Kräfte in den Lagerebenen U und V bei einer Wellendrehzahl n = 1500 U/min.

Z a h l e n w e r t e : $\rho = 7{,}85$ kg/dm³; $r_1 = 210$ mm; $r_2 = 50$ mm; $r_3 = 45$ mm; a = 20 mm; b = 155 mm; c = 90 mm; d = 110 mm; e = 165 mm; f = 200 mm.

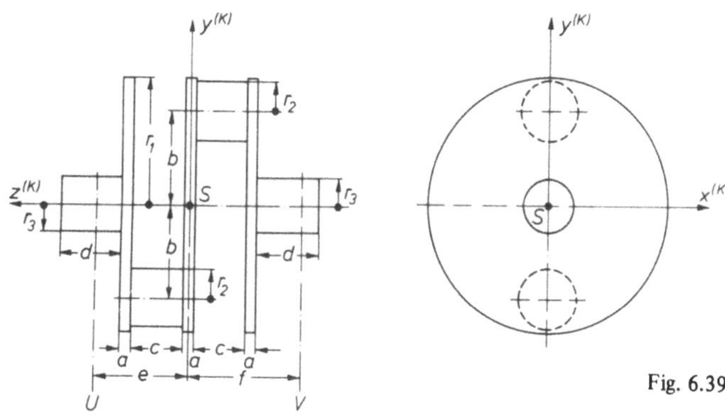

L ö s u n g : a) Die Kurbelwelle ist aus zylindrischen Teilkörpern zusammengesetzt:

$$m = 3m_1 + 2m_2 + 2m_3 \ . \tag{1}$$

Für einen Zylinder mit der Masse m, dem Halbmesser r und der Länge h gilt für das Trägheitsmoment um die Symmetrieachse (z-Achse)

$$J_z = \frac{1}{2}\, mr^2 \ . \tag{2}$$

Die Trägheitsmomente um die Querachsen x und y durch den Schwerpunkt sind

$$J_x = J_y = \frac{1}{12}\, m\,(3r^2 + h^2) \ . \tag{3}$$

Mit Hilfe des Satzes von Huygens-Steiner kann man hieraus die Elemente des Trägheitstensors

$$\bar{\bar{J}}_S = \begin{bmatrix} A & -F & -E \\ -F & B & -D \\ -E & -D & C \end{bmatrix} \tag{4}$$

im eingezeichneten körperfesten Koordinatensystem (K) (Fig. 6.39), bezogen auf S, bestimmen. Man erhält

$$A = J_x = \frac{3}{12}\, m_1(3r_1^2 + a^2) + 2\,(c + a)^2 m_1 +$$

$$+ \frac{2}{12}\, m_2(3r_2^2 + c^2) + 2\left[\left(\frac{a}{2} + \frac{c}{2}\right)^2 + b^2\right] m_2 +$$

$$+ \frac{2}{12}\, m_3(3r_3^2 + d^2) + 2\left(\frac{3}{2}\, a + c + \frac{d}{2}\right)^2 m_3$$

$$= 1{,}9157 \text{ kgm}^2,$$

$$B = J_y = \frac{3}{12}\, m_1(3r_1^2 + a^2) + 2\,(c + a)^2 m_1 +$$

$$+ \frac{2}{12}\, m_2(3r_2^2 + c^2) + 2\left(\frac{a}{2} + \frac{c}{2}\right)^2 m_2 +$$

$$+ \frac{2}{12}\, m_3(3r_3^2 + d^2) + 2\left(\frac{3}{2}\, a + c + \frac{d}{2}\right)^2 m_3$$

$$= 1{,}6491 \text{ kgm}^2,$$

$$C = J_z = \frac{3}{2}\, m_1 r_1^2 + m_2 r_2^2 + 2b^2 m_2 + m_3 r_3^2$$

$$= 1{,}7305 \text{ kgm}^2,$$

$$D = J_{yz} = -2b\left(\frac{a}{2} + \frac{c}{2}\right) m_2 = -0{,}09461 \text{ kgm}^2,$$

$$E = J_{xz} = 0; \quad F = J_{xy} = 0.$$

Damit wird der Trägheitstensor

$$\overline{\overline{J}}_S^{(K)} = \begin{bmatrix} 1{,}9157 & 0 & 0 \\ 0 & 1{,}6491 & 0{,}09461 \\ 0 & 0{,}09461 & 1{,}7305 \end{bmatrix} \text{ kgm}^2 . \tag{5}$$

Durch Lösung des Eigenwertproblems

$$\det(\overline{\overline{J}}_S - \lambda\overline{\overline{E}}) = 0 \tag{6}$$

erhält man hieraus die drei Hauptträgheitsmomente A^H, B^H, C^H als Eigenwerte. Aus (6) folgt

$$\begin{vmatrix} A-\lambda & 0 & 0 \\ 0 & B-\lambda & -D \\ 0 & -D & C-\lambda \end{vmatrix} = (A-\lambda)(B-\lambda)(C-\lambda) - D^2(A-\lambda) = 0, \tag{7}$$

mit den Lösungen

$$\lambda_1 = A^H = A = 1{,}9157 \text{ kgm}^2 ,$$
$$\lambda_{2,3} = \frac{1}{2}\left[C + B \pm \sqrt{(C+B)^2 + 4D^2 - 4BC} \right] ,$$
$$\lambda_2 = B^H = 1{,}5868 \text{ kgm}^2 ; \qquad \lambda_3 = C^H = 1{,}7928 \text{ kgm}^2 . \tag{8}$$

Der Trägheitstensor $\overline{\overline{J}}_S^{(H)}$, bezogen auf das Hauptachsensystem (H) in S, ist damit

$$\overline{\overline{J}}_S^{(H)} = \begin{bmatrix} 1{,}9157 & 0 & 0 \\ 0 & 1{,}5868 & 0 \\ 0 & 0 & 1{,}7928 \end{bmatrix} \text{ kgm}^2 . \tag{9}$$

Zur Kontrolle der Zahlenrechnung können die drei Invarianten des Trägheitstensors herangezogen werden:

$$A + B + C = \text{const} ,$$
$$AB + BC + CA - D^2 - E^2 - F^2 = \text{const} ,$$
$$\det(\overline{\overline{J}}_S) = \text{const} . \tag{10}$$

b) Dreht ein starrer Körper um eine seiner Hauptachsen, dann fallen Winkelgeschwindigkeits- und Drallvektor zusammen, es gilt also $\mathbf{L} = \overline{\overline{J}}\,\boldsymbol{\omega} = \lambda\boldsymbol{\omega}$, worin λ das Hauptträgheitsmoment um die betreffende Achse ist. Die Richtungen der Hauptträgheitsachsen erhält man deshalb aus

$$(\overline{\overline{J}}_S - \lambda\overline{\overline{E}})\,\boldsymbol{\omega} = 0 \tag{11}$$

durch Bestimmen derjenigen Richtungen von $\boldsymbol{\omega}$, für die (11) erfüllt ist. Aus (11) folgt

$$(A - \lambda)\,\omega_x - F\omega_y - E\omega_z = 0 ,$$
$$-F\omega_x + (B - \lambda)\,\omega_y - D\omega_z = 0 ,$$
$$-E\omega_x - D\omega_y + (C - \lambda)\,\omega_z = 0 , \tag{12}$$

worin für λ nacheinander die Werte λ_1, λ_2, λ_3 aus (8) einzusetzen sind. Für $\lambda_1 = A^H$ erhält man $\boldsymbol{\omega}_1 = [\omega_x; 0; 0]$, d.h. die ursprüngliche $x^{(K)}$-Achse ist zugleich Hauptträgheitsachse. Für $\lambda_2 = B^H$ folgt aus (12): $\boldsymbol{\omega}_2 = \omega_y [0; 1; -0{,}6585]$, und für $\lambda_3 = C^H$ folgt $\boldsymbol{\omega}_3 = \omega_y[0; 1; 1{,}519]$. Die Hauptträgheitsachse $y^{(H)}$ ist unter dem Winkel $\varphi_2 = \arctan(\omega_{2z}/\omega_{2y}) \cong -33{,}4^\circ$ zur $y^{(K)}$-Achse geneigt; die $z^{(H)}$-Achse steht senkrecht auf der $y^{(H)}$-Achse (Fig. 6.40). Für sie gilt $\tan\varphi_3 = \omega_{3z}/\omega_{3y} = -1/\tan\varphi_2$.

c) Die dynamischen Belastungen der Kurbelwellenlager folgen aus dem Drallsatz:

$$\frac{d\mathbf{L}_S}{dt} = \mathbf{M}_S . \tag{13}$$

Schreibt man (13) im körperfesten Koordinatensystem (K) (Fig. 6.40) an, dann gilt

$$\frac{d'}{dt}\,(\overline{\overline{J}}_S\boldsymbol{\omega}) + \boldsymbol{\omega} \times (\overline{\overline{J}}_S\boldsymbol{\omega}) = \mathbf{M}_S \ . \tag{14}$$

Der erste Term auf der linken Seite verschwindet bei konstanter Wellendrehzahl. Mit $\boldsymbol{\omega}^{(K)} = [0;0;\omega]$, $\omega = \pi n/30 = 157{,}1$ rad/s und $(\overline{\overline{J}}_S\boldsymbol{\omega})^{(K)} = [0;-D\omega;C\omega]$ folgt aus (14)

$$\mathbf{M}_S^{(K)} = [D\omega^2;0;0] \ . \tag{15}$$

In einem raumfesten Koordinatensystem (R), dessen z-Achse mit der $z^{(K)}$-Achse (Kurbelwellenachse) zusammenfällt, folgt für (15)

$$\mathbf{M}_S^{(R)} = [D\omega^2\cos\psi;D\omega^2\sin\psi;0]', \tag{16}$$

wenn ψ der Wellendrehwinkel ist. $\mathbf{M}_S$ ist das von den Lagern auf die Welle ausgeübte Moment. Auf die Lager wirkt das Moment $-\mathbf{M}_S$. Berücksichtigt man noch die Gewichtsanteile auf die Lager, dann folgt für die Lagerkräfte

$$\left.\begin{aligned}
\mathbf{F}_U^{(R)} &= \left[-\frac{D\omega^2\sin\psi}{e+f}\ ;\ \frac{D\omega^2\cos\psi - mgf}{e+f};\ 0\right] \\[2mm]
&= [-6397\sin\psi;\ 6397\cos\psi - 469;0]\,\mathrm{N}\,, \\[4mm]
\mathbf{F}_V^{(R)} &= \left[\frac{D\omega^2\sin\psi}{e+f}\ ;\ -\frac{D\omega^2\cos\psi + mge}{e+f}\ ;\ 0\right] \\[2mm]
&= [6397\sin\psi;\ -6397\cos\psi - 387;0]\,\mathrm{N}\,.
\end{aligned}\right\} \tag{17}$$

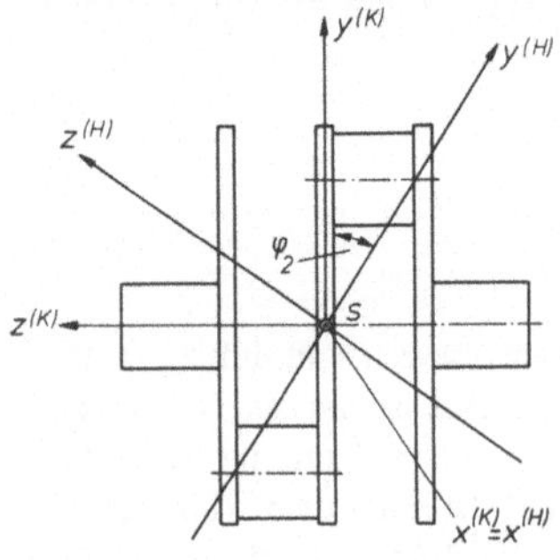

Fig. 6.40

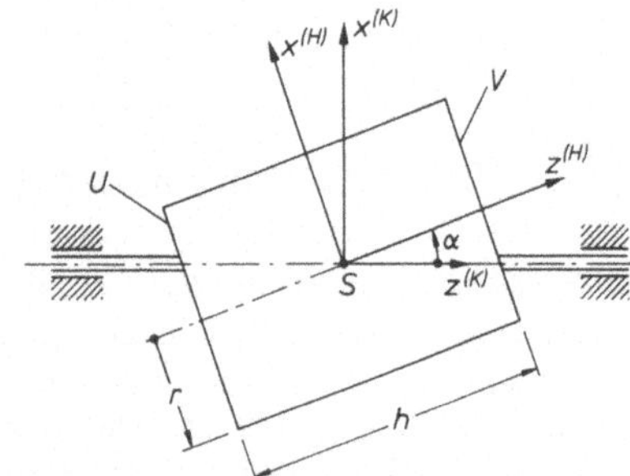

Fig. 6.41

Aufgabe 6.18 (Fig. 6.41). Durch einen Fertigungsfehler wurde ein Rotor (Masse m) schief auf seiner Welle befestigt, so daß die Rotorsymmetrieachse mit der Drehachse den Winkel α bildet, der Rotorschwerpunkt S aber auf der Drehachse liegt.

a) Welche Elemente hat der Trägheitstensor des Rotors bezogen auf das körperfeste Koordinatensystem (K) mit dem Ursprung S?

b) Zum Auswuchten des Rotors sollen an seinen Stirnflächen U und V punktförmige Ausgleichsgewichte angebracht werden. Welche Masse müssen sie haben und wo sind sie anzubringen?

L ö s u n g : a) Der Trägheitstensor $\overline{\overline{J}}_S{}^{(K)}$ kann durch Transformation aus dem bekannten Trägheitstensor $\overline{\overline{J}}_S{}^{(H)}$ für das körperfeste Bezugssystem (H) (Fig. 6.41) bestimmt werden. Man erhält die Transformationsvorschrift z.B. auf folgende Weise: Für den Drallvektor gilt

$$\mathbf{L}^{(H)} = \overline{\overline{J}}^{(H)}\,\boldsymbol{\omega}^{(H)} \qquad \text{bzw.} \qquad \mathbf{L}^{(K)} = \overline{\overline{J}}^{(K)}\,\boldsymbol{\omega}^{(K)} \ . \tag{1}$$

Mit den Transformationsmatrizen für Vektoren B^{HK} bzw. $B^{KH} = (B^{HK})^{-1}$ zwischen den Systemen (H) und (K) bzw. (K) und (H) kann die rechte Gleichung von (1) in der Form

$$\mathbf{L}^{(K)} = B^{HK}\mathbf{L}^{(H)} = B^{HK}\overline{\overline{J}}^{(H)}\boldsymbol{\omega}^{(H)}$$

geschrieben werden. Mit $\boldsymbol{\omega}^{(H)} = B^{KH}\,\boldsymbol{\omega}^{(K)}$ folgt damit

$$\mathbf{L}^{(K)} = B^{HK}\overline{\overline{J}}^{(H)}B^{KH}\boldsymbol{\omega}^{(K)} = \overline{\overline{J}}^{(K)}\boldsymbol{\omega}^{(K)} \ . \tag{2}$$

Hiernach gilt für den Trägheitstensor

$$\overline{\overline{J}}^{(K)} = B^{HK}\overline{\overline{J}}^{(H)}B^{KH} \ . \tag{3}$$

Die Transformationsmatrizen sind (s. Fig. 6.41)

$$B^{HK} = \begin{bmatrix} \cos\alpha & 0 & \sin\alpha \\ 0 & 1 & 0 \\ -\sin\alpha & 0 & \cos\alpha \end{bmatrix} \ ; \ B^{KH} = \begin{bmatrix} \cos\alpha & 0 & -\sin\alpha \\ 0 & 1 & 0 \\ \sin\alpha & 0 & \cos\alpha \end{bmatrix} \ . \tag{4}$$

Mit $\qquad \overline{\overline{J}}_S{}^{(H)} = \begin{bmatrix} A & 0 & 0 \\ 0 & A & 0 \\ 0 & 0 & C \end{bmatrix}$ $\tag{5}$

folgt aus (3) und (4) für den gesuchten Trägheitstensor

$$\overline{\overline{J}}_S{}^{(K)} = \begin{bmatrix} A\cos^2\alpha + C\sin^2\alpha & 0 & -(A-C)\sin\alpha\cos\alpha \\ 0 & A & 0 \\ -(A-C)\sin\alpha\cos\alpha & 0 & A\sin^2\alpha + C\cos^2\alpha \end{bmatrix} \ , \tag{6}$$

Dabei sind $A = \dfrac{1}{12}\,m\,(3r^2 + h^2)$ und $C = \dfrac{1}{2}\,mr^2$.

b) Der Rotor ist ausgewuchtet, wenn sein Schwerpunkt auf der Verbindungslinie der Lagermittelpunkte liegt und wenn diese Achse zugleich Hauptträgheitsachse ist. Die erste Bedingung ist z.B. erfüllt, wenn zwei gleich große Ausgleichsmassen am Rotor symmetrisch zur Drehachse angebracht werden; die zweite Bedingung ist erfüllt, wenn $D^{(K)} = E^{(K)} = 0$ ist (vgl. Aufgabe 6.16). Da nach (6) $D^{(K)} = 0$ ist, müssen die Ausgleichsmassen in der z, x-Ebene (y = 0) liegen. Damit folgt für das Deviationsmoment E

$$E^{(K)} = E_0^{(K)} + m_A \ r_{SUz}^{(K)} \ r_{SUx}^{(K)} + m_A \ r_{SVz}^{(K)} \ r_{SVx}^{(K)} = 0 \,, \tag{7}$$

worin m_A die punktförmigen Ausgleichsmassen und r_{SU} bzw. r_{SV} ihre Ortsvektoren sind. Im Koordinatensystem (H) gilt hierfür

$$r_{SU}^{(H)} = \left[r_x; 0; \ -\frac{h}{2} \right]; \qquad r_{SV}^{(H)} = \left[-r_x; 0; \frac{h}{2} \right], \tag{8}$$

worin r_x der Abstand der Zusatzmassen von der Rotorsymmetrieachse ist. Mit (4/1) erhält man aus (8)

$$\left.
\begin{aligned}
r_{SU}^{(K)} &= \left[r_x \cos \alpha - \frac{h}{2} \sin \alpha; \ \ 0; \ -r_x \sin \alpha - \frac{h}{2} \cos \alpha \right], \\
r_{SV}^{(K)} &= \left[-r_x \cos \alpha + \frac{h}{2} \sin \alpha; 0; r_y \sin \alpha + \frac{h}{2} \cos \alpha \right].
\end{aligned}
\right\} \tag{9}$$

Damit folgt aus (7) mit $E_0^{(K)} = (A - C) \sin \alpha \cos \alpha$ für die Zusatzmassen

$$\begin{aligned}
m_A &= \frac{(A - C) \sin \alpha \cos \alpha}{2 \left(r_x \sin \alpha + \dfrac{h}{2} \cos \alpha \right) \left(r_x \cos \alpha - \dfrac{h}{2} \sin \alpha \right)} \\[2ex]
&= \frac{m \left(\dfrac{1}{3} h^2 - r^2 \right) \sin \alpha \cos \alpha}{8 \left(r_x \sin \alpha + \dfrac{h}{2} \cos \alpha \right) \left(r_x \cos \alpha - \dfrac{h}{2} \sin \alpha \right)} \,.
\end{aligned} \tag{10}$$

Da die Zusatzmassen nur positiv sein können, folgt aus (10) in Abhängigkeit der Maße r/h für ihren Anbringungsort

$$\left.
\begin{aligned}
r &< \frac{h}{\sqrt{3}}: & r_x &> \frac{h}{2} \tan \alpha, \ (\alpha > 0), \\[1.5ex]
r &= \frac{h}{\sqrt{3}}: & m_A &= 0, \\[1.5ex]
r &> \frac{h}{\sqrt{3}}: & \frac{h}{2} \tan \alpha &> r_x > -\frac{h}{2 \tan \alpha}, \ (\alpha > 0).
\end{aligned}
\right\} \tag{11}$$

Hiernach müssen die Ausgleichsgewichte bei einem schlanken Rotor im II. und IV. Quadranten und bei einem abgeplatteten, scheibenförmigen Rotor im I. und III. Qua-

dranten der $z^{(K)}$, $x^{(K)}$-Ebene befestigt werden (schraffierte Flächenteile in Fig. 6.42).
Im Fall $r = h/\sqrt{3}$ ist $\bar{\bar{J}}_S$ ein Kugeltensor mit $A = B = C$. Jede Achse durch S ist dann
Hauptträgheitsachse.

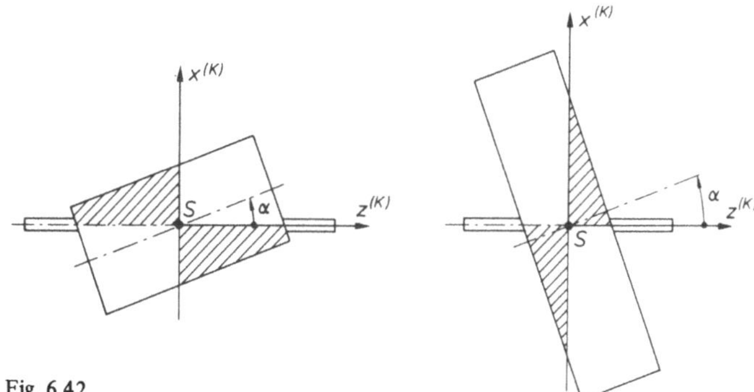

Fig. 6.42

A n d e r e r   L ö s u n g s w e g : Der schief auf der Welle befestigte Rotor übt bei
konstanter Winkelgeschwindigkeit ω auf seine Lager das Kreiselmoment

$$\mathbf{M}_S^K = -\boldsymbol{\omega} \times \bar{\bar{J}}_S \boldsymbol{\omega} \tag{12}$$

aus. In Koordinaten des (H)-Systems erhält man hierfür mit

$$\boldsymbol{\omega}^{(H)} = [-\omega \sin \alpha; 0; \omega \cos \alpha] ,$$

$$\mathbf{M}_S^{K(H)} = [0; (A - C) \omega^2 \sin \alpha \cos \alpha; 0] . \tag{13}$$

Befestigt man an den Stirnflächen Zusatzmassen m_A, dann üben sie bei Rotordrehung
das Moment

$$\mathbf{M}_S^A = \mathbf{r}_{SU} \times \mathbf{F}_U + \mathbf{r}_{SV} \times \mathbf{F}_V \tag{14}$$

aus, worin $\mathbf{F}_U$ und $\mathbf{F}_V$ die auf die Welle ausgeübten Fliehkräfte der Zusatzmassen sind.
Ihre Beträge sind $F_U = F_V = m_A r_A \omega^2$, wenn r_A der senkrechte Abstand zwischen
Drehachse und m_A ist. Der Rotor ist ausgewuchtet, wenn

$$\mathbf{M}_S^K + \mathbf{M}_S^A = 0 \tag{15}$$

wird. Diese Bedingung führt wieder auf das Ergebnis (10).

Aufgabe 6.19 (Fig. 6.43) Eine homogene, zylindrische Scheibe mit der Masse m ist als
Rad auf einer Achse gelagert, die mit konstanter Drehzahl n um die Vertikalachse
durch den Fixpunkt P geführt wird. Das Rad rollt dabei ohne Gleiten auf der Unterlage
ab (Prinzip der Kollermühle). Die Masse der Achse soll unberücksichtigt bleiben.

a) Man bestimme die Abhängigkeit der Normalkraft F_N zwischen Rad und Unterlage vom Winkel φ $(0 < \varphi < \pi)$.

b) Bei welchem Winkel φ_0 ist die Normalkraft maximal?

Z a h l e n w e r t e : n $= 150$ U/min; m $= 60$ kg; r $= 0,3$ m; a $= 0,7$ m; b $= 0,15$ m.

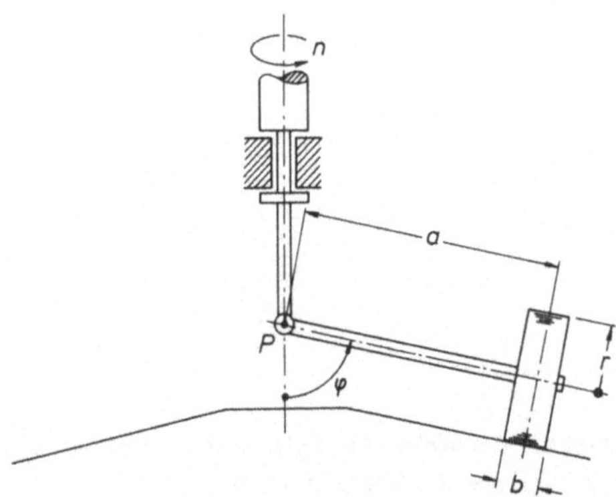

Fig. 6.43

L ö s u n g : a) Bezogen auf den Fixpunkt P gilt der Drallsatz für das Rad

$$\frac{dL_P}{dt} = M_P \, , \tag{1}$$

mit $L_P = \bar{\bar{J}}_P \, \boldsymbol{\omega} \, . \tag{2}$

Die Koordinatengleichungen von (1) werden am übersichtlichsten, wenn sie in einem bewegten Koordinatensystem (K) angeschrieben werden, dessen z-Achse mit der Radachse und dessen y-Achse mit der Horizontalen zusammenfallen. Der Vektor der absoluten Winkelgeschwindigkeit $\boldsymbol{\omega}$ des Rades liegt auf der Verbindungslinie vom Berührpunkt zwischen Rad und Unterlage zum Fixpunkt P. Diese Linie ist die Erzeugende des Spurkegels für die Bewegung des Rades. Nach Fig. 6.44 gilt

$$\boldsymbol{\omega}^{(K)} = \left[\omega_V \sin \varphi \colon 0; -\omega_V \frac{\sin \varphi}{\tan \alpha} \right] \, , \tag{3}$$

mit $\tan \alpha = r/a$. Der Trägheitstensor

$$\bar{\bar{J}}_P^{(K)} = \begin{bmatrix} A & 0 & 0 \\ 0 & B & 0 \\ 0 & 0 & C \end{bmatrix} \tag{4}$$

des Rades, bezogen auf P hat die Elemente

$$A = B = \frac{1}{12} m (3r^2 + b^2) + ma^2 ,$$

$$C = \frac{1}{2} mr^2 . \qquad\qquad\Bigg\} \qquad\qquad (5)$$

Für die rechte Seite von (1) gilt

$$\mathbf{M}_P^{(K)} = [0; a(F_N - mg \sin \varphi); 0] . \qquad (6)$$

In das Koordinatensystem (K) transformiert geht der Drallsatz (1) über in

$$\frac{d'}{dt} (\bar{\bar{J}}_P \boldsymbol{\omega}) + \boldsymbol{\omega}_V \times \bar{\bar{J}}_P \boldsymbol{\omega} = \mathbf{M}_P , \qquad (7)$$

mit $\qquad \boldsymbol{\omega}_V^{(K)} = [\omega_V \sin \varphi; 0; -\omega_V \cos \varphi] . \qquad (8)$

Aus (3) bis (8) erhält man

$$F_N = \frac{C\omega^2}{r} \sin^2\varphi - \frac{A\omega^2}{a} \sin \varphi \cos \varphi + mg \sin \varphi , \qquad (9)$$

worin für A und C (5) gilt.

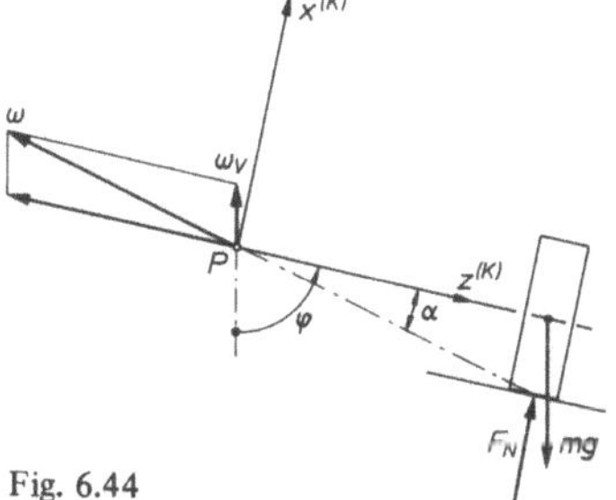

Fig. 6.44

b) Der Winkel φ_0 für $F_{N\,max}$ folgt mit Hilfe der Extremwertbestimmung aus (9):

$$\left(\frac{dF_N}{d\varphi}\right)_{\varphi=\varphi_0} = \frac{2C\omega^2}{r} \sin \varphi_0 \cos \varphi_0 + \frac{A\omega^2}{a} (\sin^2 \varphi_0 - \cos^2 \varphi_0) + mg \cos \varphi_0 = 0 . \quad (10)$$

Diese Beziehung führt auf eine Gleichung 4. Grades für $\tan \varphi$, die z.B. numerisch gelöst werden kann. Es bietet sich hier zunächst eine Näherungslösung an, da die Koeffizienten von (10) für die gegebenen Zahlenwerte von unterschiedlicher Größenordnung sind:

$$4441 \sin \varphi_0 \cos \varphi_0 + 10879 (\sin^2 \varphi_0 - \cos^2 \varphi_0) + 588{,}6 \cos \varphi_0 = 0 . \qquad (11)$$

Man kann in erster Näherung das Radgewicht gegenüber den Kreiselkräften vernachlässigen. Damit erhält man für (11) den Näherungswert

$$\tan \varphi_0' = - \frac{Ca}{Ar} - \sqrt{\left(\frac{C\,a}{A\,r}\right)^2 + 1} ,$$

$$\varphi_0' = 129{,}2° . \qquad\qquad (12)$$

Benutzt man φ_0' als Anfangswert für eine Iterationsrechnung, dann erhält man aus (11) den genaueren Wert

$$\varphi_0 = 128{,}3° . \tag{13}$$

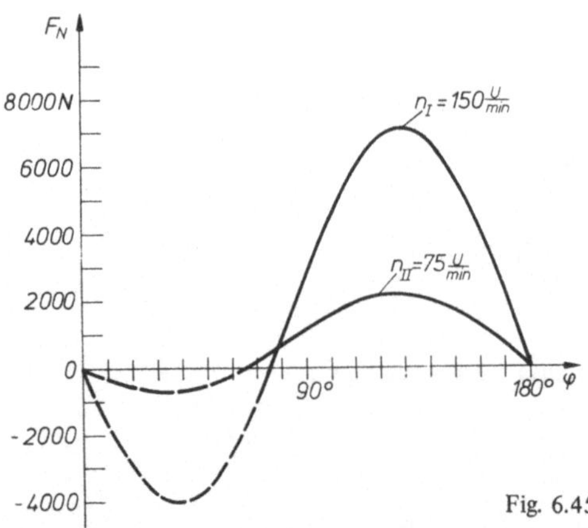

Fig. 6.45

Der Verlauf der Normalkraft $F_N(\varphi)$ ist für die beiden Antriebsdrehzahlen $n_I = 150$ U/min und $n_{II} = 75$ U/min in Fig. 6.45 aufgetragen. Die gestrichelten Kurvenäste haben nur dann eine physikalischen Sinn, falls auch negative Normalkräfte (z.B. Magnetkräfte) übertragen werden können und die Bedingung für reines Rollen erfüllt wird.

Aufgabe 6.20 (Fig. 6.46). Ein vierrädriges Schienenfahrzeug fährt mit der Geschwindigkeit v auf einer Kreisbahn. Die Räder sollen als flache, homogene Vollscheiben mit der Masse m_R und die Ladefläche in der Höhe der Achsen als eine homogene Platte mit der Masse m_L angesehen werden.

a) Man bestimme den Drallvektor $\mathbf{L}_S^{(F)}$ des Wagens bezogen auf das fahrzeugfeste Koordinatensystem (F) mit dem Schwerpunkt S als Ursprung.

b) Bei welcher Geschwindigkeit v_{max} beginnen die inneren Räder sich abzuheben?

L ö s u n g : a) Der Drall des Fahrzeugs setzt sich aus den Drallanteilen der 4 Räder und der Ladefläche zusammen:

$$\mathbf{L}_S = \sum_{i=1}^{4} \mathbf{L}_S^{Ri} + \mathbf{L}_S^{L} . \tag{1}$$

Bezeichnet man die Schwerpunkte der 4 Räder mit $M_i (i = 1, \dots, 4)$, dann gilt für den Drall eines Rades, bezogen auf S

$$\left.\begin{aligned}
\mathbf{L}_S^{Ri} &= \mathbf{L}_{Mi}^{Ri} + m_R \mathbf{r}_{SMi} \times (\mathbf{v}_{Mi} - \mathbf{v}_S) \,, \\[2mm]
\mathbf{L}_{Mi}^{Ri} &= \overline{\overline{\mathbf{J}}}_{Mi}^{Ri} \, \boldsymbol{\omega}^{Ri} \,.
\end{aligned}\right\} \tag{2}$$

Darin ist $\boldsymbol{\omega}^{Ri}$ die absolute Winkelgeschwindigkeit des i-ten Rades. Der zweite Summand in (1) ist

$$\mathbf{L}_S^L = \overline{\overline{\mathbf{J}}}_S^L \, \boldsymbol{\omega}^L \,, \tag{3}$$

worin $\boldsymbol{\omega}^L$ die absolute Winkelgeschwindigkeit der Ladefläche ist. Für die Trägheitstensoren gilt

$$\overline{\overline{\mathbf{J}}}_{Mi}^{Ri} = \begin{bmatrix} A^R & 0 & 0 \\ 0 & A^R & 0 \\ 0 & 0 & C^R \end{bmatrix} ; \qquad \overline{\overline{\mathbf{J}}}_S^L = \begin{bmatrix} A^L & 0 & 0 \\ 0 & B^L & 0 \\ 0 & 0 & C^L \end{bmatrix} .$$

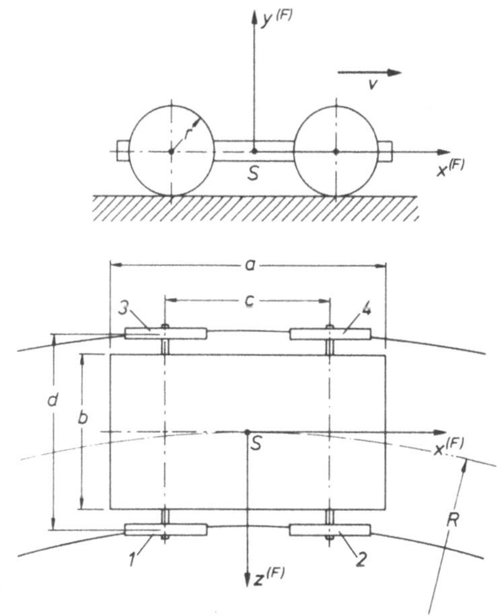

Fig. 6.46

Im fahrzeugfesten Koordinatensystem (F) erhält man im einzelnen

$$\boldsymbol{\omega}^L = \left[0; \ -\frac{v}{R} \,; \ 0\right]; \qquad \boldsymbol{\omega}^{Ri} = \left[0; \ -\frac{v}{R} \,; \ -\frac{v}{R_i}\left(R \mp \frac{d}{2}\right)\right]$$

(in $\boldsymbol{\omega}^{Ri}$ gilt das obere Vorzeichen für die Räder 1 und 2, das untere für 3 und 4);

$$\mathbf{r}_{SMi} \times (\mathbf{v}_{Mi} - \mathbf{v}_S) = \mathbf{r}_{SMi} \times (\boldsymbol{\omega}^L \times \mathbf{r}_{SMi}) = \left[0; \ -\frac{v}{4R}(c^2 + d^2); \ 0\right].$$

Der gesamte Drall des Fahrzeugs ist damit

$$\mathbf{L}_S^{(F)} = \left[0; \ -\frac{v}{R}(4A^R + B^L + m_R c^2 + m_R d^2); \ -\frac{4v}{r} C^R\right]. \tag{4}$$

Hierin sind $C^R = \frac{1}{2} m_R r^2$; $A^R \approx \frac{1}{4} m_R r^2$; $B^L = \frac{1}{12} m_L (a^2 + b^2)$.

b) Die äußeren Kräfte auf das Schienenfahrzeug bei Kurvenfahrt sind in Fig. 6.47 eingetragen. Sie setzen sich aus statischen und kinetischen Anteilen zusammen. Der Drallsatz bezogen auf S ergibt bei gleichförmiger Kurvenfahrt im fahrzeugfesten Koordinatensystem

$$\frac{d\mathbf{L}_S^{(F)}}{dt} = (\boldsymbol{\omega}^L \times \mathbf{L}_S)^{(F)} = \mathbf{M}_S^{(F)} \tag{5}$$

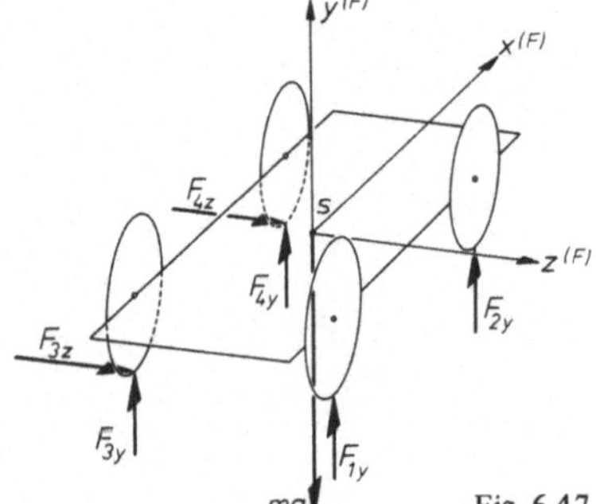

Fig. 6.47

und in Koordinaten

$$\left[\frac{4v^2}{rR} C^R; 0; 0\right] = [M_{Sx}; M_{Sy}; M_{Sz}]. \tag{6}$$

Für das Moment $\mathbf{M}_S$ liest man aus Fig. 6.47 ab

$$M_{Sx}^{(F)} = \frac{d}{2}(F_{3y} + F_{4y} - F_{1y} - F_{2y}) - r(F_{3z} + F_{4z}). \tag{7}$$

Die gesuchte Geschwindigkeit v_{max} folgt aus der x-Komponente von (6) mit (7), wenn $F_{1y} = F_{2y} = 0$ gesetzt wird

$$v_{max}^2 = \frac{rR}{4C^R}\left[\frac{d}{2}(F_{3y} + F_{4y}) - r(F_{3z} + F_{4z})\right]. \tag{8}$$

Die noch unbekannten Radkräfte $\mathbf{F}_3$ und $\mathbf{F}_4$ folgen aus dem Impulssatz für das Fahrzeug

$$m \frac{dv_S}{dt} = \mathbf{F}_3 + \mathbf{F}_4 + m\mathbf{g}, \tag{9}$$

worin v_S die absolute Geschwindigkeit und $m = m_L + 4m_R$ ist. Im bewegten Koordinatensystem (F) lautet (9)

$$m\left[\frac{d'v_S}{dt} + \boldsymbol{\omega}^L \times v_S\right] = \mathbf{F}_3 + \mathbf{F}_4 + m\mathbf{g}, \tag{10}$$

mit $v_S^{(F)} = [v_{max}; 0; 0]$.

Für die y-Komponente folgt aus (10)

$$F_{3y} + F_{4y} = (m_L + 4m_R)g = mg \tag{11}$$

und für die z-Komponente

$$F_{3z} + F_{4z} = m\,\frac{v^2}{R} \ . \tag{12}$$

Die Grenzgeschwindigkeit des Fahrzeugs erhält man damit zu

$$v_{max} = \sqrt{\frac{rRd(m_L + 4m_R)\,g}{8C^R + 2r^2(m_L + 4m_R)}} \ . \tag{13}$$

Aufgabe 6.21. Ein Schiff wird durch eine Turbine angetrieben, deren Läufer eine Masse von m = 2800 kg und einen Trägheitsradius von k = 0,4 m hat. Seine Drehzahl beträgt n = 3000 U/min, der Abstand der Läuferlager ist a = 2,5 m.

Wie groß ist die maximale, durch die Kreiselwirkung des Läufers hervorgerufene Kraft auf seine Lager, wenn das Schiff mit einer Amplitude von $\varphi_0 = 10°$ und einer Periode von T = 18 s um eine Achse senkrecht zur Läuferachse stampft?

L ö s u n g : Der Drallsatz für den Rotor in einem schiffsfesten Bezugssystem (F) bezogen auf seinen Schwerpunkt S lautet (Fig. 6.48)

$$\frac{d'L_S}{dt} + \boldsymbol{\omega}_F \times L_S = M_S \ . \tag{1}$$

Hierin ist $L_S = \overline{\overline{J}}_S\boldsymbol{\omega}$, $\boldsymbol{\omega}_F$ die Winkelgeschwindigkeit des Schiffes gegenüber dem Inertialsystem (I) und M_S das v o n den Lagern A und B a u f den Läufer ausgeübte Moment. Es entspricht dem Kräftepaar $M = r_{AB} \times F_B = r_{BA} \times F_A$. Die Kräfte $-F_A$ und $-F_B$ werden durch die Kreiselwirkung a u f die Lager ausgeübt.

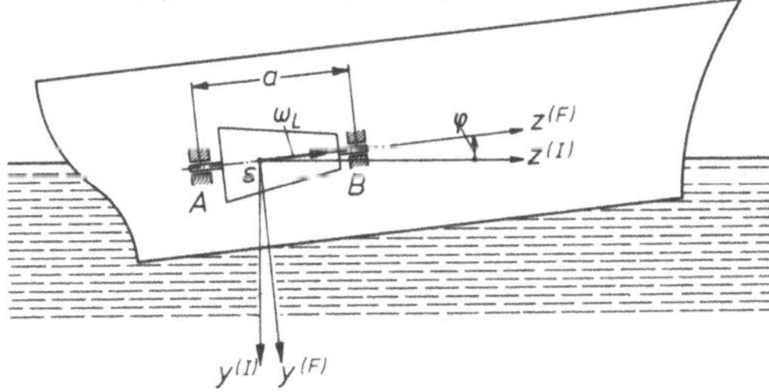

Fig. 6.48

Für die absolute Rotorwinkelgeschwindigkeit gilt

$$\boldsymbol{\omega} = \boldsymbol{\omega}_L + \boldsymbol{\omega}_F , \tag{2}$$

mit $\boldsymbol{\omega}_L^{(F)} = [0; 0; \omega_L]$, $\omega_L = \pi n/30 = 314{,}2$ rad/s. $\boldsymbol{\omega}_F$ erhält man aus folgender Überlegung: Nimmt man an, daß die Stampfbewegung des Schiffes durch die harmonische Bewegung

$$\varphi = \varphi_0 \sin\left(\frac{2\pi}{T}\, t\right)$$

beschrieben werden kann, dann ist

$$\dot{\varphi} = \varphi_0\, \frac{2\pi}{T}\, \cos\left(\frac{2\pi}{T}\, t\right) \tag{3}$$

und damit $\boldsymbol{\omega}_F = [\dot{\varphi}; 0; 0]$.

Aus (1), (2) und (3) erhält man mit $\bar{\bar{J}}_S^{(F)} = \begin{bmatrix} A & 0 & 0 \\ 0 & A & 0 \\ 0 & 0 & C \end{bmatrix}$ die Koordinatengleichungen

$$\left.\begin{aligned} A\,\ddot{\varphi} &= M_x, \\ -\omega_L \dot{\varphi} C &= M_y\,, \\ 0 &= M_z\,. \end{aligned}\right\} \tag{4}$$

Da man die Drehträgheit (4/1) des Rotors bei der langsamen Stampfbewegung des Schiffes im Vergleich mit dem Kreiselmoment (4/2) vernachlässigen kann, folgt für das maximale Moment M_T a u f die Läuferlager mit (4) in guter Näherung

$$M_{Ty} = -M_y = \omega_L C \dot{\varphi}_{Extr} = \pm\,\omega_L C\, \frac{2\pi}{T}\, \varphi_0 \tag{5}$$

und mit $C = mk^2$

$$M_{Ty} = \pm\, \frac{\pi^2 nmk^2 \varphi_0}{15T} = \pm\,8575\;\text{Nm}\,. \tag{6}$$

Für die maximale Lagerbelastung durch die Kreiselwirkung erhält man

$$F_{Ax} = -F_{Bx} = \frac{M_{Ty}}{a} = \pm\,3430\;\text{N}\,. \tag{7}$$

Die Lagerbelastung durch das Kreiselmoment schwankt periodisch mit der Stampffrequenz. Der maximale Betrag dieses Anteils der Lagerkraft tritt bei maximalem $\dot{\varphi}$ auf, also wenn das Schiff bei der Stampfbewegung durch seine horizontale Lage im Wasser schwingt. Mit dem Vorzeichen von $\boldsymbol{\omega}_L$ in Fig. 6.48 ist F_{Ax} positiv wenn sich das Schiff dabei mit dem Bug nach unten bewegt. Bei der Aufwärtsbewegung ist F_{Ax} negativ. Die Richtung der Belastung auf die Lager kann man auch mit Hilfe des Satzes vom gleichsinnigen Parallelismus der Drehachsen angeben: Der Turbinenläufer hat das Bestreben, sich gleichsinnig drehend in die Richtung der Zwangsdrehung $\boldsymbol{\omega}_F$ einzustellen.

Aufgabe 6.22 Ein Satellit A bewegt sich mit der Geschwindigkeit $v_1 = 6$ km/s auf einer Kreisbahn um die Erde. Ein zweiter Satellit B wird $\Delta t = 15$ min nach dem Start von A mit demselben Aufstiegsprogramm auf die Umlaufbahn von A gebracht. Um ein Rendezvous zu ermöglichen, wird zu einem späteren Zeitpunkt die Geschwindigkeit des

Satelliten B durch Zündung einer Bremsrakete in vernachlässigbar kurzer Zeit um Δv auf v_2 verringert, so daß B dann eine ellipsenförmige Bahn beschreibt.

a) In welcher Höhe h befindet sich der Satellit A über der Erdoberfläche?

b) Wie groß muß Δv sein, damit sich beide Satelliten gerade nach einmaligem Umlauf von B auf der Ellipsenbahn treffen?

Die Erde kann als Kugel mit dem Radius R = 6370 km betrachtet werden; die Fallbeschleunigung auf der Erdoberfläche ist $g_0 = 9{,}81\ \mathrm{m/s^2}$.

L ö s u n g : a) Die absolute Beschleunigung des Satelliten in Polarkoordinaten r, φ ist

$$\mathbf{a} = [\ddot{r} - r\dot{\varphi}^2;\ r\ddot{\varphi} + 2\dot{r}\dot{\varphi}]\ . \tag{1}$$

Da auf der Kreisbahn $\ddot{r} = 0$ ist, gilt nach dem Impulssatz in r-Richtung

$$-mr\dot{\varphi}^2 = -mg\ . \tag{2}$$

Auf einer K r e i s b a h n ist die Fliehkraft und die Massenanziehungskraft im Gleichgewicht. Für die Fallbeschleunigung g gilt nach dem Graviationsgesetz

$$g = g_0 \left(\frac{R}{r}\right)^2\ . \tag{3}$$

Aus (2) und (3) folgt mit $v_1 = r\dot{\varphi}$ und $r = R + h$

$$h = \frac{g_0 R^2}{v_1{}^2} - R = 4687\ \mathrm{km}\ . \tag{4}$$

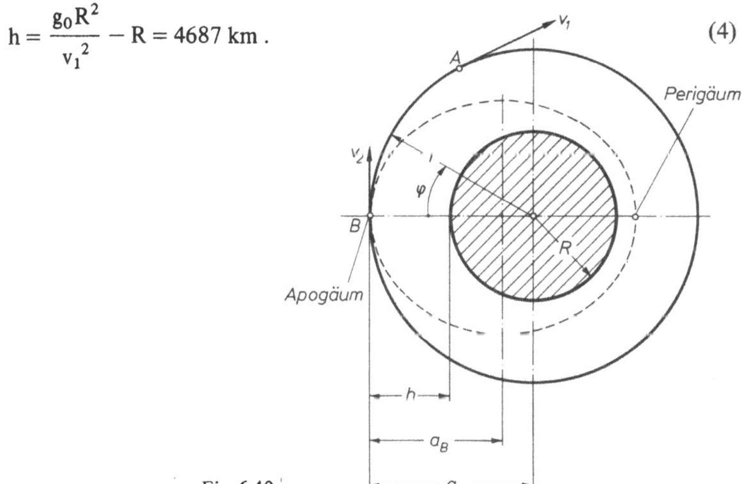

Fig. 6.49

b) Da durch das Bremsen nur der Betrag, aber nicht die Richtung der Geschwindigkeit des Satelliten B verändert werden soll, befindet er sich unmittelbar nach Beendigung des Bremsmanövers im erdferneren Scheitelpunkt (Apogäum) einer Ellipsenbahn $(v \perp r)$, vgl. Fig. 6.49. Für die Umlaufzeiten der Satelliten gilt nach dem dritten Keplerschen Gesetz

$$\left(\frac{T_A}{T_B}\right)^2 = \left(\frac{a_A}{a_B}\right)^3 , \tag{5}$$

worin a_A bzw. a_B die großen Halbachsen der Bahnen sind. Wenn sich beide Satelliten nach einem Umlauf treffen sollen, muß

$$T_B = T_A - \Delta t \tag{6}$$

gelten. Für T_A erhält man mit (4)

$$T_A = \frac{2\pi(h + R)}{v_1} = 193 \text{ min}$$

und damit $T_B = 178$ min. $\tag{7}$

Aus (5) und (7) kann nun die große Halbachse der Ellipsenbahn berechnet werden:

$$a_B = a_A \left(\frac{T_B}{T_A}\right)^{\frac{2}{3}} = (h + R)\left(\frac{T_B}{T_A}\right)^{\frac{2}{3}} = 10476 \text{ km} . \tag{8}$$

Für die Bahngeschwindigkeit eines Satelliten gilt allgemein die Beziehung

$$v^2 = \frac{g_0 R^2}{r} \left(2 - \frac{r}{a}\right). \tag{9}$$

Setzt man hier den Wert a aus (8) ein und für den Ortsvektor $r = R + h$, dann erhält man als Bahngeschwindigkeit des Satelliten B im Apogäum

$$v_2 = 5831,3 \, \frac{m}{s}. \tag{10}$$

Der Satellit B muß demnach um $\Delta v = v_1 - v_2 = 168,7 \, \frac{m}{s}$ abgebremst werden.

Aufgabe 6.23. Ein Schiff mit 8000 t Wasserverdrängung verringert seine Geschwindigkeit bei abgestelltem Motor unter der Wirkung des Wasserwiderstandes in der Zeit $\Delta t = 45$ s von $v_1 = 15$ m/s auf $v_2 = 12$ m/s.

a) Welchen Weg s_0 hat das Schiff dabei zurückgelegt, wenn der Wasserwiderstand proportional dem Quadrat der Schiffsgeschwindigkeit ist?

b) Wie groß muß die effektive Leistung des Schiffsantriebs mindestens sein, wenn eine Höchstgeschwindigkeit $v_{max} = 18$ m/s erreicht werden soll?

L ö s u n g –: a) Nach dem Impulssatz gilt bei geradliniger Bewegung

$$m \frac{dv}{dt} = - F_W , \tag{1}$$

worin $F_W = cv^2$ der Wasserwiderstand mit einem Proportionalitätsfaktor c ist. Gl. (1) kann nach Trennung der Variablen integriert werden

$$-m\,\frac{1}{v} = -c\,t + C_1 .\tag{2}$$

Aus der Anfangsbedingung $v(0) = v_1$ folgt für die Integrationskonstante $C_1 = -m/v_1$. Den Faktor c erhält man, indem man die Integration zwischen den Grenzen (v_1, v_2) und $(0, \Delta t)$ ausführt:

$$c = \frac{m}{\Delta t}\left(\frac{1}{v_2} - \frac{1}{v_1}\right).\tag{3}$$

Aus (2) und (3) folgt die Differentialgleichung

$$\frac{1}{v} = \frac{1}{ds/dt} = \frac{1}{\Delta t}\left(\frac{1}{v_2} - \frac{1}{v_1}\right)t + \frac{1}{v_1} ,$$

mit der Lösung

$$s = \frac{\ln\left[\dfrac{1}{\Delta t}\left(\dfrac{1}{v_2} - \dfrac{1}{v_1}\right)t + \dfrac{1}{v_1}\right]}{\dfrac{1}{\Delta t}\left(\dfrac{1}{v_2} - \dfrac{1}{v_1}\right)} + C_2 .\tag{4}$$

Mit der Anfangsbedingung $s(0) = 0$ folgt

$$C_2 = -\frac{\Delta t\,\ln\left(\dfrac{1}{v_1}\right)}{\left(\dfrac{1}{v_2} - \dfrac{1}{v_1}\right)}.\tag{5}$$

Hiermit erhält man

$$s_0 = \frac{\Delta t}{\left(\dfrac{1}{v_2} - \dfrac{1}{v_1}\right)}\ln\left(\frac{v_1}{v_2}\right) = 602{,}5 \text{ m} .\tag{6}$$

b) Für die effektive Leistung gilt

$$P = F_W v_{max} = c v_{max}^3 = \frac{m v_{max}^3}{\Delta t}\left(\frac{1}{v_2} - \frac{1}{v_1}\right) = 17280 \text{ kW} .\tag{7}$$

Aufgabe 6.24. Ein Flugmodell steigt mit konstanter Beschleunigung a_0 senkrecht nach oben und zieht ein Lenkseil hinter sich her, das am Boden zusammengelegt ist. Das Seil hat ein spezifisches Gewicht von $q[N/m]$. Wie groß ist a_0, wenn in der Flughöhe h am Flugzeug eine Seilzugkraft F_Z gemessen wird?

L ö s u n g : Das bereits abgewickelte S e i l wird als ein System mit kontinuierlich veränderter Masse betrachtet. Der Impulssatz liefert hierfür

$$m\,\frac{dv}{dt} = F + \frac{dm}{dt}(v_T - v)\tag{1}$$

Hierin ist $F = F_Z - mg$ die Summe der äußeren Kräfte und v_T die Absolutgeschwindigkeit der hinzukommenden Massenelemente vor dem „Anheben". Für das Lenkseil erhält man für die Komponente von (1) in z-Richtung nach Fig. 6.50 mit $dm/dt = qv/g$ und $v_T = 0$

$$m \frac{dv}{dt} = F_Z - mg - \frac{q}{g} v^2 \,. \tag{2}$$

Da das Flugmodell mit konstanter Beschleunigung a_0 aufsteigt, erhält man aus

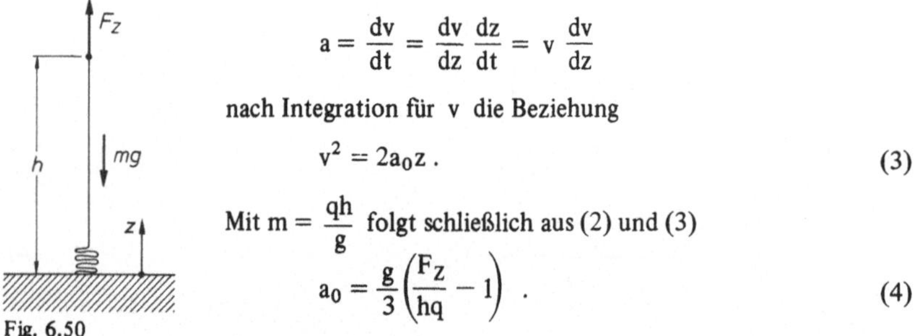

Fig. 6.50

$$a = \frac{dv}{dt} = \frac{dv}{dz} \frac{dz}{dt} = v \frac{dv}{dz}$$

nach Integration für v die Beziehung

$$v^2 = 2a_0 z \,. \tag{3}$$

Mit $m = \dfrac{qh}{g}$ folgt schließlich aus (2) und (3)

$$a_0 = \frac{g}{3} \left(\frac{F_Z}{hq} - 1 \right) \,. \tag{4}$$

Aufgabe 6.25. Eine Rakete steigt von der Erdoberfläche aus mit konstanter Beschleunigung $a_0 = 3g$ senkrecht auf. Die relative Ausströmgeschwindigkeit der Gase aus der Schubdüse ist $v_{rel} = 2000$ m/s.

a) Wie verändert sich die Masse der Rakete, wenn die Fallbeschleunigung g als konstant angesehen wird?

b) Nach welcher Zeit t_1 ist die Masse der Rakete auf die Hälfte des Anfangswertes m_0 abgesunken?

L ö s u n g : a) Für ein System mit kontinuierlich veränderlicher Masse gilt der Impulssatz in der Form

$$m \frac{dv}{dt} = F + \frac{dm}{dt} (v_T - v) \,. \tag{1}$$

Darin ist v_T die Absolutgeschwindigkeit der abgehenden Teilmassen dm. Bei Vernachlässigung des Luftwiderstandes wirkt auf die Rakete als äußere Kraft nur die Gewichtskraft $F = mg$. Die Vertikalkomponente von (1) ergibt mit der relativen Ausströmgeschwindigkeit $v_{rel} = v - v_T$

$$m3g = -mg - \frac{dm}{dt} v_{rel} \,. \tag{2}$$

Die Integration ergibt

$$\ln \frac{m}{m_0} = - \frac{4g}{v_{rel}} t; \quad m(t) = m_0 e^{-\frac{4gt}{v_{rel}}} \,. \tag{3}$$

b) Aus (3) folgt mit $m(t_1) = m_0/2$

$$t_1 = \frac{v_{rel}}{4g} \ln 2 = 35{,}3 \text{ s} \, .$$

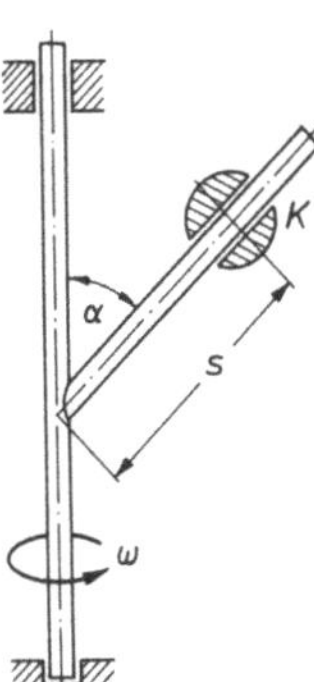

Fig. 6.51

Aufgabe 6.26 (Fig. 6.51): Eine Stange rotiert mit konstanter Winkelgeschwindigk⌣ ω um eine vertikale Achse und nimmt dabei einen punktförmigen Körper K mit. Der Körper kann auf der Stange gleiten; sein Haftreibungsbeiwert sei μ_0.

a) In welchem Abstand s_0 befindet sich der Körper gegenüber der Stange im Gleichgewicht, wenn die Reibung vernachlässigt wird? Ist die Gleichgewichtslage stabil oder instabil?

b) Wo liegen bei Berücksichtigung der Reibung die Grenzen des Bereichs $s_1 < s < s_2$, in dem Gleichgewicht möglich ist?

L ö s u n g : a) Betrachtet man die Bewegung des Körpers K in einem rotierenden – stangenfesten Koordinatensystem, dann läßt sich die absolute Beschleunigung aufteilen in die Terme $a_{abs} = a' + a_F + a_C$, wobei a' die Relativbeschleunigung, $a_F = \omega \times (\omega \times r_{OK})$ die Führungsbeschleunigung und $a_C = 2\omega \times v'$ die Coriolisbeschleunigung ist. Der Körper K ist gegenüber der Stange im Gleichgewicht, wenn $a' = 0$ ist. Der Impulssatz ergibt dann für K (Fig. 6.52)

$$m_K a_{abs} = m_K(a' + a_F + a_C) = m_K g + F_N + F_R \, . \tag{1}$$

Bei Vernachlässigung der Reibungskraft F_R folgt aus (1) die x-Komponente

$$m_K(a_{Fx} + a_{Cx}) = - m_K g \cos \alpha \, . \tag{2}$$

Mit $a_{Cx} = 0$ und $a_{Fx} = - \omega^2 s_0 \sin^2 \alpha$ folgt aus (2)

$$s_0 = \frac{g \cos \alpha}{\omega^2 \sin^2 \alpha} \, . \tag{3}$$

Ein mitdrehender Beobachter deutet dies Ergebnis als Gleichgewicht zwischen der Gewichtskomponente des Körpers K mit der entgegengesetzt gerichteten Komponente der Zentrifugalkraft in Stangenrichtung.

A n d e r e r   L ö s u n g s w e g : Verwendet man den Impulssatz in seiner ursprünglichen Form, dann gilt nach Fig. 6.52

$$m_K a_{abs} = m_K \ddot{r}_{OK} = m_K g + F_N + F_R \; . \tag{4}$$

Im mitrotierenden Koordinatensystem (S) erhält man unter Berücksichtigung der Regel für zeitliche Ableitung von Vektoren im drehenden Bezugssystem

$$\ddot{r}_{OK} = \frac{d'}{dt}\left[\frac{d'}{dt}\, r_{OK} + \boldsymbol{\omega} \times r_{OK}\right] + \boldsymbol{\omega} \times \left[\frac{d'}{dt}\, r_{OK} + \boldsymbol{\omega} \times r_{OK}\right]. \tag{5}$$

Für den Fall, daß K gegenüber der Stange in Ruhe ist, verschwinden alle Terme auf der rechten Seite von (5) bis auf $\boldsymbol{\omega} \times (\boldsymbol{\omega} \times r_{OK})$. Setzt man (5) in (4) ein, dann wird man wieder auf (1) geführt.

Die Stabilität der Gleichgewichtslage (3) erkennt man am einfachsten aus einer Betrachtung der für einen mitdrehenden Beobachter vorhandenen Kräfte. Die Zentrifugalkraft $F_{Zx} = m_K \omega^2 s \sin^2\alpha$ ist zu s proportional; sie wird mit wachsendem s größer, bei geringerem s kleiner. Die Gewichtskomponente $F_{Gx} = -m_K g \cos\alpha$ bleibt dagegen konstant. Folglich wird sich K bei einer Störung von der Gleichgewichtslage s_0 entfernen. Das Gleichgewicht ist also instabil.

b) Bei Berücksichtigung der Reibung lautet (2) im Gleichgewichtsfall ($a' = a_C = 0$) nach Fig. 6.52

$$m_K a_{Fx} = -m_K g \cos\alpha \pm \mu_0\, F_N \; . \tag{6}$$

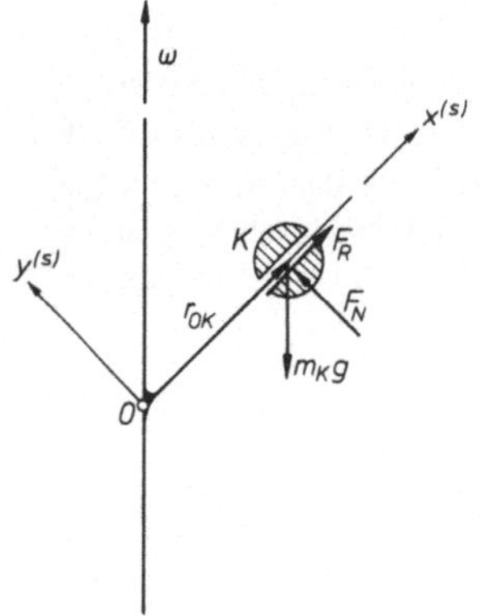

Fig. 6.52

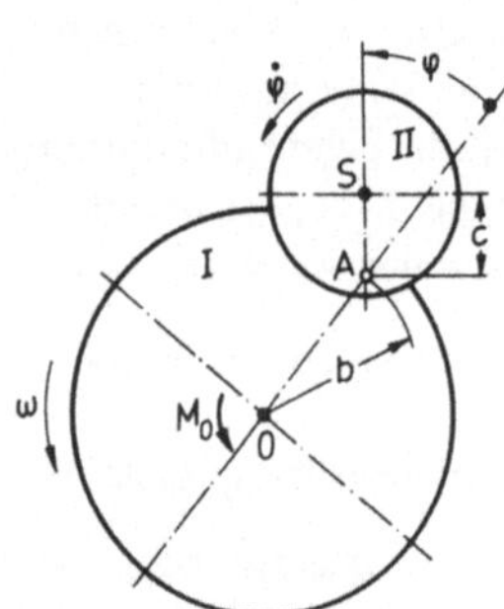

Fig. 6.53

Die Normalkraft F_N folgt aus der $y^{(S)}$-Komponente von (1) im Gleichgewichtsfall

$$m_K a_{Fy} = -m_K g \sin\alpha + F_N \; . \tag{7}$$

Mit $a_F = \boldsymbol{\omega} \times (\boldsymbol{\omega} \times r_{OK}) = [-\omega^2 s \sin^2\alpha;\ \omega^2 s \sin\alpha \cos\alpha;\ 0]$ folgt aus (6) und (7)

$$s_{1,2} = \frac{g(\cos\alpha \mp \mu_0 \sin\alpha)}{\omega^2 \sin\alpha\,(\sin\alpha \pm \mu_0 \cos\alpha)} \; . \tag{8}$$

Das obere Vorzeichen gilt nach (6) für die untere Gleichgewichtslage s_1, das untere für s_2. Mit dem Reibungswinkel $\rho_0 = \arctan \mu_0$ kann (8) noch einfacher geschrieben werden

$$s_{1,2} = \frac{g \cot(\alpha \pm \rho_0)}{\omega^2 \sin \alpha} . \tag{9}$$

Aufgabe 6.27 (Fig. 6.53). Auf einer Scheibe I ist eine homogene Scheibe II (Masse m) um den Punkt A drehbar gelagert. Durch einen Antrieb wird die relative Winkelgeschwindigkeit $\dot{\varphi}$ zwischen beiden Scheiben konstant gehalten. Welches Antriebsmoment M_O muß auf die vertikale Achse durch den Fixpunkt O wirken, damit sich die Scheibe I mit konstanter Winkelgeschwindigkeit ω dreht?

L ö s u n g : Das Antriebsmoment findet man mit Hilfe des Drallsatzes für das ganze System, bezogen auf den Fixpunkt O

$$\frac{d\mathbf{L}_O}{dt} = \mathbf{M}_O . \tag{1}$$

Hierin ist

$$\mathbf{L}_O = \mathbf{L}_O^I + \mathbf{L}_O^{II} ,$$

mit $\qquad \mathbf{L}_O^I = \overset{=}{\mathbf{J}}\!_O^I \, \boldsymbol{\omega}^I; \qquad \mathbf{L}_O^{II} = \mathbf{L}_S^{II} + m(\mathbf{r}_{OS} \times \mathbf{v}_S) ; \qquad \tag{2}$$

$$\mathbf{L}_S^{II} = \overset{=}{\mathbf{J}}\!_S^{II} \, \boldsymbol{\omega}^{II} .$$

Da die Drallanteile $\mathbf{L}_O^I$ und $\mathbf{L}_S^{II}$ konstant sind, bleibt von (1) und (2) wegen $d\mathbf{r}_{OS}/dt = \mathbf{v}_S$ und $d\mathbf{v}_S/dt = \mathbf{a}_S$ nur

$$\mathbf{M}_O = m(\mathbf{r}_{OS} \times \mathbf{a}_S) . \tag{3}$$

Jetzt wird ein in der Scheibe I festes Bezugssystem (K) (Fig. 6.54) verwendet. In diesem kann die absolute Beschleunigung $\mathbf{a}_S$ des Schwerpunktes der Scheibe II durch

$$\mathbf{a}_S = \mathbf{a}' + \mathbf{a}_F + \mathbf{a}_C \tag{4}$$

ausgedrückt werden. Hierin sind

$$\mathbf{a}' = \frac{d'}{dt}\, \mathbf{v}' ,$$

$$\mathbf{a}_F = \boldsymbol{\omega} \times (\boldsymbol{\omega} \times \mathbf{r}_{OS}) , \tag{5}$$

$$\mathbf{a}_C = 2\boldsymbol{\omega} \times \mathbf{v}' .$$

Die Beträge der Beschleunigungsanteile sind

$$a' = c\dot{\varphi}^2; \qquad a_F = \omega^2 r_{OS}; \qquad a_C = 2\omega v' = 2c\omega\dot{\varphi}. \tag{6}$$

Ihre Richtungen sind in Fig. 6.54 eingetragen. Der Vektor der Führungsbeschleunigung a_F weist auf O, so daß a_F keinen Anteil auf das Moment M_O ergibt. Aus den beiden verbleibenden Termen erhält man für (3) nach Fig. 6.54

$$M_{Oz} = -\, md(a' + a_C) = -mbc\dot\varphi(\dot\varphi + 2\omega)\sin\varphi\,. \tag{7}$$

A n d e r e r   L ö s u n g s w e g : Die Beschleunigung von S kann auch durch zweimaliges Ableiten des Ortsvektors r_{OS} erhalten werden. Im Inertialsystem (O) in Fig. 6.54 gilt

$$\mathbf{r}_{OS}^{(O)} = \begin{bmatrix} b\cos\vartheta + c\cos(\vartheta + \varphi) \\ b\sin\vartheta + c\sin(\vartheta + \varphi) \\ 0 \end{bmatrix}. \tag{8}$$

Als zweite Ableitung von (8) erhält man mit $\ddot\vartheta = \ddot\varphi = 0$

$$\ddot{\mathbf{r}}_{OS}^{(O)} = \mathbf{a}_S^{(O)} = \begin{bmatrix} -b\dot\vartheta^2\cos\vartheta - c(\dot\vartheta + \dot\varphi)^2\cos(\vartheta + \varphi) \\ -b\dot\vartheta^2\sin\vartheta - c(\dot\vartheta + \dot\varphi)^2\sin(\vartheta + \varphi) \\ 0 \end{bmatrix}. \tag{9}$$

Das Vektorprodukt zwischen (8) und (9) führt mit (3) wieder auf das Ergebnis (7).

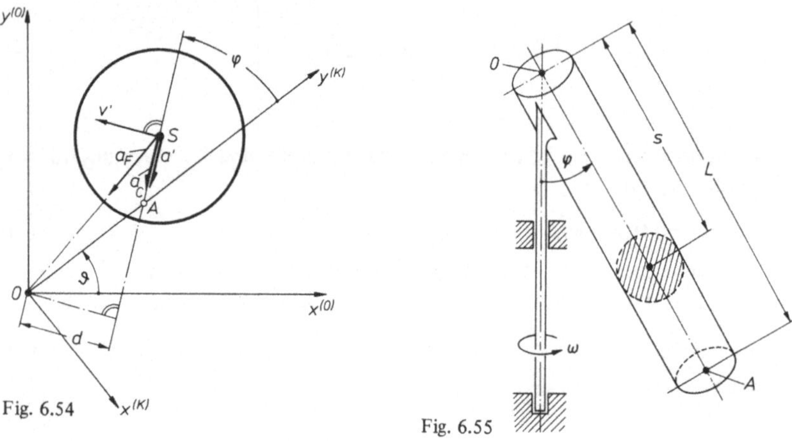

Fig. 6.54   Fig. 6.55

Aufgabe 6.28 (Fig. 6.55): Eine Kugel (Masse m) wird am oberen Ende O eines innen glatten Rohres ohne Anfangsgeschwindigkeit losgelassen. Das Rohr dreht sich mit konstanter Winkelgeschwindigkeit ω um die durch O gehende vertikale Achse.

a) Man berechne den von der Kugel relativ zum Rohr zurückgelegten Weg s(t)

b) Welche Kraft $\mathbf{F}$(s) übt die Kugel auf die Rohrwandung aus?

c) Mit welcher Absolutgeschwindigkeit $\mathbf{v}_A$ verläßt die Kugel das Rohr im Punkt A?

L ö s u n g : a) Den Weg s(t) erhält man durch zweimalige Integration der Relativbeschleunigung $\mathbf{a}'$ der Kugel im Rohr. In einem rohrfesten, also mitdrehenden Koordinatensystem (R) nach Fig. 6.56 gilt für die Absolutbeschleunigung

$$\mathbf{a}_{abs} = \mathbf{a}' + \mathbf{a}_F + \mathbf{a}_C \, , \tag{1}$$

worin $\mathbf{a}'$ die Relativ-, $\mathbf{a}_F = \boldsymbol{\omega} \times (\boldsymbol{\omega} \times \mathbf{r}_{OK})$ die Führungs- und $\mathbf{a}_C = 2\boldsymbol{\omega} \times \mathbf{v}'$ die Coriolisbeschleunigung ist. Mit $\mathbf{r}_{OK}^{(R)} = [s; 0; 0]$; $\mathbf{v}'^{(R)} = [\dot{s}; 0; 0]$ und $\boldsymbol{\omega}^{(R)} = [-\omega \cos\varphi; 0; \omega \sin\varphi]$ erhält man

$$\left. \begin{aligned} \mathbf{a}'^{(R)} &= [\ddot{s}; 0; 0] \, , \\ \mathbf{a}_F^{(R)} &= [-s\omega^2 \sin^2\varphi; 0; -s\omega^2 \sin\varphi \cos\varphi] \, , \\ \mathbf{a}_C^{(R)} &= [0; \dot{s}\omega \sin\varphi; 0] \, . \end{aligned} \right\} \tag{2}$$

Der Impulssatz gibt

$$m\mathbf{a}_{abs} = m\mathbf{g} + \mathbf{F}_N \, , \tag{3}$$

$$\left. \begin{aligned} \text{mit} \qquad m\mathbf{g}^{(R)} &= [mg \cos\varphi; 0; -mg \sin\varphi], \\ \mathbf{F}_N^{(R)} &= [0; F_{Ny}; F_{Nz}] \, . \end{aligned} \right\} \tag{4}$$

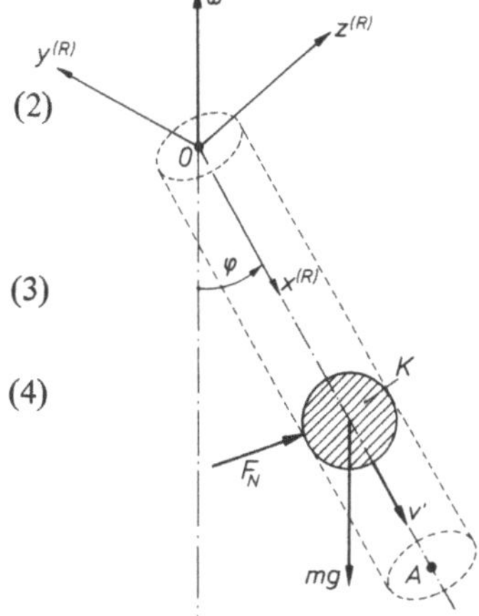

Fig. 6.56

Damit folgt aus der x-Komponente von (3) mit (1) und (2) die Differentialgleichung

$$\ddot{s} - s\omega^2 \sin^2\varphi = g \cos\varphi \tag{5}$$

für den Weg s. Die Lösung von (5) wird durch Überlagerung der Lösung s_{hom} der homogenen Gleichung und der partikulären Lösung s_{part} der inhomogenen Gleichung erhalten:

$$s = s_{hom} + s_{part} \, . \tag{6}$$

Mit dem Ansatz $s_{hom} = Ae^{\lambda t}$ folgt durch Einsetzen in (5) $\lambda_{1,2} = \pm \omega \sin\varphi$ und damit

$$s_{hom} = A_1 e^{(\omega \sin\varphi)t} + A_2 e^{-(\omega \sin\varphi)t} \, . \tag{7}$$

Die partikuläre Lösung ist

$$s_{part} = -\frac{g \cos\varphi}{\omega^2 \sin^2\varphi} \, . \tag{8}$$

Mit der Anfangsbedingung $s(0) = \dot{s}(0) = 0$ erhält man aus (6)

$$A_1 = A_2 = \frac{g \cos\varphi}{2\omega^2 \sin^2\varphi} \, . \tag{9}$$

Wegen $e^{\nu t} + e^{-\nu t} = 2\cosh \nu t$ folgt schließlich für den Weg

$$s(t) = \frac{g \cos \varphi}{\omega^2 \sin^2 \varphi} \; [\cosh (\omega t \sin \varphi) - 1] \, . \tag{10}$$

b) Die Kugel übt auf das Rohr nach (1) bis (4) die Kraft

$$\mathbf{F} = -\mathbf{F}_N = -[0; \; m\dot{s}\omega \sin \varphi; \; m \sin \varphi (g - s\omega^2 \cos \varphi)] \tag{11}$$

aus. Die Ableitung von (10) führt mit $\cosh^2 x - \sinh^2 x = 1$ auf

$$\dot{s} = \sqrt{\omega^2 s^2 \sin^2 \varphi + 2gs \cos \varphi} \, . \tag{12}$$

Andererseits kann $\dot{s}$ auch aus (5) durch Multiplikation mit $\dot{s}$ und Integration gewonnen werden. Mit $2\dot{s}\ddot{s} = d(\dot{s}^2)/dt$ und $2\dot{s}s = d(s^2)/dt$ folgt dann wieder (12).

Als Kraft auf das Rohr erhält man damit

$$\mathbf{F}^{(R)} = -\begin{bmatrix} 0 \\ m\omega \sin \varphi \sqrt{\omega^2 s^2 \sin^2 \varphi + 2gs \cos \varphi} \\ m(g - s\omega^2 \cos \varphi) \sin \varphi \end{bmatrix} \, . \tag{13}$$

c) Die Absolutgeschwindigkeit der Kugel ist

$$\mathbf{v} = \mathbf{v}_F + \mathbf{v}' \, , \tag{14}$$

mit $\mathbf{v}_F = \boldsymbol{\omega} \times \mathbf{r}_{OK}$ und $|\mathbf{v}'| = \dot{s}$.

Die Kugelgeschwindigkeit $\mathbf{v}_A$ beim Austritt aus dem Rohr wird damit

$$\mathbf{v}_A^{(R)} = \begin{bmatrix} \dot{s}(L) \\ \omega L \sin \varphi \\ 0 \end{bmatrix} = \begin{bmatrix} \sqrt{\omega^2 L^2 \sin^2 \varphi + 2gL \cos \varphi} \\ \omega L \sin \varphi \\ 0 \end{bmatrix} \; ; \tag{15}$$

sie hat den Betrag

$$v_A = \sqrt{2\omega^2 L^2 \sin^2 \varphi + 2gL \cos \varphi} \, . \tag{16}$$

A n d e r e r   L ö s u n g s w e g : Das Ergebnis (16) kann auch direkt aus einer Energiebetrachtung gefunden werden. Für den mitdrehenden Beobachter ändert sich der Bewegungszustand der Kugel durch die Gewichts- und Zentrifugalkraft. Für die kinetische Energie der Kugel am Rohraustritt A relativ zum Rohr gilt

$$T_A = T_O + V_O - V_A + W_{OA} \, ,$$

$$\frac{1}{2} \, m v_A'^2 = 0 + mgL \cos \varphi + W_{OA} \, . \tag{17}$$

Hierin ist

$$W_{OA} = \int_O^A \mathbf{F}_Z \, d\mathbf{r} \tag{18}$$

die Arbeit, die die Zentrifugalkraft $\mathbf{F}_Z$ zwischen Rohrein- und -austritt an der Kugel leistet. Mit $\mathbf{F}_Z = -m\mathbf{a}_F = -m\boldsymbol{\omega} \times (\boldsymbol{\omega} \times \mathbf{r}_{OK})$ folgt

$$W_{OA} = \int_O^L ms\omega^2 \sin^2\varphi \, ds = \frac{1}{2} mL^2\omega^2 \sin^2\varphi \, . \tag{19}$$

Damit wird aus (17)

$$v_A'^2 = 2gL \cos\varphi + L^2\omega^2 \sin^2\varphi \tag{20}$$

erhalten, übereinstimmend mit (12). Berücksichtigt man noch die Führungsgeschwindigkeit $\mathbf{v}_F$ des Rohres, dann hat man wegen $\mathbf{v}_F \perp \mathbf{v}'$ wieder das Ergebnis (16).

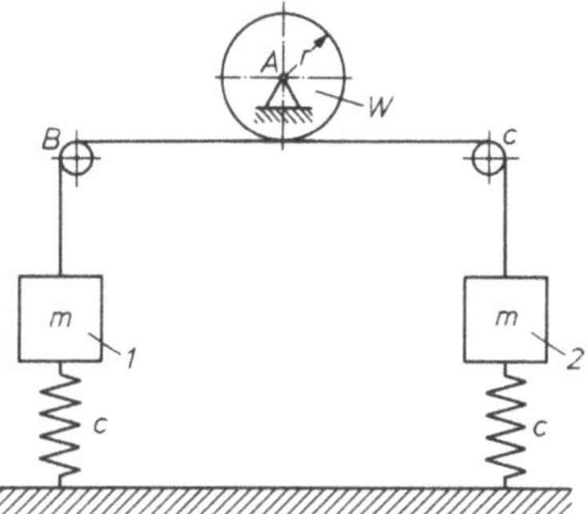

Fig. 6.57

Aufgabe 6.29 (Fig. 6.57). Das Pendel einer Uhr soll durch die skizzierte schwingungsfähige Konstruktion ersetzt werden: Um eine homogene Walze W mit der Masse $m_W = 6$ kg ist ein unelastisches Band geschlungen, das mit zwei gleichen Zusatzgewichten (Einzelmasse $m = 2$ kg) belastet und über zwei gleiche, vorgespannte Zugfedern am Boden befestigt ist.

Wie groß muß die Federkonstante c sein, damit die Walze nach einem kleinen Anstoß Drehschwingungen mit der Schwingungsdauer $T_S = 2$ s ausführt? Die Massen des Bandes und der beiden Umlenkrollen B und C können vernachlässigt werden.

L ö s u n g : Zur Ableitung der Bewegungsgleichung wird nach Anwendung des Schnittprinzips der Impulssatz für die Zusatzgewichte 1 und 2 und der Drallsatz für die Walze aufgestellt. Man erhält für die Walze (Fig. 6.58)

$$\dot{L}_{Az} = M_{Az}; \qquad J_A\ddot{\varphi} = r(S_2 - S_1) \, , \tag{1}$$

mit $J_A = m_W r^2/2$. Ferner gilt für die Zusatzgewichte

$$\begin{aligned} m\ddot{y}_1 &= S_1 - mg - F_1 \, , \\ m\ddot{y}_2 &= S_2 - mg - F_2 \, , \end{aligned} \tag{2}$$

mit den Federkräften

$$F_1 = F_0 + (y_1 - y_{01})c; \qquad F_2 = F_0 + (y_2 - y_{02})c \, . \tag{3}$$

Darin ist F_0 die Vorspannkraft der Federn bei ruhendem System, y_{01} bzw. y_{02} sind die Ruhelagen der Massen. Mit den kinematischen Verträglichkeitsbedingungen

$$(y_1 - y_{01}) = - (y_2 - y_{02}) = \Delta y = r\varphi \,, \left.\begin{array}{l} \\ \\ \end{array}\right\} \qquad (4)$$

$$\ddot{y}_1 = - \ddot{y}_2 = \ddot{y} = r\ddot{\varphi}$$

erhält man aus (1), (2) und (3) nach Elimination der Seilkräfte als Bewegungsgleichung für die Walze

$$\left(\frac{1}{2}\, m_W + 2m\right) r^2 \ddot{\varphi} + 2 r^2 c\varphi = 0 \,. \qquad (5)$$

Die Kreisfrequenz der Eigenschwingung ist hiernach

$$\nu^2 = \frac{c}{m + \dfrac{1}{4}\, m_W} \,. \qquad (6)$$

Mit der Schwingungszeit $T_S = 2\pi/\nu$ erhält man für die Federkonstante

$$c = \frac{\pi^2}{T_S^2}\ (4m + m_W) = 34,5\ \frac{N}{m} \,. \qquad (7)$$

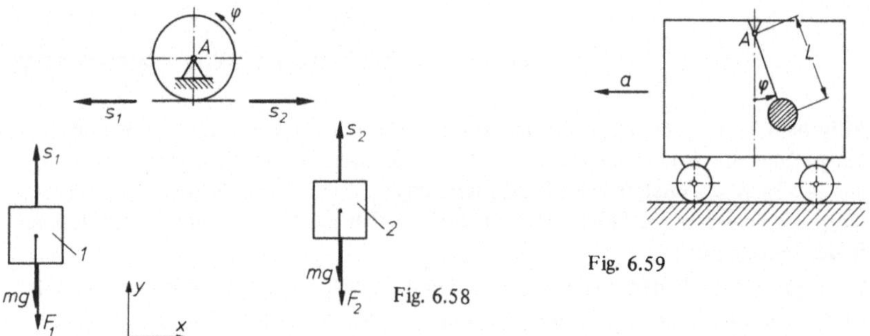

Fig. 6.58

Fig. 6.59

A n d e r e r   L ö s u n g s w e g : Da das betrachtete System konservativ ist, kann die Bewegungsgleichung aus dem Energiesatz gewonnen werden. Es gilt

$$T + V = E_0 \,. \qquad (8)$$

Im vorliegenden Beispiel wird die potentielle Energie ausschließlich in den Federn gespeichert, da die beiden Zusatzgewichte gleiche Massen haben. Also folgt aus (8)

$$2\left(\frac{1}{2}\, mv^2\right) + \frac{1}{2}\left(\frac{1}{2}\, m_W r^2\right) \dot{\varphi}^2 + 2\left(\frac{1}{2}\, c\, \Delta y^2\right) = E_0 \,. \qquad (9)$$

Dies ist das erste Integral der Bewegungsgleichung. Die Ableitung von (9) nach der Zeit führt mit $v = r\dot{\varphi}$ und $\Delta y = r\varphi$ unmittelbar wieder auf (5).

Das Aufstellen der Bewegungsgleichung mit Hilfe der Lagrangeschen Gleichungen zweiter Art wird in Aufgabe 6.42 gezeigt.

Aufgabe 6.30 (Fig. 6.59). In einem Fahrzeug, das auf horizontaler Bahn mit der Beschleunigung $a = 4,5$ m/s^2 anfährt, hängt ein ebenes Punktpendel. Bei welchem Winkel φ_0 ist es im Gleichgewicht und wie groß ist die Schwingungsdauer T_S für kleine Schwingungen, verglichen mit der Schwingungsdauer T_{S0} im ruhenden Fahrzeug?

L ö s u n g : Für den mitfahrenden Beobachter befindet ich das Pendel im Gleichgewicht, wenn

$$m\mathbf{g} + \mathbf{F}_T + \mathbf{F}_F = 0 , \tag{1}$$

gilt, mit der Trägheitskraft $\mathbf{F}_T = -m\mathbf{a}_F = -m\mathbf{a}$ und der Fadenkraft $\mathbf{F}_F$ (Fig. 6.60). Für die Gleichgewichtslage folgt daraus

$$\tan \varphi_0 = \frac{a}{g} ; \qquad \varphi_0 = 24,6° . \tag{2}$$

Die Bewegungsgleichung des Pendels im Fahrzeug kann aus dem Drallsatz gewonnen werden, der bei Bezug auf den mit $\mathbf{a}_A$ beschleunigt bewegten Aufhängepunkt A die Form

$$\frac{d\mathbf{L}_A}{dt} + m(\mathbf{r}_{AS} \times \mathbf{a}_A) = \mathbf{M}_A \tag{3}$$

annimmt. Sie ergibt die Koordinatengleichung senkrecht zur Pendelebene

$$mL^2\ddot{\varphi} - mLa \cos \varphi = -mgL \sin \varphi . \tag{4}$$

Setzt man $\varphi = \varphi_0 + \alpha$ mit $\alpha \ll 1$ und $\cos \alpha \approx 1$, $\sin \alpha \approx \alpha$, dann folgt aus (4)

$$L\ddot{\alpha} - a \cos (\varphi_0 + \alpha) = -g \sin (\varphi_0 + \alpha) ,$$

$$\ddot{\alpha} + \frac{\alpha}{L} (a \sin \varphi_0 + g \cos \varphi_0) = \frac{1}{L} (a \cos \varphi_0 - g \sin \varphi_0) . \tag{5}$$

Wegen (2) verschwindet die rechte Seite. Es bleibt die Schwingungsgleichung

$$\ddot{\alpha} + \left[\frac{g}{L}\sqrt{1 + \left(\frac{a}{g}\right)^2}\right]\alpha = 0 . \tag{6}$$

Die Kreisfrequenz der Schwingungen ist

$$\nu^2 = \frac{g}{L} \sqrt{1 + \left(\frac{a}{g}\right)^2} . \tag{7}$$

Als Schwingungsdauer folgt

$$T_S = \frac{2\pi}{\nu} = 2\pi\sqrt{\frac{L}{g}} \; \frac{1}{\sqrt[4]{1 + \left(\frac{a}{g}\right)^2}} = \frac{T_{S0}}{\sqrt[4]{1 + \left(\frac{a}{g}\right)^2}} = 0,953 \, T_{S0} . \tag{8}$$

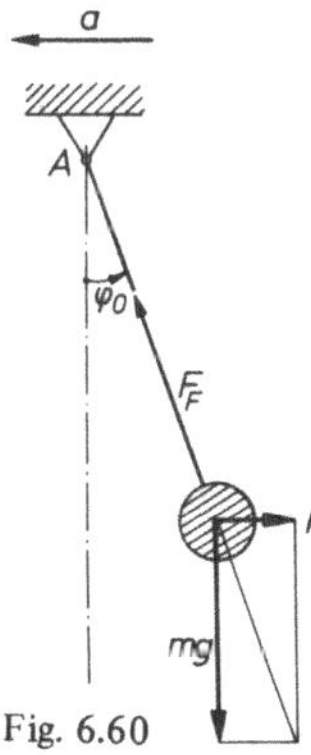

Fig. 6.60

Infolge der größeren Rückstellkräfte ist die Schwingungsdauer im beschleunigten Fahrzeug um 4,7 % kleiner als im ruhenden Fahrzeug.

Aufgabe 6.31 (Fig. 6.61). Die beiden Pendel eines Zentrifugalreglers schwingen um Achsen parallel zur x-Achse. Sie können als Punktpendel mit der Masse m und der Länge L aufgefaßt werden. Zusammen mit der Federfesselung (Federkonstante c) ergibt sich bei ruhendem Regler ($\omega = 0$) eine Eigenfrequenz des Pendels von $\nu_0/2\pi = 40$ Hz. Die Ruhelage für $\omega = 0$ sei $\varphi = \varphi_0 = 0$.

Der Pendelwinkel φ kann als klein betrachtet werden ($\varphi \ll 1$). Es sei d = 2b = 0,2 L.

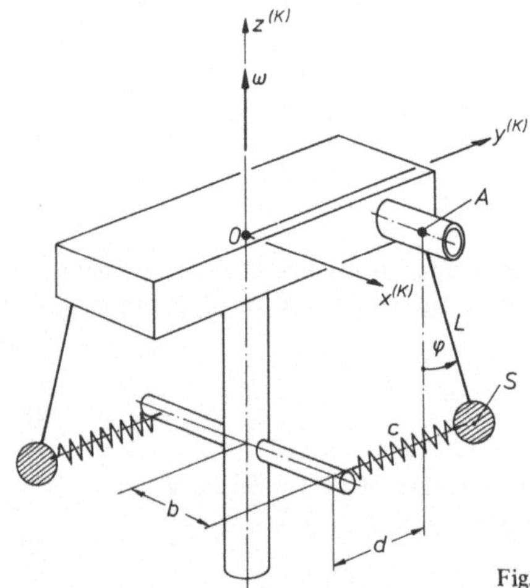

Fig. 6.61

a) Man berechne die Bewegungsgleichung für den Pendelwinkel φ.

b) Man berechne die Gleichgewichtslage $\varphi_0(\omega)$ und die Eigenkreisfrequenz $\nu(\omega)$ der Pendel.

c) Die Pendel seien zunächst bei $\varphi = 0$ arretiert. Nach Erreichen der Reglerwinkelgeschwindigkeit $\omega = 90$ rad/s werden sie stoßfrei gelöst. Welche Schwingung $\varphi(t)$ entsteht?

d) Welches maximale Moment muß von der Achsmuffe des Pendels bei der Schwingung nach c) aufgenommen werden? Um welchen Faktor K ist dieses Moment größer als das für ein in der Gleichgewichtslage ruhendes Pendel?

L ö s u n g : a) Es sollen zwei Lösungswege gezeigt werden. In beiden Fällen wird das körperfeste Koordinatensystem (K) nach Fig. 6.61 verwendet.

E r s t e r   L ö s u n g s w e g : Der Drallsatz für das Pendel, bezogen auf den bewegten Punkt A liefert

$$\frac{dL_A}{dt} + m(r_{AS} \times a_A) = M_A \,. \tag{1}$$

Für die Ableitung des Drallvektors erhält man

$$\frac{dL_A}{dt} = \frac{d}{dt}\,[m(r_{AS} \times \dot{r}_{AS})]\,, \tag{2}$$

mit $\quad \dot{\mathbf{r}}_{AS} = \dfrac{d^{(K)}}{dt}\, \mathbf{r}_{AS} + \boldsymbol{\omega} \times \mathbf{r}_{AS}\,.$

Die Absolutbeschleunigung des Aufhängepunktes A ist

$$\mathbf{a}_A = \boldsymbol{\omega} \times (\boldsymbol{\omega} \times \mathbf{r}_{OA})\,; \qquad (3)$$

für das Moment der äußeren Kräfte (die Federkraft $\mathbf{F}_{Fe} = -cL\varphi\,\mathbf{e}_y$, die Gewichtskraft $\mathbf{F}_G = -mg\mathbf{e}_z$ und die in der Pendellagerung wirkenden Normalkräfte) folgt

$$\mathbf{M}_A = \mathbf{r}_{AS} \times (\mathbf{F}_{Fe} + \mathbf{F}_G) + \Delta\mathbf{M}_A\,. \qquad (4)$$

Mit den im körperfesten Bezugssystem (K) geltenden Koordinaten

$$\left. \begin{aligned}
\boldsymbol{\omega}^{(K)} &= [0; 0; \omega]\,, \\
\mathbf{r}_{AS}^{(K)} &= [0; L\sin\varphi; -L\cos\varphi]\,, \\
\dot{\mathbf{r}}_{AS}^{(K)} &= [\omega L\sin\varphi; L\dot{\varphi}\cos\varphi; L\dot{\varphi}\sin\varphi]\,, \\
\mathbf{r}_{OA}^{(K)} &= [b; d; z_A]\,, \qquad \mathbf{a}_A^{(K)} = [-\omega^2 b; -\omega^2 d; 0]\,,
\end{aligned} \right\} \qquad (5)$$

folgt die Bewegungsgleichung eines der Pendel aus der x-Komponente von (1). Unter Berücksichtigung von (2) bis (5) erhält man

$$\begin{aligned}
m(L^2\ddot{\varphi} - \omega^2 L^2 \sin\varphi\cos\varphi) - m\omega^2 dL\cos\varphi &= \\
= -cL^2 \sin\varphi\cos\varphi - mgL\sin\varphi\,. &
\end{aligned} \qquad (6)$$

Das Moment $\Delta\mathbf{M}_A$ der in der Pendellagerung wirkenden Normalkräfte liefert keinen Beitrag zur Momentenkomponente um die Pendelachse. Die nichtlineare Bewegungsgleichung (6) kann wegen der Voraussetzung kleiner Pendelwinkel $\varphi \ll 1$ vereinfacht werden. Mit $\sin\varphi \approx \varphi$ und $\cos\varphi \approx 1$ folgt aus (6) die lineare Gleichung

$$\ddot{\varphi} + \left(\frac{c}{m} + \frac{g}{L} - \omega^2\right)\varphi = \frac{\omega^2 d}{L}\,. \qquad (7)$$

Z w e i t e r   L ö s u n g s w e g : Bei Betrachtung vom rotierenden System (K) aus lautet der Impulssatz für die Pendelmasse

$$m\mathbf{a}_{abs} = m(\mathbf{a}' + \mathbf{a}_F + \mathbf{a}_C) = \mathbf{F}_{Fe} + \mathbf{F}_{St} + \mathbf{F}_G$$

oder $\quad m\mathbf{a}' = \mathbf{F}_{Fe} + \mathbf{F}_{St} + \mathbf{F}_G + \mathbf{F}_F + \mathbf{F}_C\,, \qquad (8)$

mit der Stangenkraft $\mathbf{F}_{St}$, der Relativbeschleunigung $\mathbf{a}'$ und den Trägheitskräften $\mathbf{F}_F$ sowie $\mathbf{F}_C$ (Führungs- und Corioliskraft). Im einzelnen gilt

$$\left. \begin{aligned}
\mathbf{a}' &= \frac{d^{2(K)}}{dt^2}\, \mathbf{r}_{AS}; \qquad \mathbf{F}_F = -m\boldsymbol{\omega} \times (\boldsymbol{\omega} \times \mathbf{r}_{OS})\,; \\
\mathbf{F}_C &= -2m\boldsymbol{\omega} \times \mathbf{v}' = -2m\boldsymbol{\omega} \times \frac{d^{(K)}}{dt}\, \mathbf{r}_{AS}\,.
\end{aligned} \right\} \qquad (9)$$

In Fig. 6.62 sind diese Kräfte eingetragen. Die Stangenkraft $\mathbf{F}_{St}$ ist unbekannt. Da sie jedoch kein Moment um die Pendelachse erzeugen kann, läßt sie sich eliminieren, indem man (8) durch vektorielle Multiplikation mit $\mathbf{r}_{AS}$ in eine Momentengleichung bezogen auf A überführt:

$$m\mathbf{r}_{AS} \times \mathbf{a}' = \mathbf{r}_{AS} \times (\mathbf{F}_{Fe} + \mathbf{F}_G + \mathbf{F}_{St}) - m\mathbf{r}_{AS} \times (\mathbf{a}_F + \mathbf{a}_C) \,. \tag{10}$$

In der x-Komponente dieser Gleichung taucht $\mathbf{F}_{St}$ nicht mehr auf.

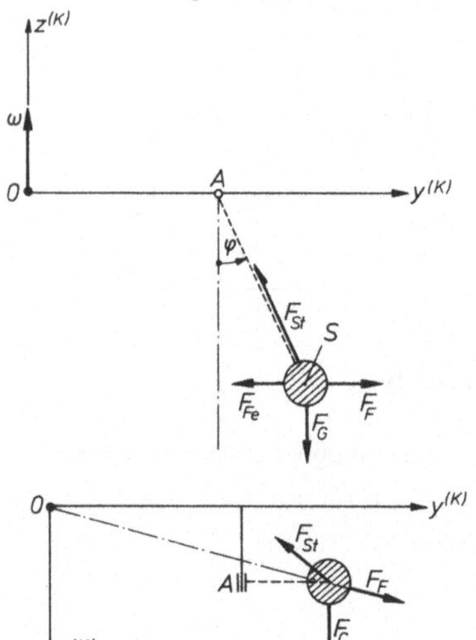

Fig. 6.62

Aus (5) und (9) folgt

$$\begin{aligned}
\mathbf{a}'^{(K)} &= [0;\ L\ddot{\varphi}\cos\varphi - L\dot{\varphi}^2\sin\varphi;\ L\ddot{\varphi}\sin\varphi + L\dot{\varphi}^2\cos\varphi]\,, \\
\mathbf{a}_F^{(K)} &= [-b\omega^2;\ -(d + L\sin\varphi)\,\omega^2;\ 0]\,, \\
\mathbf{a}_C^{(K)} &= [-2L\dot{\varphi}\omega\cos\varphi;\ 0;\ 0]\,.
\end{aligned} \tag{11}$$

Damit wird als x-Komponente von (10) wieder (6) erhalten.

Ein dritter Lösungsweg über die Lagrangeschen Gleichungen zweiter Art wird in Aufgabe 6.43 gezeigt.

b) Für die Gleichgewichtslage φ_0 folgt mit $\ddot{\varphi} = \dot{\varphi} = 0$ aus (7)

$$\varphi_0 = \frac{\omega^2}{\nu_0^2 - \omega^2}\ \frac{d}{L}\,. \tag{12}$$

Hierin ist $\nu_0^2 = c/m + g/L$ die Eigenkreisfrequenz des Pendels bei $\omega = 0$. Die Linearisierung von (6) ist nur zulässig, wenn auch für (12) $\varphi_0 \ll 1$ gilt. Die Ergebnisse gelten also nur für nicht zu große Drehzahl des Reglers.

Die Eigenkreisfrequenz des Pendels folgt aus (7) zu

$$\nu = \sqrt{\frac{c}{m} + \frac{g}{L} - \omega^2} = \sqrt{\nu_0^2 - \omega^2} \; . \tag{13}$$

c) Die allgemeine Lösung der Schwingungsdifferentialgleichung (7) lautet

$$\varphi(t) = \Phi \cos(\nu t - \psi) + \frac{\omega^2}{\nu_0^2 - \omega^2} \frac{d}{L} \; . \tag{14}$$

Mit der Anfangsbedingung $\varphi(0) = \dot{\varphi}(0) = 0$ erhält man daraus

$$\left. \begin{aligned} 0 &= \Phi \cos \psi + \frac{\omega^2}{\nu_0^2 - \omega^2} \frac{d}{L} \, , \\[2em] 0 &= \Phi \nu \sin \psi \, , \end{aligned} \right\} \quad \psi = \pi; \quad \Phi = \frac{\omega^2}{\nu_0^2 - \omega^2} \frac{d}{L} \; . \tag{15}$$

Folglich ist

$$\varphi(t) = \varphi_0 (1 - \cos \nu t) \, , \tag{16}$$

mit $\varphi_0 = 0{,}0294 \text{ rad} \cong 1{,}7°; \quad \nu = 234{,}7 \text{ 1/s} \, .$

d) Das Moment auf die Achsmuffe des Pendels wird durch die Schnittkraft $-\mathbf{F}_{St}$ erzeugt, die man bei einem Schnitt durch die Pendelstange unmittelbar über der Pendelmasse erhält. Es ist das in (4) berücksichtigte Moment $\Delta \mathbf{M}_A$:

$$\Delta \mathbf{M}_A = - \mathbf{r}_{AS} \times \mathbf{F}_{St} \; . \tag{17}$$

Diesen Ausdruck kann man aus (10) entnehmen:

$$\Delta \mathbf{M}_A = \mathbf{r}_{AS} \times (\mathbf{F}_{Fe} + \mathbf{F}_G) - m \mathbf{r}_{AS} \times (\mathbf{a}' + \mathbf{a}_F + \mathbf{a}_C) \; . \tag{18}$$

Da das gesuchte Moment senkrecht zur Pendelachse steht, hat es nur Komponenten in y- und z-Richtung. Deshalb läßt sich vereinfachend schreiben (Fig. 6.62):

$$\Delta \mathbf{M}_A = - m \mathbf{r}_{AS} \times (\mathbf{a}_{Fx} + \mathbf{a}_C) \; . \tag{19}$$

Diese Beziehung kann auch unmittelbar aus Fig. 6.62 abgelesen werden. Mit (11) erhält man

$$\Delta \mathbf{M}_A = - \begin{bmatrix} 0 \\ mL \cos \varphi \, (b\omega^2 + 2L\dot{\varphi}\omega \cos \varphi) \\ mL \sin \varphi \, (b\omega^2 + 2L\dot{\varphi}\omega \cos \varphi) \end{bmatrix} , \tag{20}$$

und für den Betrag

$$\Delta M_A = mL (b\omega^2 + 2L\dot{\varphi}\omega \cos \varphi) \; . \tag{21}$$

Wegen $\varphi \ll 1$ wird daraus

$$\Delta M_A = mL (b\omega^2 + 2L\dot{\varphi}\omega) \; . \tag{22}$$

Dieser Maximalwert tritt auf, wenn $\dot{\varphi}$ am größten ist, d.h. wenn das Pendel mit $\dot{\varphi} > 0$ durch die Gleichgewichtslage schwingt.

Mit

$$\dot{\varphi}_{\text{max}} = \varphi_0 \nu = \frac{\omega^2}{\sqrt{\nu_0^2 - \omega^2}} \frac{d}{L}$$

folgt dann

$$\Delta M_{A\,\text{max}} = mL\omega^2 \left(b + \frac{2d\omega}{\sqrt{\nu_0^2 - \omega^2}} \right). \tag{23}$$

Wenn das Pendel in seiner Gleichgewichtslage ist, fällt der Anteil infolge der Coriolisbeschleunigung fort. Das maximale Moment an der Pendelachse ist also bei der Pendelschwingung nach c) um den Faktor

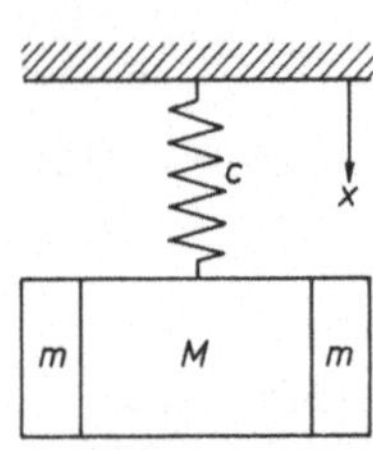

$$K = 1 + \frac{2d\omega}{b\sqrt{\nu_0^2 - \omega^2}} = 2{,}53 \tag{24}$$

größer als bei ruhendem Pendel.

Fig. 6.63

Aufgabe 6.32 (Fig. 6.63). An einer Schraubenfeder mit der Federkonstanten c hängt eine Masse M, an der zwei Zusatzmassen m befestigt sind. Das System führt Schwingungen $x(t) = x_0 + A \sin \nu t$ aus. Im Zeitpunkt $t = t_0$ werden die Zusatzmassen stoßfrei von M getrennt.

a) Man berechne die Bewegung $x^*(\tau)$, $\tau = t - t_0$, der Masse M für $\tau > 0$ und gebe Amplitude A^*, Kreisfrequenz ν^* und Gleichgewichtslage x_0^* der neuen Schwingung an.

b) Gibt es Bedingungen, unter denen $A^* = 0$ wird, und wie lauten diese gegebenenfalls?

L ö s u n g : Für den Schwinger ohne Zusatzmassen gilt die Schwingungsgleichung

$$\ddot{x}^* + \frac{c}{M} x^* = g - \frac{c}{M} x_{F0}^* = \frac{c}{M} x_0^* . \tag{1}$$

Hierin ist x_{F0}^* die Koordinate der Masse M bei entspannter Feder. Die allgemeine Lösung von (1), die den Anfangsbedingungen zum Zeitpunkt $\tau = 0$ genügen muß, lautet

$$x^*(\tau) = x_0^* + A^* \sin(\nu^* \tau - \varphi) . \tag{2}$$

Für die Eigenkreisfrequenz ν^* liest man aus (1) ab

$$\nu^* = \sqrt{\frac{c}{M}} . \tag{3}$$

Die Gleichgewichtslage der Schwingung $x^*(\tau)$ ändert sich gegenüber x_0 durch die Verringerung der statischen Federbelastung

$$x_0^* = x_0 - \frac{2mg}{c}. \tag{4}$$

Amplitude und Phasenlage der Schwingung $x^*(\tau)$ folgen aus den Anfangsbedingungen

$$\left.\begin{array}{l} x^*(\tau = 0) = x(t_0)\,, \\[4pt] \dot{x}^*(\tau = 0) = \dot{x}(t_0)\,. \end{array}\right\} \tag{5}$$

Daraus ergeben sich zwei Bestimmungsgleichungen für die Unbekannten A^* und φ

$$\left.\begin{array}{l} x_0^* - A^* \sin \varphi = x_0 + A \sin \nu t_0\,, \\[10pt] A^* \nu^* \cos \varphi = A\nu \cos \nu t_0\,, \end{array}\right\} \tag{6}$$

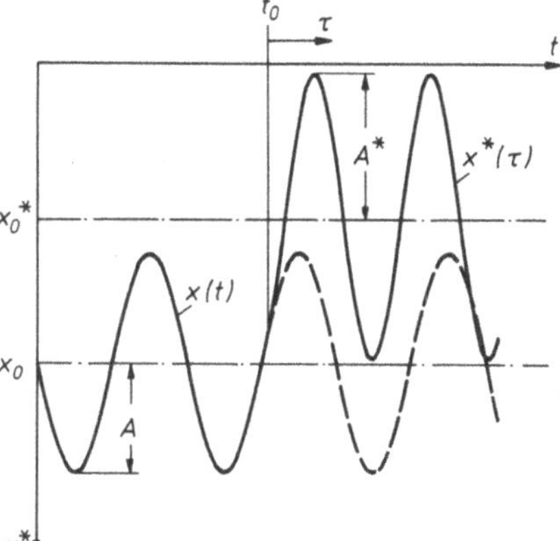

Fig. 6.64

mit der Lösung

$$A^* = \sqrt{(x_0 - x_0^* + A \sin \nu t_0)^2 + \left(A\,\frac{\nu}{\nu^*}\cos \nu t_0\right)^2}\,, \tag{7}$$

$$\tan \varphi = -\frac{x_0 - x_0^* + A \sin \nu t_0}{A\,\dfrac{\nu}{\nu^*}\cos \nu t_0}\,. \tag{8}$$

In Fig. 6.64 ist ein Beispiel für die Schwingung aufgezeichnet.

b) Ohne Rechnung lassen sich sofort zwei hinreichende Bedingungen angeben, aus denen $x^*(\tau) \equiv x_0^*$ folgt:

Die Masse M muß zum Zeitpunkt $t = t_0$ erstens in Ruhe sein und sich zweitens genau in der Gleichgewichtslage x_0^* befinden.

Wegen $x_0^* < x_0$ kann die Massentrennung in diesem Fall nur im oberen Umkehrpunkt stattfinden. Aus (7) folgt dann wegen $\sin \nu t_0 = 1$, $\cos \nu t_0 = 0$

$$x_0 - x_0^* - A = 0; \qquad A = \frac{2mg}{c}\,. \tag{9}$$

Aufgabe 6.33. Von einer linearen, gedämpften Schwingung x(t) wurden drei aufeinanderfolgende Umkehrpunkte gemessen:

$x_1 = 8{,}6$ mm; $x_2 = -4{,}1$ mm; $x_3 = 4{,}3$ mm. Welches ist die Gleichgewichtslage x_0 der Schwingung und wie groß ist das Lehrsche Dämpfungsmaß D?

L ö s u n g : Die Bewegungsgleichung des Schwingers lautet

$$m\ddot{x} + d\dot{x} + c(x - x_0) = 0 \,. \tag{1}$$

Sie kann mit $\nu_0 = \sqrt{c/m}$ und dem Lehrschen Dämpfungsmaß

$$D = \frac{d}{2\sqrt{cm}} = \frac{\delta}{\nu_0} \tag{2}$$

in die Form

$$\ddot{x} + 2D\nu_0\dot{x} + \nu_0{}^2\,(x - x_0) = 0 \tag{3}$$

gebracht werden. Aus der Angabe von drei Umkehrpunkten folgt, daß der Fall schwacher Dämpfung mit $D < 1$ vorliegt. Gl. (3) hat deshalb die allgemeine Lösung

$$x = Ce^{-D\nu_0 t}\cos(\nu t - \varphi) + x_0, \tag{4}$$

mit $\nu = \nu_0\,\sqrt{1 - D^2}\,.$ (5)

Setzt man in (4) die gegebenen Werte für die Ausschläge der Schwingung ein, dann hat man drei Bestimmungsgleichungen für die unbekannten Systemparameter. Zwei weitere Gleichungen folgen aus der Tatsache, daß die Meßwerte $x_i(i = 1, 2, 3)$ an den Umkehrpunkten, also bei $\dot{x}(t_i) = 0$, ermittelt wurden. Aus der Ableitung von (4) folgt für die Meßpunkte

$$\dot{x}(t_i) = -Ce^{-D\nu_0 t_i}[D\nu_0\cos(\nu t_i - \varphi) + \nu\sin(\nu t_i - \varphi)] = 0 \,,$$

$$\tan(\nu t_i - \varphi) = -\frac{D}{\sqrt{1 - D^2}}\,. \tag{6}$$

Wegen $t_{i+1} - t_i = T_S/2$, mit $T_S = 2\pi/\nu$, gilt für $t_1 = 0$

$$t_2 = \frac{\pi}{\nu}\,; \qquad t_3 = \frac{2\pi}{\nu}\,. \tag{7}$$

Mit (6) und (7) erhält man aus (4) und (5) das Gleichungssystem

$$x_1 = C\sqrt{1 - D^2} + x_0\,,$$

$$x_2 = C\sqrt{1 - D^2}\,\exp\left(-\frac{D\pi}{\sqrt{1 - D^2}}\right) + x_0\,, \tag{8}$$

$$x_3 = C\sqrt{1 - D^2}\,\exp\left(-\frac{2D\pi}{\sqrt{1 - D^2}}\right) + x_0$$

für die drei Unbekannten C, D und x_0.

Aus (8) kann C und D eliminiert werden. Mit

$$(x_2 - x_0)^2 = (x_1 - x_0)^2 \exp\left(- \frac{2D\pi}{\sqrt{1 - D^2}}\right) ,$$

$$x_3 - x_0 = (x_1 - x_0) \exp\left(- \frac{2D\pi}{\sqrt{1 - D^2}}\right)$$

folgt $(x_2 - x_0)^2 = (x_1 - x_0)(x_3 - x_0) ,$

$$x_0 = \frac{x_2^2 - x_1 x_3}{2x_2 - x_1 - x_3} = 0{,}96 \text{ mm} . \tag{9}$$

Außerdem kann aus (8) das Dämpfungsmaß D berechnet werden. Etwas schneller findet man es mit Hilfe des logarithmischen Dekrementes

$$\vartheta = \ln \frac{x_n}{x_{n+1}} = \ln \frac{x_1 - x_0}{x_3 - x_0} = 0{,}827$$

aus der Beziehung

$$D = \frac{\vartheta}{\sqrt{4\pi^2 + \vartheta^2}} = 0{,}131 .$$

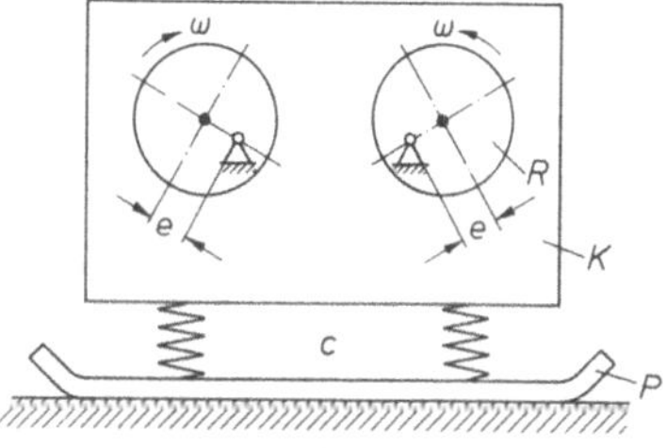

Fig. 6.65

Aufgabe 6.34 (Fig. 6.65). Ein Bodenverdichter mit dem Gesamtgewicht G ist aufgebaut aus einem Gehäuse K (Masse m_K), in dem zwei gegensinnig drehende Rotoren R (Gesamtmasse m_R) exzentrisch gelagert sind. Über Federn mit der Gesamtfederkonstante c ist das System mit einer Bodenplatte P (Masse m_P) verbunden.

a) Für den Drehzahlbereich der Rotoren, bei dem die Bodenplatte ständig im Kontakt mit dem Untergrund bleibt, bestimme man die Differentialgleichung für die Vertikalbewegung des Gehäuses und die Amplituden seiner erzwungenen Schwingungen.

b) Wie groß darf die Rotorwinkelgeschwindigkeit ω höchstens werden, wenn ein ständiger Kontakt zwischen Untergrund und Bodenplatte vorhanden sein soll? Wie groß ist dann die maximale auf den Boden ausgeübte Kraft?

L ö s u n g : a) Die beiden gegensinnig umlaufenden Rotoren üben auf das Gehäuse Kräfte aus, deren Horizontalkomponenten sich gegenseitig aufheben; die Summe der Vertikalkomponenten wirkt als harmonische Erregerkraft. Legt man den Ursprung des raumfesten Koordinatensystems nach Fig. 6.66 in die statische Gleichgewichtslage des Schwerpunktes S, dann ergibt der Impulssatz für das Gehäuse

$$m_K \ddot{x}_S = -m_K g + F_R + F_F , \qquad\Bigg\}$$

$$F_F = (m_K + m_R)g - cx_S .$$

(1)

Hierin ist F_R die Vertikalkomponente der von den Rotoren auf das Gehäuse ausgeübten Kraft, F_F ist die Federkraft. Für einen Rotor gilt

$$\frac{1}{2} m_R \ddot{x}_C = -\frac{1}{2} F_R - \frac{1}{2} m_R g , \qquad (2)$$

worin $x_C = x_A + e \cos\varphi$, $\varphi = \omega t$ und dann $\ddot{x}_C = \ddot{x}_A - e\omega^2 \cos\omega t$, $\ddot{x}_A = \ddot{x}_S$ ist. Aus (1) und (2) folgt die Bewegungsgleichung für das Gehäuse

$$(m_K + m_R)\,\ddot{x}_S + cx_S = m_R e\omega^2 \cos\omega t . \qquad (3)$$

Auf der rechten Seite von (3) steht als Erregung die Trägheitskraft der Unwuchtmassen.

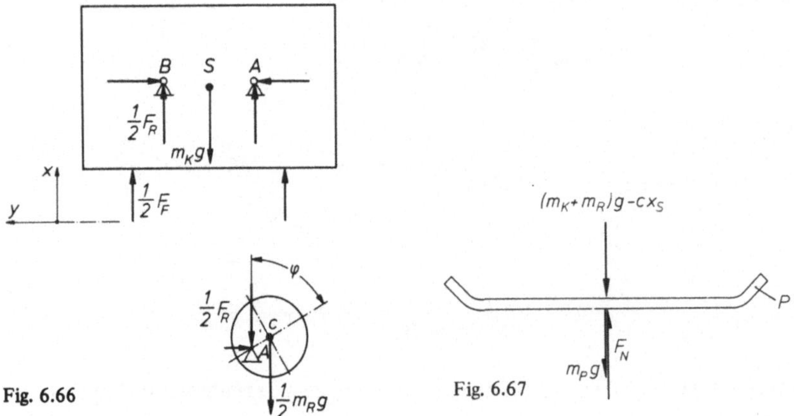

Fig. 6.66   Fig. 6.67

Erzwungene Schwingungen, die das Gehäuse nach dem Abklingen der Eigenschwingungen ausführt, werden durch die partikuläre Lösung von (3) beschrieben

$$x_{part} = R \cos(\omega t - \psi) . \qquad (4)$$

Durch Einsetzen in (3) findet man für die Schwingungsamplitude

$$R = \frac{m_R e\omega^2}{(m_K + m_R)(\nu^2 - \omega^2)} , \qquad (5)$$

worin

$$\nu = \sqrt{\frac{c}{m_K + m_R}}$$

die Eigenkreisfrequenz des Gerätes ist. Bei $\omega < \nu$ schwingt das Gehäuse mit der Erregung gleichphasig ($\psi = 0$), bei $\omega > \nu$ in Gegenphase ($\psi = \pm\pi$).

b) Der Impulssatz für die Bodenplatte P (Fig. 6.67) ergibt

$$m_P \ddot{x}_P = F_N - m_P g - (m_K + m_R)\, g + c x_S \, . \tag{6}$$

Die Bodenplatte bleibt im Kontakt mit dem Untergrund, wenn $\ddot{x}_P$ verschwindet. Bei der maximalen Auslenkung $x_{S\,max}$ des Gehäuses kann im Grenzfall die Normalkraft $F_N = 0$ werden. Aus (6) folgt dann

$$x_{S\,max} = \frac{g}{c}\,(m_P + m_K + m_R) = \frac{G}{c} \, . \tag{7}$$

Mit $x_{S\,max} = R$ erhält man aus (5) und (7) für die zulässige Rotorwinkelgeschwindigkeit

$$\omega = \sqrt{\frac{G\,c}{c m_R e + G(m_K + m_R)}} \, . \tag{8}$$

Die größte Bodenkraft $F_{N\,max}$ erhält man, wenn für x_S die Koordinate im unteren Umkehrpunkt der Gehäuseschwingung, $x_S = -\,G/c$, eingesetzt wird:

$$F_{N\,max} = 2\,G \, . \tag{9}$$

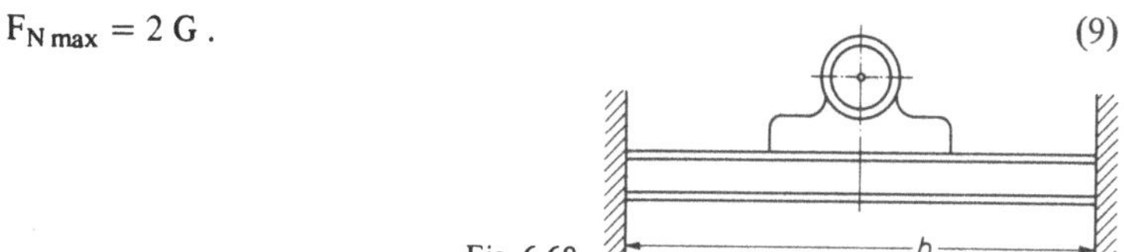

Fig. 6.68

Aufgabe 6.35 (Fig. 6.68). Ein Elektromotor (Masse m) ist in der Mitte eines I-Trägers (Elastizitätsmodul E) montiert, der an beiden Enden fest eingespannt ist. Der Schwerpunkt des Motorläufers (Masse m_L, Drehzahl n) liegt um $e = 0{,}06$ mm außerhalb der Wellenmitte.

Welches Flächenträgheitsmoment I hat der Träger, wenn für die Amplitude der erzwungenen Schwingungen $R_0 = 0{,}18$ mm gemessen wurde? Die Masse des Trägers soll bei der Berechnung der Schwingungen vernachlässigt werden.

Z a h l e n w e r t e : $m = 780$ kg; $m_L = 200$ kg; $n = 1500$ U/min; $E = 2 \cdot 10^7$ N/cm^2; $h = 3$ m.

L ö s u n g : Die Differentialgleichung für die Bewegung des schwingungsfähigen Systems (Träger, Motor) in vertikaler Richtung lautet bei Vernachlässigung aller dämpfend wirkenden Einflüsse

$$m\ddot{x} + cx = F(t) \tag{1}$$

Hierin ist x die Auslenkung der Trägermitte in vertikaler Richtung, gemessen von der statischen Gleichgewichtslage aus, m die Motormasse und c die Federkonstante des Trägers. Das System wird erregt durch die Trägheitskraft F(t) der Läuferunwucht. Nach Aufgabe 6.34, Gl. (3) gilt

$$F(t) = m_L e \omega^2 \cos \omega t \, , \tag{2}$$

wenn ω die Winkelgeschwindigkeit des Läufers ist. Mit der Durchbiegung des Trägers

$$f = \frac{Fh^3}{192EI} \qquad (3)$$

unter der Einwirkung einer in der Mitte angreifenden Einzelkraft **F**, erhält man für die Federkonstante

$$c = \frac{F}{f} = \frac{192EI}{h^3} \; . \qquad (4)$$

Die erzwungene Schwingung, die nach Abklingen von Eigenschwingungen allein interessiert, wird beschrieben durch die partikuläre Lösung von (1):

$$x_{part} = R \cos \omega t \; . \qquad (5)$$

Damit folgt aus (1)

$$R = \frac{m_L e \omega^2}{c - m\omega^2} = \frac{m_L e}{m\left[\left(\dfrac{\nu}{\omega}\right)^2 - 1\right]}, \qquad (6)$$

wenn $\nu = \sqrt{c/m}$ die Eigenkreisfrequenz des Systems ist. Mit $|R| = R_0$ folgt aus (6)

$$R_0 = \begin{cases} \dfrac{m_L e \omega^2}{c - m\omega^2}, & \text{für } \omega < \nu \; ; \\[4ex] \dfrac{m_L e \omega^2}{m\omega^2 - c}, & \text{für } \omega > \nu \; . \end{cases} \qquad (7)$$

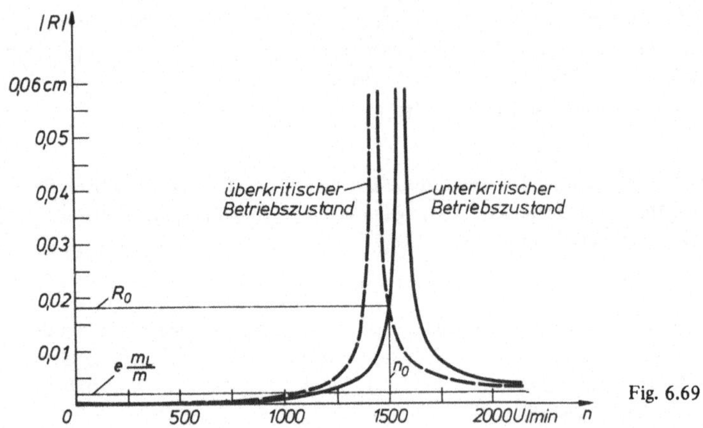

Fig. 6.69

Nach (7) und (4) erhält man für das Flächenträgheitsmoment zwei Lösungen. Im unterkritischen Betriebszustand $\omega < \nu$ gilt

$$I_u = \frac{h^3\omega^2}{192E}\left(m + m_L\,\frac{e}{R_0}\right) = 1469{,}3\ \text{cm}^4\,, \tag{8}$$

im überkritischen Fall $\omega > \nu$

$$I_{\ddot{u}} = \frac{h^3\omega^2}{192E}\left(m - m_L\,\frac{e}{R_0}\right) = 1237{,}9\ \text{cm}^4\,. \tag{9}$$

Der überkritische Betriebszustand kann jedoch nur mit Durchfahren des kritischen Resonanzfalles $\omega = \nu$ erreicht werden, bei dem die erzwungenen Schwingungen linear mit der Zeit unbeschränkt anwachsen.

Die Abhängigkeit der Schwingungsamplitude $|R|$ von der Motordrehzahl ist in Fig. 6.69 aufgetragen (Resonanzkurve). In beiden möglichen Betriebszuständen liegt die Arbeitsdrehzahl dicht beim Resonanzfall. Der Träger könnte folglich bei nur geringer Drehzahländerung unzulässig hoch belastet werden. Für die technische Anwendung wurde er falsch dimensioniert.

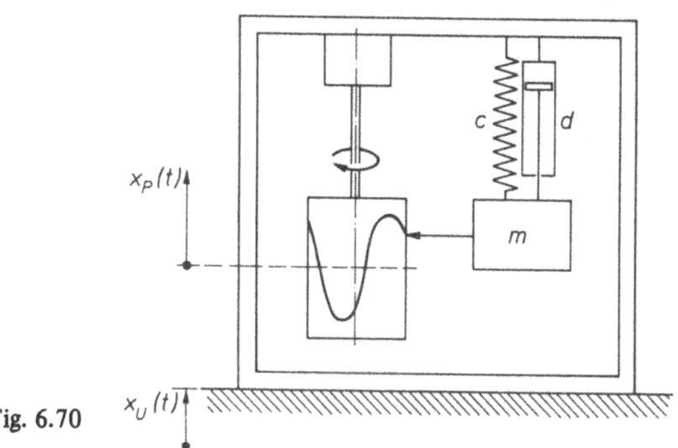

Fig. 6.70

Aufgabe 6.36 (Fig. 6.70) Das skizzierte Schwingungsmeßgerät besteht aus einem Gestell, in dem die Masse m an einer Feder (Federkonstante c) aufgehängt ist. Die Masse trägt einen Schreibstift, der auf einer rotierenden Trommel die vertikalen Verschiebungen zwischen Gestell und Masse aufzeichnet. Über einen geschwindigkeitsproportional wirkenden Dämpfungsmechanismus (Dämpfungskonstante d) werden Eigenschwingungen der Masse abgedämpft.

a) Welche Kurve $x_P(t)$ wird aufgezeichnet, wenn das Gerät auf einer mit $x_U(t) = K\cos\omega t$ vertikal schwingenden Unterlage steht?

b) Wie groß muß das Lehrsche Dämpfungsmaß D sein, damit das Gerät, das eine ungedämpfte Eigenfrequenz von $\nu_0/2\pi = \sqrt{c/m}/2\pi \doteq 7$ Hz hat, Gestellschwingungen von $\omega/2\pi \geqslant 18$ Hz mit einem Amplitudenfehler von $f \leqslant 6\%$ aufzeichnet?

L ö s u n g : a) Bezeichnet man mit $x_M(t)$ die Lage der Masse m in einem Inertialsystem, in dem auch $x_U(t)$ gemessen wird, dann gilt für die auf dem Meßstreifen registrierte Koordinate

$$x_P(t) = x_M(t) - x_U(t) \, . \tag{1}$$

Für die Koordinate $x_M(t)$ erhält man nach dem Impulssatz die Differentialgleichung

$$m\ddot{x}_M = F_c + F_d \, , \tag{2}$$

mit $F_c = - c(x_M - x_U), \qquad F_d = -d(\dot{x}_M - \dot{x}_U) \, . \tag{3}$

Wegen (1) kann (2) mit (3) in die Form

$$m\ddot{x}_P + d\dot{x}_P + cx_P = - m\ddot{x}_U$$

gebracht werden. Das ergibt schließlich

$$\ddot{x}_P + 2\delta\dot{x}_P + \nu_0^2\, x_P = K\omega^2 \cos \omega t \, , \tag{4}$$

mit $\delta = d/(2m)$ und $\nu_0 = \sqrt{c/m}$.

Die vollständige Lösung von (4) ist bei schwacher Dämpfung $(\delta^2 < \nu_0^2)$

$$x_P = Ce^{-\delta t} \cos(\nu t - \varphi) + R \cos(\omega t - \psi) \, . \tag{5}$$

Der erste Term in (5), die Eigenschwingung der Masse, klingt mit der Zeit ab. Als Meßwert wird dann nur noch die erzwungene Schwingung $x_{P,part} = R \cos(\omega t - \psi)$ registriert. Für diese partikuläre Lösung erhält man durch Einsetzen in (4) mit dem Lehrschen Dämpfungsmaß $D = \delta/\nu_0$ die Amplitude

$$R = \frac{K(\omega/\nu_0)^2}{\sqrt{[1 - (\omega/\nu_0)^2]^2 + 4D^2\,(\omega/\nu_0)^2}} \tag{6}$$

und den Phasenwinkel

$$\tan \psi = \frac{2D\omega/\nu_0}{1 - (\omega/\nu_0)^2} \, . \tag{7}$$

b) Für den Amplitudenfehler gilt

$$f = \frac{|x_{U0} - x_{P0}|}{x_{U0}} \, . \tag{8}$$

Mit $x_{U0} = K$ und $x_{P0} = R$ folgt

$$f = \left| 1 - \frac{(\omega/\nu_0)^2}{\sqrt{[1 - (\omega/\nu_0)^2]^2 + 4D^2\,(\omega/\nu_0)^2}} \right| \, . \tag{9}$$

Für D erhält man aus (9) für das Frequenzverhältnis $\omega/\nu_0 = \eta = 18/7$ die beiden Werte

$$D = \frac{\sqrt{\eta^4 - (1 \pm f)^2\,(1 - \eta^2)^2}}{2\eta\,(1 \pm f)} = \begin{cases} 0{,}5295 \\ 0{,}8246 \end{cases} . \tag{10}$$

Das dimensionslose Dämpfungsmaß muß zwischen $0,5295 \leqslant D \leqslant 0,8246$ liegen, wenn das Meßgerät erzwungene Schwingungen von $\omega \geqslant 18$ Hz mit einem maximalen Amplitudenfehler von 6 % aufzeichnen soll. Dies Ergebnis ist nur dann richtig, wenn die Resonanzkurve für den kleineren Dämpfungswert ihr Maximum links von $\eta = 18/7$ hat. Durch Diskussion von (6) kann das im vorliegenden Fall bestätigt werden. Der gültige Meßbereich ist in Fig. 6.71 in die Resonanzkurve $R(\omega)$ für das Meßgerät eingezeichnet.

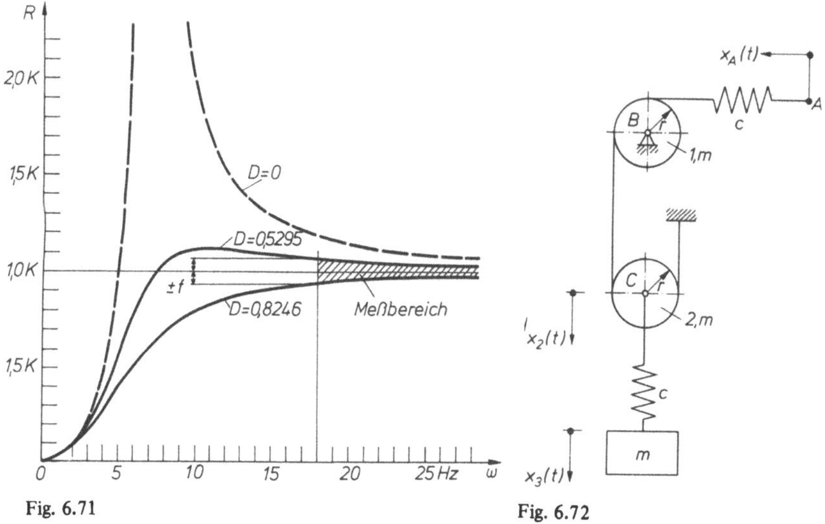

Fig. 6.71   Fig. 6.72

Aufgabe 6.37 (Fig. 6.72). Das skizzierte mechanische System besteht aus zwei Rollen (homogene Scheiben mit dem Radius r und der Masse m), über die ein Seil läuft, das über eine Feder (Federkonstante c) in A befestigt ist. An der Rolle 2 hängt an einer Feder mit gleicher Federkonstante c eine Masse m. Alle Reibungseinflüsse sollen vernachlässigt werden.

a) Wie groß sind die Eigenkreisfrequenzen des Systems bei vertikalen Schwingungen?

b) Welches sind die erzwungenen vertikalen Schwingungen $x_2(t)$ der Rolle 2 und $x_3(t)$ der Masse m, wenn der Punkt A in horizontaler Richtung mit $x_A(t) = K \cos \omega t$ periodisch bewegt wird? Bei welcher Erregerkreisfrequenz $\omega = \omega_0$ bleibt die Rolle 2 nach Abklingen der Eigenschwingungen in Ruhe?

L ö s u n g : Die Verschiebungen des Punktes A, der Rolle 2 und der Masse m werden gegenüber einem Inertialsystem beschrieben.

Geht man beim Aufstellen des Impuls- bzw. Drallsatzes von der Gleichgewichtslage des Systems aus, dann können die statischen Kräfte (Federkräfte in der Gleichgewichtslage und Gewichtskräfte) fortgelassen werden, da sie für sich verschwinden. Mit den Bezeichnungen in Fig. 6.73 folgen aus dem Impulssatz für die Rolle 2 und die Masse m sowie aus dem Drallsatz für die Rolle 1 und 2 die Beziehungen

$$m\ddot{x}_3 = -F_4 = -c(x_3 - x_2) \,,$$

$$m\ddot{x}_2 = F_4 - F_2 - F_3 = c(x_3 - x_2) - F_2 - F_3 \,,$$

$$\frac{dL_B}{dt} = J_1\ddot{\varphi}_1 = rF_2 - rF_1 = rF_2 - rc(r\varphi_1 - x_A) \,,$$

$$\frac{dL_C}{dt} = J_2\ddot{\varphi}_2 = rF_3 - rF_2 \,,$$

(1)

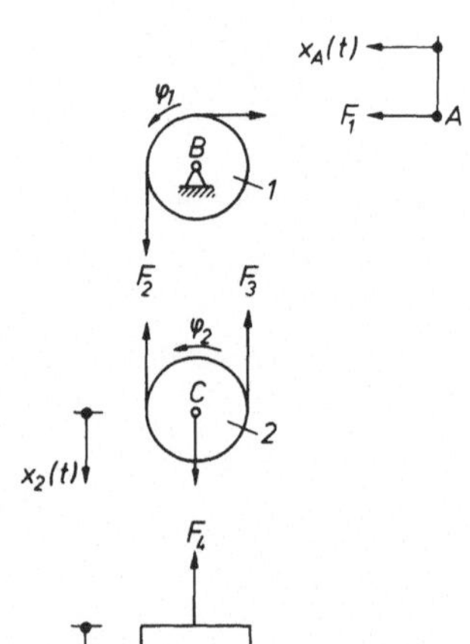

Fig. 6.73

mit $J_1 = J_2 = \dfrac{1}{2}\,mr^2$. Die kinematischen Zwangsbedingungen lauten

$$r\varphi_2 = x_2; \qquad 2r\varphi_2 = r\varphi_1 \,.$$

(2)

Damit erhält man nach Elimination der F_i aus (1) die Bewegungsgleichungen

$$m\ddot{x}_3 + cx_3 - cx_2 = 0 \,,$$

$$7m\ddot{x}_2 + 10cx_2 - 2cx_3 = 4cx_A \,.$$

(3)

(In Aufgabe 6.44 sollen diese Gleichungen auch mit Hilfe der Lagrangeschen Gleichungen zweiter Art aufgestellt werden.)

Dies sind zwei gekoppelte lineare Differentialgleichungen, deren Lösung $x_2(t)$ und $x_3(t)$ die Bewegung des Systems beschreibt. Die Bewegung ist eine Überlagerung der beiden Eigenschwingungen und der durch die äußere Erregung erzwungenen Schwingung.

a) Zur Ermittlung der Eigenschwingungen kann die Erregung unberücksichtigt bleiben ($x_A \equiv 0$). Mit dem Lösungsansatz

$$x_2 = Ae^{\lambda t}; \qquad x_3 = Be^{\lambda t}$$

(4)

folgen aus (3) mit $\nu_0 = \sqrt{c/m}$ die linearen Gleichungen

$$(\lambda^2 + \nu_0^2)\,B - \nu_0^2 A = 0 \,,$$

$$-2\nu_0^2 B + (7\lambda^2 + 10\nu_0^2)\,A = 0 \,,$$

(5)

die nur dann nichttriviale Lösungen für die Konstanten A und B besitzen, wenn ihre Determinante verschwindet:

$$\begin{vmatrix} \lambda^2 + \nu_0^2 & -\nu_0^2 \\ -2\nu_0^2 & 7\lambda^2 + 10\nu_0^2 \end{vmatrix} = 7\lambda^4 + 17\nu_0^2\lambda^2 + 8\nu_0^4 = 0 . \tag{6}$$

Die Lösungen dieser charakteristischen Gleichung sind

$$\lambda_{1,2} = \pm\, i\, 0{,}799\, \nu_0 ; \qquad \lambda_{3,4} = \pm\, i\, 1{,}338\, \nu_0. \tag{7}$$

Also hat man die beiden Eigenkreisfrequenzen

$$\nu_1 = 0{,}799\, \nu_0 \qquad \text{und} \qquad \nu_2 = 1{,}338\, \nu_0 . \tag{8}$$

Die freie Bewegung des Systems ($x_A \equiv 0$) kann man durch Linearkombination aller reellen Teillösungen erhalten, die aus (4) mit (7) folgen:

$$\left.\begin{aligned} x_2(t) &= A_{11}\cos\nu_1 t + A_{12}\sin\nu_1 t + A_{21}\cos\nu_2 t + A_{22}\sin\nu_2 t , \\[2mm] x_3(t) &= B_{11}\cos\nu_1 t + B_{12}\sin\nu_1 t + B_{21}\cos\nu_2 t + B_{22}\sin\nu_2 t . \end{aligned}\right\} \tag{9}$$

Für die Amplitudenverhältnisse B/A der Teillösungen folgen aus (5) mit (7)

$$\frac{B}{A}(\nu_1) = 2{,}765; \qquad \frac{B}{A}(\nu_2) = -\,1{,}266 . \tag{10}$$

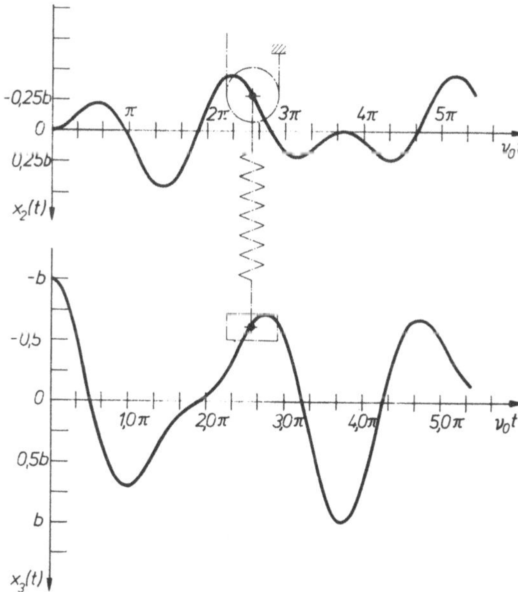

Fig. 6.74

Bei der kleineren Eigenfrequenz bewegen sich Rolle 2 und Masse m gleichsinnig, bei der höheren Eigenfrequenz gegensinnig. Aus (9) mit (10) erhält man

$$x_2(t) = A_{11}\cos \nu_1 t + A_{12}\sin \nu_1 t + A_{21}\cos \nu_2 t + A_{22}\sin \nu_2 t\,,$$

$$x_3(t) = 2{,}765\,(A_{11}\cos \nu_1 t + A_{12}\sin \nu_1 t) -$$

$$- 1{,}266\,(A_{21}\cos \nu_2 t + A_{22}\sin \nu_2 t).$$

$$(11)$$

Die vier Konstanten A_{11} bis A_{22} können aus den Anfangsbedingungen der freien Bewegung berechnet werden. In Fig. 6.74 ist die Eigenbewegung des Systems für die Anfangsbedingungen

$$x_2(0) = 0; \quad \dot{x}_2(0) = 0; \quad x_3(0) = -b; \quad \dot{x}_3(0) = 0$$

aufgetragen. Die Konstanten haben hierbei die Werte

$$A_{11} = -A_{21} = -0{,}2481\,b; \quad A_{12} = A_{22} = 0\,.$$

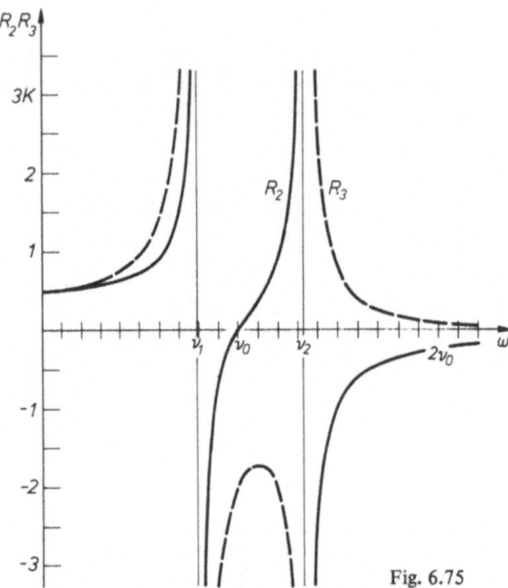

Fig. 6.75

b) Zur Berechnung der erzwungenen Schwingung bei abgeklungener Eigenbewegung setzt man in das inhomogene System (3) mit $x_A = K\cos \omega t$ den Lösungsansatz

$$x_2(t) = R_2\cos \omega t; \quad x_3(t) = R_3\cos \omega t \tag{12}$$

ein. Das führt auf ein lineares Gleichungssystem für die Amplitudenparameter R_2 und R_3 mit der Lösung

$$R_2 = \frac{4K[1 - (\omega/\nu_0)^2]}{[10 - 7(\omega/\nu_0)^2]\,[1 - (\omega/\nu_0)^2] - 2}, \tag{13}$$

$$R_3 = \frac{4K}{[10 - 7(\omega/\nu_0)^2][1 - (\omega/\nu_0)^2] - 2} \, . \tag{14}$$

Aus (13) folgt, daß die Rolle 2 bei der Erregerkreisfrequenz $\omega_0 = \nu_0 = \sqrt{c/m}$ in Ruhe bleibt. Die Masse m schwingt dann mit der doppelten Erregeramplitude im Gegentakt zur Erregung (Schwingungstilgung). Die Resonanzkurven $R_2(\omega)$ und $R_3(\omega)$ sind in Fig. 6.75 aufgetragen.

Aufgabe 6.38 (Fig. 6.76). Zwei Fahrzeuge stoßen an einer Straßenkreuzung unter einem Winkel α zusammen und rutschen nach dem Zusammenstoß gemeinsam mit blockierten Rädern eine Strecke s_{AB}, bis sie zum Stillstand kommen. Der Reibungsbeiwert sei $\mu = 0,5$.

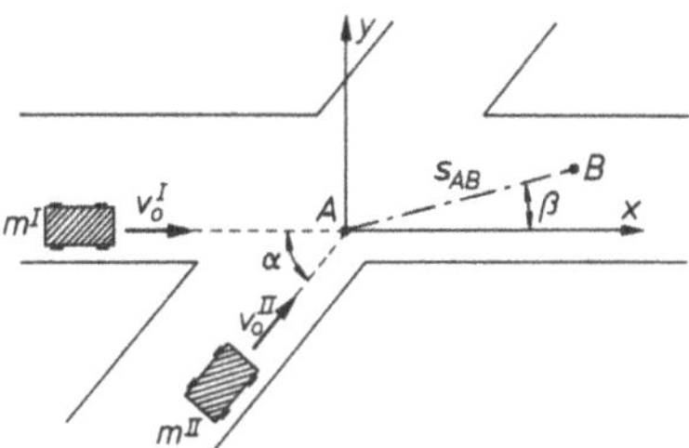

Fig. 6.76

a) Unter welchem Winkel β rutschen die Wagen nach dem Stoß?

b) Wie lang ist die Rutschstrecke s_{AB}?

c) Wieviel Prozent der Energie gehen beim Zusammenstoß, wieviel beim anschließenden Rutschen verloren?

d) Wieviel Energie würde durch den Stoß bei einem Auffahrunfall, wieviel würde bei einem frontalen Zusammenstoß verloren gehen?

Z a h l e n w e r t e : $\alpha = 60°$; $m^I = 1200$ kg; $m^{II} = 800$ kg; $v_0^I = 36$ km/h; $v_0^{II} = 18$ km/h.

L ö s u n g : a) Aus der Beschreibung des Bewegungsablaufes folgt, daß es sich um einen plastischen Stoß handelt; die Fahrzeuge sollen als Punktmassen betrachtet werden. Nach dem Impulserhaltungssatz gilt

$$m^I v_0^I + m^{II} v_0^{II} = (m^I + m^{II}) \, v_1 \, . \tag{1}$$

in Koordinaten

$$m^I v_0^I + m^{II} v_0^{II} \cos \alpha = (m^I + m^{II}) \, v_1 \cos \beta \, ,$$
$$m^{II} v_0^{II} \sin \alpha = (m^I + m^{II}) \, v_1 \sin \beta. \tag{2}$$

Aus (2) folgt

$$\tan \beta = \frac{m^{II} v_0^{II} \sin \alpha}{m^I v_0^I + m^{II} v_0^{II} \cos \alpha} = 0{,}2474 \; ; \qquad (3)$$

$$\beta = 13{,}9^\circ .$$

b) Auf der Gleitstrecke gilt für beide Fahrzeuge

$$(m^I + m^{II}) \, \ddot{s} = -F_R = -\mu (m^I + m^{II}) \, g \, . \qquad (4)$$

Mit $\ddot{s} = \dot{s} \, d\dot{s}/ds$ folgt daraus nach Integration $\dot{s}^2/2 = -\mu g s + C$, mit $\dot{s}(0) = v_1$ und $\dot{s}(s_{AB}) = 0$

$$s_{AB} = \frac{v_1^2}{2\mu g} \, . \qquad (5)$$

Für die gemeinsame Geschwindigkeit v_1 unmittelbar nach dem Stoß folgt aus (2)

$$v_1 = \frac{\sqrt{(m^I v_0^I)^2 + (m^{II} v_0^{II})^2 + 2 m^I m^{II} v_0^I v_0^{II} \cos \alpha}}{m^I + m^{II}} = 26 \, \frac{km}{h} \cong 7{,}2 \, \frac{m}{s} \, . \qquad (6)$$

Hiermit erhält man die Rutschstrecke $s_{AB} = 5{,}3$ m.

c) Die Gesamtenergie beträgt vor dem Stoß

$$E_0 = \frac{1}{2} \, m^I (v_0^I)^2 + \frac{1}{2} \, m^{II} (v_0^{II})^2 = 7 \cdot 10^4 \; Ws \qquad (7)$$

und nach dem Stoß

$$E_1 = \frac{1}{2} \, (m^I + m^{II}) \, v_1^2 = 5{,}2 \cdot 10^4 \; Ws \, . \qquad (8)$$

Durch den Stoß gehen $\Delta E_S/E_0 = (E_0 - E_1)/E_0 \cong 25{,}7 \, \%$ und während des Rutschens $\Delta E_R/E_0 \cong 74{,}3 \, \%$ der Gesamtenergie verloren.

d) Zunächst müssen die Geschwindigkeiten v_1 unmittelbar nach dem Stoß berechnet werden. Beim Auffahrunfall (A) gilt (6) mit $\alpha = 0$ und beim frontalen Zusammenstoß (F) mit $\alpha = 180^\circ$:

$$v_{1A} = \frac{m^I v_0^I + m^{II} v_0^{II}}{m^I + m^{II}} = 8 \, \frac{m}{s} \, ,$$

$$v_{1F} = \frac{m^I v_0^I - m^{II} v_0^{II}}{m^I + m^{II}} = 4 \, \frac{m}{s} \, . \qquad (9)$$

Für die Gesamtenergie nach dem Stoß gilt mit (8)

$$E_{1A} = 6{,}4 \cdot 10^4 \; Ws; \qquad E_{1F} = 1{,}6 \cdot 10^4 \; Ws \, . \qquad (10)$$

Hiernach gehen beim Auffahrunfall $\Delta E_{SA}/E_0 \cong 8{,}6\,\%$ und beim frontalen Zusammenstoß $\Delta E_{SF}/E_0 \cong 77{,}1\,\%$ der kinetischen Energie verloren. Sie werden in Verformungsenergie und Reibungswärme verwandelt.

Aufgabe 6.39 (Fig. 6.77). Eine dünne homogene Scheibe (Radius r, Masse m) ist im Punkt P frei drehbar durch ein Kugelgelenk befestigt. Um welche Achse dreht sich die Scheibe unmittelbar nach einem senkreht zur Scheibenebene in Q ausgeübten Stoß?

L ö s u n g : Aus dem Drallsatz $d\mathbf{L}_P/dt = \mathbf{M}_P$ für die Scheibe, bezogen auf den Fixpunkt P erhält man durch Integration über die Stoßdauer Δt

$$\int_0^{\Delta t} d\mathbf{L}_P = \mathbf{L}_P(\Delta t) = \int_0^{\Delta t} \mathbf{M}_P dt\,. \qquad (1)$$

Für den Momentenstoß gilt

$$\int_0^{\Delta t} \mathbf{M}_P dt = \int_0^{\Delta t} \mathbf{r}_{PQ} \times \mathbf{F} dt = \mathbf{r}_{PQ} \times \Delta\mathbf{p}\,, \qquad (2)$$

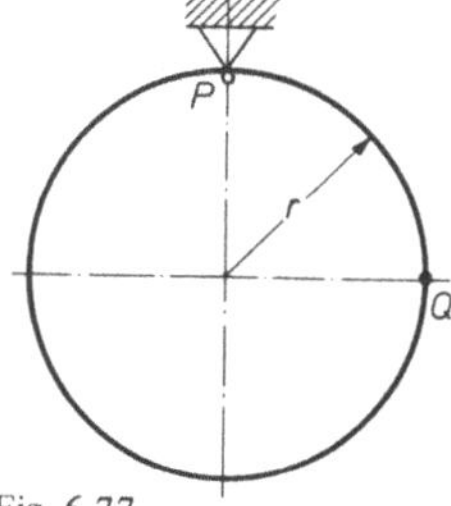

Fig. 6.77

wenn $\Delta\mathbf{p}$ der in Q ausgeübte Kraftstoß ist. Für den Drallvektor $\mathbf{L}_P(\Delta t)$ der starren Scheibe kann andererseits geschrieben werden

$$\mathbf{L}_P(\Delta t) = \bar{\bar{\mathbf{J}}}_P \boldsymbol{\omega}(\Delta t)\,. \qquad (3)$$

Die gesuchte Drehachse der Scheibe unmittelbar nach dem Stoß wird durch den Winkelgeschwindigkeitsvektor $\boldsymbol{\omega}(\Delta t)$ beschrieben.

Schreibt man die Vektorgleichungen (1), (2) und (3) in einem scheibenfesten x, y, z-Koordinatensystem (Fig. 6.78) an, dann folgt mit $\mathbf{r}_{PQ} = [r;\, -r;\, 0]$, $\Delta\mathbf{p} = [0;\, 0;\, -\Delta p]$ und

$$\bar{\bar{\mathbf{J}}}_P = \begin{bmatrix} A & 0 & 0 \\ 0 & B & 0 \\ 0 & 0 & C \end{bmatrix} = mr^2 \begin{bmatrix} \dfrac{5}{4} & 0 & 0 \\ 0 & \dfrac{1}{4} & 0 \\ 0 & 0 & \dfrac{6}{4} \end{bmatrix}$$

$$\mathbf{L}_P(\Delta t) = [r\Delta p;\, r\Delta p;\, 0] = [A\omega_x;\, B\omega_y;\, C\omega_z]\,. \qquad (4)$$

Daraus folgt für $\boldsymbol{\omega}(\Delta t)$

$$\frac{\omega_y}{\omega_x} = 5;\qquad \omega_z = 0\,. \qquad (5)$$

Die Scheibe dreht sich nach dem Stoß um eine Achse, die in der x, y-Ebene liegt und mit der x-Achse den Winkel $\alpha = \arctan 5 \cong 78{,}7°$ einschließt (Fig. 6.78).

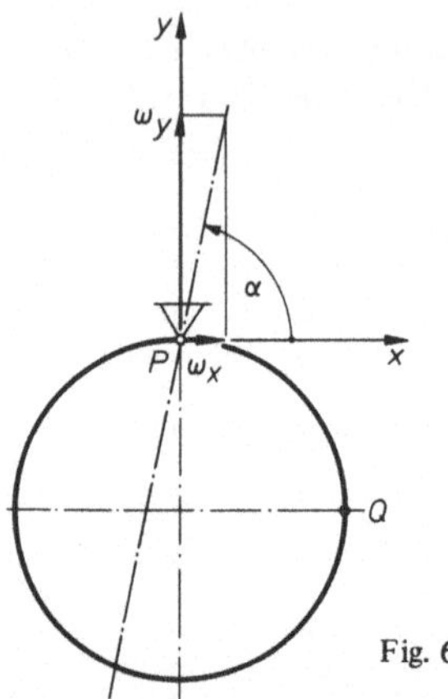

Fig. 6.78

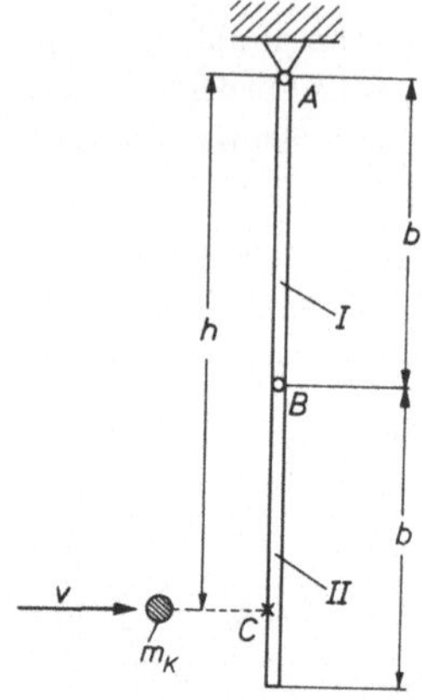

Fig. 6.79

Aufgabe 6.40 (Fig. 6.79). Zwei homogene bei B gelenkig verbundene Stangen I und II mit gleicher Masse m sind um den Punkt A drehbar aufgehängt. Eine Kugel mit der Masse m_K trifft im Abstand h vom Aufhängepunkt mit der Geschwindigkeit v auf die Stange II. Für den teilplastischen Stoß betrage die Stoßziffer ϵ.

a) In welchem Abstand h muß die Kugel auftreffen, wenn sich nach dem Stoß beide Stäbe mit gleicher Winkelgeschwindigkeit $\dot\varphi^I = \dot\varphi^{II}$ bewegen sollen?

b) Wo muß die Kugel auftreffen, wenn unmittelbar nach dem Stoß $\dot\varphi^{II} = 0$ sein soll und wie groß ist dann der vom Lager B aufzunehmende Kraftstoß?

L ö s u n g : a) Während des Stoßes werden in den Lagern A und B sowie im Auftreffpunkt C die Kräfte F_A, F_B und F_C übertragen. Nach Fig. 6.80 folgen aus Impuls- und Drallsatz für die Stangen die Gleichungen

$$
\left.
\begin{aligned}
m\ddot{x}_S^{II} &= F_C - F_B \,, \\[2ex]
m\ddot{x}_S^{I} &= F_B - F_A \,, \\[2ex]
\frac{dL_{Sz}^{II}}{dt} &= J_S^{II}\ddot\varphi^{II} = \left(h - \frac{3}{2}\,b\right) F_C + \frac{b}{c}\,F_B \,, \\[2ex]
\frac{dL_{Sz}^{I}}{dt} &= J_S^{I}\ddot\varphi^{I} = \frac{b}{2}\,F_A + \frac{b}{2}\,F_B \,.
\end{aligned}
\right\}
\tag{1}
$$

Für die Kugel gilt

$$
m\ddot{x}^K = -F_C \,.
\tag{2}
$$

Über den Verlauf der Stoßkräfte kann keine genaue Angabe gemacht werden. Wird jedoch die Stoßzeit Δt als so kurz vorausgesetzt, daß sich die Lage des Systems in dieser Zeit nicht ändert, dann können die Gln. (1) und (2) integriert werden. Dabei treten auf der rechten Seite als Integrale die Kraft- bzw. Momentenstöße auf. Mit den Kraftstößen

$$\int\limits_{0}^{\Delta t} \mathbf{F_i}\,dt = \Delta\mathbf{p_i}$$

folgt aus (1) und (2)

$$m\ddot{x}_S^{II} = \Delta p_C - \Delta p_B\,,$$

$$m\ddot{x}_S^{I} = \Delta p_B - \Delta p_A\,,$$

$$\left.\begin{aligned}
J_S^{II}\,\dot{\varphi}^{II} &= \left(h - \frac{3}{2}\,b\right)\Delta p_C + \frac{b}{2}\,\Delta p_B\,,\\[1em]
J_S^{I}\,\dot{\varphi}^{I} &= \frac{b}{2}\,\Delta p_A + \frac{b}{2}\,\Delta p_B\,,\\[1em]
m(v_1 - v) &= -\,\Delta p_C\,.
\end{aligned}\right\} \quad (3)$$

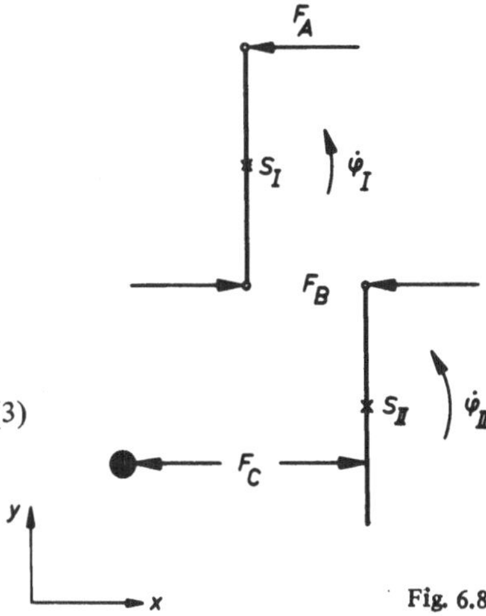

Fig. 6.80

Die Stoßziffer ϵ ist als der Quotient aus den Differenzen der Normalgeschwindigkeiten der stoßenden Körper nach und vor dem Stoß definiert:

$$\epsilon = \frac{\dot{x}_C - v_1}{v - 0}\,.$$

Deshalb gilt für die Geschwindigkeit v_1 der Kugel nach dem Stoß

$$v_1 = \dot{x}_C - \epsilon v\,. \tag{4}$$

Berücksichtigt man noch die kinematischen Bedingungen

$$\dot{x}_S^{I} = \frac{b}{2}\,\dot{\varphi}^{I}; \qquad \dot{x}_S^{II} = b\dot{\varphi}^{I} + \frac{b}{2}\,\dot{\varphi}^{II} \tag{5}$$

sowie $J_S^{I} = J_S^{II} = mb^2/12$, dann folgt aus (3), (4) und (5) das lineare Gleichungssystem

$$\left.\begin{aligned}
mb\dot{\varphi}^{I} + m\,\frac{b}{2}\,\dot{\varphi}^{II} &= \Delta p_C - \Delta p_B\,,\\[1em]
m\,\frac{b}{2}\,\dot{\varphi}^{I} &= \Delta p_B - \Delta p_A\,,\\[1em]
\frac{1}{12}\,mb^2\,\dot{\varphi}^{II} &= \left(h - \frac{3}{2}\,b\right)\Delta p_C + \frac{b}{2}\,\Delta p_B\,,\\[1em]
\frac{1}{12}\,mb^2\,\dot{\varphi}^{I} &= \frac{b}{2}\,\Delta p_A + \frac{b}{2}\,\Delta p_B\,,\\[1em]
mb\dot{\varphi}^{I} + m(h - b)\,\dot{\varphi}^{II} &= mv(1 + \epsilon) - \Delta p_C
\end{aligned}\right\} \quad (6)$$

für die 5 Unbekannten $\dot\varphi^I$, $\dot\varphi^{II}$, Δp_C, Δp_A, Δp_B .

Aus (6) erhält man mit $\dot\varphi^I = \dot\varphi^{II}$ für den Auftreffpunkt der Kugel h = 16b/11 = 1,455b.

b) Mit $\dot\varphi^{II} = 0$ folgt aus (6) der Abstand h = 11b/8 = 1,375 b. Im Gelenk B wird dabei der Impuls $\Delta p_B = mv(1 + \epsilon)/7$ übertragen.

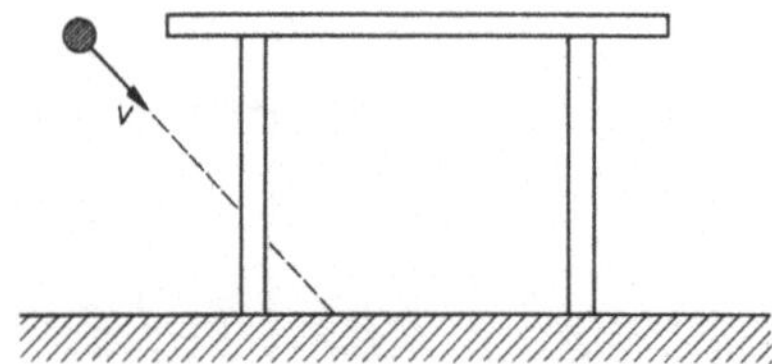

Fig. 6.81

Aufgabe 6.41 (Fig. 6.81). Es gibt hochelastische Kunststoffbälle (sog. „Superbälle"), mit denen sich der rauhe, elastische Stoß anschaulich demonstrieren läßt. Welche Bahn beschreibt ein „Superball", wenn er schräg unter einen Tisch geworfen wird? Die durch das Gewicht bedingte Krümmung der Bahn soll dabei vernachlässigt werden.

L ö s u n g : Zunächst werden die Reflexionsgesetze für den rauhen, elastischen Stoß des Balles am Boden und unter der Tischplatte abgeleitet (Fig. 6.82). Der Bewegungszustand vor dem Stoß wird dabei durch den Index 0, nach dem ersten Stoß durch 1, nach dem zweiten Stoß durch 2 usw. bezeichnet. Für den Stoß am Boden nach Fig. 6.82 erhält man aus dem Impulssatz in x-Richtung

$$m\ddot{x}_S = - F_T \tag{1}$$

und aus dem Drallsatz

$$J_S \dot\omega = - rF_T . \tag{2}$$

Für einen elastischen Stoß gilt außerdem der Energie-Erhaltungssatz

$$\frac{1}{2} m (\dot{x}_0^2 + \dot{y}_0^2) + \frac{1}{2} J_S \omega_0^2 = \frac{1}{2} m(\dot{x}_1^2 + \dot{y}_1^2) + \frac{1}{2} J_S \omega_1^2 . \tag{3}$$

Mit der Stoßzahl $\epsilon = 1$ für einen elastischen Stoß folgt für die Normalgeschwindigkeit $\dot{y}$ des Balles

$$\dot{y}_1 = -\dot{y}_0 . \tag{4}$$

Die Gleichungen (1) bis (4) reichen zur Berechnung des rauhen, elastischen Stoßes aus. Das Integral von (1) und (2) über die Stoßzeit Δt ergibt

$$m(\dot{x}_1 - \dot{x}_0) = - \int\limits_0^{\Delta t} F_T \, dt \, , \qquad J_S(\omega_1 - \omega_0) = - r \int\limits_0^{\Delta t} F_T \, dt \, . \tag{5}$$

Hieraus läßt sich der Kraftstoß eliminieren

$$mr(\dot{x}_1 - \dot{x}_0) = J_S(\omega_1 - \omega_0) \, . \tag{6}$$

Aus (3) erhält man durch Umstellen

$$m(\dot{x}_0 - \dot{x}_1)(\dot{x}_0 + \dot{x}_1) + m(\dot{y}_0 - \dot{y}_1)(\dot{y}_0 + \dot{y}_1) + J_S(\omega_0 - \omega_1)(\omega_0 + \omega_1) = 0$$

und mit (4) und (6)

$$m(\dot{x}_0 - \dot{x}_1)(\dot{x}_0 + \dot{x}_1 + \omega_0 r + \omega_1 r) = 0 \, ,$$

$$\dot{x}_1 + \omega_1 r = -\dot{x}_0 - \omega_0 r \quad \text{oder} \quad \dot{x}_0 = \dot{x}_1 \, . \tag{7a, b}$$

Die Lösung (7b) mit unveränderter Horizontalgeschwindigkeit $\dot{x}$ gilt für den glatten Stoß. Hier soll weiter mit dem rauhen Stoß nach (7a) gerechnet werden.

Mit dem Trägheitsmoment für eine homogene Kugel $J_S = 2mr^2/5$ folgen aus (4), (6) und (7a) schließlich die Kenngrößen für den Bewegungszustand nach dem Stoß am Boden:

$$\left. \begin{aligned} \dot{x}_1 &= \frac{3}{7} \dot{x}_0 - \frac{4}{7} \omega_0 r \, , \\[2mm] \omega_1 r &= - \frac{10}{7} \dot{x}_0 - \frac{3}{7} \omega_0 r \, , \\[2mm] \dot{y}_1 &= - \dot{y}_0 \, . \end{aligned} \right\} \tag{8}$$

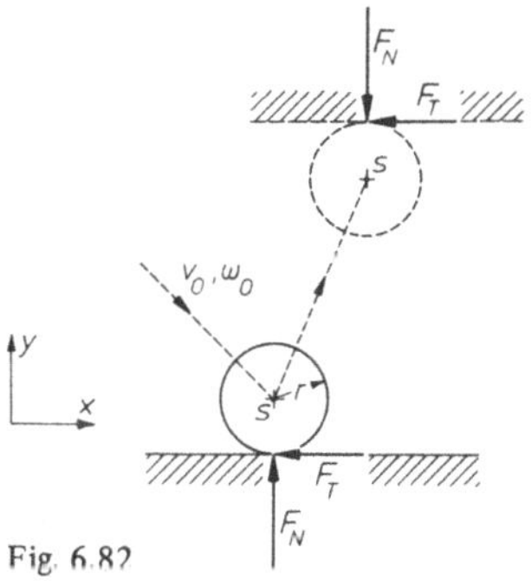

Für den Stoß unter der Tischplatte nach Fig. 6.82 ändert sich bei den Grundgleichungen (1) bis (4) nur der Drallsatz (2)

$$J_S \dot{\omega} = r F_T \, . \tag{9}$$

Fig. 6.82

Mit (1), (3), (4) und (9) folgen nach gleichem Rechengang wie oben die kinematischen Größen nach dem Stoß an der oberen Platte

$$\left. \begin{aligned} \dot{x}_2 &= \frac{3}{7} \dot{x}_1 + \frac{4}{7} \omega_1 r \, , \\[2mm] \omega_2 r &= \frac{10}{7} \dot{x}_1 - \frac{3}{7} \omega_1 r \, , \\[2mm] \dot{y}_2 &= - \dot{y}_1 \, . \end{aligned} \right\} \tag{10}$$

Beide Gln. (8) und (10) beziehen sich auf das Koordinatensystem in Fig. 6.82.

282   6. Kinetik

In der Matrizenschreibweise lauten die Reflexionsgesetze des „Superballes" am Boden

$$\begin{bmatrix} \dot{x}_1 \\ \omega_1 r \\ \dot{y}_1 \end{bmatrix} = A \begin{bmatrix} \dot{x}_0 \\ \omega_0 r \\ \dot{y}_0 \end{bmatrix}, \quad \text{mit} \quad A = \frac{1}{7} \begin{bmatrix} 3 & -4 & 0 \\ -10 & -3 & 0 \\ 0 & 0 & -7 \end{bmatrix} \tag{11}$$

und an der Platte

$$\begin{bmatrix} \dot{x}_2 \\ \omega_2 r \\ \dot{y}_2 \end{bmatrix} = B \begin{bmatrix} \dot{x}_1 \\ \omega_1 r \\ \dot{y}_1 \end{bmatrix}, \quad \text{mit} \quad B = \frac{1}{7} \begin{bmatrix} 3 & 4 & 0 \\ 10 & -3 & 0 \\ 0 & 0 & -7 \end{bmatrix}. \tag{12}$$

Hierin sind A und B die sogen. Stoßmatrizen. Bezeichnet man die kinematischen Zustandsgrößen des „Superballes" nach dem i-ten Stoß mit $\dot{x}_i$, $\omega_i r$, $\dot{y}_i$, dann folgt aus (11) und (12)

$$\begin{bmatrix} \dot{x}_i \\ \omega_i r \\ \dot{y}_i \end{bmatrix} = \underset{(i\text{-mal})}{\ldots ABA} \begin{bmatrix} \dot{x}_0 \\ \omega_0 r \\ \dot{y}_0 \end{bmatrix}. \tag{13}$$

Dies gilt natürlich nur bei Vernachlässigung der Schwerkraft.

Für die Bahn des Balles reicht es aus, jeweils die Horizontalkomponente $\dot{x}_i$ der Geschwindigkeit nach dem Stoß zu berechnen, da der Betrag der Vertikalkomponente $\dot{y}_i$ konstant ist. Setzt man im Anfangsbewegungszustand $\omega_0 = 0$ voraus, dann erhält man für die Horizontalgeschwindigkeiten nach den ersten 3 Stoßvorgängen

$$\dot{x}_1 = 0{,}4286\dot{x}_0; \quad \dot{x}_2 = -0{,}6327\dot{x}_0; \quad \dot{x}_3 = -0{,}9708\dot{x}_0. \tag{14}$$

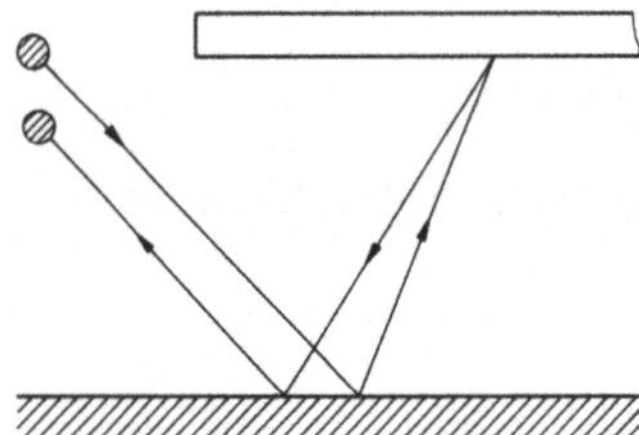

Fig. 6.83

Die Bahn des Balles ist für den Anfangszustand $\dot{x}_0 = \dot{y}_0$, $\omega_0 = 0$ in Fig. 6.83 dargestellt. Das Zurückspringen des „Superballes" auf den Werfer kann leicht demonstriert werden. Ein hinreichend schräg geworfener Tischtennisball (glatter, schiefer Stoß) wird dagegen auf der anderen Seite des Tisches herausspringen.

Aufgabe 6.42. Man stelle die Bewegungsgleichungen für die Walze W in Aufgabe 6.29 (Fig. 6.57) mit Hilfe der Lagrangeschen Gleichungen zweiter Art auf.

L ö s u n g : Das System in Fig. 6.57 hat einen Freiheitsgrad; seine Lage wird durch den Walzenwinkel φ eindeutig gekennzeichnet. Da nur konservative Kräfte (Gewichts- und Federkräfte) im System auftreten, lauten die Lagrangeschen Bewegungsgleichungen mit φ als verallgemeinerter Koordinate

$$\frac{d}{dt}\left(\frac{\partial L^*}{\partial\dot\varphi}\right) - \frac{\partial L^*}{\partial\varphi} = 0 . \tag{1}$$

Hierin ist L^* die Lagrangesche Funktion

$$L^* = T - V . \tag{2}$$

Man erhält für die kinetische Energie T mit dem Koordinatensystem in Fig. 6.58

$$T = \frac{1}{2} J_A \dot\varphi^2 + 2\left(\frac{1}{2} m\dot y^2\right) , \tag{3}$$

mit $J_A = \frac{1}{2} mr^2$. Die potentielle Energie V der Federn ist

$$V = \frac{1}{2} c\,(\Delta y_{V1} + \Delta y)^2 + \frac{1}{2} c\,(\Delta y_{V2} - \Delta y)^2 , \tag{4}$$

mit der Auslenkung Δy der Massen aus der Gleichgewichtslage y_0 und den Federvorspannungen $\Delta y_{V1} = \Delta y_{V2}$. Das Heben und Senken der Massen m bringt keinen Beitrag zu V. Mit

$$\Delta y = r\varphi; \qquad \dot y = r\dot\varphi \tag{5}$$

folgt schließlich für die Lagrangesche Funktion

$$L^* = \left(\frac{1}{4} m_W + m\right)r^2\,\dot\varphi^2 - cr^2\,\varphi^2 + c\Delta y_V^2 \tag{6}$$

und aus (1) die Bewegungsgleichung

$$\left(\frac{1}{2} m_W + 2m\right)\ddot\varphi + 2c\varphi = 0 . \tag{7}$$

Aufgabe 6.43. Man stelle die Bewegungsgleichung der Pendel in Aufgabe 6.31 (Fig. 6.61) mit Hilfe der Lagrangeschen Gleichungen zweiter Art auf.

L ö s u n g : Die Lage eines Pendels kann durch Angabe von zwei Koordinaten beschrieben werden: durch den Drehwinkel des Reglers $\psi(t) = \psi_0 + \int\limits_0^t \omega\,dt$ und den

Pendelwinkel $\varphi(t)$. Da der Reglerantrieb mit konstanter Drehzahl erfolgt, also keine Rückwirkung der Pendelbewegung auf ω angenommen wird, interessiert hier nur die Bewegungsgleichung für den Pendelwinkel φ. Es handelt sich um ein konservatives System, folglich können die Lagrangeschen Bewegungsgleichungen in der Form

$$\frac{d}{dt}\left(\frac{\partial L^*}{\partial\dot\varphi}\right) - \frac{\partial L^*}{\partial\varphi} = 0 , \tag{1}$$

mit $L^* = T - V$ verwendet werden. Die Lagrangesche Funktion braucht hier nur für die Pendelmasse angeschrieben zu werden, da die Energie des Reglergestells von φ und $\dot\varphi$ unabhängig ist. Für T folgt nach Fig. 6.84

$$T = \frac{1}{2}\, mv^2 ,$$

mit

$$\mathbf{v} = \mathbf{v}_F + \mathbf{v}' = \begin{bmatrix} -(d + L\sin\varphi)\,\omega \\ b\omega \\ 0 \end{bmatrix} + \begin{bmatrix} 0 \\ L\dot\varphi\cos\varphi \\ L\dot\varphi\sin\varphi \end{bmatrix} ,$$

$$T = \frac{1}{2}\, m\,[(d + L\sin\varphi)^2\,\omega^2 + (b\omega + L\dot\varphi\cos\varphi)^2 + (L\dot\varphi\sin\varphi)^2] . \tag{2}$$

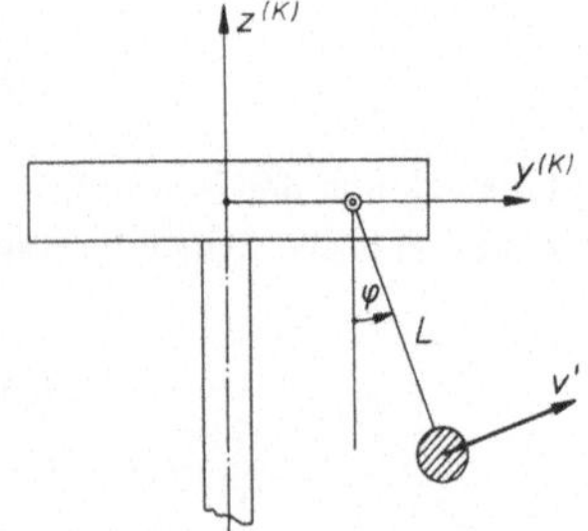

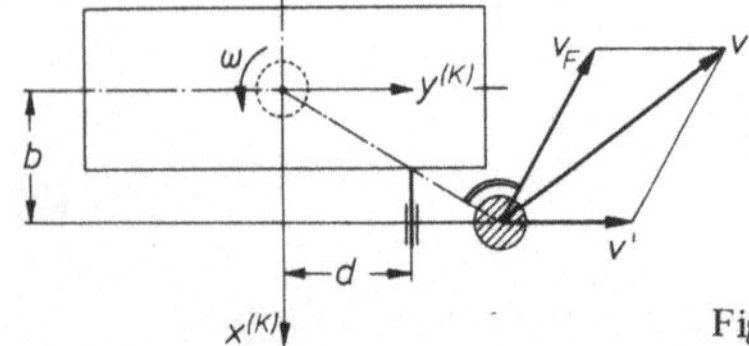

Fig. 6.84

Die potentielle Energie setzt sich zusammen aus einem Anteil von der Feder und einem von der Lage der Pendelmasse im Schwerefeld der Erde. Ist die Feder bei $\varphi = 0$ entspannt und legt man den Nullpunkt des Schwerepotentials in eine Ebene durch den Pendelaufhängepunkt, dann gilt

$$V = \frac{1}{2}\, c\,(L\sin\varphi)^2 - mgL\cos\varphi . \tag{3}$$

Hiermit hat man die Lagrangesche Funktion

$$L^* = \frac{1}{2}\, m\, [(d + L \sin\varphi)^2\, \omega^2 + 2b\omega L\dot\varphi \cos\varphi + L^2\dot\varphi^2 + b^2\omega^2] - $$

$$- \frac{1}{2}\, cL^2 \sin^2\varphi + mgL \cos\varphi\,. \tag{4}$$

Mit (1) folgt damit die Bewegungsgleichung

$$mL^2\ddot\varphi - m\omega^2 dL \cos\varphi - m\omega^2 L^2 \sin\varphi \cos\varphi + $$

$$+ cL^2 \sin\varphi \cos\varphi + mgL \sin\varphi = 0\,. \tag{5}$$

Für kleine Pendelausschläge $\varphi \ll 1$ erhält man aus (5) mit $\sin\varphi \approx \varphi$ und $\cos\varphi \approx 1$

$$\ddot\varphi + \left(\frac{g}{L} + \frac{c}{m} - \omega^2\right)\varphi = \frac{\omega^2 d}{L}\,. \tag{6}$$

Wollte man die Voraussetzung $\varphi \ll 1$ bereits in der Lagrangeschen Funktion berücksichtigen, dann müßten dort auch die Glieder mit φ^2 berücksichtigt werden, also $\cos\varphi \approx 1 - \varphi^2/2$ gesetzt werden. Wegen der in (1) vorkommenden Differentiationen entspricht ein solches Vorgehen dem Linearisieren der Bewegungsgleichungen.

Aufgabe 6.44. Man bestimme die Bewegungsgleichungen für das System in Aufgabe 6.37 (Fig. 6.72) mit Hilfe der Lagrangeschen Gleichungen zweiter Art.

L ö s u n g : Die Lagrangeschen Gleichungen zweiter Art lauten für das nichtkonservative System (bewegter Aufhängepunkt A!)

$$\frac{d}{dt}\left(\frac{\partial T}{\partial \dot q_r}\right) - \frac{\partial T}{\partial q_r} = Q_r\,. \tag{1}$$

Das System hat $r = 2$ Freiheitsgrade; für die beiden verallgemeinerten Koordinaten q_1 und q_2 werden x_2 und x_3 gewählt. Die kinetische Energie des Systems ist (Fig. 6.73)

$$T = \frac{1}{2}\, J_B\dot\varphi_1^2 + \frac{1}{2}\, J_C\dot\varphi_2^2 + \frac{1}{2}\, m\dot x_2^2 + \frac{1}{2}\, m\dot x_3^2\,. \tag{2}$$

Mit den kinematischen Zwangsbedingungen

$$r\varphi_2 = x_2\,; \qquad 2r\varphi_2 = r\varphi_1 \tag{3}$$

und dem Trägheitsmoment $J_B = J_C = mr^2/2$ erhält man für T in Abhängigkeit der verallgemeinerten Koordinaten

$$T = \frac{7}{4}\, m\dot x_2^2 + \frac{1}{2}\, m\dot x_3^2\,. \tag{4}$$

Die gesamte, von den eingeprägten Kräften (Gewichts- und Federkräfte) bei einer virtuellen Lageänderung des Systems geleistete Arbeit δW muß gleich der von den verallgemeinerten Kräften Q_r geleisteten virtuellen Arbeit sein:

$$\delta W = \sum_r Q_r \, \delta q_r \, . \tag{5}$$

Wichtig ist, daß die virtuelle Lageänderung bei festgehaltenem Zeitpunkt erfolgt, d.h. δx_A wird Null, da sich $x_A(t)$ nur nach einer vorgeschriebenen zeitabhängigen Beziehung ändert. Aus Fig. 6.72 liest man bei virtuellen Lageänderungen δx_2 und δx_3 des Systems für die dabei geleistete Arbeit δW ab

$$\delta W = mg \, \delta x_2 - c(x_3 - x_2 + f_2)(\delta x_3 - \delta x_2) + mg \, \delta x_3 - \\ - c(r\varphi_1 - x_A + f_1) \, 2 \, \delta x_2 \, . \tag{6}$$

Für die Federverlängerungen f_1 und f_2 im Gleichgewicht gilt $f_1 = f_2 = mg/c$. Die Koordinaten x_2 und x_3 sind von der Gleichgewichtslage aus zu messen. Damit kann (6) umgeformt werden in

$$\delta W = (2cx_A + cx_3 - 5cx_2) \, \delta x_2 + (cx_2 - cx_3) \, \delta x_3 = Q_2 \delta x_2 + Q_3 \delta x_3. \tag{7}$$

Durch Koeffizientenvergleich folgt

$$\left. \begin{array}{l} Q_2 = 2cx_A + cx_3 - 5cx_2 \, , \\[2em] Q_3 = cx_2 - cx_3 \, . \end{array} \right\} \tag{8}$$

Aus (1), (4) und (8) erhält man schließlich die Bewegungsgleichungen

$$\left. \begin{array}{l} 7m\ddot{x}_2 + 10cx_2 - 2cx_3 = 4cx_A \, , \\[2em] m\ddot{x}_3 + cx_3 - cx_2 = 0 \, . \end{array} \right\} \tag{9}$$

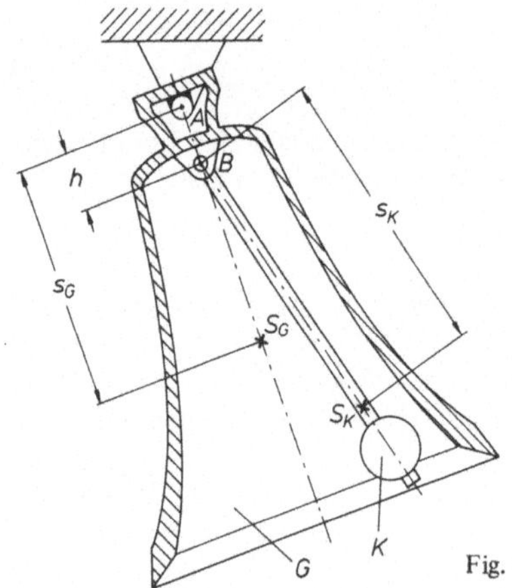

Fig. 6.85

Aufgabe 6.45 (Fig. 6.85). Für eine Kirchenglocke sind die Massen für Glocke und Klöppel m_G und m_K, die Trägheitsmomente der Glocke J_G, bezogen auf den Aufhängepunkt A und des Klöppels J_K, bezogen auf seinen Aufhängepunkt B sowie die Abmessungen s_G, s_K und h gegeben.

a) Welches sind die Bewegungsgleichungen für die Eigenschwingungen des Systems bei frei schwingendem, also nicht ausschlagendem Klöppel?

b) Die Glocke kann nicht läuten, wenn das System wie ein einziger starrer Körper schwingt. Welche Bedingung für die Größe h muß dafür erfüllt sein?

L ö s u n g : a) Glocke und Klöppel bilden ein Doppelpendel, das eine ebene Bewegung ausführt. Zur Beschreibung seiner Lage sind zwei Koordinaten erforderlich; hierzu werden die Winkel φ_G und φ_K gewählt (Fig. 6.86). Für das konservative System können die Lagrangeschen Bewegungsgleichungen in der Form

$$\frac{d}{dt}\left(\frac{\partial L^*}{\partial \dot{q}_r}\right) - \frac{\partial L^*}{\partial q_r} = 0 , \qquad (1)$$

mit $q_1 = \varphi_G$, $q_2 = \varphi_K$, $L^* = T - V$ verwendet werden.

Als allgemeine Beziehung für die kinetische Energie eines starren Körpers erhält man bei Bezug auf einen beliebigen körperfesten Punkt P

$$T = \frac{1}{2}\,\boldsymbol{\omega}L_P + \frac{1}{2}\,mv_P^2 + mv_P(\boldsymbol{\omega} \times \mathbf{r}_{PS}) ,$$

wobei $\mathbf{r}_{PS}$ der Ortsvektor von P zum Körperschwerpunkt ist. Hiermit gilt für die Glocke mit $P \equiv A$

$$T_G = \frac{1}{2}\,J_G\dot{\varphi}_G^2 .$$

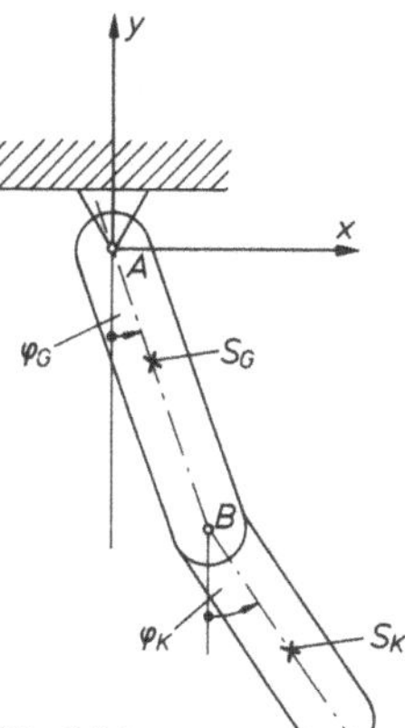

Fig. 6.86

Für den Klöppel mit $P \equiv B$ gilt

$$\mathbf{v}_B = [h\dot{\varphi}_G\cos\varphi_G ; h\dot{\varphi}_G\sin\varphi_G ; 0], \qquad \boldsymbol{\omega} \times \mathbf{r}_{BS} = [\dot{\varphi}_K s_K\cos\varphi_K ; \dot{\varphi}_K s_K\sin\varphi_K ; 0],$$

$$T_K = \frac{1}{2}\,J_K\dot{\varphi}_K^2 + \frac{1}{2}\,m_K h^2\dot{\varphi}_G^2 + m_K s_K h\dot{\varphi}_G\dot{\varphi}_K\cos(\varphi_G - \varphi_K) .$$

Also ist die gesamte kinetische Energie

$$T = T_G + T_K = \frac{1}{2}\,(J_G + m_K h^2)\,\dot{\varphi}_G^2 + \frac{1}{2}\,J_K\dot{\varphi}_K^2 + m_K s_K h\dot{\varphi}_K\dot{\varphi}_G\cos(\varphi_G - \varphi_K) . \qquad (3)$$

Das Null-Niveau der potentiellen Energie V kann beliebig gewählt werden. Bezieht man sich auf eine Horizontalebene durch A, dann gilt

$$V = m_G g y_{S_G} + m_K g y_{S_K} ,$$

$$V = -(m_G s_G + m_K h)\,g\cos\varphi_G - m_K s_K g\cos\varphi_K . \qquad (4)$$

Aus (1), (3) und (4) erhält man die Bewegungsgleichungen für die Glocke mit frei schwingendem Klöppel:

$$(J_G + m_K h^2)\, \ddot\varphi_G + m_K hs_K \ddot\varphi_K \cos(\varphi_G - \varphi_K) + m_K hs_K^2 \dot\varphi_K^2 \sin(\varphi_G - \varphi_K) +$$

$$+ (m_G s_G + m_K h)\, g \sin \varphi_G = 0\,,$$

$$J_K \ddot\varphi_K + m_K hs_K \ddot\varphi_G \cos(\varphi_G - \varphi_K) - m_K hs_K \dot\varphi_G^2 \sin(\varphi_G - \varphi_K) +$$

$$+ m_K s_K g \sin \varphi_K = 0\,. \qquad (6)$$

b) Die Glocke wird nicht läuten, wenn nach entsprechendem Anstoß $\varphi_G(t) = \varphi_K(t) = \varphi(t)$ gilt.

Dies in (6) eingesetzt ergibt die Bewegungsgleichungen

$$\ddot\varphi + \frac{m_G s_G + m_K h}{J_G + m_K h(h + s_K)}\, g \sin \varphi = 0\,,$$

$$\ddot\varphi + \frac{m_K s_K}{J_K + m_K hs_K}\, g \sin \varphi = 0\,. \qquad (7)$$

Durch Koeffizientenvergleich folgt aus (7) mit den reduzierten Pendellängen von Glocke $a_G = J_G/(m_G s_G)$ und Klöppel $a_K = J_K/(m_K s_K)$ schließlich die Bedingung

$$h = \frac{a_G - a_K}{1 + \dfrac{m_K}{m_G}\left(\dfrac{a_K - s_K}{s_G}\right)}\,. \qquad (8)$$

Diese Bedingung war bei der „Kaiserglocke" des Kölner Doms nahezu erfüllt, so daß sie bei der Einweihung im Jahre 1876 nicht zum Läuten gebracht werden konnte.

Sachverzeichnis

Teubner Studienbücher Fortsetzung

Physik/Chemie Fortsetzung

Kopitzki: **Einführung in die Festkörperphysik.** DM 36,—

Kröger/Unbehauen: **Technische Elektrodynamik.** DM 39,80

Kunze: **Physikalische Meßmethoden.** DM 26,80

Lautz: **Elektromagnetische Felder.** 3. Aufl. DM 32,—

Lindner: **Drehimpulse in der Quantenmechanik.** DM 26,80

Lohrmann: **Einführung in die Elementarteilchenphysik.** DM 24,80

Lohrmann: **Hochenergiephysik.** 3. Aufl. DM 34,—

Mayer-Kuckuk: **Atomphysik.** 3. Aufl. DM 34,—

Mayer-Kuckuk: **Kernphysik.** 4. Aufl. DM 38,—

Mommsen: **Archäometrie.** DM 38,—

Neuert: **Atomare Stoßprozesse.** DM 26,80

Nolting: **Quantentheorie des Magnetismus**
Teil 1: Grundlagen. DM 36,—
Teil 2: Modelle. DM 36,—

Primas/Müller-Herold: **Elementare Quantenchemie.** DM 39,—

Raeder u. a.: **Kontrollierte Kernfusion.** DM 42,—

Rohe: **Elektronik für Physiker.** 3. Aufl. DM 29,80

Rohe/Kamke: **Digitalelektronik.** DM 26,80

Schatz/Weidinger: **Nukleare Festkörperphysik.** DM 32,—

Schmidt: **Meßelektronik in der Kernphysik.** DM 26,80

Theis: **Grundzüge der Quantentheorie.** DM 34,—

Walcher: **Praktikum der Physik.** 5. Aufl. DM 34,—

Wegener: **Physik für Hochschulanfänger**
Teil 1: DM 24,80
Teil 2: DM 24,80

Wiesemann: **Einführung in die Gaselektronik.** DM 32,—

Preisänderungen vorbehalten